素粒子・
原子核物理学の基礎
~実験から統一理論まで~

A. Das , T. Ferbel 著
末包文彦・白井淳平・湯田春雄 訳

共立出版

素粒子・原子核物理学の基礎　〜実験から統一理論まで〜
Introduction to Nuclear and Particle Physics 2nd Edition

by

A. ダス，T. ファーベル
ワールドサイエンティフィック出版株式会社

Copyright ©2003 by World Scientific Publishing Co. Pte. Ltd. All right reserved. This book, or parts thereof, may not be reproduced in any form or by any means, electronic or mechanical, including photocopying, recording or any information storage and retrieval system now known or to be invented, without written permission from the publisher.

Japanese translation arranged with World Scientific Publishing Co. Pte. Ltd., Singapore.

著者まえがき

　本書は，ロチェスター大学の3, 4年生を対象とした素粒子物理学の講義をもとに教科書として編集したものである．したがって，取り扱う内容のほとんどの部分は，これまで講義してきたクラスの学生のレベルに沿ったものである．これまで講義したクラスには，非常に定性的で初歩的な講義をした学生から，数学科，工学科の学生混在のクラスや，厳密な数式化を含めて講義をした十数名よりなる優秀な物理専攻の学生のクラスも含まれている．しかし，これらの学生のレベルのいかんに関わらず，この素粒子という講義が学生に強い好奇心と刺激を与え，魅了したことは確かである．クラスでは，素粒子物理の基本的な考え方と本質的概念に重点を置き講義するようにしてきた．この講義を正式に教科書の形にまとめるにあたり，厳密性を追求するあまりに，物理的意義とその美しさが損なわれることのないように努めた．

　1989年にこの本を執筆してから，素粒子物理学は，目覚ましい発展を遂げた．重イオン衝突実験が全盛期を迎え，トップクォークやτニュートリノが発見され，K^0崩壊における小さなCP非保存効果の確立，中性B中間子における大きなCP非保存の発見，標準理論の完全な定着とそれをこえる数々の理論の提案などがあった．さらに，ニュートリノの有限質量の確立は，これまでの標準理論脱皮への突破口と，さらなる展開の必要性を明らかに示しはじめている．また，宇宙論分野の発展も目を見張るものがある．本書の第2版には，これらの発展のいくつかを取り入れようと考えたが，現在の取り扱い範囲と適切な長さを考慮し，追加を断念することにした．その代わり，この第2版では，初版を更新し，いままでに指摘されたいくつかの疑問点を明確にし，議論の理解を深めるためにいくつかの演習問題を追加した．

おことわり

　本書は，本来，学部4年生用に書かれたもので，特に多少でも量子力学を学んだ学生を対象にしている．実際には，本書に取り入れられた多くの議論をよく理解するためには，かなりの量子力学の知識を必要とする．そのため，1セメスターコースの量子力学を学習していると，原子核，素粒子現象の新次元の世界を理解するのに大きな助けになる．本書は，素粒子および原子核の基礎的な理解に必要なものはすべて含まれるように書かれているが，いくつかの章はレベルの高い内容を含んでいる．第1章の相対論の変数やラザフォード散乱の量子力学的取り扱い，第10, 11, 13, 14章における数式化の部分や第12章における $K^0 - \overline{K^0}$ 系の時間発展やその解析などは，特に高度な部分である．K 中間子の質量行列の取り扱いはかなり上級レベルで，本書の本筋には不要かもしれないが，他の章は非常に重要である．（逆に，数学に強い学生は，さらに高度な問題に挑戦したいのではないかと思う．）しかし，これらのむずかしい章は，あまり数学的な部分にとらわれず，現象論的な内容に重点を置いて読むこともできる．

　素粒子物理学の歴史的発展を解説するにあたり，早い時期にハドロンのクォーク構造の概念を導入することに，多少本書構成上の問題があった．しかし，この概念を早期に導入したのは，学生が早めにハドロンの規則性やその構成要素を学ぶことに重要な意義があると考えたためである．このため，第13章で標準理論を議論するかなり以前の第9章で，クォークの特性についての演習問題を取り入れた．このような方法は，最善の進め方ではないかもしれないが，演習問題を通してハドロンをクォークの構成要素で表す貴重な経験を学生に与えることにより，多種多様のハドロンを覚えようとするために生ずる混乱と挫折を多少なりとも減らすことができることと思う．

単位と原子核・素粒子の特性表

本書で用いる単位は，cgs 単位系であるが，エネルギー，運動量は eV で表示する．そのため，$\hbar c$ を用いるとき，cgs 単位系から混合単位系に変換する必要が生じる場合がある．そのような単位の変換を取り扱う場合には，可能な限り，どのように単位を変換したかをはっきりと表示した．また，磁気モーメントの場合のように，本書の本来の単位系から他の単位系に変えたときには，読者にそのことを知らせ，また例題や演習問題でも単位系の移行方法を習得してもらうことにした．

素粒子・原子核の特性や基本定数は，「*CRC Handbook of Chemistry and Physics* (CRC Press, Inc.)」にすべて含まれているので，これが最も良い参考文献であると思う．この本はどこの図書館でも見ることができるので，本書ではこれらについてはあまり詳しく説明しないが，必要ならばこの CRC の表を参照するようお勧めする．しかしながら，特に役に立つ物理定数は付録に掲載した．

その他の参考文献

素粒子と原子核の研究は，いろいろな面で共通点がある．理論の出発点が両分野とも量子力学に基づいていることや，実験技術の発展なども多くの点で重なっている．そのため，特に学部学生には，両分野の物理を統合して示す方が適切であると思う．そのため，本書の構成は両分野を合わせた総合的なものとした．以下の本，*Subatomic Physics* by Hans Frauenfelder and Ernest Henley (Prentice-Hall, Inc.)，*Particles and Nuclei* by B. Povh, et al. (Springer-Verlag)，*Nuclear and Particle Physics* by W.S.C.Williams (Oxford University Press) は，本書が意図する原子核と素粒子の統合の考えをパノラマ的に示している点で，特に注目に値する本である．これらの本はそれぞれ強調点が異なり相補的であり，この非常に興味深い両分野の学習には価値ある文献であると思う．

謝辞

まず，Ms. Judy Mack に，この原稿の素晴らしいタイピングを何度もしていただいたことに感謝します．追い立てるようにタイピングをお願いしても，いつもやさしく引き受けてくれたことが，この本の完成に不可欠でした．また，David Rocco と Ray Teng による作図，Carl Bromberg, Richard Hagen, David Harrington による第 1 版のミスプリと不明瞭箇所の指摘に感謝します．また，Charles Baltay, Susan Cooper に内容の改訂，Mark Strikman に励ましを受け感謝しています．最後に，T. Ferbel が World Scientific に出版するにあたり，原稿の作成のための滞在の機会を与えてくださったロンドン帝国大学，米国エネルギー省に厚くお礼を申し上げます．

A. Das and T. Ferbel
University of Rochester
January, 2006

訳者まえがき

　本書は，原子核と素粒子物理学の入門書「Introduction to Nuclear and Particle Physics, Second Edition（著者：A. Das and T. Ferbel）」を翻訳した本で，大学学部の物理系後期，または大学院前期課程の学生を対象とし，教科書風に編集し，同時にこの分野の標準となる参考書としても利用されることを目的にしたものである．著者の A. ダス，T. ファーベル両氏は共にロチェスター大学の素粒子物理学科教授で，ダス教授は同大学の理論グループのリーダーとして現在素粒子理論分野の第一線で活躍し，ファーベル教授 (ここ 1, 2 年はワシントンで政府関係の仕事に従事) は素粒子実験分野で活躍し，新粒子 Q (1300)(現在名は K_1(1270)) の発見者として知られている．素粒子検出器の国際会議の主催や，世界最高エネルギーの加速器 LHC で有名なスイスの CERN（欧州合同原子核研究機関）における夏の学校の開校など，教育の分野でも国際的に活躍している．

　素粒子物理学の分野では，数多くの入門書や専門書が出版されているが，専門性や特殊性が高く初心者には難解であったり，逆にトピックスを追うことが主で内容の説明が浅いものが多く，教科書や参考書として適当なものは案外少ない．また，素粒子・原子核の物理を確実に身につけるためには，理論的な解説とともにその発展を導いたデータがどのようにして得られたかを理解することも重要であるが，粒子の検出や加速器などの実験技術的な面にも言及した包括的な参考書はほとんどないといっても過言ではない．

　本書は，著者の原書紹介にもあるように，その内容は素粒子・原子核物理学における実験から統一理論までと広い範囲にわたって基本的な項目を解説しているので，この 1 冊で，素粒子，原子核，実験技術の基本的なことをすべてカバーすることができる．また，学部学生にも理解できるように基礎的な物理の

考え方から，数式の展開も含めページを割いて丁寧に解説し，さらに，未知の世界への挑戦を進める基本的な考え方も述べている．このため素粒子・原子核物理を初めて学ぼうとする学生だけでなく知識を横断的に整理したい研究者にも有用ではないかと思う．

他の参考書では見られない本書のもう 1 つの大きな特色は，数多くの例題や演習問題が取り入れられていることである．その演習問題の解答は別冊 (Solutions Manual for Introduction to Nuclear and Particle Physics, by C. Brombeg, A. Das, T. Ferbel, World Scientific Publishing Co.) としてまとめられ詳しい解説が与えられている．実戦的な問題だけではなく素粒子・原子核物理の本質的な問題も数多く取り入れられているので，ぜひ参考にされることをお薦めする．これらの例題や演習問題により，本書は教科書として適しているだけでなく独自で学習しようとする学生にとっても極めて有益である．このような読者の便宜のため演習問題ヒントを巻末に追加した．

翻訳にあたっては，適宜「訳者注」を入れ，読者の理解に役立てるとともに，原著執筆時以降の研究の発展を紹介した．また，原著は cgs 単位を基本としているが，適宜「訳者注」として MKSA 単位系の表記を入れた．原著では素粒子・原子核の特性や基本定数を得るために CRC（著者前書き参照）が参照されているが，問題を解くために必要な原子質量については物理定数表とともに付録 E にまとめた．素粒子と原子核の詳しい情報はそれぞれ，ホームページ http://ccwww.kek.jp/pdg/ と http://www.nndc.bnl.gov/ にあるので，そこを見ていただければ CRC を十分カバーするものと思う．

本書の翻訳において，T. Ferbel, A. Das 両教授に種々の助言，励まし，図の修正などの援助を，また，高麗大学の E. Won 教授にも，図の提供や助言などの援助をいただいた．心から感謝の意を述べたい．World Scientific Publishing Co. の E.N. Chionh 氏，T. Tu 氏にも原書，図の送付，日本の出版社の紹介などの多くの協力をいただいたことに感謝いたします．最後に，本書の出版に際し，本書の採用，校正，出版において並々ならぬご努力をいただいた共立出版社の信沢孝一氏，島田誠氏，原南都美氏に心から感謝いたします．

末包　文彦
白井　淳平
湯田　春雄
2011 年春

目　　次

第 1 章　ラザフォード散乱　　1
- 1.1　はじめに　　1
- 1.2　ラザフォード散乱　　2
- 1.3　散乱断面積　　12
- 1.4　断面積の測定　　15
- 1.5　実験室系と重心系　　18
- 1.6　相対論的運動学　　21
- 1.7　ラザフォード散乱の量子力学的取り扱い　　27
- 演習問題　　28
- 推奨図書　　30

第 2 章　原子核の現象論　　31
- 2.1　はじめに　　31
- 2.2　原子核の特性　　31
  - 2.2.1　核の表記法　　31
  - 2.2.2　核の質量　　32
  - 2.2.3　核の大きさ　　35
  - 2.2.4　核スピンと双極子モーメント　　38
  - 2.2.5　核の安定性　　40
  - 2.2.6　不安定な核　　41
- 2.3　核力の性質　　43
- 演習問題　　48

推奨図書 50

第3章　核模型　51

3.1　はじめに 51
3.2　液滴模型 51
3.3　フェルミガス模型 54
3.4　殻模型 57
　　3.4.1　無限井戸型ポテンシャル 63
　　3.4.2　調和振動子型ポテンシャル 64
　　3.4.3　スピン-軌道ポテンシャル 66
　　3.4.4　殻模型の予言 69
3.5　集団模型 71
3.6　超変形核 74
演習問題 74
推奨図書 75

第4章　核放射線　77

4.1　はじめに 77
4.2　アルファ崩壊 77
4.3　ポテンシャル障壁透過 81
4.4　ベータ崩壊 86
　　4.4.1　レプトン数 91
　　4.4.2　ニュートリノ質量 92
　　4.4.3　弱い相互作用 93
4.5　ガンマ崩壊 95
演習問題 98
推奨図書 99

第5章　核物理学の応用　101

5.1　はじめに 101

5.2 核分裂 101
5.2.1 核分裂の基礎理論 102
5.2.2 連鎖反応 109
5.3 核融合 112
5.4 放射性崩壊 116
5.4.1 放射平衡 120
5.4.2 自然放射能と年代測定 122
演習問題 125
推奨図書 127

第6章 物質中のエネルギー損失 129
6.1 はじめに 129
6.2 荷電粒子 130
6.2.1 エネルギー損失と飛程の単位 133
6.2.2 ゆらぎ，多重散乱と確率過程 135
6.2.3 制動放射によるエネルギー損失 138
6.3 光子と物質の相互作用 142
6.3.1 光電効果 143
6.3.2 コンプトン散乱 144
6.3.3 対生成 145
6.4 中性子との反応 149
6.5 高エネルギーハドロンとの反応 150
演習問題 151
推奨図書 152

第7章 粒子検出器 153
7.1 はじめに 153
7.2 電離型検出器 153
7.2.1 電離計数管 155
7.2.2 比例計数管 157

####### 7.2.3 ガイガー・ミュラー計数管 160
7.3 シンチレーション検出器 161
7.4 飛行時間計測 166
7.5 チェレンコフ検出器 168
7.6 半導体検出器 170
7.7 カロリメータ 171
7.8 積層検出器 173
演習問題 176
推奨図書 177

第8章 加速器 179
8.1 はじめに 179
8.2 静電加速器 180
####### 8.2.1 コックロフト-ウォルトン加速器 180
####### 8.2.2 バンデグラーフ加速器 181
8.3 共鳴型加速器 182
####### 8.3.1 サイクロトロン 182
####### 8.3.2 線形加速器 186
8.4 シンクロトロン 187
8.5 位相安定性 190
8.6 強集束 193
8.7 衝突ビーム 195
演習問題 200
推奨図書 201

第9章 素粒子の相互作用の特徴 203
9.1 はじめに 203
9.2 力 204
9.3 素粒子 207
9.4 量子数 209

	9.4.1	バリオン数	210
	9.4.2	レプトン数	210
	9.4.3	ストレンジネス	211
	9.4.4	アイソスピン	215
9.5	ゲルマン・西島の関係式		217
9.6	共鳴状態の生成と崩壊		219
9.7	スピンの決定		222
9.8	量子数の非保存		226
	9.8.1	弱い相互作用	226
	9.8.2	電磁力による崩壊	229
演習問題			230
推奨図書			232

第10章 対称性　　233

10.1	はじめに	233
10.2	ラグランジアンの対称性	233
10.3	ハミルトニアンの対称性	238
	10.3.1　無限小平行移動	239
	10.3.2　無限小回転	242
10.4	量子力学における対称性	245
10.5	連続的対称性	248
	10.5.1　アイソスピン	252
10.6	局所対称性	256
演習問題		258
推奨図書		258

第11章 離散的対称性　　259

11.1	はじめに	259
11.2	パリティ	259
	11.2.1　パリティ保存	263

11.2.2 パリティ非保存 266
　11.3 時間反転 268
　11.4 荷電共役 272
　11.5 CPT 定理 275
　演習問題 275
　推奨図書 276

第 12 章 中性 K 中間子，振動と CP の破れ　　277

　12.1 はじめに 277
　12.2 中性 K 中間子 277
　12.3 中性 K 中間子の CP 固有状態 281
　12.4 ストレンジネス混合 282
　12.5 K_1^0 の再生 284
　12.6 CP 対称性の破れ 285
　12.7 K^0-$\overline{K^0}$ の時間依存性 290
　12.8 K^0 のセミレプトニック崩壊 297
　演習問題 299
　推奨図書 300

第 13 章 標準模型　　301

　13.1 はじめに 301
　13.2 クォークとレプトン 302
　13.3 中間子のクォーク成分 303
　13.4 バリオンのクォーク成分 306
　13.5 カラーの導入 307
　13.6 中間子のクォーク模型 309
　13.7 ハドロン内部のバレンスクォークとシークォーク . . 312
　13.8 弱アイソスピンとカラー対称性 312
　13.9 ゲージボソン 314
　13.10 ゲージ粒子の力学 316

13.11 対称性の破れ 319
　　13.12 量子色力学 (QCD) と閉じ込め 325
　　13.13 クォーク - グルーオンプラズマ 330
　　演習問題 331
　　推奨図書 331

第14章 標準模型とその検証　　333
　　14.1 はじめに 333
　　14.2 データとの比較 333
　　14.3 カビボ角と GIM 機構 337
　　14.4 CKM 行列 340
　　14.5 ヒッグスボソンと $\sin^2\theta_W$ 342
　　演習問題 344
　　推奨図書 346

第15章 標準模型を超えて　　347
　　15.1 はじめに 347
　　15.2 大統一理論 349
　　15.3 超対称性理論 (SUSY) 354
　　15.4 重力，超重力理論と超弦理論 358
　　演習問題 362
　　推奨図書 362

付録　　362

付録A　特殊相対論　　363

付録B　球面調和関数　　367

付録C　球ベッセル関数　　369

付録D　群論の基礎　　370

付録 E　物理定数表と原子質量　375
　E.1　物理定数表 375
　E.2　原子質量 376

推奨図書リスト　377

演習問題ヒント　381

索　引　389

1 ラザフォード散乱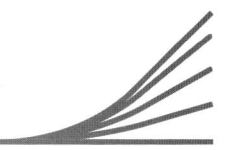

1.1 はじめに

物質には際立った階層性がある．たとえば，原子はかつては物質の究極の構成要素と考えられていたが，今日では原子核と電子により構成されていることが分かっている．また，原子核は核子と呼ばれる陽子と中性子から構成されているが，核子はさらにクォークとグルーオンからつくられていると信じられている．しかし，これらの物質の基本構造の理解への道は険しいものであった．その主な理由は，物質の構成要素があまりにも小さいためである．たとえば，原子の大きさは 10^{-8} cm，原子核の直径は平均 10^{-12} cm，中性子や陽子の半径は 10^{-13} cm と極めて小さい．さらに電子やクォークは，少なくとも 10^{-16} cm までは点粒子のようにふるまい，構造があってもそれより小さいと考えられている．

物質構造の研究は，実験的にも理論的にも未知の世界への厳しい挑戦の連続であるといえる．これは，物体の振る舞いや特性に関して，これまでの古典的な直観や考えがほとんど通用しない極微の領域を取り扱っているためである．原子スペクトルの実験的研究は，原子の内部構造を初めて明らかにした．これらの研究は，最終的には量子力学の誕生をもたらし，観測された原子の分布やその構造を定性的，定量的に見事に説明したのみならず，化学結合の性質や凝縮物質の様々な現象を明らかにした．量子力学のこの驚くべき成功には，2つの理由が考えられる．第 1 の理由は，原子を原子として一体に保つ相互作用は長距離力である電磁力に起因するためである．この電磁力は古典物理学で確立されており，その理論が容易に量子化しやすい形になっていたためである．第 2 には，次元のない結合定数である微細構造定数が $\alpha = \frac{e^2}{\hbar c} \approx \frac{1}{137}$ であること

から分かるように，電磁結合定数が小さいので，複雑な原子の性質も摂動論を用いて信頼性の高い近似計算が可能であったためである．しかし，原子からさらに原子核の領域に立ち入ると状況は一変する．原子核を一体として留める結合力 (核力とも呼ばれる) は，非常に強いことは明らかである．なぜなら，複数の陽子を原子核内に留めるためには，クーロン反発力以上の大きな核力が必要だからである．これに加えて，核力は短距離力であるため電磁力の場合とは異なりその検証はさらに難しくなる．(核力が短距離力であることは，原子核の外側で核力の効果がほとんど検出されないことから分かっている．) このような力は古典的に対応するものはなく，そのため直観的洞察もできない不利な条件で，原子核構造の解明に取り組まなければならなかったのである．

　原子核については古典的な類似性がまったくないため，実験がその基本的構造の解明に非常に重要な役割を果たしている．実験は，極微の領域において原子核の性質や構成要素についての情報を与え，これらのデータを用いて，原子核や核力の理論的な模型が組み立てられている．もちろん，このような極微の世界の実験的研究は，それ自身非常に興味ある挑戦であるので，第7章にいくつかの実験技術について紹介する．一般に，これまでの原子核・素粒子に関する実験情報は，ほとんど E. ラザフォード (Ernest Rutherford) とそのグループが原子核の発見で行った実験と原理的に同様な散乱実験により得られている．すなわち，あるエネルギーをもった粒子ビームを固定標的 (ターゲット) に当てる実験，あるいはエネルギーをもった2つの粒子ビームを衝突させる実験により，原子核・素粒子に関して，それまで得ることができなかった重要な情報が得られている．これらの実験で用いられている原理は，非常に類似しているので，ここではまずラザフォードと彼のグループが1910年英国マンチェスター大学で行った先駆的な実験について，その原理を解説することにする．

1.2　ラザフォード散乱

　H. ガイガー (Hans Geiger) と E. マースデン (Ernest Marsden) がラザフォードの指導のもとでマンチェスターで行った一連の実験は，固定標的実験の典型であった．標的は，比較的大きな原子番号の金属箔 (フォイル) を用い，そこ

へ次章で述べるヘリウム原子核である低エネルギー α 粒子の集束ビームを照射した．これらの一連の実験結果から，ほとんどの α 粒子は真直ぐ金属箔を通過するが，ときどき大きな角度で曲げられるものがあることが分かった．ラザフォードのグループは，この観測の詳細な解析から標的原子の構造を明らかにし，最終的には原子には核があるという模型を導く偉業を達成したのである．

これらの実験の卓越性に十分な評価を与えるためには，この実験の歴史的な背景を述べることが重要である．この実験以前で唯一知られている原子模型は，J. トムソン (Joseph Thomson) による「プラムプリン模型」で，一様に (+) に帯電したプリンに干しブドウの粒のような (−) 電荷の電子が取り付き，全体で中性の原子を形成すると考えられていた．もし，この模型が正しいとすると，ガイガーとマースデンの観測とは異なり，α 粒子の飛跡は，主に電子による小角度の散乱のみが観測されるはずである．これを調べるため，少し力学的計算を試みる．この実験で用いられた α 粒子の速度は $0.1\,c$ (c は光速) 以下なので，相対論的効果は無視できるほど小さいと考えてよい．

質量 m_α の α 粒子が，初速 $\vec{v}_0$ で質量 m_t の静止標的に衝突したとする (図 1.1 参照)．衝突後の 2 つの粒子の速度をそれぞれ $\vec{v}_\alpha, \vec{v}_t$ として弾性散乱を仮定すると，運動量とエネルギー保存則より，以下の関係式が得られる．

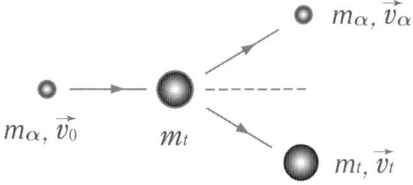

図 1.1: 質量 m_α，初速 $\vec{v}_0$ の粒子と質量 m_t の標的粒子との衝突．

運動量保存則：

$$m_\alpha \vec{v}_0 = m_\alpha \vec{v}_\alpha + m_t \vec{v}_t, \qquad \rightarrow \qquad \vec{v}_0 = \vec{v}_\alpha + \frac{m_t}{m_\alpha} \vec{v}_t. \tag{1.1}$$

第 1 章 ラザフォード散乱

エネルギー保存則：

$$\frac{1}{2}m_\alpha v_0^2 = \frac{1}{2}m_\alpha v_\alpha^2 + \frac{1}{2}m_t v_t^2, \quad \rightarrow \quad v_0^2 = v_\alpha^2 + \frac{m_t}{m_\alpha}v_t^2. \tag{1.2}$$

ここで，$(\vec{v}_i)^2 = \vec{v}_i \vec{v}_i = v_i^2$ $(i = 0, \alpha, t)$ と表した．式 (1.1) を 2 乗し，式 (1.2) と比較すると，以下の式が得られる．

$$v_0^2 = v_\alpha^2 + \left(\frac{m_t}{m_\alpha}\right)^2 v_t^2 + 2\frac{m_t}{m_\alpha}\vec{v}_\alpha \cdot \vec{v}_t = v_\alpha^2 + \frac{m_t}{m_\alpha}v_t^2,$$
$$\rightarrow \quad v_t^2\left(1 - \frac{m_t}{m_\alpha}\right) = 2\vec{v}_\alpha \cdot \vec{v}_t. \tag{1.3}$$

　この解析より明らかなことは，もし $m_t \ll m_\alpha$ なら，式 (1.3) の左辺が正なので，右辺より α 粒子と標的粒子は実質的に入射方向に沿って動くと結論される．言い換えると，この場合 α 粒子の飛跡の曲げ角は小さいと考えられる．他方，$m_t \gg m_\alpha$ なら，式 (1.3) の左辺は負になるので，α 粒子と放出される粒子の間の散乱角は大きくなる．これら数値の大きさの感触を得るため，電子と α 粒子の質量を用い近似計算をしてみる．

$$m_e \approx 0.5 \text{ MeV}/c^2$$
$$m_\alpha \approx 4 \times 10^3 \text{ MeV}/c^2. \tag{1.4}$$

したがって，もし，標的が電子 ($m_t = m_e$) ならば，

$$\frac{m_t}{m_\alpha} \approx 10^{-4}. \tag{1.5}$$

式 (1.3) より $v_e = v_t \lesssim 2v_\alpha$，式 (1.2) より $v_\alpha \approx v_0$ となるので，$m_e v_e = m_\alpha \frac{m_e}{m_\alpha} v_e \lesssim 2 \times 10^{-4} m_\alpha v_\alpha \approx 2 \times 10^{-4} m_\alpha v_0$ となる．これは，標的電子への運動量移行が入射 α 粒子の運動量の 10^{-4} 以下と非常に小さくなることを示す．その結果，原子の「プラムプリン」模型では，α 粒子の曲がりはほんのわずかなものになることを意味し，時折り起る大角度散乱はこの模型に大きな疑問を投げかけるように思われる．しかし，もし原子質量のほとんどをもつ正電荷の

コア (核) が原子の中心にあり，その周りに電子が回っている原子模型を認めるとすると，この実験での大角度散乱の観測結果はごく自然に説明することができる．たとえば，標的を金の原子とするとその質量 m_t は次式で与えられ，

$$m_t = m_{\text{Au}} \approx 2 \times 10^5 \text{ MeV}/c^2, \tag{1.6}$$

したがって，

$$\frac{m_t}{m_\alpha} \approx 50, \tag{1.7}$$

となる．式 (1.3) の簡単な解析より $v_t \leq \frac{2m_\alpha v_\alpha}{m_t}$ となり，式 (1.2) より $v_\alpha \approx v_0$ となるので，$m_t v_t \leq 2m_\alpha v_\alpha \approx 2m_\alpha v_0$ が得られる．これは，標的原子核が入射粒子の 2 倍の運動量までもつことができることを示し，この場合入射粒子 (α 粒子) は入射運動量とほとんど同じ大きさで進行方向と逆方向に散乱されることを意味する．すなわち，原子核への大きな運動量移行は大きな散乱角を与える場合に対応する．したがって，α 粒子が金原子の電子と散乱するとその散乱角は小さく，時折り重い原子核のコアに接近すると大角度の散乱を受けるというラザフォード模型をごく自然に説明することができる．

しかし，散乱過程の定量的な解析は，この問題に関係する力の形を考慮するとそう単純ではない[1]．電荷 Ze をもつ粒子がつくるクーロンポテンシャルは，以下の式で表される．

$$U(\vec{r}) = \frac{Ze}{r}. \tag{1.8}$$

また，距離 $r = |\vec{r}|$ 離れている 2 つの粒子間には，クーロンポテンシャル[2]，

$$V(r) = \frac{ZZ'e^2}{r}, \tag{1.9}$$

によるクーロン力がはたらくことが分かっている．ここで，Ze と $Z'e$ はこの 2 つの粒子の電荷である．このクーロン力については，保存型で中心力型である

---

[1] ここでは，トムソン模型において，一様正電荷核物質による大角度散乱の寄与については言及をさけてきたが，彼の歴史的な論文にはこの寄与も実際に議論されている．

[2] 訳者注：MKSA 単位系では，$U(\vec{r}) = \frac{Ze}{4\pi\varepsilon_0 r}$，$V(r) = \frac{ZZ'e^2}{4\pi\varepsilon_0 r}$.

第 1 章 ラザフォード散乱

ことを特に指摘しておく．保存型とは，力がポテンシャルの勾配

$$\vec{F}(\vec{r}) = -\vec{\nabla} V(\vec{r}), \tag{1.10}$$

と表される場合で，中心力型とは，そのポテンシャルエネルギーが

$$V(\vec{r}) = V(|\vec{r}|) = V(r), \tag{1.11}$$

と表され，粒子間の距離のみの関数でその方向に依存しない場合である．ここで $\vec{\nabla}$ は勾配演算子 (gradient operator) と呼ばれる (式 (1.43) 参照)．中心力型ポテンシャルによる一般的な散乱の議論は，クーロンポテンシャルの場合と比較してその複雑さはあまり変わらないので，ここでは一般的な場合を議論する．

まず，固定標的の場合の古典的な散乱を考えよう．ここで，入射粒子は初速度 $\vec{v}_0$ で z 軸にそって入射すると考える．(ここで，注意すべきことは，入射粒子や散乱粒子の飛跡は金属箔の標的の外では基本的には直線であり，粒子が大きく曲げられるのは粒子が原子近傍に接近し，反応が最も強いところである.) このポテンシャルは無限大の距離でゼロになるので，全エネルギーは初期運動エネルギー，

$$E = \frac{1}{2} m v_0^2 = 定数 > 0, \tag{1.12}$$

で与えられ，入射粒子の速度と全エネルギーとの関係は

$$v_0 = \sqrt{\frac{2E}{m}}, \tag{1.13}$$

と表すことができる．まず，固定標的の中心を原点とし，極座標を用いて粒子の運動を考える (図 1.2 参照)．入射粒子の位置座標の動径成分を r, z 軸からの角度を $\pi - \chi$ とすると，ポテンシャルは中心力型なので χ に依存しない．したがって，角運動量は反応の前後で一定となる．($\vec{r}$ と $\vec{F}$ は平行なので，トルク $\vec{r} \times \vec{F}$ はゼロになり，角運動量 $\vec{r} \times m\vec{v}$ は変化できない.) 入射粒子に対しては，角運動量ベクトルは明らかに運動面に直角で，その大きさ $\ell = mv_0 b$ である．ここで，b は**衝突径数** (*Impact parameter*) と呼ばれ，力がはたらかない場合の

入射粒子の飛跡と標的中心からの垂直距離 (最短距離) を表す．式 (1.13) より，以下の関係式を得る．

$$\ell = m\sqrt{\frac{2E}{m}}b = b\sqrt{2mE}, \quad \rightarrow \quad \frac{1}{b^2} = \frac{2mE}{\ell^2}. \tag{1.14}$$

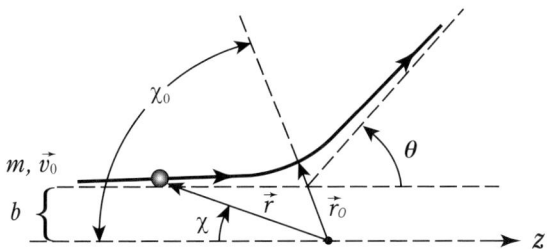

図 **1.2**: 初速 $\vec{v}_0$, 質量 m_α の粒子の原点からの中心力よる散乱．

定義より，角運動量は角速度 $\dot{\chi}$ と次のような関係がある．

$$\ell = |\vec{r} \times m\vec{v}| = \left| m\vec{r} \times \left(\frac{dr}{dt}\hat{r} + r\frac{d\chi}{dt}\hat{\chi} \right) \right| = mr^2 \frac{d\chi}{dt} \equiv mr^2 \dot{\chi}, \tag{1.15}$$

ここで，$\hat{r}$ は動径方向の単位ベクトル，$\hat{\chi}$ は $\vec{r} = r\hat{r}$ に直角な単位ベクトルで，速度は $\vec{v}(\vec{r}) = \dot{r}\hat{r} + r\dot{\chi}\hat{\chi}$ である．変数の上のドットは時間微分を表す．さらに，式 (1.15) は次のように書きかえられる．

$$\frac{d\chi}{dt} = \frac{\ell}{mr^2}. \tag{1.16}$$

粒子のエネルギーはその飛跡のどの点においても等しいので，以下のように表すことができる．

8　第 1 章　ラザフォード散乱

$$E = \frac{1}{2}m\left(\frac{dr}{dt}\right)^2 + \frac{1}{2}mr^2\left(\frac{d\chi}{dt}\right)^2 + V(r)$$

$$= \frac{1}{2}m\left(\frac{dr}{dt}\right)^2 + \frac{1}{2}m\left(\frac{\ell}{mr^2}\right)^2 + V(r)$$

$$\rightarrow \quad \frac{1}{2}m\left(\frac{dr}{dt}\right)^2 = E - \frac{\ell^2}{2mr^2} - V(r)$$

$$\rightarrow \quad \frac{dr}{dt} = -\left[\frac{2}{m}\left(E - V(r) - \frac{\ell^2}{2mr^2}\right)\right]^{\frac{1}{2}}. \tag{1.17}$$

$\frac{\ell^2}{2mr^2}$ の項は，遠心力障壁と呼ばれ，全実効ポテンシャルは $V_{\text{eff}}(r) = V(r) + \frac{\ell^2}{2mr^2}$ なので，$\ell \neq 0$ で反発効果をもたらすと考えることができる．式 (1.17) の平方根には $\pm$ の可能性があるが，ここでは負の平方根をとった．これは，標的の中心点へ最接近するまで，r が時間とともに減少するためである[3]．式 (1.17) の係数を整理し，式 (1.14) を用いると，次の式を得る．

$$\frac{dr}{dt} = -\left[\frac{2}{m}\frac{\ell^2}{2mr^2}\left\{\frac{2mEr^2}{\ell^2}\left(1 - \frac{V(r)}{E}\right) - 1\right\}\right]^{\frac{1}{2}}$$

$$= -\frac{\ell}{mrb}\left[r^2\left(1 - \frac{V(r)}{E}\right) - b^2\right]^{\frac{1}{2}}. \tag{1.18}$$

式 (1.16) と (1.18) より，

$$d\chi = \frac{\ell}{mr^2}dt = \frac{\ell}{mr^2}\frac{dt}{dr}dr$$

$$= -\frac{\ell}{mr^2}\frac{dr}{\frac{\ell}{mrb}\left[r^2\left(1 - \frac{V(r)}{E}\right) - b^2\right]^{\frac{1}{2}}}$$

---

[3] この粒子の運動は，標的への最接近点 ($r = r_0$) 前後で r が完全に対称なので，$\pm$ 平方根は，同じ解を与える．実際，α 粒子が速度 v_0 で図 1.2 の出口の方から標的に近づくと，粒子は同じ速度で入口から出てくる．これが正しいかを簡単にみるには，図 1.2 の散乱面を上と下から眺めるとよい．この粒子の運動は互いに逆方向に進む飛跡のミラーイメージとして現れる．この対称性は，運動方程式の時間反転不変性の結果として導かれ，第 11 章で説明する．

$$= -\frac{bdr}{r\left[r^2\left(1-\frac{V(r)}{E}\right)-b^2\right]^{\frac{1}{2}}}, \tag{1.19}$$

出発点より最接近点まで積分すると，

$$\int_0^{\chi_0} d\chi = -\int_\infty^{r_0} \frac{bdr}{r\left[r^2\left(1-\frac{V(r)}{E}\right)-b^2\right]^{\frac{1}{2}}},$$
$$\to \quad \chi_0 = b\int_{r_0}^\infty \frac{dr}{r\left[r^2\left(1-\frac{V(r)}{E}\right)-b^2\right]^{\frac{1}{2}}}. \tag{1.20}$$

α 粒子が標的に接近するとその反発力のため減速するので，最接近点は，その動径成分の速度 $\left(\frac{dr}{dt}\right)$ が減少し負に変わる点として決めることができる．すなわち，この点を超えると粒子速度は増加する．したがって，この最接近点で速度の動径成分も絶対値も最小値になるので，

$$\left.\frac{dr}{dt}\right|_{r=r_0} = 0,$$

と与えられ，式 (1.17),(1.18) より，

$$E - V(r_0) - \frac{\ell^2}{2mr_0^2} = 0, \quad \to \quad r_0^2\left(1-\frac{V(r_0)}{E}\right) - b^2 = 0, \tag{1.21}$$

が得られる．したがって，ポテンシャルを決めると，r_0 が決められ，χ_0 が衝突径数 b の関数として決められる[4]．散乱角 θ を粒子飛跡の漸近線間の角度と定義すると，θ は次式で与えられる．

$$\theta = \pi - 2\chi_0 = \pi - 2b\int_{r_0}^\infty \frac{dr}{r\left[r^2\left(1-\frac{V(r)}{E}\right)-b^2\right]^{\frac{1}{2}}}. \tag{1.22}$$

---

[4] 一般に，$\ell \neq 0, E > 0$ のとき，$b \neq 0$ に対応するが，$\frac{d\chi}{dt}$ は $r = r_0$ で最大になる (式 (1.16) 参照)．また，$\ell \neq 0$ で，引力クーロンポテンシャルのときでも，式 (1.21) より決められるように，r_0 は有限の値をもつ．これは，$\ell \neq 0$ に対する遠心力障壁が短距離におけるクーロン引力より強い斥力ポテンシャルのようにはたらくためである．

第1章 ラザフォード散乱

その結果，衝突径数 b とエネルギー E を与えると，そのポテンシャルによる散乱角は，原理的には完全に決定することができる．

この結果の応用として，式 (1.9) で与えられる斥力クーロンポテンシャルによる荷電粒子の散乱を考える．ポテンシャルは，

$$V(r) = \frac{ZZ'e^2}{r}, \tag{1.23}$$

で与えられ，$Z'e$ は入射粒子の電荷，Ze は標的の電荷を表す．（原子核と α 粒子との散乱では，$Z'=2$ が α 粒子を，Ze が標的核の電荷を表す．）最近接距離は式 (1.21) と (1.23) より，

$$r_0^2 - \frac{ZZ'e^2}{E} r_0 - b^2 = 0,$$

したがって，
$$r_0 = \frac{\frac{ZZ'e^2}{E} \pm \sqrt{\left(\frac{ZZ'e^2}{E}\right)^2 + 4b^2}}{2}, \tag{1.24}$$

と求められる．動径座標 r_0 は定義上正なので，次の結果

$$r_0 = \frac{ZZ'e^2}{2E} \left(1 + \sqrt{1 + \frac{4b^2 E^2}{(ZZ'e^2)^2}}\right), \tag{1.25}$$

が得られる．したがって，式 (1.22) と (1.23) より，

$$\theta = \pi - 2b \int_{r_0}^{\infty} \frac{dr}{r \left[r^2 \left(1 - \frac{ZZ'e^2}{rE}\right) - b^2\right]^{\frac{1}{2}}}, \tag{1.26}$$

が導かれる．いま，新しい変数

$$x = \frac{1}{r}, \tag{1.27}$$

を定義すると，

$$x_0 = \frac{1}{r_0} = \frac{2E}{ZZ'e^2} \left(1 + \sqrt{1 + \frac{4b^2 E^2}{(ZZ'e^2)^2}}\right)^{-1}, \tag{1.28}$$

が与えられる．式 (1.27) より，
$$dx = -\frac{dr}{r^2}, \quad \text{または} \quad dr = -\frac{dx}{x^2},$$
となり，新しい変数を用いると，θ は次式で表される．

$$\begin{aligned}\theta &= \pi - 2b \int_{x_0}^{0} \left(-\frac{dx}{x^2}\right) \frac{x}{\left[\frac{1}{x^2} - \frac{ZZ'e^2}{xE} - b^2\right]^{\frac{1}{2}}} \\ &= \pi + 2b \int_{x_0}^{0} \frac{dx}{\left[1 - \frac{ZZ'e^2}{E}x - b^2x^2\right]^{\frac{1}{2}}}.\end{aligned} \quad (1.29)$$

ここで，以下の積分公式，

$$\int \frac{dx}{\sqrt{\alpha + \beta x + \gamma x^2}} = \frac{1}{\sqrt{-\gamma}} \cos^{-1}\left(-\frac{\beta + 2\gamma x}{\sqrt{\beta^2 - 4\alpha\gamma}}\right), \quad (1.30)$$

を用いると，

$$\begin{aligned}\theta &= \pi + 2b \times \frac{1}{b} \cos^{-1}\left(\frac{\frac{ZZ'e^2}{E} + 2b^2 x}{\sqrt{\left(\frac{ZZ'e^2}{E}\right)^2 + 4b^2}}\right)\Bigg|_{x_0}^{0} \\ &= \pi + 2\cos^{-1}\left(\frac{1}{\sqrt{1 + \frac{4b^2E^2}{(ZZ'e^2)^2}}}\right) - 2\cos^{-1}(1) \\ &= \pi + 2\cos^{-1}\left(\frac{1}{\sqrt{1 + \frac{4b^2E^2}{(ZZ'e^2)^2}}}\right),\end{aligned} \quad (1.31)$$

が得られる．これを書きかえると，

$$\frac{1}{\sqrt{1 + \frac{4b^2E^2}{(ZZ'e^2)^2}}} = \cos\left(\frac{\theta}{2} - \frac{\pi}{2}\right),$$

よって，

$$\frac{1}{1+\frac{4b^2E^2}{(ZZ'e^2)^2}} = \cos^2\left(\frac{\theta}{2}-\frac{\pi}{2}\right) = \sin^2\frac{\theta}{2}, \quad \rightarrow \quad b = \frac{ZZ'e^2}{2E}\cot\frac{\theta}{2}. \quad (1.32)$$

これは，観測可能な散乱角と観測できない衝突径数を直接関係づける式であり，b, E, Z' を固定すると Z の値が大きくなるほど，散乱角は大きくなることを示す．また，Z が大きいほどクーロンポテンシャルは強くなり，曲がりが大きくなるという直観的洞察と一致する．同様に，b, Z, Z' を固定すると，E が小さくなるほど，散乱角は大きくなる．これは定性的に次のように理解できる．粒子が低エネルギーのときは，速度が遅いので，粒子がポテンシャル内にいる時間が長くなり，大きな軌道の曲げを生じることになる．最後に，Z, Z', E を固定すると，b が小さいほど，散乱角は大きくなる．すなわち，衝突径数が小さいほど粒子は強く力を受け，そのため曲がりが大きくなる．したがって，式 (1.32) はクーロン場で想定される散乱の特徴をすべて定性的に説明している．

1.3 散乱断面積

これまで述べてきたように，衝突径数と粒子エネルギーが決められると，ポテンシャルによる粒子の散乱角は完全に決定される．したがって，入射粒子のエネルギーを固定すると，粒子の曲がりは衝突径数だけで決められる．いま，あるエネルギーをもった入射ビーム粒子束を用い，そのビームから角度 θ に散乱された粒子数を測定する実験を考える．この散乱粒子数は衝突における衝突径数ですべてが決められるので，このような測定から衝突径数に関する情報が得られ，反応領域や散乱中心の有効サイズを知ることができる．

いま，単位時間当たりに箔膜標的に入射する粒子数を N_0 とする．標的の箔膜の密度は小さいと仮定しているので，ビーム束強度は標的物質内通過中には変わらないと考える．散乱中心からの衝突径数が b と $b+db$ の間にある粒子が，角度 θ から $\theta - d\theta$ の間に曲げられ立体角 $d\Omega$ 内に散乱されたとする．(衝突径数が大きいほど，散乱角は小さい．) すると，単位時間当たりの散乱粒子数は，$2\pi N_0 b db$ に比例する (図 1.3 参照)．なぜなら，$2\pi b db$ は，散乱中心の周り

のリングの面積で，θ と $\theta - d\theta$ の間の立体角内に散乱される粒子が通過する面積に対応するからである．ここで，多分疑問に思われることは，入射粒子は原理的に標的内のすべての粒子からの衝突径数を考慮すべきであるのに，なぜこれを問題にしないのかということである．これらを考慮すると，問題は明らかに複雑になるが，ここでは，標的箔膜は薄いので 1 つの入射粒子が受ける多重衝突は無視できるものと仮定している．また，ラザフォード模型で考えると，原子核の大きさは原子間の距離と比べ非常に小さい．そのため，大きな衝突径数は散乱にほんのわずかな影響しか与えず，核中心に最接近する粒子のみが最も大きな影響を受ける．(もちろん，電子からの効果はその質量が小さいためほとんど無視できる．) もし，物質の厚さや密度が無視できないときは，散乱中心間の干渉などの他の興味ある現象が問題になる．チェレンコフ放射や電離の密度効果はそのような問題から派生しているといえる (第 6，7 章参照)．

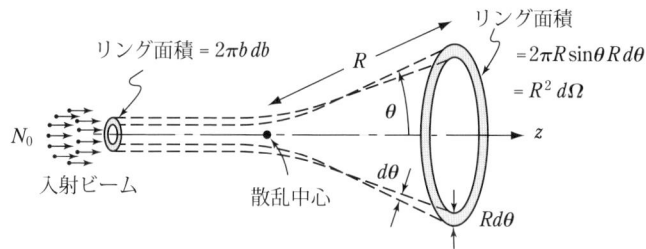

図 1.3: 散乱中心の面積 $2\pi b\, db$ に入射する粒子の $R^2 d\Omega$ への散乱．

中心力型ポテンシャルによる散乱に対しては，衝突径数 b を与えると，角度 θ と $\theta + d\theta$ の間の立体角 $d\Omega$ への粒子散乱は $\Delta\sigma = 2\pi b\, db$ の z 軸に直交する断面積で表すことができると考えられる (図 1.3 参照)．b と θ との関係 (たとえば式 (1.32)) は，その力の性質が r^{-2} 型か非中心力型かなどの性質に依存するので，一般に $\Delta\sigma$ は θ と ϕ の両方に依存し，次のように表される．

$$\Delta\sigma(\theta,\phi) = b\, db\, d\phi = -\frac{d\sigma}{d\Omega}(\theta,\phi)d\Omega = -\frac{d\sigma}{d\Omega}(\theta,\phi)\sin\theta d\theta\, d\phi, \quad (1.33)$$

14 第 1 章 ラザフォード散乱

これが微分断面積 $\dfrac{d\sigma}{d\Omega}$ の定義である．負符号は θ が減少すると b が増加することを反映している．散乱で方位角依存性がないとき，(たとえば，反応が軸対称のとき) ϕ についてそのまま積分することができ，

$$\Delta\sigma(\theta) = -\frac{d\sigma}{d\Omega}(\theta)2\pi\sin\theta d\theta = 2\pi b\, db$$

$$\to \quad \frac{d\sigma}{d\Omega}(\theta) = -\frac{b}{\sin\theta}\frac{db}{d\theta}. \tag{1.34}$$

ここで，クーロンポテンシャルは中心力型 (角度に依存せず距離のみに依存) と仮定したので，散乱は方位角に対し一様で半径 b のリング上ではどこも同じである．これは，微分断面積が θ のみの関数で ϕ の関数ではないことを意味する．したがって，θ の関数として散乱粒子数を測定することは，微分断面積を測定することに対応し，散乱全体を詳細に測定することと同等になる．

素粒子・原子核実験では，断面積測定の単位には，通常バーン ($barn$) が使われ，1 バーンは 10^{-24} cm^2 と定義される．これは非常に小さい値であるが，典型的な原子核の大きさ 10^{-12} cm を考えると，その核の断面積 (円形として) は，バーンの程度になり，比較的自然な単位と考えられる．立体角の単位はステラジアン (sr) で，4π sr は，1 点の周りのすべての角 θ, ϕ の和である．また，全散乱断面積は，微分断面積をこれらの角で積分したもので，

$$\sigma_{\text{TOT}} = \int d\Omega \frac{d\sigma}{d\Omega}(\theta,\phi) = 2\pi \int_0^\pi d\theta \sin\theta \frac{d\sigma}{d\Omega}(\theta), \tag{1.35}$$

ここで，最後のステップでは，方位角依存性がないものとした．(依存性があるときは，式 (1.35) は成り立たない.) 全断面積は，ある意味では，ポテンシャル散乱におけるすべての衝突径数の有効サイズを表しているといえる．

次に，ラザフォード散乱の断面積を求めてみる．式 (1.32) より，

$$b = \frac{ZZ'e^2}{2E}\cot\frac{\theta}{2}$$

なので，

$$\frac{db}{d\theta} = -\frac{1}{2}\frac{ZZ'e^2}{2E}\text{cosec}^2\frac{\theta}{2}. \tag{1.36}$$

式 (1.36) の負符号は，もちろん b の増加に対し θ が減少すること，または大きな衝突径数は小角散乱に対応することを意味している．これを散乱断面積の式に代入すると，次式が得られる．

$$\frac{d\sigma}{d\Omega}(\theta) = -\frac{b}{\sin\theta}\frac{db}{d\theta} = \left(\frac{ZZ'e^2}{4E}\right)^2 \operatorname{cosec}^4\frac{\theta}{2} = \left(\frac{ZZ'e^2}{4E}\right)^2 \frac{1}{\sin^4\frac{\theta}{2}}. \quad (1.37)$$

これを積分すると，(式 (1.34) より，ϕ 依存性がないので，$d\Omega = 2\pi \sin\theta d\theta$)

$$\begin{aligned}\sigma_{\text{TOT}} &= \int \frac{d\sigma}{d\Omega}(\theta) d\Omega = 2\pi \int_0^\pi d\theta \sin\theta \frac{d\sigma}{d\Omega}(\theta) \\ &= 8\pi \left(\frac{ZZ'e^2}{4E}\right)^2 \int_0^1 d\left(\sin\frac{\theta}{2}\right) \frac{1}{\sin^3\frac{\theta}{2}} \to \infty.\end{aligned} \quad (1.38)$$

この発散は，厄介な問題のようにみえるが，以前の議論と矛盾していない．すなわち，全断面積は粒子が散乱の影響を受けるときの最大の衝突径数を反映しているからである．クーロンポテンシャルの場合は，長距離力なので力が無限遠まで達し，その結果散乱中心から大きく離れている粒子でもほんのわずかであるがクーロン力の影響を受け，これが発散の源になっている．クーロン力は距離とともに急激に減少し衝突径数がある値を超えると，散乱を観測することができなくなるので，角度積分はある角度 $\theta = \theta_0 > 0$ までの範囲に制限し，あとは切り捨てるのが適切である．この角度制限は，現実的な衝突径数の切り捨て制限にも対応する．すなわち観測可能な散乱角 ($\theta > \theta_0$) で積分すると，実験値と比較可能な有限の σ_{TOT} を得ることができる．最後に，ここでの結果は，原子中の電子の軌道半径より大きな衝突径数では正しくないことを指摘しておく．これは，電子が核の電荷を遮蔽することにより原子核の有効電荷が減少するためである．

1.4 断面積の測定

これまで断面積について議論してきたが，ここでは断面積をどのように測定したかを述べることにする．具体的には，α 粒子ビーム (ガイガーとマースデ

16　第 1 章　ラザフォード散乱

ンは放射性線源からの α 粒子束を細く絞って用いた) と薄い箔と散乱粒子を検出するための蛍光物質の硫化亜鉛 (ZnS) を用意し，ガラススクリーン上にこの硫化亜鉛の薄い膜を蒸着させた．このスクリーンに α 粒子が当たると燐光を発光するので，この燐光を望遠鏡で観察し計測した．望遠鏡は 1 つの面内で回転でき，それで計数率を θ(ϕ ではなく) の関数として調べることができる．この装置の概略図を図 1.4 に示す．

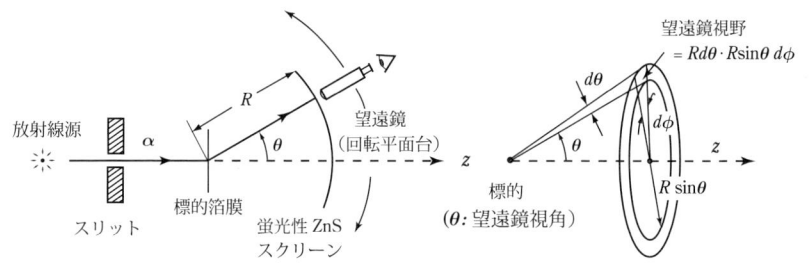

図 **1.4**: ラザフォード散乱実験の配置の概略図．

いま，単位面積，単位時間当たり N_0 個の α 粒子束が薄い箔膜に入射すると，ある数の粒子はそのまま通過するが，残りの粒子は衝突径数 b と $b + db$ に対応する角度 $\theta - d\theta$ と θ の間に散乱される．ここで，$d\theta$ は望遠鏡の口径に対応する角度とみなす．実際，望遠鏡はスクリーン上でおよそ $Rd\theta \cdot R\sin\theta d\phi = R^2 d\Omega$ の小さな面積を見ることができる．ここで，R は標的箔膜からスクリーン上の観測点までの距離である．このスクリーン上の面積は衝突径数 b で形成される環状リングの幅 db，弧長 $bd\phi$ の断面に対応し，散乱粒子はその断面に入りそこから出てきた粒子である．もしガイガーとマースデンが，それぞれの角度 θ ですべての ϕ も測定できるように円形状に望遠鏡を並べた装置を作ったとしたら，事象数は，確実に $\frac{2\pi}{d\phi}$ 倍に増えたであろうが，実験を複雑化し多大な経費がかかったことであろう．

標的の衝突径数 b の小面積 $\Delta\sigma = bd\phi db$ に入射する粒子の割合は，ビーム方向より外れ，スクリーン上の角度 (θ, ϕ) での面積 $R^2 d\Omega$ へ散乱されて入る粒子

1.4 断面積の測定

数 dn と入射粒子数 N_0 の比，$-\frac{dn}{N_0}$ と同じである．この比は，箔膜内の N 個の核中心に対する小面積 $bd\phi db$ の和を箔膜の全面積 S で割った比と同一である．言い換えると，これはその N 個の小面積に入る入射粒子の確率を箔膜に当たる全確率で割ったものに等しい．

$$-\frac{dn}{N_0} = \frac{Nbd\phi db}{S} = \frac{N}{S}\triangle\sigma(\theta,\phi). \tag{1.39}$$

厚さ t，密度 ρ，原子質量数 A の箔膜に対し，$N = \left(\frac{\rho tS}{A}\right)A_0$，ここで A_0 はモル当たりの原子数を示すアボガドロ数である．したがって，角度 (θ, ϕ) で検出される単位時間当たりの散乱 α 粒子数 dn は，次のように表すことができる．

$$dn = \frac{N_0 \rho t}{A}A_0\frac{d\sigma}{d\Omega}(\theta,\phi)d\Omega, \quad \rightarrow \quad \frac{dn}{d\Omega} = \frac{N_0 \rho t A_0}{A}\frac{d\sigma}{d\Omega}(\theta,\phi). \tag{1.40}$$

角度 (θ, ϕ) に置かれた口径立体角 $d\Omega$ の検出器は，単位時間当たりの粒子数 dn,

$$dn = N_0\frac{N}{S}\frac{d\sigma}{d\Omega}(\theta,\phi)d\Omega, \tag{1.41}$$

を計数する．これは，どの散乱過程にも適応できる正しい一般式で，どのような理論で計算された $\frac{d\sigma}{d\Omega}$ にも適用できるものである．したがって，どの実験においても，測定される計数は入射ビーム粒子数，標的の単位面積当たりの散乱中心数，検出器の立体角と反応の有効断面積に比例する．(ここでは，標的は薄いものとし，多重散乱による補正は小さいと仮定している．) ガイガーとマースデンは，異なった標的物質 (比較的大きい Z)，異なったエネルギーの種々の α 線源，異なった厚さの箔膜を用い，詳細な測定を行い，式 (1.37) で与えられるラザフォードの理論値と完全な一致を得た．すなわち，実験で使われた $N_0, \frac{N}{S}$ と $d\Omega$ を用い，dn を測定して微分断面積を求めた結果，ラザフォードの予言と見事に一致したのであった．この実験により，原子内に核中心が存在することを実証したのである．しかし，彼らの実験は核力の性質そのものについてほとんど何も究明するに到らなかった．これは，核のクーロン斥力障壁のため，低エネルギー α 粒子では核の内部まで入れなかったためである．

1.5 実験室系と重心系

これまでは,固定標的の粒子散乱について議論してきた.しかし,実際には散乱の結果,標的もまた運動 (反跳) する.実験によっては,同程度のエネルギーをもった 2 つの粒子を互いに衝突させる場合もある.それは,一見非常に複雑に見えるが,ポテンシャルが中心型の場合は,重心の運動を分離することによりこれまで学んできた固定標的の散乱の問題に帰着させることができる.

いま,質量 m_1, m_2 の 2 つの粒子が座標 $\vec{r}_1, \vec{r}_2$ にあり,相互に中心力型ポテンシャルが作用しているとする.このときの運動方程式は,次式のように表すことができる.

$$\begin{aligned} m_1 \ddot{\vec{r}}_1 &= -\vec{\nabla}_1 V(|\vec{r}_1 - \vec{r}_2|), \\ m_2 \ddot{\vec{r}}_2 &= -\vec{\nabla}_2 V(|\vec{r}_1 - \vec{r}_2|). \end{aligned} \quad (1.42)$$

ここで,勾配演算子は極座標では

$$\vec{\nabla}_i = \hat{r}_i \frac{\partial}{\partial r_i} + \frac{\hat{\theta}_i}{r_i} \frac{\partial}{\partial \theta_i} + \frac{\hat{\phi}_i}{r_i \sin \theta_i} \frac{\partial}{\partial \phi_i}, \quad (i=1,2) \quad (1.43)$$

と表される.ポテンシャルエネルギーは,2 つの粒子間の距離のみに依存するので,次の変数を定義する.

$$\vec{r} = \vec{r}_1 - \vec{r}_2, \qquad \vec{R}_{\mathrm{CM}} = \frac{m_1 \vec{r}_1 + m_2 \vec{r}_2}{m_1 + m_2}. \quad (1.44)$$

ここで,$\vec{r}$ は,m_2 から m_1 への相対座標で,$\vec{R}_{\mathrm{CM}}$ は重心の座標を表す (図 1.5 参照).式 (1.42) は式 (1.44) を用いて,次の式になる.

$$\begin{aligned} \frac{m_1 m_2}{m_1 + m_2} \ddot{\vec{r}} &\equiv \mu \ddot{\vec{r}} = -\vec{\nabla} V(|\vec{r}|) = -\frac{\partial V(|\vec{r}|)}{\partial r} \hat{r}, \\ (m_1 + m_2) \ddot{\vec{R}}_{\mathrm{CM}} &= M \ddot{\vec{R}}_{\mathrm{CM}} = 0, \rightarrow \dot{\vec{R}}_{\mathrm{CM}} = \text{「定数ベクトル」}, \end{aligned} \quad (1.45)$$

ここで,

$$\begin{aligned} M &= m_1 + m_2 = \text{系の全質量}, \\ \mu &= \frac{m_1 m_2}{m_1 + m_2} = \text{系の換算質量}, \end{aligned} \quad (1.46)$$

1.5 実験室系と重心系

と定義され，$V(|\vec{r}|) = V(r)$ は r のみに依存し，ベクトル $\vec{r}$ の角度に依存しないとした．すなわち，ポテンシャルが中心力型のとき，2粒子の運動は相対座標 $\vec{r}$ と重心座標 $\vec{R}_{CM}$ に分離できることを示す．

$\vec{r}_1 = r_1 \hat{r}_1$
$\vec{r}_2 = r_2 \hat{r}_2$
$\vec{r} = \vec{r}_1 - \vec{r}_2 = r\,\hat{r}$
$\vec{R}_{CM} = R_{CM} \hat{R}_{CM}$

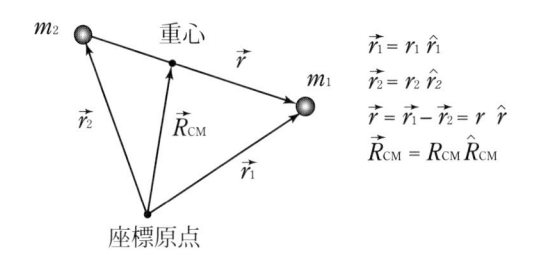

図 1.5: 重心位置と質量 m_1 と m_2 をもつ粒子の相対座標．

また，式 (1.45) より，重心の運動は加速なしの自由粒子運動に対応するので，実験室系では，重心はポテンシャルの型によらず一定速度 ($\dot{\vec{R}}_{CM} =$ 一定) で運動し，系の力学運動は，相対座標 $\vec{r}$ にある換算質量 μ の仮想的粒子の運動として完全に表される．すなわち力学運動は質量 μ の粒子に対するポテンシャル散乱の運動で記述される．重心系では $\vec{R}_{CM} = 0$ なので $\dot{\vec{R}}_{CM} = 0$ になり，式 (1.44) から反応する2粒子の運動量の和がゼロになる．そのため，重心系を運動量中心系と呼ぶこともある．

力学変数が，実験室系と重心系でどのように変換されるかを理解するため，固定標的による散乱を考える．まず，質量 m_2 の粒子が実験室系で静止し，質量 m_1 の粒子が速度 v_1 で z-軸に沿って入射するとする．この場合，重心は z-軸に沿って速度 v_{CM} で動く．

$$v_{CM} = \dot{R}_{CM} = \frac{m_1 v_1}{m_1 + m_2}. \tag{1.47}$$

したがって，重心系では2粒子は z-軸に沿って互いに接近する (図 1.6 参照)，

20　第1章　ラザフォード散乱

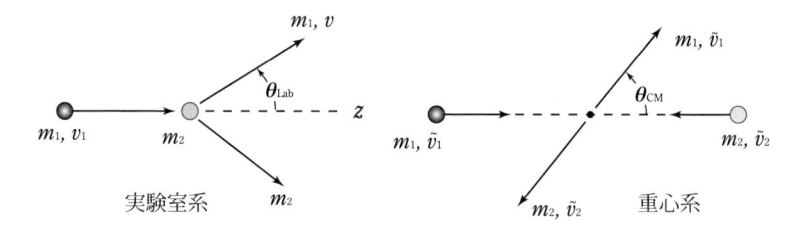

図 1.6: 実験室系と重心系における 2 粒子 m_1, m_2 の衝突.

$$\tilde{v}_1 = v_1 - v_{\rm CM} = \frac{m_2 v_1}{m_1 + m_2}$$
$$\tilde{v}_2 = v_{\rm CM} = \frac{m_1 v_1}{m_1 + m_2}. \tag{1.48}$$

ここで，$\tilde{v}_1$ と $\tilde{v}_2$ は，重心系でみたビーム粒子と標的粒子の速さで，2 つの粒子の運動量は，重心系では，同じ大きさで逆向きになる.

弾性散乱では，2 つの粒子の速度の大きさは衝突の前後で変わらないが，散乱角は変化する．$\theta_{\rm CM}$ を重心系での散乱角とすると，$\theta_{\rm CM}$ は，衝突における相対位置ベクトル $\vec{r}$ の方向の変化を表す．$\theta_{\rm Lab}$ と $\theta_{\rm CM}$ の間の関係を得るため，実験室系と重心系の速度の関係は重心の速度で関連づけられることに注目すると，衝突後の質量 m_1 の粒子の z-成分速度は，次式で関連づけられる．

$$v \cos\theta_{\rm Lab} = \tilde{v}_1 \cos\theta_{\rm CM} + v_{\rm CM}, \tag{1.49}$$

一方，z-軸に垂直の速度成分には，次のような関係がある．

$$v \sin\theta_{\rm Lab} = \tilde{v}_1 \sin\theta_{\rm CM}. \tag{1.50}$$

式 (1.49) と (1.50) より，以下の非相対論的な結果を得る．

$$\tan\theta_{\rm Lab} = \frac{\sin\theta_{\rm CM}}{\cos\theta_{\rm CM} + \frac{v_{\rm CM}}{\tilde{v}_1}} = \frac{\sin\theta_{\rm CM}}{\cos\theta_{\rm CM} + \zeta}. \tag{1.51}$$

ここで, ζ を次のように定義した.

$$\zeta = \frac{v_{\mathrm{CM}}}{\tilde{v}_1} = \frac{m_1}{m_2}. \tag{1.52}$$

ここで, 式 (1.52) の最後の式は式 (1.48) より与えられる. 後で参照するので, 式 (1.51) を別の形で与える.

$$\cos\theta_{\mathrm{Lab}} = \frac{\cos\theta_{\mathrm{CM}} + \zeta}{(1 + 2\zeta\cos\theta_{\mathrm{CM}} + \zeta^2)^{\frac{1}{2}}}. \tag{1.53}$$

θ_{Lab} と θ_{CM} の関係を用いて, 2 つの系の微分断面積の関係を導くことができる. 実験室系で角度 θ_{Lab} 方向の立体角 $d\Omega_{\mathrm{Lab}}$ に散乱される粒子は, 重心系で対応する θ_{CM} 方向の立体角 $d\Omega_{\mathrm{CM}}$ に散乱される微分断面積と同じである. (これは, 同じ散乱過程を 2 つの異なった系で同等な方法で眺めるのと等しいからである.) 方位角 ϕ はこの 2 つの系を結ぶ方向の周りの角なので, $d\phi_{\mathrm{Lab}} = d\phi_{\mathrm{CM}}$ である. したがって, 微分断面積は方位角に依存せず次式を得る.

$$\begin{aligned}\frac{d\sigma}{d\Omega_{\mathrm{Lab}}}(\theta_{\mathrm{Lab}})\sin\theta_{\mathrm{Lab}}d\theta_{\mathrm{Lab}} &= \frac{d\sigma}{d\Omega_{\mathrm{CM}}}(\theta_{\mathrm{CM}})\sin\theta_{\mathrm{CM}}d\theta_{\mathrm{CM}}, \\ \longrightarrow \quad \frac{d\sigma}{d\Omega_{\mathrm{Lab}}}(\theta_{\mathrm{Lab}}) &= \frac{d\sigma}{d\Omega_{\mathrm{CM}}}(\theta_{\mathrm{CM}})\frac{d(\cos\theta_{\mathrm{CM}})}{d(\cos\theta_{\mathrm{Lab}})}.\end{aligned} \tag{1.54}$$

式 (1.53) を用いて, 式 (1.54) を変形すると, 以下のように, 実験室系と重心系の微分断面積の関係が得られる.

$$\frac{d\sigma}{d\Omega_{\mathrm{Lab}}}(\theta_{\mathrm{Lab}}) = \frac{d\sigma}{d\Omega_{\mathrm{CM}}}(\theta_{\mathrm{CM}})\frac{(1 + 2\zeta\cos\theta_{\mathrm{CM}} + \zeta^2)^{\frac{3}{2}}}{|1 + \zeta\cos\theta_{\mathrm{CM}}|}. \tag{1.55}$$

1.6 相対論的運動学

付録 A に特殊相対論の基礎を概説しているが, そこでの結果を用いて相対論的運動学を簡単に説明する. 静止質量 m_1, m_2, 運動量 $\vec{P}_1, \vec{P}_2$, エネルギー E_1,

22　第 1 章　ラザフォード散乱

E_2 をもつ 2 つの粒子の散乱において，重心の速度 $\vec{v}_{CM}$ は，相対論的運動量と全エネルギーの比として与えられる[5]．

$$\frac{\vec{v}_{\mathrm{CM}}}{c} = \vec{\beta}_{\mathrm{CM}} = \frac{(\vec{P}_1 + \vec{P}_2)c}{E_1 + E_2}. \tag{1.56}$$

m_1 を入射粒子，m_2 を標的粒子 (最初静止) とすると，実験室系の変数を用いて，

$$\vec{\beta}_{\mathrm{CM}} = \frac{\vec{P}_1 c}{E_1 + m_2 c^2} = \frac{\vec{P}_1 c}{\sqrt{P_1^2 c^2 + m_1^2 c^4} + m_2 c^2}, \tag{1.57}$$

ここで，$P_i = |\vec{P}_i|$ $(i = 1, 2)$ とした．非常に低いエネルギー，すなわち，$m_1 c^2 \gg P_1 c$ のとき，式 (1.57) は非相対論的な式 (1.47) になる．

$$\vec{\beta}_{\mathrm{CM}} = \frac{m_1 \vec{v}_1 c}{m_1 c^2 + m_2 c^2} = \frac{m_1}{(m_1 + m_2)} \cdot \frac{\vec{v}_1}{c}. \tag{1.58}$$

エネルギーが非常に高いときは，$m_1 c^2 \ll P_1 c$, $m_2 c^2 \ll P_1 c$ となり，β_{CM} は次式で与えられる．

$$\beta_{\mathrm{CM}} = |\vec{\beta}_{\mathrm{CM}}| = \frac{1}{\sqrt{1 + \left(\frac{m_1 c^2}{P_1 c}\right)^2 + \frac{m_2 c^2}{P_1 c}}} \approx 1 - \frac{m_2 c^2}{P_1 c} - \frac{1}{2}\left(\frac{m_1 c^2}{P_1 c}\right)^2. \tag{1.59}$$

m_1 と m_2 がほぼ同じ大きさのときは，式 (1.59) は，$\beta_{\mathrm{CM}} \approx \left(1 - \frac{m_2 c}{p_1}\right)$ と簡略化され，γ_{CM} は，次のようになる．

$$\gamma_{\mathrm{CM}} = (1 - \beta_{\mathrm{CM}}^2)^{-\frac{1}{2}} \approx \sqrt{\frac{P_1}{2 m_2 c}}. \tag{1.60}$$

γ_{CM} の一般式は，以下のように導かれる．式 (1.57) より，

$$\beta_{\mathrm{CM}}^2 = \frac{P_1^2 c^2}{(E_1 + m_2 c^2)^2}, \tag{1.61}$$

---

[5] 訳者注：　重心は運動量中心で与えられる．式 (A.5) を利用すると，$\vec{P}_{1\mathrm{CM}} + \vec{P}_{2\mathrm{CM}} = \gamma_{\mathrm{CM}}(\vec{P}_1 + \vec{P}_2) - \gamma_{\mathrm{CM}} \vec{\beta}_{\mathrm{CM}}(E_1 + E_2)/c = 0$，を示すことができる．

が導かれるので，
$$1 - \beta_{\text{CM}}^2 = \frac{E_1^2 + 2E_1 m_2 c^2 + m_2^2 c^4 - P_1^2 c^2}{(E_1 + m_2 c^2)^2}$$
$$= \frac{m_1^2 c^4 + m_2^2 c^4 + 2E_1 m_2 c^2}{(E_1 + m_2 c^2)^2}, \tag{1.62}$$

ここで，$m_1^2 c^4 = E_1^2 - P_1^2 c^2$ を用いた．この式より，次式が導かれ
$$\gamma_{\text{CM}} = \left(1 - \beta_{\text{CM}}^2\right)^{-\frac{1}{2}} = \frac{E_1 + m_2 c^2}{(m_1^2 c^4 + m_2^2 c^4 + 2E_1 m_2 c^2)^{\frac{1}{2}}}, \tag{1.63}$$

$E_1 \approx P_1 c \gg m_1 c^2, P_1 c \gg m_2 c^2$ の高エネルギー極限では，この式は式 (1.60) の結果と一致する．

式 (1.63) の分母はその式の見かけの形にも関わらず，不変スカラー量 (ローレンツ不変量) である．なぜなら，この分母は，以下に示すように実験室系 ($\vec{P}_2 = 0$) での 4 元運動量を 2 乗して導くことができるからである．

$$s = (E_1 + E_2)^2 - (\vec{P}_1 + \vec{P}_2)^2 c^2$$
$$= (E_1 + m_2 c^2)^2 - P_1^2 c^2 = E_1^2 + m_2^2 c^4 + 2E_1 m_2 c^2 - P_1^2 c^2$$
$$= m_1^2 c^4 + m_2^2 c^4 + 2E_1 m_2 c^2. \tag{1.64}$$

この s はローレンツ不変量なので，どの系で求めても同じ値をもつ．特に，2 つの粒子が大きさが等しく，逆方向の運動量をもつ重心系 (全運動量ゼロの系) では，

$$s = m_1^2 c^4 + m_2^2 c^4 + 2E_1 m_2 c^2$$
$$= (E_{1\text{CM}} + E_{2\text{CM}})^2 - \left(\vec{P}_{1\text{CM}} + \vec{P}_{2\text{CM}}\right)^2 c^2$$
$$= (E_{1\text{CM}} + E_{2\text{CM}})^2 = \left(E_{\text{CM}}^{\text{TOT}}\right)^2. \tag{1.65}$$

のように簡単になり，s は重心系での全エネルギーの 2 乗であるといえる．それゆえ，最初静止している粒子 m_2 に対し，

$$\gamma_{\text{CM}} = \frac{E_1 + m_2 c^2}{\sqrt{s}} = \frac{E_1 + m_2 c^2}{E_{\text{CM}}^{\text{TOT}}} = \frac{E_{\text{Lab}}^{\text{TOT}}}{E_{\text{CM}}^{\text{TOT}}}, \tag{1.66}$$

と表すことができる．この変数 s は，高エネルギー散乱の議論でよく用いられ，$E_{\mathrm{CM}}^{\mathrm{TOT}}$ は $\sqrt{s}$ とも呼ばれる．式 (1.65) より明らかなように，$\frac{\sqrt{s}}{c^2}$ は，2 体衝突系の静止質量，または不変質量とみなすことができる．

散乱問題を議論するときには，もう1つの不変量として，4元移行運動量の 2 乗として定義される t を用いることが多い．

$$t = \left(E_1^f - E_1^i\right)^2 - \left(\vec{P}_1^f - \vec{P}_1^i\right)^2 c^2. \tag{1.67}$$

ここで，添字 i は始状態，f は終状態を表すものとする．すべての衝突において，運動量とエネルギーは，別々に保存するので，t を標的粒子の変数だけで表すこともできる．

$$t = \left(E_2^f - E_2^i\right)^2 - \left(\vec{P}_2^f - \vec{P}_2^i\right)^2 c^2. \tag{1.68}$$

さらに，s と同様に，t も系によらない不変スカラー量であり，どの系でも計算結果は同じになるので，ここでは，特に重心系で議論を進める．簡単のため，弾性散乱に限定すると，$|\vec{P}_{\mathrm{CM}}^i| = |\vec{P}_{\mathrm{CM}}^f| = |\vec{P}_{\mathrm{CM}}|$ なので，その結果，重心系での 2 つの粒子に対し，$E_{\mathrm{CM}}^i = E_{\mathrm{CM}}^f$ となる．式 (1.67) から，

$$\begin{aligned}t &= -\left(P_{1\mathrm{CM}}^{f^2} + P_{1\mathrm{CM}}^{i^2} - 2\vec{P}_{1\mathrm{CM}}^f \cdot \vec{P}_{1\mathrm{CM}}^i\right)c^2 \\ &= -2P_{\mathrm{CM}}^2 c^2 (1 - \cos\theta_{\mathrm{CM}}).\end{aligned} \tag{1.69}$$

ここで，$|\vec{P}_{1\mathrm{CM}}^f| = |\vec{P}_{1\mathrm{CM}}^i| = P_{\mathrm{CM}}$ で，θ_{CM} は重心系での散乱角を表す．$-1 \leq \cos\theta_{\mathrm{CM}} \leq 1$ なので，どのような角度の弾性散乱でも，$t < 0$ と結論される．一方，式 (1.67) の定義より，t は，その散乱を媒介する交換粒子 (エネルギー $E_1^f - E_1^i$ と運動量 $\vec{P}_1^f - \vec{P}_1^i$ をもつ) の質量の 2 乗とも考えられる．したがって，もし，散乱を記述するために，このような粒子交換の描像を用いるなら，その交換粒子は虚数の静止質量をもつことになり，物理的意味をもたない．しかし，この「仮想粒子」が検出されなくとも，もしその描像が正しいとするなら，その t は計算でき，何らかの方法で観測されると考えられる．この交換過程の様子を初めて図 1.7 の図形 (Diagram) で示したのが，R. ファインマン (Richard

1.6 相対論的運動学

Feynman) である．この図は，量子電磁力学 (QED) による散乱振幅の計算に用いられ，ファインマン図形 (Feynman diagram) と呼ばれる．

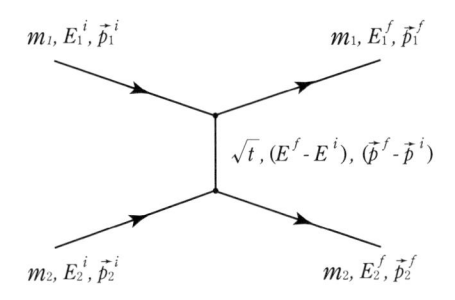

図 1.7: 2 つの粒子 m_1, m_2 の衝突における質量 $\sqrt{t}$ の仮想粒子交換．

便宜上，$q^2c^2 = -t$ で与えられる変数 q^2 を定義する．実験室系では，$\vec{P}^i_{2Lab} = 0$ なので，式 (1.68) より，次式を得る．

$$\begin{aligned}
q^2 c^2 &= -\left[\left(E^f_{2\mathrm{Lab}} - m_2 c^2\right)^2 - \left(P^f_{2\mathrm{Lab}} c\right)^2\right] \\
&= -\left[\left(E^f_{2\mathrm{Lab}}\right)^2 - \left(P^f_{2\mathrm{Lab}} c\right)^2 - 2E^f_{2\mathrm{Lab}} m_2 c^2 + m_2^2 c^4\right] \\
&= -\left[2m_2^2 c^4 - 2E^f_{2\mathrm{Lab}} m_2 c^2\right] \\
&= 2m_2 c^2 \left(E^f_{2\mathrm{Lab}} - m_2 c^2\right) = 2m_2 c^2 T^f_{2\mathrm{Lab}},
\end{aligned}$$

よって $\quad q^2 = 2m_2 T^f_{2\mathrm{Lab}}, \tag{1.70}$

ここで $T^f_{2\mathrm{Lab}}$ は終状態の運動エネルギーを表し，この最後の式では $E^f_{2\mathrm{Lab}}$ を $T^f_{2\mathrm{Lab}} + m_2 c^2$ で置き換えた．非相対論的極限では，$T_{2\mathrm{Lab}} \approx \frac{1}{2} m_2 v_2^2$ なので，q^2 は，ただの標的への運動量移行の 2 乗，すなわち，$q^2 \approx (m_2 v_2)^2$ となる．その結果，q^2 は，衝突の強さを反映し，小さな q^2 は長距離 ($\approx \frac{h}{q}$) で弱い衝突を特徴づけると考える．式 (1.69) より，小さな q^2 は小さな θ_{CM} に対応することが

分かる．また，小さな $\theta_{\rm CM}$ に対し，$q^2 \approx P_{\rm CM}^2 \theta_{\rm CM}^2 \approx p_T^2$, すなわち，衝突の結果起る横方向運動量の 2 乗になることが分かる．

ここで，式 (1.51) に対応する相対論的な式を示す，

$$\tan\theta_{\rm Lab} = \frac{\tilde{\beta}\sin\theta_{\rm CM}}{\gamma_{\rm CM}(\tilde{\beta}\cos\theta_{\rm CM} + \beta_{\rm CM})}. \tag{1.71}$$

付録 A を参照して，読者自身でこの式を導いてもらうことにする．ここで，$\tilde{\beta}c$ は重心系での散乱粒子の速度を表すとする．また，遅い速度の極限では，式 (1.71) は式 (1.51) になることが分かる．

最後に，式 (1.37) のラザフォード散乱断面積を散乱における 2 粒子間の運動量移行で書き換えてみる．式 (1.69)(と t と q^2 の関係式) から，次式を導くことができる．

$$dq^2 = -2P^2 d(\cos\theta) = \frac{P^2 d\Omega}{\pi}, \tag{1.72}$$

ここで，重心系と実験室系の変数の違いを $P_{1{\rm Lab}} \approx P_{1{\rm CM}} = P = m_1 v_0$ として無視した．遅い速度でのラザフォード散乱に限定し，便宜上，式 (1.37) において $m = m_1 \ll m_2, v = v_0$ とすると，以下の断面積が得られる．

$$\frac{d\sigma}{\frac{\pi}{(mv)^2}dq^2} = \frac{(ZZ'e^2)^2}{(2mv^2)^2}\frac{1}{\left(\frac{1-\cos\theta}{2}\right)^2},$$

$$\rightarrow \quad \frac{d\sigma}{dq^2} = \frac{4\pi(ZZ'e^2)^2}{v^2}\frac{1}{q^4}. \tag{1.73}$$

断面積の q^{-4} 依存性は，クーロン散乱の典型的性質で，ポテンシャルの r^{-1} 依存性を反映している．異なった運動量移行依存性をもつ事象では，異なった q^2 分布があることを認識することも重要である．q^2 により断面積が急激に減少する場合は，運動量移行が典型的に小さな例である．この意味で，第 6 章で議論されるように，ゆらぎは重要な物理的効果をもたらす．q^2 の最小値はゼロであるが，これは散乱がない場合に対応する；q^2 の最大値 (本当に稀にしか起らないが) は $4P^2$ である．式 (1.73) は非相対論的に導かれたが，実際これは $v^2 \rightarrow c^2$ でも成り立つ (第 2 章の「核の大きさ」も参照)．

1.7 ラザフォード散乱の量子力学的取り扱い

　これまで，やや回りくどい古典的な行程を経て式 (1.73) に到達したが，ここではラザフォード断面積が量子力学を用いてどのように計算されるかを簡単に述べてこの章の終りとしたい．この計算には，いわゆるフェルミの黄金律[6]を用いる．この黄金律によると，摂動論における単位時間当たりの連続状態への遷移確率は，次式で与えられる．

$$P = \frac{2\pi}{\hbar}|H_{fi}|^2 \rho(E_f). \tag{1.74}$$

ここで，$\rho(E_f)$ は終状態の密度で，H_{fi} は，以下の式で示される始・終状態間の摂動ハミルトニアンの行列要素である．

$$H_{fi} = \langle f|H|i \rangle = \int d^3 r \psi_f^*(\vec{r}) H(r) \psi_i(\vec{r}). \tag{1.75}$$

ラザフォード散乱においては，波動関数は平面波で，散乱中心に接近し (i)，離れる (f) 自由粒子状態に対応し，摂動ハミルトニアンは式 (1.23) に与えられたクーロンポテンシャルである．入射および散乱粒子の運動量を，それぞれ $\vec{p},\ \vec{p}\,'$ とし，波数ベクトルを $\vec{k} = \frac{\vec{p}}{\hbar},\ \vec{k}' = \frac{\vec{p}\,'}{\hbar}$ と定義し，散乱による運動量移行を $\vec{q} = \hbar(\vec{k}' - \vec{k})$ とする．波動関数にかかる全規格化因子を除き，この行列要素 H_{fi} は，次のように書き表せる．

$$H_{fi} \approx \int_{\substack{\text{all}\\\text{space}}} d^3 r e^{i\vec{k}'\cdot\vec{r}} V(r) e^{-i\vec{k}\cdot\vec{r}} = \int_{\substack{\text{all}\\\text{space}}} d^3 r V(r) e^{\frac{i}{\hbar}\vec{q}\cdot\vec{r}}. \tag{1.76}$$

右辺の積分は $V(r)$ のフーリエ変換で，運動量空間でのポテンシャルエネルギー表示と考えることができる．これを積分すると[7]，以下の式が得られる．

---

[6] この有名な 2 つの状態間の遷移則は標準的な量子力学の教科書に記載されている．

[7] フーリエ変換は関数の展開の一般化に対応する．種々の関数変換は数学便覧に記載されており，物理学におけるいろいろな応用に有益である．L. Schiff, *Quantum Mechanics* (New York, McGraw Hill, 1968); A. Das and A. C. Melissinos, *Quantum Mechanics*, (New York, Gordon and Breach,1986); A. Das, *Lectures on Quantum Mechanics*, (New Delhi, Hindustan Book Agency, 2003) 参照．

$$V(\vec{q}) = \int_{\substack{\text{all}\\\text{space}}} d^3 r V(r) e^{\frac{i}{\hbar}\vec{q}\cdot\vec{r}} = \frac{(ZZ'e^2)(4\pi\hbar^2)}{q^2}. \tag{1.77}$$

終状態の密度を求め[8]，式 (1.74) に代入し，散乱断面積に関係づけると，式 (1.73) と同じ式に表される．したがって，ラザフォードの結果は，$\hbar$ は用いられていないが，量子力学と一致する結果を与える (固有スピンを無視した場合.)

演習問題

1.1 式 (1.38) を用いて，衝突径数 b が $10^{-12}, 10^{-10}$ と 10^{-8} cm 以下に対し，10 MeV の α 粒子と鉛原子核とのラザフォード散乱の全断面積を近似計算で求めよ．また，πb^2 の近似と比較せよ．

1.2 式 (1.53) と (1.54) の関係式から式 (1.55) が導かれることを証明せよ．

1.3 式 (1.52) と (1.53) で $\zeta = 0.05$ と $\zeta = 20$ のとき，異なる質量の粒子の非相対論的弾性散乱における $\cos\theta_{\text{Lab}}$ を $\cos\theta_{\text{CM}}$ の関数として求めよ．

1.4 エネルギー 10 MeV の α 粒子と鉛箔膜とのラザフォード散乱で，実験室系で角度 $\theta = \frac{\pi}{2}$ に散乱される計数率を近似的に求めよ．ただし，入射 α ビーム束は単位時間当たり 10^6，箔膜の厚さ 0.1 cm，鉛の密度 11.3 g/cm^3 で，検出器の検出口径は 1 cm × 1 cm で反応点より 100 cm の処に置かれているとする．$\theta = 5°$ では，計数率はいくらか？また，この角を重心系での角度とするとどうなるか？定量的な近似でよい．(なぜ箔膜の面積を必要としないのか？)

1.5 同じ質量をもつ 2 つの粒子の弾性散乱に対し，$\frac{d\sigma}{d\Omega_{\text{CM}}}$ が等方的で，100 mb/sr のときの断面積を実験室系で $\cos\theta_{\text{Lab}}$ の関数として求めよ．式 (1.52) で $\zeta = 0.05$ とすると，結果はどうなるか？(必要なら近似を用いてよい．)

---

[8] この議論については，A. Das and A. C. Melissinos, *Quantum Mechanics*, pp 199-204, A. Das, *Lectures on Quantum Mechanics*, (New Delhi, Hindustan Book Agency, 2003) 参照

1.6 ある放射性原子核は，α 粒子を放出する．もしこれらの α 粒子の運動エネルギーが 4 MeV とすると，非相対論的な場合では，速度はいくらか？この速度の計算で，相対論的な場合の値とどれだけの誤差があるか？この α 粒子が金の原子核に最も接近できる距離はいくらか？

1.7 実験室系で運動量 0.511 MeV/c の電子が観測された．
$\beta = \frac{v}{c}, \gamma = (1-\beta^2)^{-\frac{1}{2}}$ として，運動エネルギーと全エネルギーを求めよ．

1.8 問題 1.1 で規定した衝突径数の上限に対して，鉛の反跳核の運動エネルギーと運動量移行 (eV の単位で) を求めよ．

1.9 式 (1.71) の超相対論的極限をとって，$\theta_{\mathrm{CM}} = \frac{\pi}{2}$ における θ_{Lab} の近似式を求めよ．また，$\gamma_{\mathrm{CM}} = 10$ と $\gamma_{\mathrm{CM}} = 100$ に対する，θ_{Lab} を計算せよ．

1.10 運動エネルギー 7.7 MeV の α 粒子を金の原子核に照射し，少なくとも 1° 曲げるために必要な衝突径数はいくらか？ 30° のときはいくらか？ $\theta > 1°$ 曲げる確率と $\theta > 30°$ 曲げる確率の比を求めよ．(金の比重は 19.3 g/cm^3.)

1.11 毎秒 10^4 の α 粒子を厚さ 0.1 mm の金の薄膜を照射するため，細く絞られた運動エネルギー 8 MeV の α 粒子源を考える．散乱角 $\theta = 90°$ で $\Delta\theta=0.05$ rad 環状円錐を見込む検出器での計数率はいくらか？ これと $\theta = 5°$ の場合と比較せよ．このとき，どのような問題が起るかを考えよ．(ヒント：問題 1.12 参照．適当なところで小角の近似を用いよ．)

1.12 α 粒子と金の原子核とのラザフォード散乱式 (1.41) を考える．散乱粒子数 n を得るため，この式をすべての角で積分する．原理的には，n は，入射粒子数 N_0 を超えないのはなぜか？ この積分で問題 1.4 での n が N_0 を超えないための $\theta = \theta_0 > 0$ のカットオフの値を求めよ．(ヒント：積分の後，計算に小角の近似を用いよ．) Δx を $\Delta p_x = p_0\theta_0 \approx \sqrt{2mE}\theta_0$ の横成分運動量に対応する横座標とする．ハイゼンベルグ (Heisenberg) の不確定性原理 $\Delta p_x \Delta x \approx \hbar$ を用いて，これが散乱に影響する距離 Δx を計算せよ．

推奨図書

巻末推奨図書番号： [10], [30], [32].

2 原子核の現象論

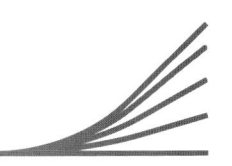

2.1 はじめに

　ラザフォードの散乱の実験により，原子の中心には正電荷の原子核があることが示されたが，25 MeV 以上の α 粒子による実験結果はラザフォードの散乱式からずれ，特に Z の小さい核ではずれが大きいことが分かった．また，1920年代後半では J. チャドウィック (James Chadwick) がヘリウムガスを使った α 粒子の弾性散乱の実験を行いクーロン散乱との間に重大な相違があることを発見した．この相違は，N. モット (Neville Mott) が最初に予想した量子効果では説明できず，原子核の散乱では明らかにクーロン力以外の力が関与していることを示していた．

　1932 年にチャドウィックが中性子を発見するまでは，原子核は陽子と電子からできていると考えられていたが，現在では原子核は陽子と中性子 (まとめて核子という) からできていることが分かっている．核と核力についての多くの知識は，何十年間もの苦難に満ちた実験から得られたものである．本章では，まず原子核物理の概要を述べ，核現象の解明へと導いたいくつかの重要な実験を解説する．

2.2 原子核の特性

2.2.1 核の表記法

　元素 X の原子核は，その電荷すなわち原子番号 Z と質量数 A (全核子数) で

一義的に表記することができ，慣例的に $^AX^Z$ と表される[1]．あるいは，陽子数 (Z) と中性子数 ($N = A - Z$) で規定することもできる．原子全体は電気的に中性で，原子核は Z 個の電子に囲まれている．これまで，異なった Z と A をもつ非常に多くの原子核が自然界で発見され，また実験室でつくられている．陽子数が同じで中性子数が異なる原子核を**アイソトープ** (*isotopes*) または**同位体**と呼ぶ．$^AX^Z$ と $^{A'}X^Z$ は元素 X のアイソトープで，このような核をもつ原子はすべて同じ化学的性質をもつ．核子数が同じで，陽子数が異なる原子核は，**アイソバー** (*isobars*) または**同重体**と呼ばれる．したがって，$^AX^Z$ と $^AY^{Z'}$ はアイソバーである．原子に基底状態と励起状態があるように，原子核にも励起状態があり，このような状態を**共鳴状態** (*resonances*) または**アイソマー**と呼ぶ．

2.2.2 核の質量

すでに述べたように，原子核 $^AX^Z$ は Z 個の陽子と $(A - Z)$ 個の中性子から構成されているので，その質量は単に次のように書けると考えられる．

$$M(A, Z) = Z\, m_p + (A - Z)\, m_n. \tag{2.1}$$

ここで，m_p と m_n はそれぞれ陽子，中性子の質量を表し，以下の値をもつ．

$$m_p \approx 938.27\ \mathrm{MeV}/c^2, \qquad m_n \approx 939.56\ \mathrm{MeV}/c^2. \tag{2.2}$$

しかし，測定によると核の質量は，構成粒子の質量の和より小さいことが分かっている[2]．式で表すと，

$$M(A, Z) < Z\, m_p + (A - Z)\, m_n. \tag{2.3}$$

---

[1] 訳者注：$^A_Z X$ と表すことも多い．

[2] 質量についての話題として，アイソトープ表で与えられているのは，中性原子の質量であり，原子核の質量ではないことを指摘しておく．核の質量を求めるには，原子の重さから電子の質量 (Zm_e) を差し引かねばならない (電子の結合におけるわずかな差を無視して)．残念ながら，化学者と物理学者とは異なった質量の尺度を用いている．化学者は，地球上に存在する酸素の天然アイソトープ混合体を 16.0 原子質量単位 (amu) とし，一方，物理学者は $^{16}O^8$ の原子を 16.0 amu と規定している．1 amu は原子重量 1.0000 g をもつ仮想的な 1 原子の質量をグラムで表したも

この関係式は，なぜ原子核がその構成核子に分解しないのかをエネルギー保存則から説明する．いま，質量欠損を次のように定義すると，

$$\Delta M(A, Z) = M(A, Z) - Zm_p - (A - Z)m_n, \tag{2.4}$$

この量は負になり，核の結合エネルギー (B.E.) に比例すると考えることができ，その絶対値は核を分解するのに必要な最小限のエネルギーを表す．そのため，この負の結合エネルギー (B.E.) が核を分解せずに 1 つの核として留めおくことを保証し，$|\Delta M|$ が大きいほど核は安定になる．質量欠損と B.E. は単純に光速 c の 2 乗を用いて次のように関係づけられる．

$$\text{B.E.} = \Delta M(A, Z)c^2. \tag{2.5}$$

したがって，$-\Delta Mc^2$ または $-$B.E. は核の内部に閉じ込められたすべての核子を解放するのに必要なエネルギーに対応する．また，核子当たりの結合エネルギー，すなわち核子 1 個を解放するのに必要な平均エネルギーを

$$\begin{aligned}\frac{B}{A} &= \frac{-\text{B.E.}}{A} = \frac{-\Delta M(A, Z)c^2}{A} \\ &= \frac{(Zm_p + (A - Z)m_n - M(A, Z))c^2}{A},\end{aligned} \tag{2.6}$$

と定義するのが便利である．この量は多くの安定核について測定され (図 2.1 参照)，後で述べる細かい構造を除いて非常に注目すべき特徴を示している．

　質量数の小さな核 ($A \lesssim 20$) では，$\frac{B}{A}$ は多少振動しながら A とともに急激に増加する．その後飽和状態になり，A =60 の近傍で $\frac{B}{A}$ は約 9 MeV に達する．さらに，大きな A では $\frac{B}{A}$ は非常にゆるやかに減少する．したがって，広い領域の原子核に対して，$\frac{B}{A}$ は平均的に約 8 MeV となる．後で分かるように，これらの特性は核力の性質と核構造について重要な意味をもつ．またこれらの特

のである．したがって，1 amu = (A_0^{-1})g = 1.6606×10^{-24} g. (現在の A_0 の値は $(6.022098 \pm 0.000006) \times 10^{23}$ mol^{-1}.) また，統一原子質量単位「u」があり，^{12}C 原子の質量の $\frac{1}{12}$ として定義される．ここでは，m_p = 1.00728 amu = 938.27 MeV/c^2 = 1.6726×10^{-24} g, $m_n = m_p + 1.29332$ MeV/c^2 を用いる．

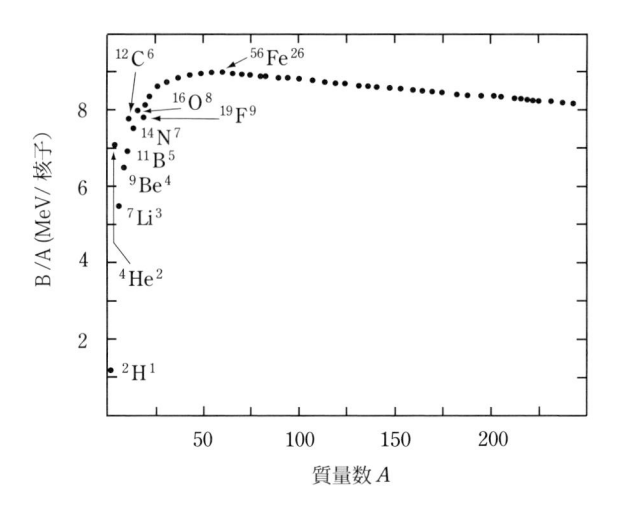

図 2.1: 安定核の核子当たりの結合エネルギー.

性からただちにいえることは，約 8 MeV の運動エネルギーが 1 個の核子に与えられると，その核子は核結合から解放され，1 核子として核外に飛び出すことができることである．この意義を理解するために，すべての量子力学的な物体は波動的な振る舞いをすることを思い起してみる．実際，運動量 p をもつ粒子はド・ブロイ仮説により次のような波長をもつ．

$$\lambda = \frac{\hbar}{p}. \tag{2.7}$$

ここで，$\hbar$ と λ はそれぞれプランク定数と，波長 λ を 2π で割った量で，λ は換算波長と呼ばれる．(ド・ブロイ結合状態に必要な条件は $2\pi r = n\lambda$ に対応するので，λ は典型的な核半径の大きさを反映している．) ここで，核内の 1 個の核子に 8 MeV の運動エネルギーを与えたと仮定しよう．陽子質量は $m_p \approx 940 \text{ MeV}/c^2$ と非常に重くその運動は非相対論的なので，その波長を計算すると，

$$\lambda = \frac{\hbar}{p} = \frac{\hbar}{\sqrt{2mT}} = \frac{\hbar c}{\sqrt{2mc^2 T}}$$
$$\approx \frac{197 \text{ MeV-fm}}{\sqrt{2 \times 940 \times 8 \text{ MeV}}} \approx \frac{197}{120} \text{ fm} \approx 1.6 \text{ fm},$$

したがって $\quad \lambda \approx 1.6 \times 10^{-13}$ cm, (2.8)

が得られる．ここで 1 fm は 1 フェムトメータ (10^{-15} m) または 1 フェルミ (Enrico Fermi の名前に因む) と呼ぶ．この波長は典型的な核の大きさであり，核内にそのようなエネルギーをもつ核子が存在すると考えるのは極めて自然なことである．その結果，8 MeV の運動エネルギー (または 120 MeV/c の運動量) をもつ核子は原子核内に留まることも放出されることもできる．他方，もし電子が核内に存在するなら，8 MeV の運動エネルギーの電子は相対論的であり，$pc \approx T \approx 8$ MeV となり，ド・ブロイ波長は

$$\lambda = \frac{\hbar}{p} \approx \frac{\hbar c}{T} \approx \frac{\hbar c}{8 \text{ MeV}} \approx \frac{197 \text{ MeV-fm}}{8 \text{ MeV}}$$
$$\approx 25 \text{ fm} \approx 2.5 \times 10^{-12} \text{ cm}, \quad (2.9)$$

と計算される．この波長はどの核半径よりもかなり大きい値であり，8 MeV の電子が核内に留まるのは不自然と考えられる．もし電子が陽子と同じ 120 MeV/c の運動量をもつ場合はどうであろう．このような電子は，波長的には核内に留まることができる．しかし，120 MeV のエネルギーは核の結合エネルギーの 8 MeV をはるかに超え，電子は核外に飛び出すことになる．もちろん，これは核内には電子が存在しえないことを示す教育的な議論であるが，より直接的な観測事実もこの推論を支持する．($\frac{B}{A}$ から推論される意義については後で述べることにする．)

2.2.3 核の大きさ

原子核の大きさは，慎重に定義しなければならない．量子系では物体の大きさは，通常はその物体の軸方向の座標演算子の期待値として求める．原子の場合，これは最外殻電子の平均座標に対応し，通常摂動論的に計算できる．原子

核の場合は，核力を表す簡単な式がないので，核の大きさを決めるには実験に頼らなければならない．

核の大きさの決定にはいくつかの方法がある．まずラザフォード散乱実験について考える．この散乱の衝突係数がゼロのとき，すなわち入射粒子が散乱中心と正面衝突したとき，最近接距離は最少になり (式 (1.25) 参照)，

$$r_0^{\min} = \frac{ZZ'e^2}{E}, \tag{2.10}$$

と与えられる．この場合粒子は，もちろん後方 ($\theta = \pi$) に散乱され，最近接距離は核の大きさの上限を与える．このとき，α 線源からの α 粒子のエネルギーは低いので，核の斥力であるクーロン障壁を越えることができず核内に侵入できない．このような低エネルギーの測定では，比較的粗い上限値を与えることになり，典型的に以下のようになる．

$$R_{\text{Au}} \lesssim 3.2 \times 10^{-12} \text{ cm}, \quad R_{\text{Ag}} \lesssim 2 \times 10^{-12} \text{ cm}. \tag{2.11}$$

核半径を測定する他の方法は，高エネルギーの粒子，たとえば電子と核との散乱を用いることである．正面衝突に対して (すなわち衝突係数がゼロのとき)，エネルギーが高くなると式 (2.10) より

$$r_0^{\min} \to 0, \tag{2.12}$$

になることが分かる．これは，高エネルギー粒子ほど核内深層部を調べるのに適していることを意味する．電子は主に電磁力で作用し，核力を感じないため核の電荷分布の影響を受ける．言い換えると，電子散乱を用いて，核内の電荷分布 (形状因子) を導出し，その半径を原子核の有効半径と定義することができる．相対論的エネルギーにおいては，電子のスピンによる磁気モーメントもその散乱断面積に寄与する．N. モット (Neville Mott) はラザフォード散乱を初めて量子力学的に計算し，このスピン効果を取り入れた．高エネルギー電子散乱の体系的研究は，R. ホッフスタダ (Robert Hofstadter) の研究グループにより 1950 年代後半に始められ，このスピン効果や，陽子を含め核の電荷分布の広範な特性が明らかにされた．

2.2 原子核の特性

規格化された空間電荷分布 $\rho(\vec{r})$ を用い，標的核の電荷形状因子を式 (1.77) のように運動量移行のフーリエ変換式 $F(\vec{q})$ で定義することができる．

$$F(\vec{q}) = \int_{\substack{\text{all} \\ \text{space}}} d^3 r \rho(\vec{r}) e^{\frac{i}{\hbar} \vec{q} \cdot \vec{r}}. \tag{2.13}$$

一般に，この形状因子のため電子の弾性散乱の断面積は標的が点粒子の場合の断面積から変形され，次のように表される．

$$\frac{d\sigma}{dq^2} = |F(\vec{q})|^2 \left(\frac{d\sigma}{dq^2}\right)_{Mott}. \tag{2.14}$$

ここで，$\left(\frac{d\sigma}{dq^2}\right)_{Mott}$ は点粒子どうしの散乱のモット断面積である．この断面積は重い標的核と高エネルギー電子のラザフォード散乱公式と以下のような関係がある．

$$\left(\frac{d\sigma}{d\Omega}\right)_{Mott} = 4\cos^2\frac{\theta}{2}\left(\frac{d\sigma}{d\Omega}\right)_{Rutherford}. \tag{2.15}$$

そのため，予想される点粒子散乱からのずれが，衝突に関与する粒子の大きさ (と構造) の尺度を与える．電子は点粒子と考えられるため，観測される分布は標的核の大きさを反映する．

他方，強い核力を利用して原子核の大きさを調べる方法もある．特に，高エネルギーでの，強い相互作用をする粒子 (π 中間子，陽子など) と標的核との弾性散乱では，クーロン相互作用は相対的に弱く無視することができる．このような入射粒子は容易に核と反応し吸収される．これは光が吸収体で遮蔽されるのと非常に良く似ている．この吸収の結果回折パターンが生じる．これも，スリットや格子で観測される散乱光の回折と同じである．したがって，吸収体のはたらきをする原子核の大きさは，その回折パターンから推測することができる．

これらの現象論的研究より，核半径と核子数 A について驚くほど単純な関係式がえられた．

$$R = r_0 A^{\frac{1}{3}} \approx 1.2 \times 10^{-13} A^{\frac{1}{3}} \text{ cm} = 1.2 A^{\frac{1}{3}} \text{ fm}. \tag{2.16}$$

この核半径から，原子核の質量密度は $\approx 10^{14}$ g/cm^3 と異常に大きく，核子は核内に堅く閉じ込められているといえる．

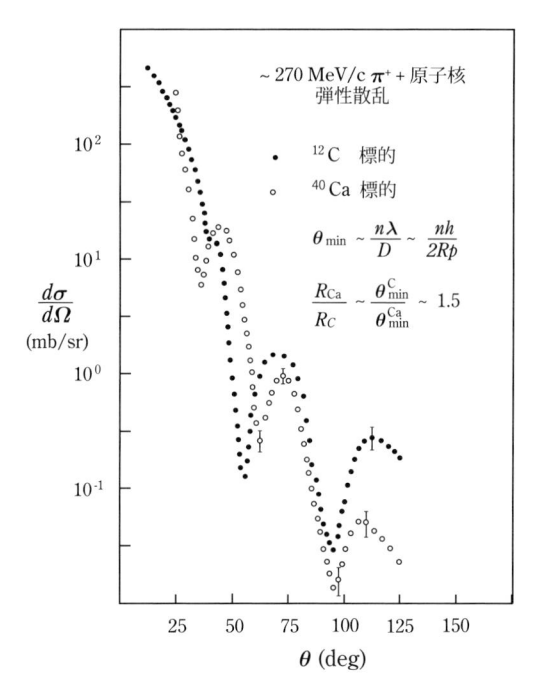

図 2.2: 運動量 ≈ 270 MeV/c の π^+ と炭素およびカルシウムの標的との弾性散乱の微分断面積．単位 mb はバーン (1b=10^{-24} cm^2) の 1000 分の 1 である．光学的に π^+ のド・ブロイ波長を適用すると，分布の最初の谷の位置から，式 (2.16) により予測される核半径に近い値が得られる．また，2 つの標的の谷間の比はこれらの核の半径比を示す．(C. H. Q. Ingram, Meson-Nuclear Physics-1979, AIP Conference Proc. No.54 より)

2.2.4 核スピンと双極子モーメント

陽子と中性子はともにスピン角運動量 $\frac{1}{2}\hbar$ をもち，原子の周りの電子が軌道角運動量をもつように，核内の核子も軌道角運動量をもつことができる．量子力学より軌道角運動量は整数値のみをとることが知られている．構成粒子の全

角運動量，すなわち軌道角運動量と固有スピンのベクトル和を核のスピンと定義する．したがって，質量数が偶数の原子核は整数の核スピンをもち，質量数が奇数の原子核は半整数のスピンをもつことはごく自然である．しかし偶数の陽子と偶数の中性子をもつすべての原子核 (偶-偶核) の核スピンがゼロである事実は驚くべきことである．同様に驚くべきことは，多くの核が基底状態では非常に小さいスピンをもつことである．これらの事実は，原子核内の核子は非常に強く「対」をなし，全体としてスピン効果を打ち消すという仮説で説明することができる．

すべての荷電粒子は，スピンに対応する磁気双極子モーメントをもち，それは以下のように与えられる．

$$\vec{\mu} = g\frac{e}{2mc}\vec{S}. \tag{2.17}$$

ここで，$e, \, m, \, \vec{S}$ は粒子の電荷，質量と固有スピンである．定数 g はランデ (Landé) 因子と呼ばれ，電子のようなスピン 1/2 の点粒子では $g=2$ の値をもつ．(実は電子の g は 2 から 10^{-3} 程度のズレが観測されているがそれは量子電磁力学 (QED) を基にした場の理論の計算結果と一致している．) $g \neq 2$ のとき，粒子は異常磁気モーメントをもつといい，それは粒子の内部構造に起因すると考えられる．電子 ($|S_z| = \frac{1}{2}\hbar$) に対して，双極子モーメントは $\mu_e \approx \mu_B$ で与えられる．ここで μ_B はボーア磁子で次のように定義される．

$$\mu_B = \frac{e\hbar}{2m_e c} = 5.79 \times 10^{-11} \text{ MeV/T}. \tag{2.18}$$

ここで，1 T(テスラ) は磁場の単位で 10^4 G(ガウス) に等しい．核子の磁気双極子モーメント μ_N は陽子質量を用いて次のように定義される核磁子，

$$\mu_N = \frac{e\hbar}{2m_p c}, \tag{2.19}$$

の単位で表される．質量比 $\frac{m_p}{m_e}$ より，ボーア磁子は核磁子より約 2000 倍大きい．

陽子と中性子の磁気モーメントは次の値をもつ．

$$\mu_p \approx 2.79\mu_N, \qquad \mu_n \approx -1.91\mu_N. \tag{2.20}$$

表 2.1: 自然界に存在する安定な核種の個数.

N	Z	安定な核種の数
偶	偶	156
偶	奇	48
奇	偶	50
奇	奇	5

この事実は陽子と中性子がともに大きな異常磁気モーメントをもち，核子が内部構造をもつことの間接的な根拠を与える．実際，中性子は電気的に中性なので，この大きな磁気モーメントは実に異常であり，中性子は空間的に広がった電荷分布をもつはずである．また，原子核の磁気双極子モーメントの測定から，その値がすべて $-3\mu_N$ から $10\mu_N$ の間にあるという驚くべき結果が得られている．これもまた核内の核子が強い対結合をなすことの証拠であり，電子が核内に存在しないことを示す証拠でもある．なぜなら，電子の磁気モーメントは核より 1000 倍以上も大きいため，電子が 1 個でも核内に存在すると核の小さな磁気モーメントの説明が非常に困難になるためである．

2.2.5 核の安定性

安定な核の特性を調べると，質量数 $A \lesssim 40$ では陽子と中性子の数がほぼ同じ $(Z = N)$ であることが分かる．A が 40 以上では，安定な核は $N \approx 1.5Z$ の関係を示し，中性子数が陽子数より多くなる (図 2.3 参照)．これは，重い核では中性子が過剰であれば電荷密度が減少し，核を不安定化するクーロン斥力の効果が弱まる事実から理解できる．さらに，安定核を調べると (表 2.1 参照)，自然界には偶-偶核が最も豊富に存在することが明らかになった．これも，また強い対結合の仮説，すなわち核子の対結合が核の安定性を導くという考えを支持する．

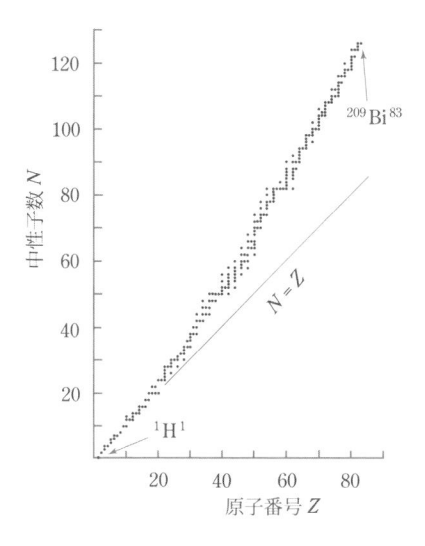

図 2.3: 代表的な安定核の中性子数 N と原子番号 Z の関係.

2.2.6 不安定な核

1896 年まったくの偶然により，H. ベクレル (Henri Becquerel) は自然放射能を発見した．彼はウラン塩の蛍光特性を調べるため，それを太陽光に当て，そこからの放射分布を写真乾板を使って調べていた．その日はちょうど曇りであったので，ウラン塩と写真乾板を机の引き出しに入れた．その後乾板を現像したところ彼は過剰な感光が生じていることに気づいた．彼はこの感光が生じた理由として，ウラン混合物が蛍光とはまったく異なった透過性のある放射線を放出しているためであると推測した．これが天然に存在する核放射能の最初の観測であった．研究の結果，そのような核放射は特に重い核ではごくありふれた現象であることが分かった．

核放射能の本質は，3 種類の放射線，すなわち，アルファ線，ベータ線，ガンマ線である．これらの放射線は，以下に述べるような明確な特徴的性質をもつことが分かった．

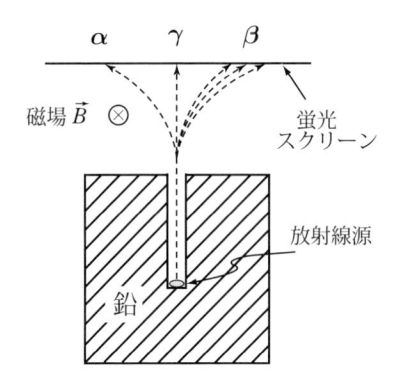

図 2.4: 磁場によるアルファ，ベータ，ガンマ線の分離．

　図 2.4 に示すように，鉛ブロックに細い穴をあけ，その底に放射線源を置く．鉛は放射線を容易に吸収するので，この穴は線源からの放射線を細いビームにするはたらきをする．図に示すように，紙面に垂直に磁場をかけると，放射線が電荷をもてば，そのビームは曲げられる．曲げの方向から電荷の正，負が分かり，曲げの大きさは粒子の運動量により変化する．このような簡単な実験からアルファ線は正電荷をもつことが分かった．アルファ線はスクリーン上のほぼ 1 点に集まるので，ビーム中の α 粒子は単一のエネルギーをもち，その速度は約 $0.1c$ であることが分かった．さらに，α 粒子の飛程は比較的短いことも分かった．(この飛程の測定については第 6 章で述べることにする．) これとは対照的に，ベータ線はアルファ線と逆の方向に曲げられる．これはベータ線が負の電荷をもつ粒子からなることを示す．また，ベータ線は，スクリーン上に分散することから，α 粒子とは異なり，光速の 0.99 倍に至る連続的な速度分布をもつことが分かった．また別の測定から，ベータ線はアルファ線より飛程が長く，電離の度合いが小さいことが示された．(電離については第 7 章で詳しく述べる．) ベータ線を阻止するには 3 mm の鉛が必要であるが，アルファ線はわずか 1 枚の紙で十分阻止できる．最後にガンマ線は，磁場により

曲げられることなくスクリーンの中央に当たることが観測され，電荷のない粒子であることが示された．事実，ガンマ線はすべての点で電磁波と同じ振る舞いをするため，光速で進む光子と結論された．また，いくつかの測定により，ガンマ線はベータ線よりさらに長い飛程をもち，電離の度合いも小さいことが明らかになった．ガンマ線を完全に阻止 (吸収) するには数 cm の鉛が必要であった．

荷電粒子は電場でも曲げることができる．実際，電場を図 2.4 の紙面内で磁場 $\vec{B}$ とビームの両方向に垂直に加え，電場と磁場の大きさを適当に調整すると，荷電粒子の曲げを変化させたり完全にその曲げを打ち消すこともできる．与えられた電磁場に対し，この曲がりは粒子の電荷と質量に関係するので，この曲がりの測定により α 粒子は 2 単位の正電荷と 4 単位の原子質量をもつことが分かった．すなわち，α 粒子は非常に安定なヘリウム原子核，$^4\mathrm{He}^2$ であった．同様の測定により，ベータ線は電子であることが分かった．したがって，最も一般的な天然の核放射能，すなわち，アルファ線，ベータ線，ガンマ線はそれぞれ重い原子核から放射されるヘリウム原子核と電子，高エネルギー光子に対応している．また，核分裂片も放射能の一種であることを記しておく．(アルファ線，ベータ線，ガンマ線について，より定量的な議論は第 4 章で述べる．)

2.3 核力の性質

散乱実験は原子核の特性を決定するだけでなく，核力の特性についても以下のような幅広い情報を提供する．

第 1 に，核力には古典的な力との類似性が明らかにないことである．重力による核子間の引力は核子どうしをつなぎ留めるにはあまりにも弱い．また，核力は電磁力に起因する力でもない．なぜなら重水素核はただ 1 個の陽子と 1 個の中性子だけを含むが，中性子は電気的に中性で，その磁気双極子モーメントによる非常に弱い電磁相互作用を及ぼすだけである．原子核中の電磁相互作用はクーロン斥力が主であり Z の大きな核を不安定にするはたらきをする．

また，核力は極端に短距離力であることも明らかである．それは原子の構造が電磁力で極めて良く説明されることからも分かる．もし核力の作用領域が原

子核の大きさよりずっと大きいと，原子物理学における理論と実験とが見事に一致することはなかったであろう．この議論によると核力の作用領域は約 10^{-13} cm から 10^{-12} cm に制限され，それは原子核のおおよその大きさに対応する．

核力が短距離力であることのもう 1 つの証拠は，核子当たりの結合エネルギーが一定で，本質的に核の大きさに無関係であるという事実に基づく．もし核力がクーロン力のような長距離力とすると，A 個の核子からなる原子核では，その中の任意の 2 個の核子対の数である $\frac{1}{2}A(A-1)$ 個の対をつくる相互作用が存在するであろう．その結果，結合エネルギー B は，基本的には核子間にはたらく力の位置エネルギーの総和を反映し，核子の個数とともに次のように増加するであろう．

$$B \propto A(A-1). \tag{2.21}$$

したがって，A の値が大きいと，核子あたりの結合エネルギーは次のようになる．

$$\frac{B}{A} \propto A. \tag{2.22}$$

言い換えると，核子当たりの結合エネルギーは A とともに増大する．これはクーロン力のような長距離力では正にそうなっている．なぜなら長距離力のもとでは，どの粒子も可能なすべての粒子と相互作用することができ，力が飽和することがないからである．

しかし，原子核の場合は，図 2.1 より分かるように，核子当たりの結合エネルギーはかなり一定である．したがって，核力は飽和性をもつと結論できる．すなわち，どの核子もその近傍の限られた核子とだけ相互作用することを意味する．原子核に核子を加えても，単に核の大きさが増加するだけで，核子あたりの結合エネルギーは増加しない．すでに式 (2.16) で示したように，原子核の大きさは，核の密度を一定に保つように原子番号とともにゆるやかに増大する．これらの観測もまた，核力が短距離力であることを支持する．

核子を核内に留めるには，核力は一般に引力でなければならない．しかし，核と高エネルギー粒子の散乱実験は，核力には斥力を及ぼすコアが存在することを示している．すなわち，ある距離以下になると核力は引力から斥力に変わ

ることが分かった．(斥力コアの存在は，核子にクォークからなる内部構造があるとするとうまく説明できる．) 考え方としては，この結果は魅力的である．なぜならもし核力がすべての距離にわたって引力だとすると，核はそれ自身で潰れてしまうこになる．図 2.5 に示すように，核力は入射粒子が核の中心に向かうと斥力コアを感じるような井戸型ポテンシャルで表すことができる．低エネルギーの粒子は核の中心近傍に近づくことができないので，低エネルギーの核構造の研究ではこの斥力コアを良い近似で無視することができ，核力は単に井戸型ポテンシャルで十分表すことができる．

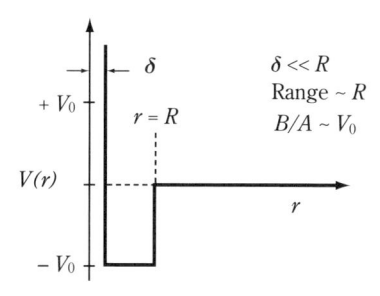

図 **2.5**: 核の中心からの距離 r の関数としての近似的な核力ポテンシャル．斥力コアは非常に小さい距離 $\delta \ll R$ のみではたらく．

ここで指摘しておきたいことは核の密度も核力も $r = R$ で急にゼロになるのではなく，井戸型は単に核力の一般的な効果を表すために用いられていることである．井戸型ポテンシャルは入射粒子が中性子のときは適切であるが，入射粒子が陽子の場合は原子核の正電荷によるクーロン斥力の影響を受ける (図 2.6 参照)．クーロン斥力が存在すると，全エネルギー E_0 をもつ入射陽子は標的核に接近するにつれクーロン障壁に遮られ，古典的には $r = r_0^{\min}$ までしか接近できない．なぜなら $R < r < r_0^{\min}$ では，$V(r)$ は E_0 を超え陽子の運動エネルギーは負になり，物理的な意味がなくなるからである．しかし，同じエネルギーの中性子の場合は，$r \leq \delta$ の斥力コアを無視すると，核の中心まで侵入することができる．

46　第2章　原子核の現象論

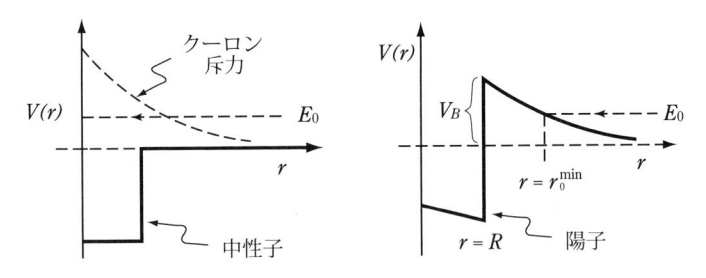

図 2.6: 核標的に入射する中性子と陽子に対するポテンシャルの比較. (荷電粒子が核内に入ると，核の全電荷より少ない電荷を感知し，古典的なポテンシャルは $\frac{1}{r}$ から $(3R^2 - r^2)$[3] に変わり，その結果ポテンシャルは $r = 0$ で有限となる.)

　かつては，低エネルギーの散乱実験から正確な核のポテンシャル形がえられると期待されたが，実験の結果はその詳細な形を決める感度はなく，主にポテンシャルの及ぶ距離とその深さを与えることが分かった．井戸型は何種類かのポテンシャルの 1 つであり，核力の現象論的な性質を良く記述する．

　核力が図 2.5 に示すようにポテンシャルエネルギーで記述できることは，原子と同様に原子核にも量子論に基づく離散的エネルギーレベルと結合状態があることを示唆する．実際，様々な散乱実験や放射線測定により，核の量子状態や状態間の遷移が存在することが確かめられている．核の基底状態や励起状態の模型化は，初期における量子力学検証の基礎となった．核の励起準位の実験的な証拠とこれをうまく説明する核模型については次章で述べる．

　鏡映核[4]の研究や，陽子および中性子の散乱の研究により，クーロン効果を補正すると 2 個の中性子間の力と 2 個の陽子間の力は等しく，これらはさらに

---

[3] 訳者注：核内のポテンシャルは $r \leq R$ での電荷分布が一様であるとして電荷密度を ρ とおくと，r の内側にある電荷と外側の電荷による寄与の和として次のように求められる．$\frac{4\pi r^3 \rho}{3} \frac{k}{r} + \int_r^R 4\pi r'^2 \rho \times \frac{k}{r'} dr' = \frac{2}{3}\pi \rho k (3R^2 - r^2)$. ここで $k = \frac{1}{4\pi\varepsilon_0}$ (MKSA 単位系).

[4] 鏡映核は $^A X^Z$ と $^A Y^{A-Z}$ のように陽子と中性子を交換したアイソバー (同重核) である (例：$^{15}O^8$ と $^{15}N^7$). このような 2 つの核は n-p 間の相互作用の数が同じであるが，p-p 間と n-n 間の相互作用の数は異なる．

陽子-中性子間の力に一致するという興味ある事実が示された．この核力の性質を**荷電独立性** (*charge independence*) と呼び，2核子間の強い核力は核子の電荷によらないことを示す．これは，特記すべき性質で，第9章で分かるように，強い相互作用におけるアイソスピン対称性の概念を導く基礎となった．簡単にいうと，この対称性は電子のスピン上向きと下向きの状態が同じ粒子の異なった状態を指すのと同じように，陽子と中性子は核子と呼ばれる同じ粒子の2つの状態に対応することを意味する．つまりクーロン力が存在しなければ，中性子と陽子は，核力では区別できなくなることを意味する．これは磁場がないときには，スピンの上向きと下向きが区別できないのと似ている．この対称性については第9章で詳しく述べる．

核力がはたらく領域について少々異なった観点から調べてみる．2つの荷電粒子の間にはたらく電磁力は光子の交換により生じると理解されている．光子の伝播はマクスウェル方程式で記述され，伝播速度は光速である（第13章参照）．したがって，光子は質量ゼロとされる．さらに，クーロン力は次のポテンシャルで表され，それはクーロン力が長距離力であることを示す．

$$V(r) \propto \frac{1}{r}. \tag{2.23}$$

交換する粒子が質量をもつ場合について，湯川秀樹 (Hideki Yukawa) は1934年にポテンシャルが次式のように表されることを示した．

$$V(r) \propto \frac{e^{-\frac{mc}{\hbar}r}}{r}, \tag{2.24}$$

ここで m は相互作用を媒介する粒子の質量である．

質量 m がゼロの極限では，このポテンシャルは式 (2.23) のクーロンポテンシャルになる．湯川ポテンシャルの形から，相互作用の及ぶ範囲は，質量 m の粒子のコンプトン波長 λ に対応することが分かる．

$$\lambda = \frac{\hbar}{mc}. \tag{2.25}$$

したがって，交換粒子の質量が分かるとその力の及ぶ範囲を予測できる．逆に，

力の及ぶ範囲が分かると交換される粒子の質量を予測することができる．核力の場合，簡単な計算によりその質量は，

$$m = \frac{\hbar}{\lambda c},$$

または， $$mc^2 = \frac{\hbar c}{\lambda} \approx \frac{197 \text{ MeV-fm}}{1.2 \times 10^{-13} \text{ cm}} \approx 164 \text{ MeV}, \quad (2.26)$$

と予想される．これはよく知られた π 中間子 (パイ中間子) の質量におおよそ等しい．実際には π 中間子は 3 個あり，その質量は，

$$m_{\pi^+} = m_{\pi^-} = 139.6 \text{ MeV}, \quad m_{\pi^0} = 135 \text{ MeV}, \quad (2.27)$$

である．このことは，π 中間子が核力の媒介粒子であることを示唆する．π 中間子やその他の中間子についてと，核力の荷電独立性におけるこれらの粒子の役割については後でまた議論することにする．

演習問題

2.1 核物質のおおよその密度を g/cm^3 の単位で計算せよ．直径 10 cm の中性子星の質量はいくらか．

2.2 ^{12}C 核の結合エネルギーと，3 個の ^{4}He 核 (α 粒子) の結合エネルギーの和との違いを計算せよ．^{12}C 核が 3 個の α 粒子の 3 角形構造で構成されると仮定して，α 粒子間の結合エネルギーを求めよ．^{12}C と ^{4}He の結合エネルギーは，それぞれ B.E.$_\text{C}$ $\approx$ -92.16 MeV, B.E.$_\text{He}$ $\approx$ -28.29 MeV である．

2.3 ^{4}He 核が ^{3}He 核 $+n$ と考え，この最後の中性子の結合エネルギーを求めよ．同様にして，^{16}O の最後の陽子の結合エネルギーを求めよ．これらの結合エネルギーの計算値と実際の $\frac{B}{A}$ を比較せよ．

^{3}He 核に対する ^{4}He 核の安定性と，^{15}N 核に対する ^{16}O 核の安定性について述べよ．(ヒント：核 (A, Z) を構成するのに必要な最後の中性子の結

2.3 核力の性質 49

合エネルギーは $[M(A-1,Z)+m_n-M(A,Z)]c^2$ で与えられる．最後の陽子についても同様な式が成り立つ．)

2.4 cgs 単位系で $\mu_B = \frac{e\hbar}{2m_e c}$ の値を計算し，それを MeV/T の単位に変換せよ．（ヒント：磁場とローレンツ力の関係式 $\vec{F} = \frac{q\vec{v}\times\vec{B}}{c}$ を用いよ．）

2.5 陽子のスピンは，π^+ 中間子が光速 c で中心から半径 10^{-13} cm の円軌道上を回転してできるものとして，この運動による電流と磁気モーメントを計算し，その結果を陽子の磁気モーメントの測定値と比較せよ．（ヒント：cgs 単位で磁気モーメントは $\vec{\mu} = (\frac{I}{c}\vec{A})$，ここで I は面積 A の周りを流れる電流．）

2.6 図 2.2 で示した π^+ 中間子の散乱は個々の核子との散乱ではなく核全体とのコヒーレントな（可干渉性の）散乱であることを述べた．実際，断面積の最初の最小値 $(n=1)$ は $\theta = \frac{n\hbar}{2Rp}$ に対応し，R は $1.2A^{\frac{1}{3}}$ と一致する．さらに高エネルギーで大きな運動量が核に移行するとき，核から陽子や中性子をはね飛ばすことが可能である．この場合，π^+ 中間子はほとんど自由な核子と弾性散乱を行ったと見なすことができる．このような反応は図 2.2 の回折型の角分布にどのような影響を与えるかを述べよ．核内の非常に小さい点粒子との散乱が起きるとしたらどうなるか．（π^+ が実際は点粒子ではないことで，答えは変わるか．）

2.7 通常，光学では回折パターンは角度 θ の関数として表される．この場合，回折パターンの第 1 極小値の θ 値は波長，あるいは運動量に依存する．異なった散乱エネルギーでの回折パターンを調べるのに，たとえば $q^2 \approx p_T^2 \approx (p\theta)^2$ の変数を用いることの有利な点を述べよ．π^+ と標的核の散乱に対し，異なるエネルギーの散乱における回折パターンを描いてみよ．エネルギーが増加し，より大きな q^2 の散乱が可能なとき，核内の核子が内部構造をもつとするとどのような効果が表れるか．核子内に点構造があるとするとどうなるか．（答えは π^+ に内部構造があると変わるか．）

2.8 磁場 ≈ 5 T をかけた場合，核磁気モーメントによる典型的なエネルギー線の分離が起る．この分離に対応する周波数はいくらか．

2.9 運動エネルギー E_0 の非相対論的中性子が質量数 A の静止標的核と正面衝突したとき，弾性散乱により中性子がもちえる最少エネルギーは近似的に次のように与えられることを示せ．

$$E_{\min} = E_0 \left(\frac{A-1}{A+1}\right)^2.$$

標的粒子が水素，炭素，鉄の場合，中性子が 1 回，2 回，3 回，$\cdots$ j 回と連続的に衝突した後の中性子の近似的エネルギーを求めよ．

2.10 問題 2.9 の結果を用い，2 MeV の中性子が炭素原子核と弾性散乱しながらそのエネルギーが 0.1 MeV まで減少するには何回の衝突が必要か．

2.11 $q^2 \ll 1$ のとき，式 (2.13) の弾性散乱の形状因子の指数部は，

$$1 + i\vec{k}\cdot\vec{r} - \frac{1}{2}(\vec{k}\cdot\vec{r})^2$$

と近似できる．ここで $\vec{k} = \frac{1}{\hbar}\vec{q}$ とする．電荷分布の平均二乗根半径 $R = \sqrt{\langle r^2 \rangle}$ を用いて $|F(q)|^2$ を表せ．ただし，(a) $\rho(r)$ が $r = R$ 内で一様，(b) $\rho(r) \approx e^{-\frac{2r^2}{R^2}}$ のそれぞれの場合について計算せよ．また，両方の場合とも，$|F(q)|^2$ は近似的に q^2 の指数関数で減少すること示せ．(ヒント：系の対称性から，$\vec{k}\cdot\vec{r} = k_x x + k_y y + k_z z$ であることを用いてこの項を打ち消す．また，$\rho(r)$ が球対称であるので，$\langle x^2 \rangle = \langle y^2 \rangle = \langle z^2 \rangle = \frac{1}{3}\langle r^2 \rangle$，$\langle r^2 \rangle = \int 4\pi r^2 dr \, r^2 \rho(r)$ を用いる．)

推奨図書

巻末推奨図書番号： [3], [7], [17], [37].

3 核模型

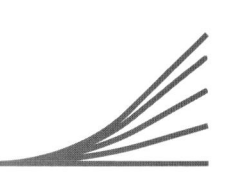

3.1 はじめに

　核力は初期の様々な実験により，その性質が古典物理学で経験したどのような力とも際立って異なることが分かった．また核力を定量的に記述することは容易でないことも分かった．原子物理学では，原子核と電子にはたらく古典的なクーロン相互作用を利用し，量子力学を原子の世界に拡張することにより，原子のエネルギー準位の構造がはじめて正しく見いだされた．これと同様に力の性質を知ることは理論構築の第 1 歩である．中性子と陽子が原子核の構成要素であることは知られていたが，核力の基本的な理解がなされていなかったため，原子核の構造を決定するのは困難であった．したがって理論を構築する代わりに，多くの実験事実を説明する現象論的な模型が作られたことは驚くことではない．次の節でそのような模型の 2，3 の例について説明する．原子物理学と違ってほとんどの模型は，実験データの限られた 1 面のみを説明するために提案され，事実応用範囲がきまっていることにも留意しよう．

3.2 液滴模型

　液滴模型は最も初期の段階で核の結合エネルギーをうまく説明した現象論的模型のひとつである．すでに議論したように，原子核は基本的に球形で，その大きさは $A^{\frac{1}{3}}$ に比例する半径で特徴付けられることが実験で明らかになった．それは原子核の密度が核子の数にほとんど無関係であることを示唆し，原子核が非圧縮性の液滴で，核子は通常の液体中の分子に似た役割をもつとする模型が導入されたのはごく自然であった．この描像は液滴模型と呼ばれ個々の核子

がもつ量子数は完全に無視される.

原子核は液滴のように，中心部に核力が完全に飽和状態にある安定な芯 (コア) と，核力が飽和せず結合がゆるい核子による表面層からできていると考えられる．表面の結合力は弱いため，核子あたりの結合エネルギー ($\frac{B}{A}$) が小さく「表面張力」が生まれ，核子は中心に向かう引力を受ける (図 3.1 参照)．もし実験が示唆するように，核力の飽和により核子当たりの結合エネルギーが一定とすると，原子核の結合エネルギー (B.E.) を次の一般式で表すことができる．

$$\text{B.E.} = -a_1 A + a_2 A^{\frac{2}{3}}, \tag{3.1}$$

ここで第 1 項は一様に飽和した結合エネルギー (体積は R^3 すなわち A に比例することに注意) を表し，第 2 項は表面張力を考慮し過大に評価された結合エネルギーの補正項である．式 (3.1) から明らかなように，この補正は軽い核ほど大きい．それは表面積の体積に対する比がより大きいためであり，小さな核は芯に比べ相対的に表面に多くの核子があるためである．これが軽い核が核子当たりの結合エネルギーが小さい理由である．

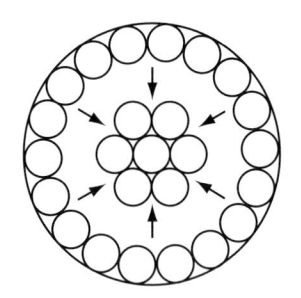

図 **3.1**: 液滴模型における核の表面層とコアの模式図.

同じ模型で非常に重い核の結合エネルギーがわずかに減少するのはクーロン反発力による．すなわち核が Z 個の陽子をもつと，その静電 (クーロン) エネルギーは安定性を減らす効果を与えるが，それは Z が大きいと $\frac{Z^2}{R}$ の形をとる．

3.2 液滴模型

したがって結合エネルギーを減らす正の項を加えることによって次式を得る.

$$\text{B.E.} = -a_1 A + a_2 A^{\frac{2}{3}} + a_3 \frac{Z^2}{A^{\frac{1}{3}}}. \tag{3.2}$$

式 (3.2) の 3 つの項は純粋に古典的な考察による結果である. 残念ながらそれらは陽子数と中性子数が等しい軽い核が特に安定である理由を説明できない. 言い換えると式 (3.2) は, $N = Z$ の軽い核が結合エネルギーが強く, より安定性が高い (すなわち結合エネルギーが負で絶対値がより大きい) ことを導けない. 同様に式 (3.2) は偶-偶核の天然存在比が大きく, 奇-奇核が少ないことを説明できない. こうした事実は主として量子効果 (スピン, 統計性など) により理解される. 液的模型では結合エネルギーの実験式を一般化して現象論的な項を追加して量子効果を含めることができる.

$$\text{B.E.} = -a_1 A + a_2 A^{\frac{2}{3}} + a_3 \frac{Z^2}{A^{\frac{1}{3}}} + a_4 \frac{(N-Z)^2}{A} \pm a_5 A^{-\frac{3}{4}}, \tag{3.3}$$

ここで係数 a_1, a_2, a_3, a_4, a_5 は正であると仮定する. 第 4 項は $N = Z$ 以外では核を不安定にする正の項として効くことを指摘しておく. Z が小さい核では a_3 の項による不安定化はあまり重要ではないが a_4 の項は $N = Z$ の核の安定性を反映する. 最後の項で, 正の符号は奇-奇核に対してであり, 核が相対的に不安定であることを示す. これに対し, 偶-偶核では符号は負であり, より安定性が高く天然存在比が高いことを示す. A が奇数の核では a_5 はゼロにとる. それは式 (3.3) の最後の項がなくても結合エネルギーが非常に良く記述できるからである.

これらの係数は広範囲の核について式 (3.3) が結合エネルギーの観測値に合致するように決定される. 次の値が観測値と良い一致を与える.

$$a_1 \approx 15.6 \text{ MeV}, \quad a_2 \approx 16.8 \text{ MeV}, \quad a_3 \approx 0.72 \text{ MeV},$$
$$a_4 \approx 23.3 \text{ MeV}, \quad a_5 \approx 34 \text{ MeV}. \tag{3.4}$$

結合エネルギーの経験式が与えられると, これと等価な経験式である核の質量公式が次のように得られる (式 (2.4), (2.5) を参照).

54　第3章　核模型

$$M(A, Z) = (A - Z)m_n + Zm_p + \frac{\text{B.E.}}{c^2}$$
$$= (A - Z)m_n + Zm_p - \frac{a_1}{c^2}A \qquad (3.5)$$
$$+ \frac{a_2}{c^2}A^{\frac{2}{3}} + \frac{a_3}{c^2}\frac{Z^2}{A^{\frac{1}{3}}} + \frac{a_4}{c^2}\frac{(A-2Z)^2}{A} \pm \frac{a_5}{c^2}\frac{1}{A^{\frac{3}{4}}}.$$

この式はベーテ・ワイゼッカー (Bethe-Weizsäecker) の半実験的な質量公式として知られ，任意の A と Z をもつ未知の原子核の安定性と質量の予言に用いられる．また第5章で述べるように核分裂理論での定量的な理解にも極めて重要な役割を果たす．

3.3　フェルミガス模型

　フェルミガス模型は，核構造の議論に量子力学的効果を定量的に取り入れた最も初期の試みの1つであった．この模型では原子核を非常に小さな空間，すなわち原子核の体積に閉じ込められた自由な陽子と中性子のガスとみなす．そのような状態では核子は量子化された離散的なエネルギー準位をとるであろう．陽子と中性子は球対称の井戸の内部を飛び回ると考えられ，その大きさは核半径で与えられ，深さは結合エネルギーに合うように調節される．陽子は電荷をもつので第2章で述べたように中性子が受けるポテンシャルとは異なる効果を受ける．観測される中性子と陽子のエネルギーは個々の核子が受けるポテンシャルの範囲と深さに依存していくぶん異なる．第9章で学ぶように素粒子はボソンかフェルミオンに分けられ，フェルミオンである陽子と中性子はフェルミ-ディラック統計に従う．パウリの排他律によりすべてのエネルギー準位は，スピンの向きが異なる最大で2個の同種 (つまり同じエネルギーと電荷) の核子で占められる．

　井戸の最も低いエネルギー準位にある核子は，結合エネルギーが最大なので核の基底状態が最も安定であるためには，エネルギー準位は下から順に埋まると期待される．完全に占有される最も高いエネルギー準位はフェルミ準位 E_F と呼ばれる．フェルミ準位より上に核子がなければ最後の核子の結合エネル

ギーは単に E_F で与えられる．そうでない場合は次の上の準位にあるフェルミオンのエネルギーが最後の核子の結合エネルギーを表す．

中性子と陽子の井戸の深さが同じならば，重い核ほど中性子数が陽子数を上回るので，中性子のフェルミ準位は陽子のフェルミ準位より上に位置する．そのような場合は最後の核子の結合エネルギーは核子の電荷に依存し，陽子と中性子で異なるであろう．しかしこれは実験とは合わないため，次のように結論づけられる．陽子と中性子でフェルミ準位が同じエネルギーであるためには，陽子の井戸は中性子に比べて浅くなければならない (図 3.2 を参照)．実際，そうでなければ中性子数の多い核はすべて不安定となり，中性子は β^- を放出してより低い陽子の準位に落ちてしまうであろう (β^- 崩壊については第 4 章で述べる)．

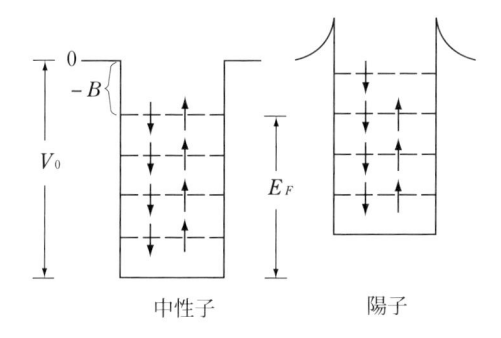

図 3.2: 基底状態の原子核での陽子と中性子のエネルギー準位．

次にフェルミ準位とフェルミオンの個数の関係を調べる．フェルミ準位にある核子の運動量を次のように定義する，

$$E_F = \frac{p_F^2}{2m}, \tag{3.6}$$

ここで m は核子の質量である．フェルミ準位より上にあるフェルミオンを無視すると運動量空間の状態の体積は以下のように書ける，

$$V_{p_F} = \frac{4\pi}{3} p_F^3. \tag{3.7}$$

V を核子の物理的な体積とすると，位相空間の状態の全体積はそれらの積で与えられる．

$$\begin{aligned} V_{\text{TOT}} &= V \times V_{p_F} = \frac{4\pi}{3}r_0^3 A \times \frac{4\pi}{3}p_F^3 \\ &= \left(\frac{4\pi}{3}\right)^2 A(r_0 p_F)^3. \end{aligned} \quad (3.8)$$

これは系の量子状態の全数に比例する．ハイゼンベルグの不確定性原理からどの量子状態でも同じ成分の運動量と位置は次の不等式を満たす，

$$\Delta x \Delta p_x \geq \frac{\hbar}{2}. \quad (3.9)$$

ここで Δx，Δp_x はそれぞれ位置および運動量の不確かさを表す．またこの関係式は，系のもつ状態がとり得る最小の体積に次式の制限を与える．

$$V_{\text{state}} = (2\pi\hbar)^3 = h^3. \quad (3.10)$$

したがって，フェルミ準位まで含めると状態を占めるフェルミオンの数は，

$$n_F = 2\frac{V_{\text{TOT}}}{(2\pi\hbar)^3} = \frac{2}{(2\pi\hbar)^3}\left(\frac{4\pi}{3}\right)^2 A(r_0 p_F)^3 = \frac{4}{9\pi}A\left(\frac{r_0 p_F}{\hbar}\right)^3, \quad (3.11)$$

ここで係数の 2 は個々の状態が，スピンが逆向きの 2 個のフェルミオンで占められることからくる．

簡単のため，$N = Z = \frac{A}{2}$ の原子核を考え，フェルミ準位まで含めたすべての状態が占有されたとする．その場合，

$$N = Z = \frac{A}{2} = \frac{4}{9\pi}A\left(\frac{r_0 p_F}{\hbar}\right)^3 \quad \text{すなわち} \quad p_F = \frac{\hbar}{r_0}\left(\frac{9\pi}{8}\right)^{\frac{1}{3}}, \quad (3.12)$$

が得られる．言い換えると，フェルミ運動量は核子の数によらない定数である．これより，

$$\begin{aligned} E_F &= \frac{p_F^2}{2m} = \frac{1}{2m}\left(\frac{\hbar}{r_0}\right)^2\left(\frac{9\pi}{8}\right)^{\frac{2}{3}} \approx \frac{2.32}{2mc^2}\left(\frac{\hbar c}{r_0}\right)^2 \\ &\approx \frac{2.32}{2 \times 940}\left(\frac{197}{1.2}\right)^2 \text{ MeV} \approx 33 \text{ MeV}. \end{aligned} \quad (3.13)$$

核子あたりの平均の束縛エネルギーを約 -8 MeV として最後の核子に適用すると，簡単な近似からポテンシャルの井戸の深さは約 40 MeV になる．

$$V_0 = E_F + B \approx 40 \text{ MeV}. \tag{3.14}$$

この結果は別の考察から得られる V_0 の値と合致する．フェルミガス模型は複合核の励起状態の研究に用いられた．その励起状態は核子から成るガスの温度を上げる (すなわち核に運動エネルギーを加える) ことにより実現される．この模型はまたベーテ・ワイゼッカーの質量公式 (3.5) の a_4 の項の存在も自然に説明する．

3.4 殻模型

殻模型は，原子物理学で扱う複合原子中の電子軌道との類似に基づく．この模型は核の極めて重要な性質を説明する．このため原子物理学を原子核に適用する前に，原子構造のいくつかの特徴について概説することにする．

よく知られているように，複合原子の電子と原子核の結合は，中心力であるクーロン力のポテンシャルに起因する．そのような系の電子軌道とエネルギー準位はシュレディンガー方程式を解くことにより求められる．一般に，その解は非常に複雑である．なぜならシュレディンガー方程式は他の電子と核のクーロン場を含み，解は解析的には得られないからである．にも関わらず，水素原子中の電子の運動に見られる特徴には一般的な関連性があるため，まずこれについて論ずることにする．たとえば，電子の軌道とエネルギー準位は主量子数 n で記され (これが水素原子ではエネルギーの固有値を決める) それは整数値のみをとる．

$$n = 1, 2, 3, ... \tag{3.15}$$

加えて主量子数の各値に対してエネルギーの縮退した軌道角運動量の状態が存在し，それは次の値をもつ．

$$\ell = 0, 1, 2, ..., (n-1). \tag{3.16}$$

軌道角運動量の各値に対して $(2\ell+1)$ 個の状態があり，それらは任意にとった軸に対し次の射影値 (m_ℓ) をもつ．

$$m_\ell = -\ell, -\ell+1, ..., 0, 1, ..., \ell-1, \ell. \tag{3.17}$$

クーロンポテンシャルの回転対称性により，これらの状態はすべてエネルギーが縮退している．さらに，電子は固有のスピン角運動量 $\frac{\hbar}{2}$ をもつので，各状態はスピンが上向きと下向きの電子で占められ，スピン射影量子数は，

$$m_s = \pm \frac{1}{2}, \tag{3.18}$$

である．そしてスピンがどちらの向きでもエネルギーは同じである．

したがって，水素原子のエネルギーの固有状態は 4 つの量子数 (n, ℓ, m_ℓ, m_s) で記述される．n を与えるとエネルギーの縮退した状態の数は，

$$\begin{aligned} n_d &= 2\sum_{\ell=0}^{n-1}(2\ell+1) = 2\left(2\sum_{\ell=0}^{n-1}\ell + n\right) \\ &= 2\left(2 \times \frac{1}{2}n(n-1) + n\right) = 2(n^2 - n + n) = 2n^2. \end{aligned} \tag{3.19}$$

しかし，これらの状態が縮退するのは，クーロン相互作用の回転対称性を破る特別な方向が空間に存在しないときのみである．たとえば磁場による特定な方向が空間に存在すると，相互作用項 $-\vec{\mu} \cdot \vec{B}$ がクーロンポテンシャルに加わり，系のエネルギーは量子数 m_ℓ と m_s にも依存するようになり，縮退したエネルギー準位が分離する．スピン-軌道相互作用は (図 3.3 を参照)，電子のスピン磁気モーメント ($\vec{\mu} \propto \vec{S}$) と，電子の静止系から見た核の運動による磁場 ($\vec{B} \propto \vec{L}$) との結合であり，これによりエネルギー準位が変わり，いくつかの縮退が解ける．特に，原子におけるスピン-軌道相互作用は，十分に研究されエネルギー準位の微細構造を明らかにした．そのような相互作用の効果は，通常は非常に小さく原子物理学の初歩的な議論ではしばしば無視されるが，あとで分かるように，核構造の性質を決定する非常に重要な要素を与える．

微細構造を無視すると，水素原子はある n の値の殻に相当する電子軌道から構成され，それぞれの殻は軌道角運動量で指定される縮退した下位の殻から成

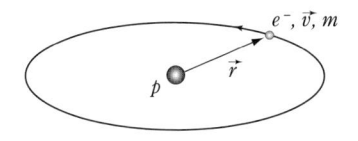

(a) $\vec{L}_e = m\vec{r} \times \vec{v}$ (out)
陽子に対する相対運動

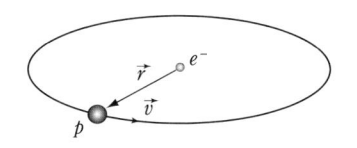

(b) $\vec{B}_p \sim \vec{r} \times \vec{v}$ (out)
電子に対する相対運動

図 **3.3**: 水素原子における電子と陽子のスピン-軌道結合．古典的には電子が感じる磁場は，電子を回る陽子により発生すると考えることができる．このため $\vec{\mu}_e \cdot \vec{B}_p$ の項は，電子にはたらく演算子 $\vec{L} \cdot \vec{S}$ と等価である．

るとみなすことができる．水素原子以外では，電子間のクーロン相互作用により，主量子数 n のエネルギー状態は ℓ の値に従って分離する．ℓ が大きいほど軌道は球対称からはずれ，結合は平均として弱くなり，エネルギーは大きい方にずれる．m_ℓ と m_s の縮退は複雑な原子でもさほど影響は受けない．どの殻もパウリ原理により，$2n^2$ 個の電子しか収容されない．さらに殻あるいは下位の殻が満たされた状態は次の式を満たす．

$$\sum m_s = 0, \qquad \sum m_\ell = 0. \tag{3.20}$$

言い換えると，閉じた殻では対をなす効果が強く，フェルミオンの波動関数がもつ反対称性から (第 9 章参照)，一般に次の関係式が得られる．

$$\vec{L} = 0 = \vec{S}, \qquad \vec{J} = \vec{L} + \vec{S} = 0. \tag{3.21}$$

閉じた殻，あるいは下位の殻が閉じた原子では，電子はすべて対をなし，価電子は存在しない．このため，そのような原子は化学的に不活性である．実際，不活性元素はまさにそのような構造をもつ．たとえば，ヘリウム ($Z = 2$) の電子はともに $n = 1$ の殻を完全に満たす．同様に，ネオン ($Z = 10$) は $n = 1$ と $n = 2$ の殻が閉じている．アルゴン ($Z = 18$) は $n = 1, 2$ の閉殻と $n = 3, \ell = 0, 1$ の殻が閉じている．クリプトン ($Z = 36$) の電子は $n = 1, 2, 3$ の殻と $n = 4$,

$\ell = 0, 1$ の下部殻が閉じている．最後に，キセノン $(Z = 54)$ は $n = 1, 2, 3$ の閉じた殻と $n = 4$, $\ell = 0, 1, 2$，それに $n = 5$, $\ell = 0, 1$ の下部殻が閉じている．($n = 4$, $\ell = 3$ の細長い軌道のエネルギー準位は $n = 5$, $\ell = 0, 1$ の，より球形の軌道のエネルギー準位の上にある．このため，後者の軌道が先に満たされる．) これら不活性元素は化学的に非常に安定である．実際それらの原子のイオン化エネルギーは，化学的安定性の高さに合致して特に大きい．上にあげた元素の原子番号，

$$Z = 2, 10, 18, 36, 54, \tag{3.22}$$

は，原子物理学での**魔法の数**と呼ばれ，閉殻に相当する．

　原子核でも魔法の数は存在する．核子当たりの結合エネルギーは大局的には滑らかに変化するが，詳しく調べるとある特定の核子数に対応したピークがあることが分かる．それらは，

$$\begin{aligned} N &= 2, 8, 20, 28, 50, 82, 126, \\ Z &= 2, 8, 20, 28, 50, 82, \end{aligned} \tag{3.23}$$

である．陽子または中性子の数がこれらの魔法の数に等しい原子核は特に安定で，魔法の核と呼ばれる．陽子と中性子の数がともに魔法の数である原子核 (たとえば，$^4\text{He}^2$, $^{16}\text{O}^8$, $^{208}\text{Pb}^{82}$) は**2重魔法核**として知られており，さらに安定である．魔法の核の強い束縛エネルギーに加え，他の興味ある特徴も原子核が殻構造をもつことを示唆する．たとえば，魔法の核は隣接する原子核に比べ，安定な同位体やアイソトン (中性子数が同じだが陽子数が異なる原子核) がより多く存在する．したがってスズ $(Z = 50)$ には 10 個の安定な同位体が存在するが，インジウム $(Z = 49)$ とアンチモン $(Z = 51)$ にはそれぞれ 2 個しか存在しない．同様に，$N = 20$ では 5 個の安定なアイソトンが存在するが，$N = 19$ にはアイソトンは存在せず，$N = 21$ には 1 個 ($^{40}\text{K}^{19}$) が存在するが，まったく安定というわけではなく平均寿命 10^9 年で崩壊する．また，核内の電荷分布が球対称からずれると電気 4 重極モーメントが生まれることが知られており，魔法の核ではこれがゼロなのに対し，隣接する核は大きな値をもつ．これもまた殻構造から期待されることを想起させる．同様に，中性子数が異なる原子核

と，中性子との散乱の測定から求まる中性子捕獲断面積は，魔法核で鋭い減少を示す．この現象も核内中性子の殻構造を示唆する．

原子核の殻構造を示唆する多くの現象があるにも関わらず，適当なシュレディンガー方程式を立てて解こうとすると，原子とは本質的に異なる2つの点があることに気付く．その第1は束縛ポテンシャルを与える明らかな芯 (コア) が核には存在しないことである．そのため原子との類推では，核は核内の有効平均ポテンシャルの中を動いているとみなすしかないのである．第2は原子では良く理解されているクーロンポテンシャルが結合力を与えるのに対し，核のポテンシャルの厳密な形は未知である．しかしながら，殻構造を得ることに興味があるので，核子が運動する平均ポテンシャルを中心力と仮定しても不合理ではないであろう．中心力ポテンシャル $V(r)$ でのシュレディンガー方程式は次のようにかける．

$$\left(-\frac{\hbar^2}{2m}\vec{\nabla}^2 + V(r)\right)\psi(\vec{r}) = E\psi(\vec{r}),$$
$$\text{すなわち} \quad \left(\vec{\nabla}^2 + \frac{2m}{\hbar^2}(E - V(r))\right)\psi(\vec{r}) = 0. \tag{3.24}$$

ここで，E はエネルギーの固有値である．ポテンシャルが球対称なのでエネルギーの固有状態は角運動量演算子の固有状態でもある．(言い換えると系は回転に対して不変であり角運動量は保存される．角運動量演算子は系のハミルトニアンと可換であり，同時に同じ固有状態をもつ．) エネルギーの固有状態は角運動量の量子数でラベルが付けられる．このような場合には球座標を用いるのが便利であり，演算子は次式のように書ける．

$$\vec{\nabla}^2 = \frac{1}{r^2}\frac{\partial}{\partial r}r^2\frac{\partial}{\partial r} - \frac{1}{\hbar^2 r^2}\vec{L}^2, \tag{3.25}$$

ここで，$\vec{L}^2$ は座標空間での角運動量演算子であり，その固有状態は球面調和関数 $Y_{\ell,m_\ell}(\theta,\phi)$ で表され，それは次式を満たす．

$$\vec{L}^2 Y_{\ell,m_\ell}(\theta,\phi) = -\hbar^2 \left(\frac{1}{\sin\theta}\frac{\partial}{\partial\theta}\sin\theta\frac{\partial}{\partial\theta} + \frac{1}{\sin^2\theta}\frac{\partial^2}{\partial\phi^2} \right) Y_{\ell,m_\ell}(\theta,\phi)$$
$$= \hbar^2 \ell(\ell+1) Y_{\ell,m_\ell}(\theta,\phi), \tag{3.26}$$
$$L_z Y_{\ell,m_\ell}(\theta,\phi) = -i\hbar\frac{\partial}{\partial\phi} Y_{\ell,m_\ell}(\theta,\phi) = \hbar m_\ell Y_{\ell,m_\ell}(\theta,\phi).$$

次に波動関数を変数の分離が可能な形に表す[1]。

$$\psi_{n\ell m_\ell}(\vec{r}) = \frac{u_{n\ell}(r)}{r} Y_{\ell,m_\ell}(\theta,\phi). \tag{3.27}$$

ここで n, ℓ, m_ℓ はそれぞれ半径, 軌道角運動量とその射影量子数である. 式 (3.27) を式 (3.24) に代入すると動径方向の方程式が得られる.

$$\left(\frac{d^2}{dr^2} + \frac{2m}{\hbar^2}\left(E_{n\ell} - V(r) - \frac{\hbar^2 \ell(\ell+1)}{2mr^2} \right) \right) u_{n\ell}(r) = 0. \tag{3.28}$$

この式は 1 次元のシュレディンガー方程式と同じ形をしているが 2 つの違いがある. 第 1 は $\ell \neq 0$ のときは軌道運動からくる遠心力の障壁をあらわす項が加わることであり, 第 2 は波動関数 $u_{n\ell}(r)$ の境界条件として, 原点だけでなく無限遠でもゼロになることが要求される点である. (これは波動関数が規格化可能であるために極めて重要である.) 動径方向の量子数 n は, 解の節の数を定義し, 状態のエネルギーを定める. (このことと, 水素原子で動径方向の解がもつ節の数が $n - \ell - 1$ であることを比較せよ.) 一般には, n と ℓ は独立で任意の整数値をとり得る.

ポテンシャルの具体的な形が与えられない限り, 核のエネルギーについてこれ以上情報を得ることはできない. 式 (3.28) を解くのに広く使われる簡単なポ

---

[1] 波動関数の対称性, すなわちある特定の変換に対するそのふるまいは重要な意味をもつ. より詳しくは第 10 章と 11 章で素粒子物理学を学ぶ際に議論するが, ここでは次の点を指摘しておく. 座標を反転する変換, $\vec{r} \to -\vec{r}$ に対して長さ r は不変だが, 角度は $\theta \to \pi - \theta$, $\phi \to \pi + \phi$ のように変わる. この結果 $Y_{\ell,m_\ell}(\theta,\phi)$, したがって波動関数には位相 $(-1)^\ell$ が生じる. これが状態の「パリティー」である. ℓ が偶数なら波動関数の符号は不変でパリティーは偶であるという. 符号が変わる場合 (ℓ が奇数のとき), パリティーは奇であるという. 原子および核の状態は決まったパリティー (偶か奇) をもつが両者が混合することはない. ($Y_{\ell,m_\ell}(\theta,\phi)$ の性質については付録 B を参照のこと.)

テンシャルとして無限井戸型と調和振動子型がある．これらのポテンシャルは厳密解を与えるが現実的ではない，というのは量子トンネル効果によるポテンシャル障壁の通過の可能性が与えられないからである．有限の深さの井戸型のようなより現実的なポテンシャルは，数値解しか与えないので全体を見通すにはあまり有用ではない．さいわいにして，解の定性的な性質はポテンシャルの特定の形にそれほど依らないので，以下ではより簡単なポテンシャルに議論を限ることにする．

3.4.1　無限井戸型ポテンシャル

このポテンシャルは次式で定義される．

$$V(r) = \begin{cases} \infty & (r \geq R), \\ 0 & (0 \leq r < R). \end{cases} \tag{3.29}$$

ここで R は核の半径である．$R \geq r \geq 0$ に対して動径方向の方程式は次の形をとる．

$$\left(\frac{d^2}{dr^2} + \frac{2m}{\hbar^2}\left(E_{n\ell} - \frac{\hbar^2 \ell(\ell+1)}{2mr^2}\right)\right) u_{n\ell}(r) = 0. \tag{3.30}$$

解のうち原点で正則なものは振動する「球ベッセル」関数で与えられる (付録 C を参照)．

$$u_{n\ell}(r) = j_\ell(k_{n\ell} r), \tag{3.31}$$

$$\text{ここで，} \quad k_{n\ell} = \sqrt{\frac{2mE_{n\ell}}{\hbar^2}}, \tag{3.32}$$

である．井戸の高さは無限大なので核子は外に出られず波動関数は境界でゼロになる．すなわち，

$$\begin{aligned} &u_{n\ell}(R) = j_\ell(k_{n\ell} R) = 0, \quad \ell = 0, 1, 2, 3, \ldots, \\ &\text{そして任意の } \ell \text{ に対して} \quad n = 1, 2, 3, \ldots. \end{aligned} \tag{3.33}$$

この境界条件によりエネルギー準位が量子化される．実際，任意のエネルギー固有値に対し $k_{n\ell}$ が ℓ 番目の球ベッセル関数の n 番目のゼロ点の値により与えられる．ベッセル関数のゼロ点はすべて異なった (縮退していない) 値なので，この例では異なる n と ℓ の組に対してエネルギーは異なる値をとる．しかし，回転対称性により $(2\ell+1)$ 個の縮退した状態があり，それらは ℓ に対して異なる m_ℓ の値に相当する．さらに，核子はスピン角運動量 $\frac{\hbar}{2}$ をもつのでそれぞれの状態にはパウリ原理に従って 2 個の中性子と 2 個の陽子が存在できる．したがって，無限井戸型ポテンシャルの場合，個々の殻には $2(2\ell+1)$ 個の陽子か中性子が含まれる．このことから $n=1$ の場合，以下の太字で書かれた数の陽子か中性子を含む任意の閉殻が可能である．

$$2, \quad 2+6=\mathbf{8}, \quad 8+10=\mathbf{18}, \quad 18+14=\mathbf{32}, \quad 32+18=\mathbf{50}, \ldots \quad (3.34)$$

魔法の数のいくつかが得られたことは有望である．しかし，この簡単な解析ではほかの魔法の数である 20, 82, 126 が得られていない．(次のことを付け加えておく．この結論は $n=1$ 以外のすべての解を無視した点で不十分かもしれない．実際，エネルギー準位が満たされる順番は，異なるベッセル関数のゼロ点の厳密な値に依存する．しかし，他の n の値を考慮しても上に述べた結論にはさほど影響せず，無限井戸型ポテンシャルでは核の魔法の数のすべてを再現できるわけではない．)

3.4.2 調和振動子型ポテンシャル

3 次元調和振動子のポテンシャル，

$$V(r) = \frac{1}{2}m\omega^2 r^2, \quad (3.35)$$

に対する動径方向の方程式は次のようになる．

$$\left(\frac{d^2}{dr^2} + \frac{2m}{\hbar^2}\left(E_{n\ell} - \frac{1}{2}m\omega^2 r^2 - \frac{\hbar^2 \ell(\ell+1)}{2mr^2}\right)\right) u_{n\ell}(r) = 0. \quad (3.36)$$

この方程式の解は次式のようにラゲール (Laguerre) の陪多項式に比例する.

$$u_{n\ell}(r) \propto e^{-\frac{m\omega r^2}{2\hbar}} r^{\ell+1} L_{\frac{n+\ell-1}{2}}^{\frac{\ell+1}{2}}\left(\sqrt{\frac{m\omega}{\hbar}}r\right). \tag{3.37}$$

束縛状態のエネルギー固有値は次のようになる.

$$\begin{aligned} E_{n\ell} &= \hbar\omega\left(2n+\ell-\frac{1}{2}\right), \quad n=1,2,3,\ldots, \\ &\text{任意の } n \text{ に対して} \quad \ell=0,1,2,\ldots. \end{aligned} \tag{3.38}$$

ここで,量子数 Λ を導入すると直交座標での解析でよく知られた形に表すことができる.

$$\Lambda = 2n+\ell-2, \tag{3.39}$$

$$\text{すると,}\ E_{n\ell} = \hbar\omega\left(\Lambda+\frac{3}{2}\right), \quad \Lambda=0,1,2,\ldots, \tag{3.40}$$

となる.ここで基底状態 $\Lambda=0$ はゼロでない特有の零点エネルギーをもつ.

無限大の深さの井戸型ポテンシャルの場合のように,回転対称性により各 ℓ に対して異なる m_ℓ をもつ $(2\ell+1)$ 重の縮退した状態が存在する.しかし調和振動子型ポテンシャルでは,同じ Λ を与える異なる ℓ と n の組に対応してさらなる縮退が存在する.実際,式 (3.39) から Λ が偶数のとき次の (ℓ,n) の組をもつ状態は縮退する.

$$(\ell,n) = \left(0,\frac{\Lambda+2}{2}\right), \left(2,\frac{\Lambda}{2}\right), \left(4,\frac{\Lambda-2}{2}\right),\ldots,(\Lambda,1). \tag{3.41}$$

同様に,Λ が奇数ならば次の (ℓ,n) の組の状態は同じエネルギーをもつ.

$$(\ell,n) = \left(1,\frac{\Lambda+1}{2}\right), \left(3,\frac{\Lambda-1}{2}\right), \left(5,\frac{\Lambda-3}{2}\right),\ldots,(\Lambda,1). \tag{3.42}$$

したがって,偶数の Λ に対して縮退した状態の数は,

$$n_\Lambda = \sum_{\ell=0,2,4,\ldots}^{\Lambda} 2(2\ell+1) = \sum_{k=0}^{\frac{\Lambda}{2}} 2(4k+1)$$
$$= 2\left(4 \times \frac{1}{2}\frac{\Lambda}{2}\left(\frac{\Lambda}{2}+1\right) + \left(\frac{\Lambda}{2}+1\right)\right) \tag{3.43}$$
$$= 2\left(\frac{\Lambda}{2}+1\right)(\Lambda+1) = (\Lambda+1)(\Lambda+2).$$

同様に，奇数の Λ に対して縮退した状態の数は，

$$n_\Lambda = \sum_{\ell=1,3,5,\ldots}^{\Lambda} 2(2\ell+1) = \sum_{k=0}^{\frac{\Lambda-1}{2}} 2(2(2k+1)+1) = 2\sum_{k=0}^{\frac{\Lambda-1}{2}}(4k+3)$$
$$= 2\left(4 \times \frac{1}{2}\frac{\Lambda-1}{2}\left(\frac{\Lambda-1}{2}+1\right) + 3\left(\frac{\Lambda-1}{2}+1\right)\right) \tag{3.44}$$
$$= 2\left(\frac{\Lambda+1}{2}\right)(\Lambda-1+3) = (\Lambda+1)(\Lambda+2).$$

したがって，任意の Λ に対して縮退した状態の総数は次のように与えられる．

$$n_\Lambda = (\Lambda+1)(\Lambda+2). \tag{3.45}$$

3次元調和振動子のポテンシャルでは閉殻の陽子または中性子の数は 2, 8, 20, 40, 70 のように与えられる．ここでもいくつかの魔法の数は予言されるがすべてではない．

3.4.3 スピン-軌道ポテンシャル

中心力ポテンシャルがすべての魔法の数を再現するわけではないことは，1940年代までにかなり明らかになった．1949年，M. マイヤー (Maria Goeppert Mayer) と H. イェンセン (Hans Jensen) の示唆により重大な打開策が見つかった．彼らは，ここでも原子物理学との類似に従ったのであるが，原子核には中心力に加え強いスピン-軌道力が存在し，核子が感じるポテンシャルは次の形をとることを提唱した．

$$V_{\text{TOT}} = V(r) - f(r)\vec{L}\cdot\vec{S}. \tag{3.46}$$

ここで，$\vec{L}$ と $\vec{S}$ は核子の軌道およびスピン角運動量の演算子であり，$f(r)$ は任意の動径座標の関数である．原子物理学では，スピン-軌道相互作用は $j = \ell \pm \frac{1}{2}$ の縮退したエネルギー準位を分離させ微細構造をつくる．式 (3.46) のスピン-軌道相互作用の形は，関数 $f(r)$ 以外は原子物理学のそれと正に同じ形である．また，相互作用の符号はデータと一致するようにとられ，$j = \ell + \frac{1}{2}$ は $j = \ell - \frac{1}{2}$ より低いエネルギーをとるが，これは原子の場合とは逆である．

全角運動量の演算子は次式で与えられる，
$$\vec{J} = \vec{L} + \vec{S}. \tag{3.47}$$

したがって，
$$\vec{J}^2 = \vec{L}^2 + \vec{S}^2 + 2\vec{L} \cdot \vec{S},$$
$$\text{すなわち}, \quad \vec{L} \cdot \vec{S} = \frac{1}{2}(\vec{J}^2 - \vec{L}^2 - \vec{S}^2), \tag{3.48}$$

である．ここで軌道角運動量とスピン角運動量の演算子が可換であり，積の順序に依らないことを使った．したがって，決まった ℓ, s, j の状態では次のようになる．（量子状態は ℓ, m_ℓ, s, m_s か ℓ, s, j, m_j で指定されるが，ここでの計算に適しているのは後者の方である．）

$$\begin{aligned} \langle \vec{L} \cdot \vec{S} \rangle &= \langle \frac{1}{2}(\vec{J}^2 - \vec{L}^2 - \vec{S}^2) \rangle = \frac{\hbar^2}{2}[j(j+1) - \ell(\ell+1) - s(s+1)] \\ &= \frac{\hbar^2}{2}\left[j(j+1) - \ell(\ell+1) - \frac{3}{4}\right] \\ &= \begin{cases} \frac{\hbar^2}{2}\ell & (j = \ell + \frac{1}{2} \text{ のとき}), \\ -\frac{\hbar^2}{2}(\ell+1) & (j = \ell - \frac{1}{2} \text{ のとき}). \end{cases} \end{aligned} \tag{3.49}$$

ここで核子のスピン $s = \frac{1}{2}$ を代入した．

縮退した状態からのエネルギー値のずれは，次のように表される．
$$\begin{aligned} \Delta E_{n\ell}\left(j = \ell + \frac{1}{2}\right) &= -\frac{\hbar^2 \ell}{2} \int d^3r |\psi_{n\ell}(\vec{r})|^2 f(r), \\ \Delta E_{n\ell}\left(j = \ell - \frac{1}{2}\right) &= \frac{\hbar^2(\ell+1)}{2} \int d^3r |\psi_{n\ell}(\vec{r})|^2 f(r). \end{aligned} \tag{3.50}$$

68　第 3 章　核模型

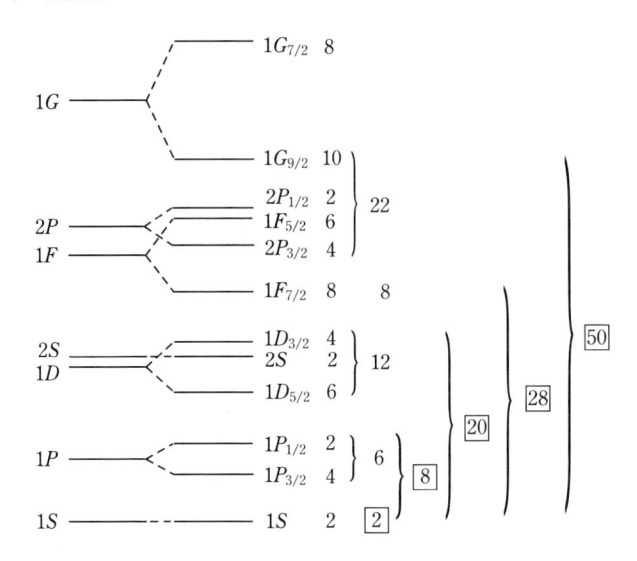

図 3.4: 単一粒子殻模型におけるエネルギー準位．枠で囲まれた数は魔法の数である．

したがって，2 つのエネルギー準位の間隔は，

$$\Delta = \Delta E_{n\ell}\left(j = \ell - \frac{1}{2}\right) - \Delta E_{n\ell}\left(j = \ell + \frac{1}{2}\right)$$
$$= \hbar^2 \left(\ell + \frac{1}{2}\right) \int d^3r |\psi_{n\ell}(\vec{r})|^2 f(r). \tag{3.51}$$

スピン-軌道相互作用によるエネルギーの分離は，軌道角運動量が大きいほど大きいので準位どうしの交差が起る．言い換えると，ℓ が大きいと隣接する 2 つの縮退状態のうち，もともと低かった $j = \ell - \frac{1}{2}$ のエネルギー準位が，はじめは高かった $j = \ell + \frac{1}{2}$ 状態のエネルギー準位よりも高くなることが起る．図 3.4 に示すように $f(r)$ を適当に選ぶと，有限の深さの井戸型ポテンシャルのエネルギー準位はスピン-軌道相互作用を加えると分離する．このスピン-軌道相互作用の導入により魔法の数がすべて再現され，原子核の殻構造が構築できる

のである．図 3.4 に示したエネルギー準位には，原子分光学の表記法 (nL_j) を用いている．各準位の多重度は，通常示されるように $(2j+1)$ である．$1G_{\frac{7}{2}}$ より上の準位は書かれていないが，$2D_{\frac{5}{2}}$, $2D_{\frac{3}{2}}$, $3S_{\frac{1}{2}}$, $1H_{\frac{11}{2}}$, のように続く．エネルギー分布の議論では中性子と陽子を同等に扱ったことを指摘しておく．実際には，クーロンポテンシャルにより陽子のエネルギー準位はいくぶん高い方にずれることは明らかである．しかし，そのような補正をおこなってもエネルギー分布の定性的な特徴は本質的には変わらない．

3.4.4 殻模型の予言

殻模型は複合核の様々な性質を説明する．たとえば，質量数が奇数の多くの核について基底準位のスピンとパリティーを正しく与える．この模型では陽子と中性子の準位は独立に占められていくが，パウリの排他律により，どの準位もスピンが反平行の 2 個の中性子か 2 個の陽子によって占められる．もし占有されたどの準位も対をなす核子で占められ，全軌道角運動量がゼロの場合，最後に残った対をなさない核子が原子核の基底状態のスピンとパリティーを決めることになる．これから直ちに次のことがいえる．すべての偶-偶核の基底状態はスピンがゼロである．これは実験的に正しい．しかし，この単一粒子殻模型は奇-奇核の基底状態のスピンとパリティーを予言できない．なぜなら，対をなさない陽子と中性子がどう結合するのかを与える条件は何もないからである．

質量数 A が奇数のいくつかの核についてスピンとパリティをより詳しく調べる．同重核である $^{13}C^6$ と $^{13}N^7$ の場合 (2 つの核は実は鏡映核であることに注意する)，^{13}C の 6 個の陽子と ^{13}N の 6 個の中性子は完全に対をなすが，残る 7 個の核子は次の殻を占める．

$$\left(1S_{\frac{1}{2}}\right)^2 \left(1P_{\frac{3}{2}}\right)^4 \left(1P_{\frac{1}{2}}\right)^1. \tag{3.52}$$

最後に残った対をなさない核子，$^{13}C^6$ の中性子と $^{13}N^7$ の陽子は全角運動量が $j = \frac{1}{2}$ と軌道角運動量が $\ell = 1$ である．式 (3.27) の脚注で述べたが，$\ell = 1$ の状態はパリティが奇である．したがって，殻模型ではこれらの核の基底状態のス

ピンとパリティは $\left(\frac{1}{2}\right)^-$ であるが，これは正に観測の通りである．同様に，同重核 $^{17}\mathrm{O}^8$ と $^{17}\mathrm{F}^9$ では，$^{17}\mathrm{O}^8$ の 9 個の中性子と $^{17}\mathrm{F}^9$ の 9 個の陽子が次の状態を占める．

$$\left(1S_{\frac{1}{2}}\right)^2 \left(1P_{\frac{3}{2}}\right)^4 \left(1P_{\frac{1}{2}}\right)^2 \left(1D_{\frac{5}{2}}\right)^1. \tag{3.53}$$

対をなさない最後の核子の状態は，$\ell=2$ で全角運動量は $\frac{5}{2}$ である．そのため，これらの核のスピンとパリティは $\left(\frac{5}{2}\right)^+$ と予想されるが，これも実験と合っている．

$^{33}\mathrm{S}^{16}$ 核の基底状態のスピンとパリティは $\left(\frac{3}{2}\right)^+$ と測定されている．殻模型では 17 個の中性子は次の状態を占める．

$$\left(1S_{\frac{1}{2}}\right)^2 \left(1P_{\frac{3}{2}}\right)^4 \left(1P_{\frac{1}{2}}\right)^2 \left(1D_{\frac{5}{2}}\right)^6 \left(2S_{\frac{1}{2}}\right)^2 \left(1D_{\frac{3}{2}}\right)^1. \tag{3.54}$$

ここでも予言は実験と合っている．しかし，殻模型で予言されるスピンとパリティには観測と合わないものもある．たとえば，$^{47}\mathrm{Ti}^{22}$ 核の中性子は次の準位を占めるはずである．

$$\left(1S_{\frac{1}{2}}\right)^2 \left(1P_{\frac{3}{2}}\right)^4 \left(1P_{\frac{1}{2}}\right)^2 \left(1D_{\frac{5}{2}}\right)^6 \left(2S_{\frac{1}{2}}\right)^2 \left(1D_{\frac{3}{2}}\right)^4 \left(1F_{\frac{7}{2}}\right)^5. \tag{3.55}$$

よって基底状態のスピンとパリティは $\left(\frac{7}{2}\right)^-$ と予想されるが，実験では $\left(\frac{5}{2}\right)^-$ である．この違いは単一粒子殻模型を少し修正してすべての結合 (バレンス) 核子，すなわち埋められていない準位にある核子が対をなす効果を導入することで解決される．

殻模型は原子核の磁気モーメントの計算にも利用される．測定によると陽子と中性子は，それぞれ固有の磁気双極子モーメント $2.79\mu_N$ と $-1.91\mu_N$ をもつ．したがって，対をなさない核子の磁気双極子モーメントは核の全磁気モーメントに寄与することが期待される．加えて陽子は電荷をもつので，対をなさない陽子の軌道運動も核の磁気モーメントに寄与すると考えられる．たとえば，重陽子の磁気モーメントは陽子と中性子が $1S_{\frac{1}{2}}$ 状態にあるとすると，陽子の軌道角運動量は $\ell=0$ で効かないので，陽子と中性子の磁気モーメントの和となり，

$$\mu_d = 2.79\mu_N - 1.91\mu_N = 0.88\mu_N, \tag{3.56}$$

と期待される．観測値は $0.86\mu_N$ で予測値と大変良く合っている．トリチウム (^{3}H^1) は 2 個の中性子と 1 個の陽子をもつが，それらはすべて $1S_{\frac{1}{2}}$ 状態である．中性子は対をなすので磁気モーメントには効かない．対をなさない陽子は $\ell = 0$ で軌道運動からの寄与はない．したがって ^{3}H^1 の磁気モーメントは対をなさない陽子のそれに等しく $2.79\mu_N$ のはずであるが，それは測定値 $2.98\mu_N$ と良く合っている．^{3}He^2 核では対をなさないのは $1S_{\frac{1}{2}}$ 状態の中性子であり，全磁気モーメントは中性子の値 $-1.91\mu_N$ に等しいはずであるが，これも観測される $-2.13\mu_N$ に近い．^{4}He^2 核 (α 粒子) は閉殻であり (実際 2 重の魔法数をもつ)，殻模型ではスピンも磁気モーメントもゼロを予言するがこれも実験的に正しい．^{10}B^5 核では 5 個の陽子と 5 個の中性子は次の同じ準位構造をもつ．

$$\left(1S_{\frac{1}{2}}\right)^2 \left(1P_{\frac{3}{2}}\right)^3. \tag{3.57}$$

したがって，対をなさない陽子と中性子が 1 個ずつある．対をなさない陽子は $\ell = 1$ 状態なので，軌道運動により $\mu = \frac{e\hbar}{2m_N c}\ell = \mu_N$ の寄与が生まれ，全体では次の磁気モーメントとなる．

$$2.79\mu_N - 1.91\mu_N + \mu_N = 1.88\mu_N. \tag{3.58}$$

これも測定値 $1.80\mu_N$ と良く合っている．

このように殻模型は魔法の数に加え，軽い核の重要な性質も正しく記述する．しかし，重い核では予言と測定値には大きな違いがある．

3.5　集団模型

重い核では単一粒子殻模型の予言の多くは実験と定量的に合わない．この違いは磁気双極子モーメントで特に顕著である．また殻模型の予言では，殻が閉じた核の四重極モーメントは非常に小さく，これと隣接する原子番号の核では，そのモーメントの符号が逆になる．これは定性的には実験と合っているが，四重極モーメントの測定値はかなり予言と異なっている．実際，重い核の中には大きな永久電気四重極モーメントをもち，核が球形ではないことを示唆するも

のもある．これは回転対称性が重要な役割を演ずる殻模型の仮定とは確かに合わない[2]．

　液滴模型が復活する中で，A. ボーア (Aage Bohr) は重い核の性質の多くが，液滴とみなした核の表面運動からくることに気付いた．さらに，J. レインウォーター (James Rainwater) は，液滴が球対称でないとすると，磁気双極子モーメントと電気四重極モーメントの予言値と測定値が極めて良く一致することを示した．液滴模型と単一粒子殻模型は，核の構造について基本的に正反対の観点をとるため，これらの成功例は難しい選択の問題を提起した．液滴模型では，個々の核子がもつ固有スピンや軌道角運動量は何ら寄与せず，核全体を含む集団運動が最も重要な役割をになう．これに対し，単一粒子殻模型では，個々の核子，特に結合核子の性質が成功をおさめた鍵であった．殻模型はこれを完全に放棄するには核のあまりにも多くの重要な性質を説明するため，2つのまったく異なる模型をうまく融合させる必要があった．

　この融合は，A. ボーア，B. モッテルソン (Ben Mottelson)，J. レインウォーターによる核の集団模型によってなされた．それは殻模型にも液滴模型にもなかった多くの性質を説明する．本節ではこの模型について定性的に論ずることにする．その基本的な仮定は，核が殻を占有する核子による固いコアと，その外側にあって液滴の表面分子のようにふるまう結合核子からできているとするものである．結合核子の表面運動 (回転) がコアの非球対称性を生み出し，それが結合核子の量子状態に影響を与える．言い換えると核の表面運動を摂動と考え，それが結合核子の量子状態を殻模型の無摂動状態から変えるとする．これにより磁気双極子モーメントと電気四重極モーメントについての殻模型の予言との違いが説明される．

　物理的には集団模型を球対称でないポテンシャルをもった殻模型と見ることができる．球対称な核は当然ながら回転によって変わることはなく，回転運動により新たな (回転) エネルギー準位が生まれることはない．しかし球対称でない核は回転と振動の自由度により新たなエネルギー準位が生じる．こうした効

---

[2] 電荷分布の4重極モーメントは，2次のモーメント $\langle x^2 \rangle$，$\langle y^2 \rangle$，$\langle z^2 \rangle$ が互いに異なるとき，つまり電荷分布が球対称でないときに有限値をとる．

果により単純な殻模型の予想が変更される．特に，球からの変形が大きい核では，大きな双極子および四重極モーメントが定常的に存在する．数学的にはこの考え方は次のようにして導入される．簡単のために核を次の式で定義される楕円体と仮定する．

$$ax^2 + by^2 + \frac{z^2}{ab} = R^2. \tag{3.59}$$

ここで a と b は半径 R，体積 $\frac{4}{3}\pi R^3$ の球からの変形を表すパラメータである．核の運動に関する平均ポテンシャルは次のようにとることができる．

$$V(x,y,z) = \begin{cases} 0 & \left(ax^2 + by^2 + \frac{z^2}{ab} \leq R^2 \quad \text{のとき}\right), \\ \infty & (\text{それ以外}). \end{cases} \tag{3.60}$$

いうまでもなく，集団模型のより現実的な計算は核の性質をもっと良く表すのだが，その計算ははるかに複雑である．

集団模型の重要な予言の 1 つが核の回転準位と振動準位の存在である．これらは分子の場合とかなり似た方法で導くことができる．したがって，回転運動のハミルトニアンを次のようにとることができる．

$$H = \frac{\vec{L}^2}{2I}. \tag{3.61}$$

ハミルトニアンの固有値は $\frac{\ell(\ell+1)}{2I}\hbar^2$ である．ここで I は有効慣性モーメントで核の形状の関数である．もし楕円体の対称軸に垂直な方向を軸とした回転があれば，回転準位の角運動量は偶数であることが示せる．したがって，核の回転準位と振動準位の予言値は特定の角運動量とパリティを与える．そのような励起は光子を放出する準位間の四重極遷移 ($\Delta\ell = 2$) の観測で実際に見つかっている．

最後に，集団模型は偶-偶核の基底状態と第 1 励起状態の間隔が，A とともに減少することや，閉殻をもつ核で最大となることを自然に説明する．前者は単に慣性モーメントが A とともに増加し，回転の第 1 励起状態のエネルギー準位が減少するためである．後者は閉殻をもつ核は球形のため回転準位をもち得ないからである．そのような核には，振動による励起が存在し，それは核の表面

だけでなくコア全体の振動も含む．コアはずっと重いため，振動励起の準位ははるかに高く，基底状態と第1励起状態のエネルギー間隔はずっと大きいと考えられる．

3.6 超変形核

これまでに述べた原子核の現象論では，核の固有スピンは比較的小さいことが強調された．しかし，ある状況では核は分裂しないまでも大きく変形すると考えることができる (第5章を参照)．実際，質量数 A が 150 から 190 で特に安定な超変形核の存在が予言されている．そのような核は長円体で，大きさが2倍ほど異なる長軸と短軸をもつと考えられた．1980年代後半に一連の重イオンどうしの散乱実験が行われ，約 $60\hbar$ もの驚くほど大きな角運動量をもつ超変形核が生成された．これらの核は (四重極) 放射により約 50 keV の一連のガンマ線を放射して，より球対称な形をもつ低エネルギーの状態に脱励起する．しかし，観測されたエネルギー間隔 (すなわちガンマ線のエネルギー) はほぼ一定であり，これは集団模型の描像からすると解決すべき問題である．というのは集団模型では核の変形が小さくなれば，慣性モーメントも減少することが期待されるからである．実際，いくつかの異なる核が放射でエネルギー準位が下がる際に，基本的に同じエネルギーの放射をする．このことは，核子が対をなすことにより結合エネルギーや準位間隔に影響が及ぶことからするとさらに大きな謎である．この問題は，現在原子核物理学の活発な研究領域であり，予想外の驚くべき結果を提供するかもしれない．

演習問題

3.1 式 (3.5) のベーテ・ワイゼッカーの式は原子核の質量を系統的に非常に良く再現する．ある決まった A に対して $M(A, Z)$ は極小値をもつことを明示せよ．図 2.3 で見られる「安定の谷」の証拠があるだろうか．$A = 16$ の最も安定な原子核は何か．$A = 208$ の場合はどうか．(式 (3.5) を微分するか，単に M を Z の関数としてプロットするとよい．)

3.2 式 3.3 を用いて ^{8}Be^{4}, ^{12}C^{6}, ^{56}Fe^{26}, ^{208}Pb^{82} の全結合エネルギーと $\frac{B}{A}$ を計算せよ．その値は実験と比較してどうか．(データは *CRC Handbook of Chemistry and Physics* を参照せよ．)

3.3 問題 3.2 から，^{8}Be^{4} は安定であると結論するかもしれないが実際はそうではない．その理由を説明する模型をつくることができるか．(ヒント：問題 2.2 参照．)

3.4 ^{15}N^{7} の最後の (最も高いエネルギー準位にある) 中性子と ^{15}O^{8} の最後の陽子の結合エネルギーを計算し，^{16}N^{7} と ^{16}O^{8} の最後の中性子と比較せよ．

3.5 単一粒子殻模型から予想される ^{23}Na^{11}，^{35}Cl^{17}，^{41}Ca^{20} の基底状態のスピンとパリティを記せ．この予想は実験結果と合うか．これらの原子核の磁気モーメントはどうか．(データは，*CRC Handbook* 参照．)

3.6 核子の異常磁気モーメントを説明する少し洗練した模型を考える．陽子は，電気的に中性で固定された中心の周りを π^{+} が $\ell = 1$ の軌道で回っていると考える．同じように，中性子は陽子を中心としてその周りを π^{-} が $\ell = 1$ の軌道で回っていると考える．m_π=140 MeV を用いて $\mu = \frac{e\hbar}{2m_\pi c}\ell$ を計算し，問題 2.5 の結果と比較せよ．

3.7 ^{137}Ba^{56} の基底状態のスピンとパリティは $\frac{3}{2}^{+}$，つまりスピンは $\frac{3}{2}$ でパリティは + である．最初の 2 つの励起状態のスピンとパリティは $\frac{1}{2}^{+}$ と $\frac{11}{2}^{-}$ である．殻模型ではこの励起状態のスピンとパリティはどうであると予想されるか．(ヒント：この驚くべき結果は，核子が対をなす際のエネルギー (pairing energy) と関係している．)

推奨図書

巻末推奨図書番号： [9], [23], [29], [35].

4 核放射線

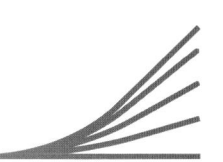

4.1 はじめに

これまでの章で，多くの原子核は不安定で α，β 粒子やガンマ線を放出することがあることを示した．この章では核放射線のより定量的な面と，核構造や核反応の理解にそれがどのような歴史的役割を果たしてきたかを議論する．

4.2 アルファ崩壊

これまで見てきたように，アルファ崩壊は親核がヘリウム原子核を放出して娘核に壊れる崩壊であり，その過程は次のように表すことができる．

$$^{A}X^{Z} \to {}^{A-4}Y^{Z-2} + {}^{4}\text{He}^{2}. \tag{4.1}$$

第5章で見るように，アルファ崩壊は質量が大きく異なる2つの娘核への自発核分裂の一種と見なすことができる．親核が静止している場合，エネルギー保存則から次の関係が得られる．

$$M_P c^2 = M_D c^2 + T_D + M_\alpha c^2 + T_\alpha. \tag{4.2}$$

ここで，M_P，M_D，M_α はそれぞれ親核，娘核，α 粒子の質量である．同様に T_D，T_α はそれぞれ娘核，α 粒子の運動エネルギーである．式 (4.2) はまた次のように書き換えることもできる．

$$T_D + T_\alpha = (M_P - M_D - M_\alpha)c^2 = \Delta M c^2. \tag{4.3}$$

第4章 核放射線

式 (4.3) の中辺は原子核の質量からなっているが，電子の質量は相殺するため，原子の質量 M で置き換えて次のように表現することもできる．

$$T_D + T_\alpha = (M(A,Z) - M(A-4, Z-2) - M(4,2))c^2 \equiv Q. \tag{4.4}$$

ここで崩壊エネルギーの Q 値は始状態と終状態の質量差として定義され，終状態の粒子の運動エネルギーの和になることを示している．非相対論的な粒子では，運動エネルギーは次のように表すことができる．

$$T_D = \frac{1}{2}M_D v_D^2, \quad T_\alpha = \frac{1}{2}M_\alpha v_\alpha^2. \tag{4.5}$$

ここで，v_D と v_α は娘核と α 粒子の速さを示す．

親核が静止状態で崩壊する場合，運動量保存則より娘核と α 粒子は反対方向に運動し，次の関係を満たす．

$$M_D v_D = M_\alpha v_\alpha. \tag{4.6}$$

娘核の質量が α 粒子の質量より非常に大きい場合，$v_D \ll v_\alpha$ となり，娘核の運動エネルギーは α 粒子のそれより格段に小さくなる．ここで v_D を消去して，T_D，T_α の関係を Q 値を用いて書くと，

$$\begin{aligned}T_D + T_\alpha &= \frac{1}{2}M_D v_D^2 + \frac{1}{2}M_\alpha v_\alpha^2 = \frac{1}{2}M_D \left(\frac{M_\alpha}{M_D}v_\alpha\right)^2 + \frac{1}{2}M_\alpha v_\alpha^2 \\ &= \frac{1}{2}M_\alpha v_\alpha^2 \left(\frac{M_\alpha}{M_D}+1\right) = T_\alpha \frac{M_\alpha + M_D}{M_D}.\end{aligned} \tag{4.7}$$

この式は式 (4.4) を使って次のように表すこともできる．

$$T_\alpha = \frac{M_D}{M_\alpha + M_D}Q = \frac{1}{1 + \frac{M_\alpha}{M_D}}Q. \tag{4.8}$$

放出された α 粒子の運動エネルギーは正なので，$T_\alpha > 0$ である．同様に，アルファ崩壊が生じるためには発熱反応でなければならないため，次の条件を満たす．

$$\Delta M > 0, \quad Q > 0. \tag{4.9}$$

4.2 アルファ崩壊

ここでの興味の対象である重い原子核の場合，娘核の運動エネルギーは，式 (4.4) と式 (4.8) から次のようになる．

$$T_D = Q - T_\alpha = \frac{M_\alpha}{M_\alpha + M_D}Q = \frac{M_\alpha}{M_D}T_\alpha \ll T_\alpha. \tag{4.10}$$

すなわちほとんどのエネルギーは α 粒子により持ち去られる．$\frac{M_\alpha}{M_D} \simeq \frac{4}{A-4}$ の近似式を使うと，次の式が得られる．

$$T_\alpha \approx \frac{A-4}{A}Q, \quad T_D \approx \frac{4}{A}Q. \tag{4.11}$$

この式は，たとえば α 粒子の運動エネルギーから崩壊における解放エネルギーを算出する際に用いることができる．

　式 (4.8) から α 粒子の運動エネルギー (したがって速さ) は決まった値をもつことが分かる．これは，この過程が静止親核からの 2 体崩壊であるためである．しかし，放出 α 粒子のエネルギーを注意深く観測すると，ある放射性原子核では Q 値の異なった崩壊があることが明らかとなった．最も高いエネルギーの α 粒子放出の場合は α 粒子だけが放出されるが，それより低いエネルギーの α 粒子の放出の場合はいつもガンマ線の放出が伴う．このことは，原子核にはある一定のエネルギー状態を示すエネルギー準位が存在し，原子核の中にエネルギーが分離した量子構造が内在していることを示唆している．もしこれが本当ならば，親核は Q 値に対応するエネルギーの α 粒子を放出することにより娘核の基底状態または励起状態に移ることができる．後者の場合実効的な Q 値は小さくなり，原子の遷移の場合のように娘核はその後光子を放出して基底状態に脱励起する．したがって，崩壊は次の 2 段階の反応で生じることになる．

$$\begin{aligned}{}^{A}X^{Z} &\longrightarrow {}^{A-4}Y^{*Z-2} + {}^{4}\text{He}^{2}, \\ {}^{A-4}Y^{*Z-2} &\longrightarrow {}^{A-4}Y^{Z-2} + \gamma.\end{aligned} \tag{4.12}$$

2 つの Q 値の差は放出される光子のエネルギーに対応する．たとえば ${}^{228}\text{Th}^{90}$ から ${}^{224}\text{Ra}^{88}$ への崩壊で測定された α 粒子のエネルギー分布は，図 4.1 に示されるレベル構造に対応させることができる．

80　第 4 章　核放射線

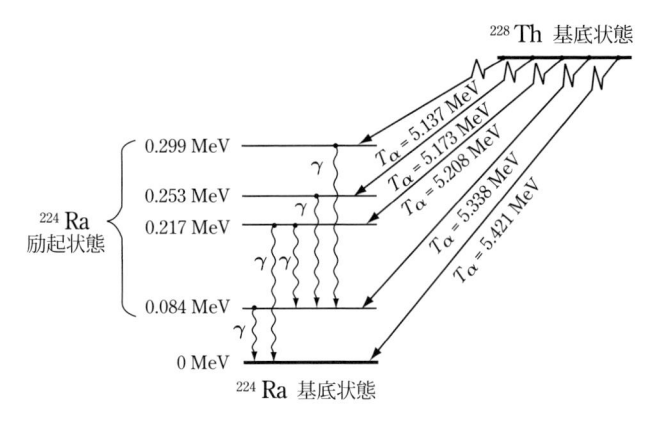

図 4.1: ^{228}Th の α 崩壊.

　図 4.1 のレベル構造は，α 粒子の運動エネルギーを測定し，式 (4.8) を用いて遷移の Q 値を計算することにより決定することができる．原子核のレベルが離散的であると仮定すると，Q 値の差から放出した光子のエネルギーを計算することができる．実際に随伴する (同時に放出する) 光子のエネルギーを測定すると，上で説明した状況が確認され，原子核には離散的なレベル構造があることが分かった．

例 1：^{240}Pu^{94} のアルファ崩壊を考える．

$$^{240}\text{Pu}^{94} \to {}^{236}\text{U}^{92} + {}^{4}\text{He}^{2}.$$

放出された α 粒子は測定によりエネルギー 5.17 MeV と 5.12 MeV をもつことが確認されている．この 2 つの値を式 (4.11) の最初の式，

$$Q \approx \frac{A}{A-4} T_\alpha,$$

に代入すると，次の 2 種類の Q 値を得る．

$$Q_1 \approx \frac{240}{236} \times 5.17 \text{ MeV} \approx 5.26 \text{ MeV},$$
$$Q_2 \approx \frac{240}{236} \times 5.12 \text{ MeV} \approx 5.21 \text{ MeV}.$$

したがって，^{240}Pu が崩壊エネルギー $Q_2 \approx 5.21$ MeV で崩壊するとき，娘核 ^{236}Pu^{92} は励起状態であり，次のエネルギーの光子を放出して基底状態に遷移する．

$$Q_1 - Q_2 \approx 5.26 \text{ MeV} - 5.21 \text{ MeV} = 0.05 \text{ MeV}.$$

これは実際の光子のエネルギーの測定値 0.045 MeV と一致する．このようなアルファ崩壊の研究から，原子核には原子の場合とまったく同じように離散的なエネルギー準位が存在することが結論できた．原子のエネルギーレベルの間隔は 1 eV のオーダーであるが，原子核のレベル間の間隔は 100 keV のオーダーである．

4.3　ポテンシャル障壁透過

　原子核の崩壊により放出される α 粒子は一般に 5 MeV 程度のエネルギーをもつ．そのような小さなエネルギーの粒子が重い原子核により散乱される場合，クーロン障壁を貫通することができず，強い相互作用がはたらく領域まで近づくことはできない．実際，$A \approx 200$ の原子核のクーロン障壁の高さは約 20〜25 MeV であり，5 MeV の α 粒子は障壁を乗り越えて核中心に吸収されることはない．一方，核のポテンシャル井戸に閉じ込められている低エネルギーの α 粒子は，同じポテンシャルを内側から見ていることになるが，このポテンシャルの山を透過して逃げることができる．なぜこのようなことが起るのかは，アルファ崩壊が量子力学的現象であることが分かるまでは大きな謎であった．
　アルファ崩壊は，1929 年に G. ガモフ (George Gamow), R. グルネイ (Ronald

Gurney),E. コンドン (Edward Condon) らの研究により初めて定量的に解明された．崩壊する前に α 粒子と娘粒子が親核の中に存在すると仮定すると，この問題は，α 粒子が娘核のポテンシャル中を運動していて，クーロンポテンシャルが両者の分離を防いでいる (図 4.2 参照) として扱うことができる．具体的に次の崩壊を考えてみよう．

$$^{232}\text{Th} \to {}^{228}\text{Ra} + {}^{4}\text{He}. \tag{4.13}$$

放出された α 粒子の運動エネルギーは，$E = 4.05$ MeV であり，^{232}Th の寿命は，$\tau = 1.39 \times 10^{10}$ 年である．$R = 1.2 \times 10^{-13} A^{\frac{1}{3}}$ cm の関係式から得られるトリウム原子核の半径は，約 7.4×10^{-13} cm である．

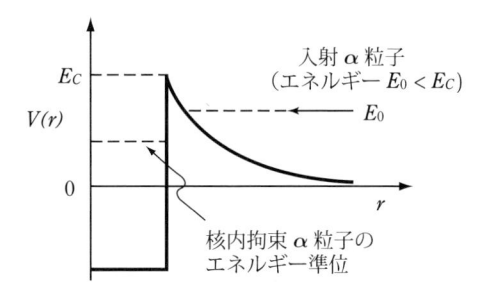

図 4.2: 原子核と反応する α 粒子が感じるポテンシャルエネルギー．

アルファ崩壊が生じるためには α 粒子がクーロン障壁を透過しなければならない．3 次元クーロンポテンシャルの障壁透過の計算は複雑であるが，ここでは概略を理解できれば良いのでシュレディンガー方程式の角度依存性は無視してポテンシャルを 1 次元として計算する．さらに，クーロンポテンシャルを同じ領域をもつような幅 $2a$ の箱型障壁に置き換える (図 4.3 参照)．こうすることによりクーロン反発力の効果を近似でき，しかも計算がより簡単になる．V_0 が E より大きい限り，障壁の透過率は主に $\sqrt{V_0 - E}$ と a の積に強く依存し，V_0 の正確な値にはよらない．$Z \approx 90$ では次のように選ぶことができる．

4.3 ポテンシャル障壁透過

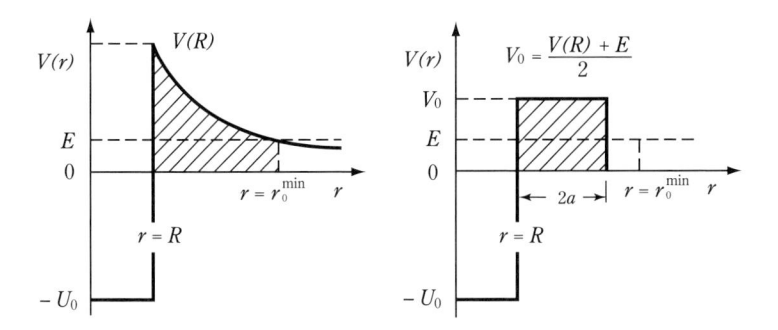

図 4.3: 4 MeV の α 粒子の ^{228}Ra による散乱のポテンシャルエネルギーと対応する 1 次元井戸型ポテンシャル．

$$V_0 = 14 \text{ MeV}, \quad 2a = 33 \text{ fm} = 33 \times 10^{-13} \text{ cm}. \tag{4.14}$$

図 4.3 に示されるような箱型障壁の透過過程を量子力学的に取り扱うと，次の透過係数（ポテンシャル障壁を透過する確率）を得る．

$$T = \frac{\frac{4k_1 k}{(k_1+k)^2}}{1 + \left[1 + \left(\frac{\kappa^2 - k_1 k}{\kappa(k_1+k)}\right)^2\right]\sinh^2 2\kappa a}. \tag{4.15}$$

ここで，k_1, k, κ は次式で表される．

$$k_1 = \left[\frac{2M_\alpha}{\hbar^2}(E+U_0)\right]^{\frac{1}{2}}, \quad k = \left[\frac{2M_\alpha}{\hbar^2}E\right]^{\frac{1}{2}}, \quad \kappa = \left[\frac{2M_\alpha}{\hbar^2}(V_0-E)\right]^{\frac{1}{2}}. \tag{4.16}$$

M_α と E は放出された α 粒子 (障壁の外側) の静止質量と運動エネルギーである．$M_\alpha c^2 \approx 4000$ MeV，E=4.05 MeV，V_0=14 MeV，$U_0 \approx 40$ MeV とすると (この計算は原子核のポテンシャルの深さにはあまりよらない)，

84　第 4 章　核放射線

$$\kappa = \frac{1}{\hbar c}\left[2M_\alpha c^2(V_0-E)\right]^{\frac{1}{2}}$$
$$\approx \frac{1}{197\text{ MeV-fm}}\left[2\times 4000\text{ MeV}(14-4)\text{ MeV}\right]^{\frac{1}{2}} \sim 1.4\text{ fm}^{-1},$$
$$k \approx 0.9\text{ fm}^{-1}, \quad k_1 \approx 3.0\text{ fm}^{-1}. \tag{4.17}$$

ここで $2\kappa a \approx 33\text{ fm} \times 1.4\text{ fm}^{-1} \approx 46$ である．これは $2\kappa a \gg 1$ を意味し，次のような近似式が得られる．

$$\sinh^2 2\kappa a \approx \left(\frac{e^{2\kappa a}}{2}\right)^2 = \frac{1}{4}e^{4\kappa a} \approx \frac{1}{4}e^{92} \gg 1. \tag{4.18}$$

透過係数 T は主にこの指数関数で決定され，k_1 や k には，ほとんどよらないことが分かる．今は T の概算だけに興味があるので，k_1 が大きい極限をとり（すなわち，$k_1^2 \gg \kappa^2$ かつ $k_1^2 \gg k^2$），式 (4.15) を単純化すると，式 (4.15) の透過係数は次のようになる．

$$T \approx \frac{4\kappa^2}{\kappa^2+k^2}\frac{k}{k_1}(\sinh^2 2\kappa a)^{-1}$$
$$\approx \frac{4(V_0-E)}{V_0}\left(\frac{E}{E+U_0}\right)^{\frac{1}{2}}\left[4e^{-\frac{4a}{\hbar}[2M_\alpha(V_0-E)]^{\frac{1}{2}}}\right]$$
$$\approx \frac{4(10)}{14}\left(\frac{4}{44}\right)^{\frac{1}{2}}(4e^{-92}) \approx 3.5\times e^{-92} \approx 4\times 10^{-40}. \tag{4.19}$$

このように α 粒子が障壁を透過する確率は極めて小さく，低エネルギーの α 粒子が重い原子核に吸収されない理由が説明される．しかし，原子核の中に閉じ込められている α 粒子では状況はまったく異なる．井戸の中の α 粒子の運動エネルギーは，

$$T_\alpha \approx U_0 + E \approx 44\text{ MeV}, \tag{4.20}$$

であり，対応する速さは次式で表される．

$$v_\alpha = \sqrt{\frac{2T_\alpha}{M_\alpha}} = c\sqrt{\frac{2T_\alpha}{M_\alpha c^2}} \approx c\sqrt{\frac{2\times 44\text{ MeV}}{4000\text{ MeV}}} \approx 0.15c. \tag{4.21}$$

α 粒子は $R \approx 10^{-12}$ cm の小さな領域に閉じ込められているので，次式で概算される頻度で障壁から跳ね返されている．

$$\frac{v_\alpha}{R} \approx \frac{0.15 \times 3 \times 10^{10} \text{ cm/sec}}{7.4 \times 10^{-13} \text{ cm}} \approx 6.0 \times 10^{21} \text{ /sec.} \tag{4.22}$$

α 粒子が障壁と衝突するたびに障壁を透過する確率は式 (4.19) で与えられる．したがって，α 粒子が 1 秒間に逃げる確率 $P(\alpha 放出)$ は簡単に次式のように表される．

$$P(\alpha 放出) \approx \frac{v_\alpha}{R} T \approx 2.4 \times 10^{-18} \text{ /sec.} \tag{4.23}$$

これは，崩壊定数とも呼ばれ λ で表され，単位時間あたりに崩壊する確率を表す．崩壊過程の平均寿命 (次章で議論) は崩壊定数の逆数で与えられる．

$$\tau = \frac{1}{P(\alpha 放出)} \approx \frac{1}{2.4 \times 10^{-18} \text{ /sec}} \approx 1.3 \times 10^{10} 年. \tag{4.24}$$

この寿命は実測値と驚くほど近い値を示している．

ここではアルファ崩壊を非常に単純化して計算を行ったので，計算結果の係数までは信用できない．しかし，一般に $V_0 \gg E$ の場合，崩壊定数は式 (4.19) から次のように表すことができる．

$$P(\alpha 放出) \propto E^{\frac{1}{2}} e^{-\frac{4a}{\hbar}[2M_\alpha(V_0-E)]^{\frac{1}{2}}}. \tag{4.25}$$

この式は，崩壊確率が α 粒子の質量とエネルギーに大きく依存していることを示し，障壁を透過して重い娘核への自発核分裂が遅い理由を説明する (これについては次の章で詳しく議論する)．式 (4.25) はまた，寿命と α 粒子のエネルギーの関係を示す．$P(\alpha 放出)$ は $E^{\frac{1}{2}}$ に比例するので，E が大きくなると寿命は短くなる．つまり E が大きいほど速く崩壊するはずであるという素朴な予測と一致する．また，$V_0 \gg E$ では，E に対し $(V_0 - E)^{\frac{1}{2}}$ がゆっくり変化するので，式 (4.25) は近似的に次のように表すことができる．

$$\log P(\alpha 放出) \propto (\log E + 定数). \tag{4.26}$$

この結果は，崩壊定数と崩壊する粒子のエネルギーの間に定量的な関係を与え，ガイガー・ヌッタル (Geiger-Nuttal) 則として知られている．この関係は理論による定式化の前に実験データから見いだされた．

4.4 ベータ崩壊

中性子過剰核 ($\frac{N}{Z}$ が安定な原子核より大きい核) は電子を放出することにより，より安定な原子核に遷移する．この種の過程はベータ**崩壊** (β-$decay$) として知られ，反応過程は次のように見える．

$$^A X^Z \to {}^A Y^{Z+1} + e^-. \tag{4.27}$$

電荷の保存則から，この崩壊の娘核の陽子数は 1 だけ増えるが，核子数は変化しない．この他にもベータ崩壊と呼ばれる過程が 2 種類存在する．1 つは，陽子過剰核の場合で，陽電子 (陽電子は電子の反粒子であり電子と同じ質量をもつが反対の電荷をもつ) を放出し，原子核の電荷を 1 だけ減らす．この場合，反応過程は次のように見える．

$$^A X^Z \to {}^A Y^{Z-1} + e^+. \tag{4.28}$$

さらに，陽子過剰核は原子の軌道電子を吸収して原子核の電荷を 1 つ減らすこともできる．この過程は電子捕獲と呼ばれ，反応過程は次のように見える．

$$^A X^Z + e^- \to {}^A Y^{Z-1}. \tag{4.29}$$

この場合，通常は原子の最も内側にある K 殻の電子が捕獲される．その結果外側の電子が低いエネルギー準位へ遷移し，いくつかの X 線が放出される．この 3 種の過程では，原子核の変化は $\Delta A = 0$ と $|\Delta Z| = 1$ で特徴づけられる．

ベータ崩壊では，電子と反跳された娘核だけが観測されたため，この過程は最初はアルファ崩壊と同じように 2 体崩壊だと思われていた．したがって，式 (4.27) の崩壊では，親核が静止している場合，エネルギー保存則より次のよう

4.4 ベータ崩壊 87

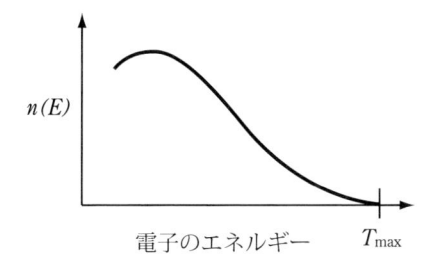

図 4.4: ベータ崩壊により放出された電子のエネルギー分布.

な関係式が得られる.

$$E_X = E_Y + E_{e^-} = E_Y + T_{e^-} + m_e c^2,$$
$$\text{または,}\quad T_{e^-} = (E_X - E_Y - m_e c^2) = (M_X - M_Y - m_e)c^2 - T_Y$$
$$= Q - T_Y \approx Q. \tag{4.30}$$

ここで T_Y は娘核の運動エネルギーで一般には小さい. 言い換えると, アルファ崩壊のときと同じように, 2 体反応では放出された軽い粒子 (電子) は, 解放されたほとんどのエネルギーを持ち去り, 式 (4.30) で単一のエネルギーをもつことが予想される. しかし, 第 2 章で議論したようにこの電子は実際には連続したエネルギー分布をもつ. 実際に観測される電子のエネルギー分布は図 4.4 のような形状をしていて, 放出電子の最大エネルギーは, 実験の精度内で式 (4.30) の値と一致する. すなわち, ほとんどの電子が 2 体崩壊から予想されるエネルギーよりかなり小さなエネルギーに分布する. 最初にこのことが観測されたとき, 物理学における最も大切な保存則の 1 つであるエネルギー保存則に危機がせまったように思われた. さらにベータ崩壊による核の角運動量の変化を考えたとき, もし崩壊の終状態に 2 つの粒子しかないとすると角運動量は保存しないことが明らかになった. 式 (4.27) を調べてみると, 核子の数は崩壊の前後で変化しないことが分かる. しかし, フェルミオンである電子がこの過程では放出される. 電子は核子と同様にスピン角運動量 $\frac{\hbar}{2}$ をもつため, 整数値をもつ軌道角運動量がど

88 第4章 核放射線

のように変化しようとも反応の前後で角運動量が保存しないのは明らかである．

ある時点までは，ベータ崩壊では運動量，エネルギー，角運動量の保存則が成り立っていないように思われた．もしそうであれば，ネーターの定理 (Emmy Noether)(第10章で議論される) から，この宇宙は等方的でなく，絶対座標と絶対時間が存在することになり，物理学は重大な衝撃を受け，我々が知る物理は捨て去らねばならなかったであろう．この科学の危機から脱却するため W. パウリ (Wolfgang Pauli) は，ベータ崩壊においては検出困難なもう1つの粒子が放出されているという仮説を提唱した．電荷の保存則からこの粒子は中性子や光子のように電気的に中性でなければならない．このことは，この粒子を検出することがなぜそれほどに困難かを説明することができる．現在ではこの**ニュートリノ** (*neutrino*) と呼ばれる中性粒子は物質とほとんど反応せず，そのため検出することが非常にむずかしいことが分かっている．ベータ崩壊で放出される電子の最大エネルギーが原子核の崩壊エネルギーと等しいことは，この新しい粒子がほとんど質量をもたないことを意味する．さらにこの仮説のニュートリノは角運動量の保存則を回復させるため，スピン $\frac{\hbar}{2}$ の角運動量をもつフェルミオンでなければならない．ある面で，この粒子は質量が非常に軽い以外は中性子 (neutron) に似ているため，フェルミは neutrino(小さな中性子) と命名し，ギリシャ文字 ν をあてた．

すべての素粒子は反粒子をもつと思われているがニュートリノもその例外ではない．ニュートリノの反粒子は**反ニュートリノ** (*antineutrino*, $\bar{\nu}$) と呼ばれる．ニュートリノも反ニュートリノも電気的に中性なので，その2つの粒子はどのような性質で区別されるのかという興味ある問題が生じる．中性子と反中性子もまた電気的に中性であるが，逆の符号の磁気双極子モーメントをもち，第9, 10章で議論されるように，逆の核子数，または「バリオン数」をもつことで区別される．しかしニュートリノは，構造と質量をもたない点状粒子で，バリオン数も磁気双極子モーメントももたない[1]．ベータ崩壊の実験によると，陽電子と同時に放出されるニュートリノ (ν_{e+}) は左巻き (left-handed) で，

---

[1] 1990年代後半にニュートリノ**混合** (*mixing*) または**振動** (*oscillation*) が発見されるまで，すべてのニュートリノは質量をもたないと思われていた．

電子と同時に放出されるニュートリノ (ν_{e^-}) は右巻き (right-handed) であることが示唆される．ここで，粒子のスピンの方向が運動量の方向と一致する場合を「右巻き」，逆の場合を「左巻き」と呼ぶ．(これは光学で使われている右巻き左巻きの取り決めとは逆である)．もし e^- を粒子，e^+ を反粒子と定義すると，ν_{e^-} を反ニュートリノ ($\bar{\nu}$)，ν_{e^+} をニュートリノ (ν) と呼ぶことが適当である．(この対応のしかたは後で正当化される．) ニュートリノは常に左巻きで反ニュートリノは常に右巻きなので「巻き方」(handedness) は，ニュートリノと反ニュートリノを区別する指標の１つであり，後で見るようにより深淵な意味をもつ．この新しいメンバーを入れてこれまでの３種のベータ崩壊を書き直すと次のようになる．

$$^{A}X^{Z} \longrightarrow {}^{A}Y^{Z+1} + e^- + \bar{\nu},$$
$$^{A}X^{Z} \longrightarrow {}^{A}Y^{Z-1} + e^+ + \nu,$$
$$^{A}X^{Z} + e^- \longrightarrow {}^{A}Y^{Z-1} + \nu. \tag{4.31}$$

もし親核が静止状態で崩壊したとすると，電子放出に対するエネルギー保存則から次の関係が得られる．

$$M_P c^2 = T_D + M_D c^2 + T_{e^-} + m_e c^2 + T_{\bar{\nu}} + m_\nu c^2,$$
$$\text{または，} \quad T_D + T_{e^-} + T_{\bar{\nu}} = (M_P - M_D - m_e - m_\nu)c^2$$
$$= \Delta M c^2 = Q. \tag{4.32}$$

ここで，M_P，M_D，m_e，m_ν はそれぞれ，親核，娘核，電子，反ニュートリノの質量である．同様に，T_D，T_{e^-}，$T_{\bar{\nu}}$ は，それぞれ崩壊後の娘核，電子，反ニュートリノの運動エネルギーである．式 (4.32) から，電子の放出は，親核の崩壊エネルギー Q が正の場合，つまり親核の質量が崩壊後の粒子の質量を足したものよりも大きい場合にのみ生じることが分かる．実際，原子の小さい結合エネルギーを無視すると，電子の放出は次の場合にのみ生じる．

$$Q = (M(A,Z) - M(A, Z+1) - m_\nu)c^2$$
$$\approx (M(A,Z) - M(A, Z+1))c^2 \geq 0. \tag{4.33}$$

ここで，$M(A, Z)$ は軌道電子の質量を含む原子の質量を表し，ニュートリノの小さな質量は無視した．さらに娘核は，電子や反ニュートリノに比べ非常に重いので，娘核の小さな反跳エネルギー T_D は無視でき，次式が成り立つ．

$$T_{e^-} + T_{\bar{\nu}} \approx Q. \tag{4.34}$$

終状態に $\bar{\nu}$ があることで電子のエネルギーはもはや一定ではないことは明らかである．実際エネルギーが，$0 \leq T_{e^-} \leq Q$ の範囲は運動学的に許され，$T_{\bar{\nu}} = 0$ に対応する電子の最大エネルギーは式 (4.32) の端点で表される．

$$(T_{e^-})_{\max} = Q. \tag{4.35}$$

したがって，パウリの仮説はベータ崩壊の電子の連続的なエネルギー分布を説明し，これまで確立している保存則を満足する．

陽電子放出の場合についても，その崩壊エネルギーは次のように表される．

$$\begin{aligned} Q &= (M_P - M_D - m_e - m_\nu)c^2 \\ &= (M(A, Z) - M(A, Z-1) - 2m_e - m_\nu)c^2 \\ &\approx (M(A, Z) - M(A, Z-1) - 2m_e)c^2. \end{aligned} \tag{4.36}$$

式 (4.36) のすべての $M(A, Z)$ は (原子核ではなく) 原子の全質量であり，崩壊が生じるためには Q は正でなければならない．同じように，電子捕獲は次の条件のときにのみ生じる．

$$\begin{aligned} Q &= (M_P + m_e - M_D - m_\nu)c^2 \\ &= (M(A, Z) - M(A, Z-1) - m_\nu)c^2 \\ &\approx (M(A, Z) - M(A, Z-1))c^2 \geq 0. \end{aligned} \tag{4.37}$$

以前にも述べたように，これらの関係では eV 程度の原子の軌道電子の結合エネルギーの差を無視している．

陽子と中性子は核子数，またはバリオン数が+1 の核子であると定義されたように，電子はレプトン数+1 の**レプトン** (*lepton*) であると定義される．ポジ

トロンは電子の反粒子なので，反陽子と反中性子がバリオン数 –1 をもつように，レプトン数 –1 をもつ．第 9 章で分かるように，レプトン数とバリオン数はすべての相互作用で保存されるように見える．したがって，式 (4.31) の 3 つの過程から，ニュートリノもまた，レプトン数+1 のレプトンであり，反ニュートリノのレプトン数は –1 であることを結論づけることができる．

4.4.1 レプトン数

自然界には電荷をもつレプトンが 3 種類存在し，(e^-, ν_e), (μ^-, ν_μ), (τ^-, ν_τ) のように，それぞれのレプトンに対応するニュートリノが存在する．ミューオン (μ) とタウ・レプトン (τ) は電子に似た性質をもつが非常に重い質量をもつ．3 種のニュートリノもまた，お互いに区別できることが知られている．たとえば，$\pi^+ \to \mu^+ + \nu_\mu$ の反応で生じたニュートリノが物質と反応したとき，μ^- 以外の荷電レプトンは生成されない．反応式で示すと，

$$\begin{aligned}
\nu_\mu + {}^A X^Z &\to {}^A Y^{Z+1} + \mu^-, \\
\nu_\mu + {}^A X^Z &\not\to {}^A Y^{Z+1} + e^-, \\
\nu_\mu + {}^A X^Z &\not\to {}^A Y^{Z+1} + \tau^-.
\end{aligned} \tag{4.38}$$

また ν_e が物質と反応した場合，

$$\begin{aligned}
\nu_e + {}^A X^Z &\to {}^A Y^{Z+1} + e^-, \\
\nu_e + {}^A X^Z &\not\to {}^A Y^{Z+1} + \mu^-, \\
\nu_e + {}^A X^Z &\not\to {}^A Y^{Z+1} + \tau^-.
\end{aligned} \tag{4.39}$$

実験的には十分研究されてはいないが，ν_τ は τ^- を生成するが，e^- と μ^- は生成しないと考えられる．このレプトンと反レプトンのファミリー (family) 構造は，基本相互作用の理論を構築する際に大きな役割を演じた．

4.4.2 ニュートリノ質量

ニュートリノが質量をもつかどうかは重要な問題である．式 (4.33) と式 (4.35) から明らかなように，ニュートリノの質量はベータ崩壊の電子のエネルギー分布の高エネルギー端から決定することができる．もし $m_\nu = 0$ ならば，エネルギー分布の端はスムーズに 0 になり，もし $m_\nu \neq 0$ ならば分布の端は急に 0 になる（図 4.5 参照）．したがってベータ線のエネルギー分布の端の形状から，ニュートリノの質量を調べることができる．しかし実際は，エネルギー分布の端の形状は測定の分解能にも非常に敏感である．ニュートリノ質量を測定する他の方法もあり，現在直接測定による電子ニュートリノの質量の上限値は，$m_{\nu_e} < 2 \text{ eV}/c^2$ である．

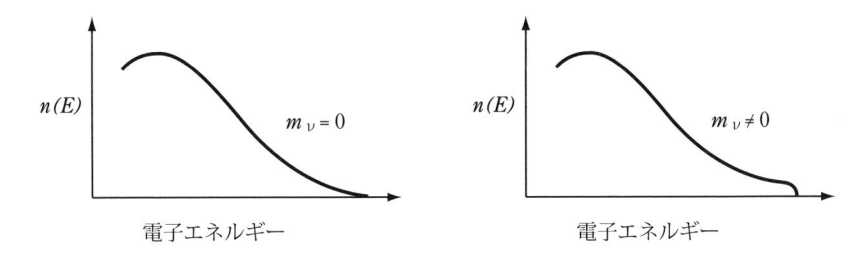

図 4.5: ニュートリノの質量に対するベータ崩壊の電子のエネルギー分布の端の形の変化．

ニュートリノの質量は，**暗黒物質** (*dark matter*) の候補として宇宙の質量に寄与する可能性があるため，ニュートリノ質量が小さくても有限かどうかは宇宙論的な立場から非常に興味深い．固有振動数の異なる 2 つの振動子を弱く結合すると振動子間でエネルギー交換とうなりが生じる．これと同じように，ニュートリノが混合し，かつ異なった質量をもつと，1 つの種類から他の種類のニュートリノへの転換が生じる．ニュートリノ混合が存在すれば有限のニュートリノ質量を確認するための 1 つの実験的な方法が可能になる．たとえば，ν_μ を生成し，物質との反応で e^- が生成される確率を飛行距離の関数として測定することができる．実際, R. デービス (Ray Davis) と小柴昌俊と彼らの共同研

究者による太陽や宇宙線の反応からのニュートリノの測定では，異なる種類のニュートリノが互いに変換する確率がゼロではないことが示され，ニュートリノの質量は有限であることが示唆されている[2]．

4.4.3 弱い相互作用

式 (4.31) のベータ崩壊は次のように表すこともできる．

$$n \to p + e^- + \bar{\nu}_e,$$
$$p \to n + e^+ + \nu_e,$$
$$p + e^- \to n + \nu_e. \tag{4.40}$$

中性子は陽子より重いので，自由な中性子は式 (4.40) のように崩壊することができる．しかし陽子は中性子より軽いので自由な陽子はベータ崩壊をすることができない．つまり陽子は原子核の中でのみベータ崩壊することができる．自由な中性子は約 900 秒の寿命でベータ崩壊する．この寿命は，核反応や電磁相互作用による時間スケールと比較すると非常に長い．（原子核反応の典型的な時間スケールは約 10^{-23} 秒で電磁相互作用の典型的な時間スケールは約 10^{-16} 秒である．）したがって，ベータ崩壊は原子核の現象ではあるが核力による現象ではない．（電磁相互作用による現象でもない．）この結果からフェルミはベータ崩壊を引き起こす新しい力が存在するという仮説をたてた．この力は**弱い力** (*weak force*) と呼ばれ，原子核の領域でしかはたらかないため短距離力である．ベータ崩壊の長い寿命はこの力の弱さから来ている．核力，電磁力，弱い力，重力の相対的な強さは，$1 : 10^{-2} : 10^{-5} : 10^{-39}$ で特徴づけられる．電磁相互作用の場合と同様に弱い力の結合定数は弱いので，この力の効果は摂動により計算することができる．

以前に述べたように原子核は電子を含んでいない．したがってベータ崩壊で生成された電子は原子核の中にあったわけではなく，崩壊の過程で生成されな

---

[2] 訳者注：現在では，ニュートリノ振動が精密に測定され，ニュートリノの質量がゼロでないことが分かっている．

94　第 4 章　核放射線

ければならない．これは，原子の遷移の場合，光子は原子の中になく遷移の時に生成される場合と状況はまったく同じである．原子の遷移が，たとえば双極子相互作用により引き起されると理解され，摂動論により計算できるように，ベータ崩壊は弱い相互作用ハミルトニアンの弱い力により引き起されると理解することができる．単位時間あたりの遷移確率，またはこの過程のエネルギーの「幅」もまたフェルミの黄金則 (第 1 章で議論した) を使って摂動論により計算することができる．

$$P = \frac{2\pi}{\hbar}|H_{fi}|^2\rho(E_f). \tag{4.41}$$

ここで，$\rho(E_f)$ は崩壊生成物の状態密度であり，H_{fi} は弱い相互作用ハミルトニアン H_{wk} の行列要素である．これは弱い相互作用ハミルトニアンを始状態と終状態ではさむことで得られる．

$$H_{fi} = \langle f|H_{\text{wk}}|i\rangle = \int d^3x \psi_f^*(x) H_{\text{wk}} \psi_i(x). \tag{4.42}$$

式 (4.42) の行列要素が式 (4.40) のベータ崩壊を記述するためには，弱い相互作用ハミルトニアンは 4 つのフェルミオンを結合するものでなければならない．フェルミにより提唱された **4 フェルミオン相互作用** (*four-fermion interaction*)，または **カレント-カレント相互作用** (*current-current interaction*) として知られるベータ崩壊のハミルトニアンは相対論的でフェルミオンを記述するディラック方程式の特性を基礎にしている．長年にわたる実験的な研究が 4 フェルミオン理論の構造を大きく制限し，その結果は低エネルギーのベータ崩壊の測定と非常に良く合う理論形式になった．

現在の理論形式の 1 つの特徴は，左巻きのニュートリノと右巻きの反ニュートリノのみが存在するとしており，弱い相互作用で見られる大きなパリティの破れの効果をごく自然に含んでいる点である．ある系の空間座標を反転しても現象が変わらなければ，つまり鏡の中の系と区別がつかなければ，系はパリティ不変である．しかし，ベータ崩壊で放出される左巻きのニュートリノの鏡像は右巻きのニュートリノになる．なぜなら図 4.6 に示されるように，空間反転により $\vec{r} \to -\vec{r}$, $\vec{p} \to -\vec{p}$ のように変換し運動方向は向きを変えるが，スピンベクトル $\vec{s}$ は $\vec{L} = \vec{r}\times\vec{p} \to (-\vec{r})\times(-\vec{p}) = \vec{L}$ と同じように変換するため向きを

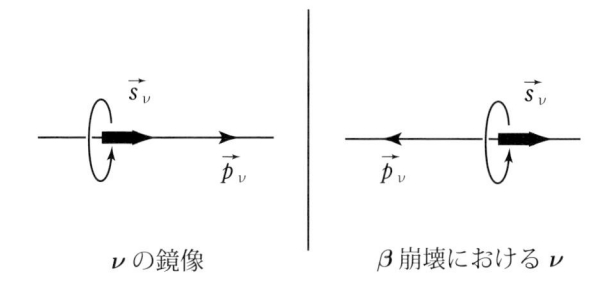

図 4.6: ニュートリノの運動量ベクトル $\vec{p}_\nu$ とスピンベクトル $\vec{s}_\nu$ と，その鏡像の概念図.

変えない．(読者には，回転しているねじと，その進行方向に垂直に置いた鏡の中の像を思い描いて欲しい．鏡の中のねじの回転方向は元と同じである．) 一方「巻き方」は $\frac{\vec{p}\cdot\vec{s}}{|\vec{p}||\vec{s}|}$ と定義されるため向きを変える．したがって，ベータ崩壊の現象はその鏡像と区別することができる．右巻きのニュートリノ (と左巻きの反ニュートリノ) は自然界には存在しないためパリティ変換した反応は実際には生じない．したがって，弱い相互作用ではパリティ対称性は破れている．これは，実験と完全に一致する．この問題は後の章でもう一度議論する．

4.5 ガンマ崩壊

これまで見てきたように，重い原子核が α 粒子か β 粒子を放出して崩壊したとき，娘核は励起状態にある場合がある．もし励起した原子核が分裂せず，他の粒子を放出しなければ，この原子核は高エネルギーの光子，またはガンマ線を出して基底状態に脱励起することができる．例 1 で見たとおり，原子核のエネルギー準位の差は一般的に 50 keV 程度で，原子核からのガンマ線の典型的なエネルギーは，1 MeV の数分の 1 から数 MeV になる．この種の脱励起は電磁相互作用により生じるため，この過程の寿命は約 10^{-16} 秒程度であることが

予想される[3]. 原子の遷移で見られるように，光子は少なくとも 1 単位の角運動量を持ち去り (光子は電磁場ベクトルで説明されるため，$\hbar$ の角運動量をもつ)，この過程ではパリティは保存される.

原子核によるガンマ線の放出と吸収の研究は原子核分光学の中心的な部分をなす．この課題は原子分光学と直接的な類似点をもつが，重要な違いも存在する．たとえばエネルギー E_i をもつ始状態が振動数 ν の光子を吸収，または放出してエネルギー E_f の終状態に遷移する場合を考える．このような過程では，共鳴あるいは無反跳遷移の条件を定義することができる.

$$h\nu = \mp(E_i - E_f). \tag{4.43}$$

ここで，「$-$」は吸収に対応し，「$+$」は放出に対応する．したがって，原理的には ν を測定するとレベル差を測定することができる．しかし実際には運動量を保存しなければならないため光子を吸収・放出するときに物体は反跳される．終状態の物体の質量を M，その反跳速度の大きさを v とすると，運動量保存則から次の関係を得る.

$$\frac{h\nu}{c} = Mv. \tag{4.44}$$

その結果，エネルギー保存則から，式 (4.43) は次のように修正される.

$$E_i - E_f = \mp h\nu + \frac{1}{2}Mv^2 = \mp h\nu + \frac{1}{2M}\left(\frac{h\nu}{c}\right)^2,$$

すなわち，$\quad h\nu = \mp\left(E_i - E_f - \frac{h^2\nu^2}{2Mc^2}\right) = \mp(E_i - E_f - \Delta E_R). \tag{4.45}$

ここで ΔE_R は反跳の運動エネルギーを表す.

不安定な状態のエネルギー準位はすべて固有の幅 $\delta E = \Gamma$ と寿命 τ をもち，両者は不確定性原理により次のように関係づけられる.

$$\Gamma \approx \frac{\hbar}{\tau} \approx (E_i - E_f) \text{ の不確定性}. \tag{4.46}$$

---

[3] 「典型的」な寿命といった場合，実際の寿命は，位相空間や異なった状況での遷移演算子の違いによりそれぞれの過程で非常に大きく異なることもありうることに注意が必要である．たとえば，電磁相互作用による遷移の寿命は，ある素粒子の崩壊での $\Gamma \approx 10^{-19}$ 秒から原子双極子遷移での $\Gamma \approx 10^{-8}$ 秒にまで及ぶ.

4.5 ガンマ崩壊

言い換えると，エネルギー準位は不定で，どのような遷移を利用しても Γ のエネルギー幅より正確に決めることはできない．その結果，もし反跳の運動エネルギーが $\Delta E_R \ll \Gamma$ のとき，式 (4.45) は式 (4.43) と本質的に同じになり，共鳴吸収が生じる[4]．一方，$\Delta E_R \gg \Gamma$ のときは不確定性を利用して，同じ束縛レベルどうしの共鳴吸収により高いエネルギーレベルに励起することは不可能である．

このことを定量的に理解するために $A = 50$ の原子を考える．原子のエネルギー準位の典型的な間隔は 1 eV のオーダーであるため，$h\nu = 1$ eV のエネルギーの光子の吸収を考える．この原子の質量は，$Mc^2 \approx 50 \times 10^3$ MeV $= 5 \times 10^{10}$ eV なので，

$$\Delta E_R = \frac{(h\nu)^2}{2Mc^2} \approx \frac{1 \text{ (eV)}^2}{2 \times 5 \times 10^{10} \text{ eV}} = 10^{-11} \text{ eV}, \tag{4.47}$$

となる．励起した原子準位の標準的な寿命は約 10^{-8} 秒なので，

$$\Gamma \approx \frac{\hbar}{\tau} \approx \frac{6.6 \times 10^{-22}}{10^{-8} \text{ sec}} \text{ MeV-sec} = 6.6 \times 10^{-8} \text{ eV}. \tag{4.48}$$

したがって，$\Delta E_R \ll \Gamma$ であり，原子の遷移では共鳴吸収が起りうる．

それとは対照的に，原子核の標準的なレベル間隔は，$h\nu \gtrsim 100$ keV $= 10^5$ eV である．もう一度 $A = 50$ の原子核を考えると，$Mc^2 \approx 5 \times 10^{10}$ eV はそのままであるが，光子のエネルギーが大きいので原子核の反跳エネルギーは次で与えられる．

$$\Delta E_R = \frac{(h\nu)^2}{2Mc^2} \approx \frac{(10^5 \text{ eV})^2}{10^{11} \text{ eV}} = 10^{-1} \text{ eV}. \tag{4.49}$$

もし原子核のレベルの標準的な寿命が 10^{-12} 秒だとすると，

$$\Gamma \approx \frac{\hbar}{\tau} \approx \frac{6.6 \times 10^{-22} \text{ MeV-sec}}{10^{-12} \text{ sec}} = 6.6 \times 10^{-4} \text{ eV}. \tag{4.50}$$

したがって，このような原子核の遷移に対しては，$\Delta E_R \gg \Gamma$ になり共鳴吸収は生じない．

---

[4] 訳者注：あるエネルギー準位の脱励起により発生した光子が同じ準位間の励起を引き起こすことができるかを議論している．

98 第4章 核放射線

原子核の共鳴吸収を生じさせるためには，何らかの方法で反跳エネルギーを抑制しなければならないが，これはメスバウアー (Mössbauer) 効果 (発見者 Rudolf Mössbauer に因んで名づけられた.) として知られる方法でみごとに実現されている．基本的な考えは，反跳物体の質量が大きければ反跳エネルギーは小さくなるということである (式 (4.49) 参照)．これは，非常に多くの原子核を固い結晶の格子に固定し，反跳物体の質量を 1 個の原子核から，その質量の何桁も大きい巨視的な質量に増やすことで達成できる．すなわち ΔE_R を Γ に比べ，無視できるくらい小さくすることができる．このためメスバウアーの技術により非常に正確に準位の巾を測定することができる．たとえば，鉄の原子核準位の巾は，準位間隔の 10^{-12} に相当する 10^{-7} eV の精度で測定されている．したがって，この方法は原子核のエネルギー準位の超微細構造を測定するのに非常に有用な技術である．

演習問題

4.1 次のアルファ崩壊の原子核の基底状態間の Q 値を計算せよ：
   (a) ^{208}Po $\to$ ^{204}Pb $+ \alpha$,
   (b) ^{230}Th $\to$ ^{226}Ra $+ \alpha$.
   親核が静止していた場合，α 粒子と娘核の運動エネルギーを求めよ．

4.2 ^{236}U による 4 MeV の α 粒子の散乱においてクーロン障壁と遠心力障壁の効果の比を見積もれ．特に衝突係数が $b = 1$ fm, $b = 7$ fm の場合を考えよ．その散乱に対して軌道角運動量量子数は何か？(ヒント: $|\vec{L}| \sim |\vec{r} \times \vec{p}| \sim \hbar k b \sim \hbar \ell$)

4.3 自由な中性子は平均寿命 889 秒で陽子と電子と反ニュートリノに崩壊する．中性子と陽子の質量差を 1.3 MeV/c^2 として，電子と陽子がもつことができる最大の運動エネルギーを 10% の精度で計算せよ．反ニュートリノがもつことができる最大のエネルギーを求めよ．(崩壊する中性子は静止していたとして，ニュートリノの質量は 0 とせよ.)

4.4 ナトリウムの安定な同位体が ^{23}Na とすると，(a) ^{22}Na，(b) ^{24}Na からは，それぞれどのような放射能が予想されるか？

4.5 レプトン数保存を考慮して，次の弱い反応に対して足りない粒子を指定せよ．(a) $\mu^- \to e^- +?$, (b) $\tau^+ \to e^+ +?$, (c) $e^- + {}^A X^Z \to ?$, (d) $\nu_\mu + n \to ?$, (e) ${}^A X^Z \to {}^A Y^{Z-1} +?$, (f) $\bar{\nu}_e + p \to ?$

4.6 放出エネルギーが 10 MeV のとき，原子核の中に閉じ込められた α 粒子の典型的なエネルギーを計算せよ．そのような α 粒子の原子核の中での運動量と放出後の運動量はどうなるか？そのような α 粒子の波長は，^{12}C に閉じ込めるのに十分か？ ^{238}U の場合はどうか？

4.7 安定な原子核の Z と N の関係を調べると，β^+ 崩壊核は安定領域より上の陽子過剰側にあり，β^- 崩壊核は下の中性子過剰側にあることが分かる．たとえば，^{8}B は β^+ を放出し，^{12}B は β^- を放出する．安定原子核は放出を起すのに十分大きさの質量をもっていない核である．言い換えると最大の結合エネルギーをもち，最小の質量をもつ核である．問題 3.1 で議論した通り，この安定核は $M-Z$ 面に $\frac{\partial M}{\partial Z}=0$ の「谷」をつくる．M について半経験的な質量公式を使い，この安定の谷の Z と A の関係は，$Z \approx \frac{A}{\left(2+0.015 A^{\frac{2}{3}}\right)}$ であることを示せ．1990 年代の終わりに，Z が 110 を越える原子核がいくつか発見された．$Z > 120$ に安定の「島」はありうるか？特に $Z=125$，$Z=126$，$Z=164$ の状態を考えよ．$Z > 200$ にもっと重い原子核があることが予想されている．このような核は泡やドーナッツのような奇妙な形をしていると予想される．なぜそのような形が球よりも安定と考えられるか？

推奨図書

巻末推奨図書番号： [9], [23], [29], [35].

5 核物理学の応用

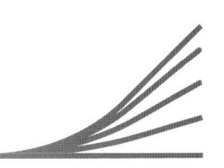

5.1 はじめに

　原子核と核力の研究は自然界の基本法則の解明に大きく寄与してきた．そして物理法則の理解はこれまで人類の利益のために大いに役立ってきた．たとえば，電磁気学の原理は我々の毎日の生活に欠くことのできないエレクトロニクス産業を導いた．同様に原子の現象の解明により，レーザーやトランジスターや数多くの驚くべき発明がなされてきた．言うまでもなく，原子核の解明からも多くの応用がなされている．しかし，これらの発展は建設的にも破壊的にも応用されてきたため論争の的になることもよくある．この章では，これらの応用のうち，重要ないくつかの例とその原理を紹介する．

5.2 核分裂

　中性子は電気的に中性でクーロン力を直接的には感じない．そのため，原子核の電荷に反発される陽子とは異なり，低エネルギーの中性子でも原子核のごく近傍まで近づき，核力の引力ポテンシャルにより束縛状態をつくることで反応することができる．原子核物理の初期には，低エネルギー中性子の原子核への捕獲は質量数 A の大きな原子核をつくる技術として発展した．そして中性子捕獲により超ウラン元素をつくるために，^{235}U などの A が奇数の核と低エネルギーの熱中性子 (室温 $T \approx 300$ K, $kT \approx \frac{1}{40}$ eV) の散乱実験が行われた．しかしこの反応では，重い原子核は生成せず，元の原子核が分裂してより小さな質量の 2 つの娘核が生じる現象がしばしば見られた．このように重い原子核が分裂し，2 つの中間的な大きさの原子核と残りの残骸になることは**核分裂**

(*nuclear fission*) として知られている．ある種の重い核は外部からの小さな刺激により自発的に核分裂を引き起す．A が奇数の核の誘導核分裂の代表的な例は，^{235}U の熱中性子吸収により生じる．

$$^{235}\text{U} + n \longrightarrow {}^{148}\text{La} + {}^{87}\text{Br} + n. \tag{5.1}$$

一方，A が偶数の核による熱中性子散乱は核分裂を引き起さない．しかし，このような核でも中性子の運動エネルギーが 2 MeV 程度になると核分裂を引き起す．

核分裂は重い原子核に特有の性質であり，大きなエネルギーを解放することができるため我々の生活に重要な役目を担うようになっている．重い核の核分裂により解放されるエネルギーは，核子あたりの結合エネルギーの表から計算できる (図 2.1 参照)．原子核の核子あたりの結合エネルギーは，中くらいの A の原子核で最大になり，A が非常に大きな原子核では小さくなる．したがって，核分裂反応の過程では比較的弱く結合した重い原子核から強く結合した中くらいの A の原子核 2 個に分裂し，その結果エネルギーが解放される．もし ^{235}U の核子あたりの結合エネルギーが約 7.5 MeV で核分裂生成物のそれが約 8.4 MeV だとすると，典型的な核分裂では，核子あたり 0.9 MeV のエネルギー解放になる．その結果 1 つの ^{235}U が分裂したときの全解放エネルギーは次のように算定することができる．

$$235 \times 0.9 \text{ MeV} = 211.5 \text{ MeV} \approx 200 \text{ MeV}. \tag{5.2}$$

これは非常に大きなエネルギーであるため核分裂を制御することにより莫大なエネルギーを得ることができる．

5.2.1 核分裂の基礎理論

核分裂現象は，液滴モデルにより定性的にも定量的にも理解することができる．液滴モデルでは原子核が球形だと仮定すると実験と定性的に良く合う．しかし非常に大きな原子核では，球形が安定だとは限らない．さらに中性子が入

5.2 核分裂

射したときのように，外部からの刺激により表面が波立ち液滴の形が変化することもありえる．たとえば外部からの刺激の結果，液滴は伸びるかもしれない．もし変形が非常に大きくなった場合，液滴の伸びた部分どうしがクーロン力により反発し，2つの「こぶ」を形成し，その部分がクーロン力によりさらに離れて，1個の液滴が最終的に2個のより小さい液滴に完全に分裂する．一方，最初の変形がそれほど大きくない場合，変形した液滴は入射中性子と核子数 A の親核が複合した励起状態になり，それはやがて光子を放出して脱励起し，核子数 $(A+1)$ の低いエネルギー状態の核になる．この第2の過程は，中性子の**放射捕獲** (*radiative capture*) と呼ばれる．これらの過程を図 5.1 に示す．

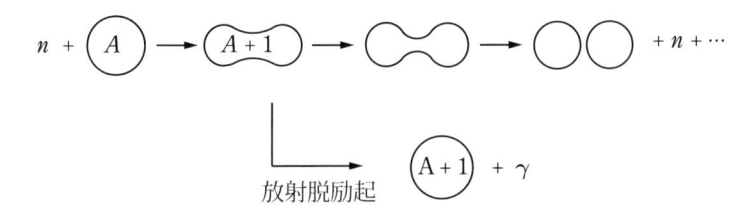

図 5.1: 核分裂または放射捕獲を引き起こす中性子吸収.

液滴モデルは核分裂の定量的な説明を行うこともできる．これまですでに見てきたように，このモデルでは原子核の結合エネルギーの観測と良く合う自然なパラメータ化を行うことができた．結合エネルギーの経験的な形式 (式 (3.3) 参照) は，体積エネルギー，表面エネルギー，クーロンエネルギーなど液滴の形に依存する3つの古典的な項からなる．したがって，これを利用して外部からの刺激に対する液滴の安定性を古典的で簡単な計算により解析することができる．原子核の構成要素は非圧縮性の液体のように振る舞う．半径 R の球形の液滴が外部からの刺激により非常に小さい変形をし，長軸 a，短軸 b の同じ体積の楕円体に変形したとする．a と b を次のように小さな変形パラメータ ϵ で表すと (図 5.2 参照),

$$a = R(1+\epsilon), \quad b = \frac{R}{(1+\epsilon)^{\frac{1}{2}}}. \tag{5.3}$$

104　第5章　核物理学の応用

$$a = R(1+\epsilon)$$
$$b = \frac{R}{(1+\epsilon)^{1/2}}$$

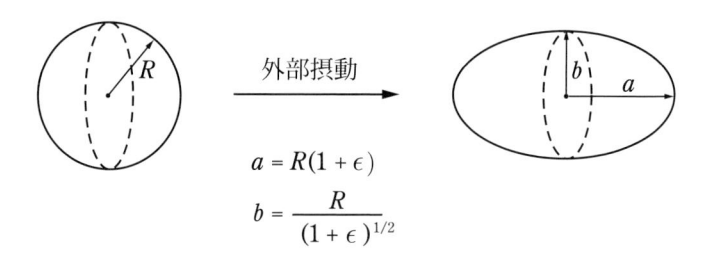

図 5.2: 球から同じ体積の楕円体への変形.

この液滴の体積は次のように変化しないことが保証される．(パラメータ ϵ と楕円体の離心率との関係については問題 5.13 参照.)

$$V = \frac{4}{3}\pi R^3 = \frac{4}{3}\pi ab^2. \tag{5.4}$$

体積が変化しないため，元の球状の液滴と変形した楕円体の液滴の体積エネルギーは同じである．しかし表面エネルギーとクーロンエネルギーはこの2つの場合で異なる．実際，表面積を比較することにより，表面エネルギーは次のように変化すると予想できる．

$$a_2 A^{\frac{2}{3}} \longrightarrow a_2 A^{\frac{2}{3}}\left(1 + \frac{2}{5}\epsilon^2\right). \tag{5.5}$$

一方，クーロンエネルギーの変化は次のようになると予想される．

$$a_3 \frac{Z^2}{A^{\frac{1}{3}}} \longrightarrow a_3 \frac{Z^2}{A^{\frac{1}{3}}}\left(1 - \frac{1}{5}\epsilon^2\right). \tag{5.6}$$

ここで a_2, a_3 は式 (3.3) で表される正のパラメータである．液滴の変形は，表面エネルギーを増加させるが一方で，クーロンエネルギーは減少させる[1]．したがって，液滴の安定性はこの2つの効果の競合の結果に依存する．変形による結合エネルギー (B.E.) の変化は，次のように表すことができる．

---
[1] 訳者注：結合エネルギー (B.E.) は，図 3.2 のようにポテンシャルの深さを表し負の値である．したがってたとえば結合エネルギーが「減少」した場合，エネルギーの絶対値は「大きく」なり，ポテンシャルの深さが「深く」なり系は「安定」になる．

$$\Delta = \text{B.E.}(楕円) - \text{B.E.}(球)$$
$$= \frac{2}{5}\epsilon^2 a_2 A^{\frac{2}{3}} - \frac{1}{5}\epsilon^2 a_3 \frac{Z^2}{A^{\frac{1}{3}}} = \frac{1}{5}\epsilon^2 A^{\frac{2}{3}}\left(2a_2 - a_3\frac{Z^2}{A}\right). \tag{5.7}$$

このエネルギー差が正ならば，球状の液滴はより強く結合し，その結果，外部からの小さな刺激に対して安定である．式 (3.4) で与えられているように，$a_2 \approx 16.8$ MeV, $a_3 \approx 0.72$ MeV ならば次の条件のとき $\Delta > 0$ となる．

$$2a_2 - a_3\frac{Z^2}{A} > 0, \quad \text{すなわち} \quad \frac{Z^2}{A} < 47. \tag{5.8}$$

この古典的で簡単な解析は，外部からの小さな刺激に対して球形の原子核は $Z^2 < 47A$ のときでのみ安定であるということを示している．もちろん，実際には量子力学的な補正が必要である．しかし，この補正により定性的な傾向は変わらず，$Z^2 > 47A$ の球状の原子核は非常に不安定で自発核分裂を引き起こすことを示す．大きな核では $Z < \frac{1}{2}A$ なので（図 2.3 参照）実際にはすべての重い原子核で $Z^2 < 47A$ であり，球形が最大の結合エネルギーをもつ．しかし，$Z^2 < 47A$ の場合でも 2 つの娘核の結合エネルギーの和が親核のそれより小さい場合があり，その場合球形の親核は分裂し，より低いエネルギー状態に移ることができる．

親核が 2 つの同じ娘核に分裂するという簡単な場合を考えてみよう（したがって A と Z は両方とも偶数であると仮定している）．式 (3.2) の a_4 と a_5 で表される量子力学的な項を無視すると，分裂前の原子核と核分裂片の結合エネルギーの差を計算することができる．体積エネルギーは相殺するので，計算は次のようになる．

$$\begin{aligned}\Delta(\text{B.E.}) &= \text{B.E.}(A, Z) - 2\text{B.E.}\left(\frac{A}{2}, \frac{Z}{2}\right) \\ &= a_2 A^{\frac{2}{3}}\left(1 - 2\left(\frac{1}{2}\right)^{\frac{2}{3}}\right) + a_3 \frac{Z^2}{A^{\frac{1}{3}}}\left(1 - 2\frac{(\frac{1}{2})^2}{(\frac{1}{2})^{\frac{1}{3}}}\right) \\ &= a_2 A^{\frac{2}{3}}(1 - 2^{\frac{1}{3}}) + a_3 \frac{Z^2}{A^{\frac{1}{3}}}(1 - 2^{-\frac{2}{3}}).\end{aligned} \tag{5.9}$$

式 (3.4) の a_2 と a_3 の値を使うと次のようになる．

$$\Delta(\text{B.E.}) \approx A^{\frac{2}{3}}\left(-0.27 a_2 + 0.38 a_3 \frac{Z^2}{A}\right)$$
$$= A^{\frac{2}{3}}\left(-0.27 \times 16.8 \text{ MeV} + 0.38 \times 0.72 \text{ MeV} \frac{Z^2}{A}\right)$$
$$\approx 0.274 A^{\frac{2}{3}}\left(-16.5 + \frac{Z^2}{A}\right) \text{ MeV}. \tag{5.10}$$

この計算は，$Z^2 > 16.5A$ のとき，$\Delta(\text{B.E.}) > 0$ になり，2 つの娘核はその親核より強く結合していることを示す．したがって，$16.5A < Z^2 < 47A$ のとき，球形の親核が小さな刺激に対して安定であるにも関わらず 2 つの軽い原子核に分裂する方がエネルギー的に有利である．

　これまでの議論は，2 つの核分裂片の間のポテンシャルエネルギーの距離依存性を示す図 5.3 を用いて次のように定量的に説明される．2 つの娘核が非常に離れている場合，親核に対するポテンシャルエネルギーは式 (5.10) で表される．$A \approx 240$ で $Z \approx 92$ の原子核が 2 つの同程度の大きさの娘核に壊れる場合これはおおよそ 200 MeV に対応する．分裂片間の距離が小さい場合，より強くクーロンの反発力を感じることになる．2 つの娘核が触れ合うように近い距離 $r = r_0$ では，クーロンポテンシャルは最大になり，250 MeV 程度になる．(この値は，2 つの娘核の Z が 2:1 程度に非対称な場合 10〜15% 小さくなる．) $r < r_0$ ではこの 2 つの原子核は 1 つの歪んだ原子核に融合する．そしてこれまで議論してきたように，この系の進展には 2 つの可能性がある．($r < r_0$ のとき，r の大きさは，原子核の伸びの程度を表し，式 (5.3) で与えられるパラメータ ϵ に比例したものであることに注意．) 第 1 の可能性は，$Z^2 > 47A$ のとき，$\Delta < 0$ で球形の形は不安定となり，結合エネルギーは変形の 2 乗で小さくなる (式 (5.7) 参照)．これは，図 5.3 のポテンシャルエネルギーの分岐 I に対応する．この状況ではどのような r に対しても分離した方がエネルギー的に有利なため，刺激がなくとも親核は急激に「坂道を転がり」自発的に 2 つの原子核に分裂する．第 2 の可能性は，$Z^2 < 47A$ のとき，球形の親核は歪みの 2 乗で結合エネルギーが増す安定な束縛状態になる．これは図 5.3 のポテンシャルエ

5.2 核分裂

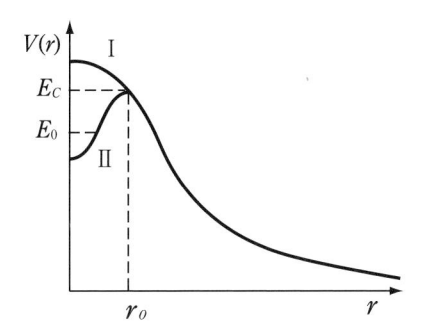

[図 省略: $V(r)$ を縦軸、r を横軸とするポテンシャルエネルギー曲線。E_C、E_0、r_0、I、II が示されている]

図 5.3: 中くらいの大きさの 2 つの原子核間のポテンシャルエネルギー．横軸は原子核間距離．2 つの原子核は r_0 で接触し，$r = 0$ で合体する．

ネルギーの分岐 II に対応する．この場合，古典的には親核はポテンシャル井戸の底にあるが，量子力学的補正のため基底状態は E_0 という零点エネルギーをもつ．E_C をクーロン障壁の最大エネルギーとすると，古典的に考えて原子核が分裂するためには $E_C - E_0$ のエネルギーが必要となる．これは**活性化エネルギー** (activation energy) として知られ，その値は $A \approx 240$ の原子核に対しては，一般に 6〜8 MeV である．分岐 II に対しては，親核は量子力学的なトンネル効果により障壁を透過して分裂することもできる．しかし，第 4 章の障壁透過のときに議論したとおり分裂片の質量が大きいため，この可能性は非常に小さく，そのような反応の半減期は非常に長い．

この液滴模型による核分裂の基礎理論は，N. ボーア (Niels Bohr) と J. ウィーラー (John Wheeler) により提唱された．その考え方は古典的であるが，自発核分裂と誘発による核分裂を驚くほど良く説明した．特にこの考え方は，なぜ ^{235}U は熱中性子により核分裂するが ^{238}U は高いエネルギーの中性子でしか核分裂を引き起さないかを説明する．この違いは 2 つの観点から説明できる．第 1 は，定性的な観点から，^{235}U は奇-偶核であり ^{238}U は偶-偶核であるため，^{235}U の基底状態は分裂片のポテンシャル井戸内で ^{238}U より高いエネルギーをもつ (束縛力が小さい)．したがって，^{235}U は ^{238}U より小さな刺激で核分裂を

引き起す．第2は，より定量的に，中性子吸収後に生成する ^{236}U と ^{239}U が核分裂を引き起すのに必要な活性化エネルギーから説明することができる．このエネルギーは ^{236}U の場合 5 MeV であり，^{239}U の場合 6 MeV 以上である．中性子を1個吸収したとき，奇-偶核である ^{235}U はより強く結びついた偶-偶核になる．その結果この種の反応は発熱反応になり (最後の中性子の結合エネルギーは -6.5 MeV である)，そのエネルギーは，核分裂を引き起すのに必要な活性化エネルギーより大きい．入射中性子の運動エネルギーはこの反応には必要ないため，熱中性子でも ^{235}U の核分裂を引き起すことができる．対照的に，^{238}U が中性子を吸収した場合，偶-偶核が奇-偶核になる．言い換えると，この場合中性子吸収は強く結びついた原子核からゆるく結びついた原子核に変化し，発熱量は小さい (^{239}U の最後の中性子の結合エネルギーは，-4.8 MeV であり，核分裂に必要な 6 MeV 以上には足りない)．したがって，^{238}U に十分な活性化エネルギーを与え，核分裂を引き起すためには，1.2 MeV 以上の中性子を吸収させることが必要である．式 (3.2) の最後の項のペアリング項は偶-偶核では負で，奇-偶核では 0 であり，この2種の核の性質を定性的に説明するが，この項だけでは ^{235}U と ^{238}U の中性子吸収核分裂の違いのすべてを説明することはできないことを注意しておきたい．

　これまでの例では，2つの核分裂片の核は同じ質量をもっていると仮定した．しかし実際には分裂片の核の質量分布は非対称性が大きく，その結果クーロン障壁の大きさは小さくなる．実際，娘核の質量は核子数 $A \approx 95$ と $A \approx 140$ あたりを中心に分布する．現在に至るまで娘核がこのような質量分布になる原因の基本的な理解はなされていない．分裂直後の娘核は普通励起状態になっており，中性子を放出または**蒸発** (*evapolation*) し，基底状態に崩壊する．したがって，大きな分裂片とともに中性子も生成される場合が多い．一般に，核分裂により直接生成された娘核は中性子過剰で，$N - Z$ 平面の安定領域の上部にあり，β^- 崩壊を通して安定領域に近づいていく．その際ベータ崩壊の数だけ反電子ニュートリノも生成される．

5.2.2 連鎖反応

これまでの議論から個々の核分裂反応は大きなエネルギーを発生することが明らかになった．しかし，このエネルギーを利用するためには，安定的にエネルギーを取り出せることが必要なため，エネルギーが大きいだけでは十分ではない．核分裂が商業的エネルギー源として魅力的である理由は，娘核と一緒に中性子が生成され連続して核分裂反応を起こすことができるからである．たとえば，^{235}U では，1 回の核分裂で平均 2.5 個の中性子が生成される．この中性子は次の核分裂を引き起すことができるため，原理的には，連続して核分裂反応を維持することができ安定的にエネルギー供給を行うことができる．

連続的に持続している核分裂中で生成される中性子の数の次のような比を定義する．

$$k = \frac{N(n+1)}{N(n)}. \tag{5.11}$$

ここで $N(n)$ は，n 番目の段階の核分裂で生成される中性子の数を示す．もしこの比が 1 より小さい場合 ($k < 1$)，この核分裂は，**未臨界** (*sub-critical*) と呼ばれる．この場合，分裂反応は長くは続かないことは明らかでる．したがって，この状況はエネルギー生成には不向きである．もし $k = 1$ ならば，つまり核分裂を引き起す中性子の数がすべての段階で一定の場合，この核分裂は，**臨界** (*critical*) と呼ばれる．この場合，反応頻度を一定に保つことが可能であり，原子炉により一定のエネルギーが供給できるため最も望ましい状況である．$k > 1$ の場合，中性子が核分裂の各段階で増殖し連鎖反応が暴走する．この状況を**超臨界** (*super-critical*) と呼び，エネルギー出力が急激に増加し制御不能の爆発を引き起す．いうまでもなく，この種の条件は核兵器へ応用されている．

連鎖反応は原子炉などの制御された環境でエネルギーを生成するために実用化されている．簡単に説明すると，原子炉はいくつかの要素からなっており，その中で最も重要なものは，炉心である (図 5.4)．炉心は核分裂性物質 (核燃料)，制御棒と減速材からなっている．天然のウラニウムは，^{235}U と ^{238}U の混合物である．^{235}U の寿命 (約 7×10^8 年) は ^{238}U の寿命 (約 5×10^9 年) より短いため早く崩壊し，天然のウラニウムはほんの少ししか ^{235}U を含まない (天然

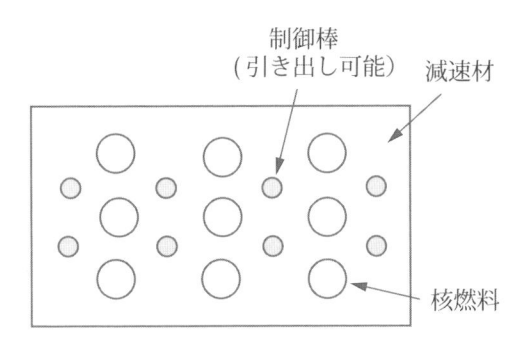

図 5.4: 原子炉の炉心の概念図.

のウラニウム中の ^{235}U と ^{238}U の比は約 1:138 である). その結果, 天然ウラニウムに入射した熱中性子のほとんどは ^{238}U に放射吸収され, 核分裂には寄与しない. 原子炉で ^{235}U を濃縮した燃料を使用するのはそのためである.

原子炉の制御棒は中性子吸収断面積が大きいカドミウムからできている場合が多い. 制御棒を抜き差しすることで, 核分裂に利用できる中性子数を制御することができる. この機構が一定の k 値を維持し一定の出力を保つための鍵となる要素である. 核燃料要素は減速材で囲まれている. 減速材の主な役割は核分裂で生じた高速中性子を減速し, 核分裂核に吸収されやすくすることである (高いエネルギーの中性子は吸収断面積が小さい). 減速材の物質は, 安価で中性子をほとんど吸収しないものが有利である. たとえば中性子が水の中の水素に吸収され重水素になる断面積は, 重水中の重水素に吸収されトリチウム核になる断面積より非常に大きいため, 普通の水 (H_2O) に比べ重水 (D_2O) の方が減速材としては望ましい. 発電所 (図 5.5) では, 炉心は, 冷却液 (水の場合が多い) の中に沈められている. 冷却液は, 炉心で発生した熱エネルギーを取り除き, 炉心を十分低い温度に保ち融解を防いでいる (この熱は核分裂残存物が炉心物質をイオン化する際に与えるエネルギーにより発生する). 原子炉全体は分厚い遮蔽物により囲まれ放射線の漏れを防いでいる. k の値は原子炉の運転を始める時, 1 よりほんの少しだけ大きく設定し目標となる出力になるまで

その値を維持し，目標となる出力になった後1に下げる．先ほど説明したとおり，冷却液は核分裂反応で生じた熱エネルギーを取り去るが，この熱は水を沸騰させ，蒸気をつくるために使用される．この蒸気は発電機を回し電気を発生する．もちろんこの説明は原子力発電の構造とはたらきを非常に簡略化した概要にすぎない．現実には，特に事故を防ぐための何重もの安全装置のため，その構造ははるかに複雑である．

最後に原子炉から得られる最大のエネルギーを計算してみよう．これまで見てきたように^{235}Uの核分裂1回あたり約200 MeV，または3.2×10^{-11}ジュールのエネルギーが発生する．1グラムの元素は$\frac{A_0}{A}$個の原子核を含む．ここでA_0はアボガドロ数である．したがって，1グラムの^{235}Uは，約$\frac{6 \times 10^{23}}{235} \approx 3 \times 10^{21}$個の原子を含む．したがって，1グラムの^{235}Uが完全に核分裂すると，

$$\approx 3 \times 10^{21} \times 3.2 \times 10^{-11} ジュール \approx 10^{11} ジュール$$
$$\approx 1 \text{ MWD}(メガワット \cdot 日), \tag{5.12}$$

のエネルギーを発生する．したがって，1グラムの^{235}Uがあれば，1メガワットのエネルギーを1日中発生し続けることができる．この量を1グラムの石炭によるエネルギーと比較しよう．1トンの石炭を燃やすと0.36 MWDのエネルギーを発生する．したがってエネルギーを電力に変換する際の効率の違いを無

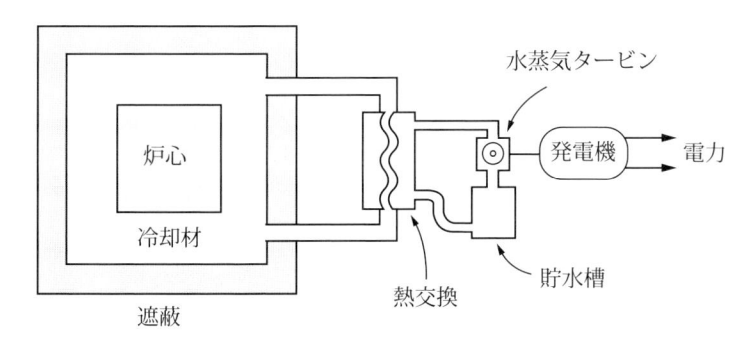

図 5.5: 原子力発電所の主要部の概念図．

視すると，1グラムの ^{235}U が完全に核分裂した場合，1グラムの石炭を燃やした場合に比べ約 3×10^6 倍のエネルギーを得ることができる．

5.3 核融合

核子あたりの束縛エネルギーの分布は，$A \approx 60$ の中程度の原子核で最大値をもつという興味深い構造をもっている．これまで見てきたように，核分裂が可能なのは，A が大きいところで，A が増えるに伴い核子あたりの束縛エネルギーがゆっくり減少するという性質があったためである．軽い原子核では，A が減少するのに伴い核子あたりの束縛エネルギーはもっと急激に減少する．これは，魔法の数を除いて軽い原子核は中程度の A の原子核よりゆるく束縛されていることを意味する．したがって，核分裂とまったく逆の反応で別のエネルギー源を得ることが期待できる．すなわち，もし2つの軽い原子核を結びつけ(融合)，比較的重く，強く束縛された原子核を生成することができれば，始状態と終状態の束縛エネルギーの差に相当するエネルギーを解放することができる．この反応は**核融合** (*nuclear fusion*) として知られていて，核子あたりの解放エネルギーは核分裂のときと同程度である．しかし，軽い原子核は少数の核子しか含まないため，核融合あたりの解放エネルギーは核分裂の場合に比べ小さい．一方自然には軽くて安定な原子核は沢山あるため，核融合は魅力あるエネルギー源と考えることができる．実際核融合は，太陽や他の恒星内部のエネルギー発生機構である．

核融合は原理的には2つの軽い原子核を十分近づけることにより融合させエネルギーを解放させることで引き起こすことができる．しかし，これを実現するためには，2つの原子核のクーロン障壁を越えなければならない．反発するクーロンエネルギーは，2つの原子核が接触するときに最大になり，次の形になる[2]．

$$V_{\text{クーロン}} = \frac{ZZ'e^2}{R+R'}. \qquad (5.13)$$

---

[2] 訳者注：MKSA 単位系では $V_{\text{クーロン}} = \frac{ZZ'e^2}{4\pi\epsilon_0(R+R')}$．

ここで，Z と Z' は 2 つの原子核の原子番号であり，R と R' はその半径である．式 (2.16) より，これは次のように表すことができる[3]．

$$V_{クーロン} = \frac{e^2}{\hbar c} \frac{\hbar c Z Z'}{1.2[A^{\frac{1}{3}} + (A')^{\frac{1}{3}}]\text{fm}}$$
$$= \frac{1}{137} \frac{197 \text{ MeV-fm}}{1.2 \text{fm}} \frac{ZZ'}{A^{\frac{1}{3}} + (A')^{\frac{1}{3}}} \approx \frac{1}{8} A^{\frac{5}{3}} \text{ MeV}. \tag{5.14}$$

ここで，A と A' は，2 つの軽い原子核の核子数であり，最後の式は，$A \approx A' \approx 2Z \approx 2Z'$ と置くことにより得られた．$A \approx 8$ の 2 つの原子核のクーロン障壁は約 4 MeV である．したがって，核融合を起すためには，数 MeV の運動エネルギーを原子核に与えクーロン障壁を越えさせなければならない．(正確な値は原子核の質量と電荷に依存する．) したがって核融合を起す自然な方法は高いエネルギーの 2 つの軽い原子核のビームを衝突させれば良いように思える．しかし，そのような方法ではほとんどの原子核は弾性散乱により散乱されるため，核融合を起すためには非効率であることが明らかである．もう 1 つの方法は，原子核を高温に熱しクーロン障壁を越えるのに十分なエネルギーを与えることである．これに必要な温度を計算するため，それぞれの原子核が約 2 MeV の運動エネルギーをもつことが必要だと仮定する (クーロン障壁の高さは約 4 MeV である)．室温 (300 K) は $\frac{1}{40}$ eV のエネルギーに対応していることを思い出すと，2 MeV は次の温度に対応する．

$$\frac{2 \times 10^6 \text{ eV}}{\left(\frac{1}{40}\right) \text{ eV}} \times 300 \text{ K} \approx 10^{10} \text{ K}. \tag{5.15}$$

これは，太陽や恒星の中の典型的な温度の 10^7 K よりはるかに高いが，太陽内部の分子の速度スペクトルである，マクスウェル分布の裾野により核融合に必要な十分大きなエネルギーを供給していて，星の内部で核融合が生じている理由を説明することができる．星の内部では様々な核融合反応が起りうるが，ここでは**燃焼サイクル** (*burning cycles*) のうち 2 つだけを紹介する．

---

[3] 訳者注：MKSA 単位系では微細構造定数 $\frac{e^2}{\hbar c}$ は $\frac{e^2}{4\pi\epsilon_0 \hbar c} = \frac{1}{137}$ である．

第 5 章 核物理学の応用

　我々の太陽は，約 10^{30} kg の質量をもち，その大部分は約 10^{56} 個の水素原子からなる．したがって，太陽の主なエネルギー源は，水素の燃焼から来ていると予想される．これは，H. ベーテ (Hans Bethe) により始めて提唱された陽子-陽子サイクルを通して生じる．

$$^1\text{H} + {}^1\text{H} \rightarrow {}^2\text{H} + e^+ + \nu_e + 0.42 \text{ MeV},$$
$$^1\text{H} + {}^2\text{He} \rightarrow {}^3\text{He} + \gamma + 5.49 \text{ MeV},$$
$$^3\text{He} + {}^3\text{He} \rightarrow {}^4\text{He} + 2(^1\text{H}) + 12.86 \text{ MeV}. \tag{5.16}$$

最後の過程で生み出される大きな運動エネルギーは，^{4}He が 2 重魔法数の原子核で非常に強く束縛されているからである．最終的な運動エネルギーは，この反応の生成物の間に分配され，最後に星を形成する物質に蓄積される．陽子-陽子サイクルのすべての過程は，次のように 4 つの水素原子を燃やしてエネルギーが発生する反応としてまとめられる．

$$6(^1\text{H}) \rightarrow {}^4\text{He} + 2(^1\text{H}) + 2e^+ + 2\nu_e + 2\gamma + 24.68 \text{ MeV},$$
$$\text{または，} \quad 4(^1\text{H}) \rightarrow {}^4\text{He} + 2e^+ + 2\nu_e + 2\gamma + 24.68 \text{ MeV}. \tag{5.17}$$

太陽中の原子は高度にイオン化されたプラズマ状態であり，このサイクルで発生した陽電子 (e^+) は周囲の電子と対消滅し，解放される全エネルギーを増すようにはたらく．同様に，発生した光子も星の物質と反応しそのエネルギーを与える．太陽はその放出しているエネルギーから，燃料を使い果たすまでさらに 10^9 年は燃焼を続けると予想されている．

　星の中で基本的な役割をしているもう 1 つの核融合サイクルは，炭素サイクルまたは CNO サイクルと呼ばれる．陽子-陽子サイクルで生み出されたヘリウムは次の反応で炭素に変わる．

$$3(^4\text{He}) \rightarrow {}^{12}\text{C} + 7.27 \text{ MeV}. \tag{5.18}$$

その後，炭素原子核は，水素原子核を吸収し次の反応を引き起す．

$$^{12}\text{C} + {}^1\text{H} \to {}^{13}\text{N} + \gamma + 1.95 \text{ MeV},$$
$$^{13}\text{N} \to {}^{13}\text{C} + e^+ + \nu_e + 1.20 \text{ MeV},$$
$$^{13}\text{C} + {}^1\text{H} \to {}^{14}\text{N} + \gamma + 7.55 \text{ MeV},$$
$$^{14}\text{N} + {}^1\text{H} \to {}^{15}\text{O} + \gamma + 7.34 \text{ MeV},$$
$$^{15}\text{O} \to {}^{15}\text{N} + e^+ + \nu_e + 1.68 \text{ MeV},$$
$$^{15}\text{N} + {}^1\text{H} \to {}^{12}\text{C} + {}^4\text{He} + 4.96 \text{ MeV}. \tag{5.19}$$

したがって全炭素サイクルをまとめると次のようになる．

$$^{12}\text{C} + 4({}^1\text{H}) \to {}^{12}\text{C} + {}^4\text{He} + 2e^+ + 2\nu_e + 3\gamma + 24.68 \text{ MeV},$$
$$\text{または，} 4({}^1\text{H}) \to {}^4\text{He} + 2e^+ + 2\nu_e + 3\gamma + 24.68 \text{ MeV}. \tag{5.20}$$

最後の式は式 (5.17) の最後の式とガンマ線の数を除いて同じ形をしている．これは，CNO サイクルでは ^{12}C が $4({}^1\text{H}) \to {}^4\text{He}$ 反応の触媒の役目をしていると考えることができる．星の中の燃焼サイクルの種類はその星の進化の過程を決定する．

最後に，制御された熱核融合を達成するため，世界的に大きな努力がなされていることを紹介しておく[4]．実際次のような反応は実験室で確認されている．

$$^2\text{H} + {}^3\text{H} \to {}^4\text{He} + n + 17.6 \text{ MeV},$$
$$^2\text{H} + {}^2\text{H} \to {}^3\text{He} + n + 3.2 \text{ MeV},$$
$$^2\text{H} + {}^2\text{H} \to {}^3\text{H} + {}^1\text{H} + 4.0 \text{ MeV}. \tag{5.21}$$

大規模な核融合を行うことが困難な主な理由は，クーロン障壁を乗り越えるのに必要な高温状態で燃料物質を十分長い間保持することがむずかしいからである．現在この目標を目指している 2 つの方法がある．1 つは ^2H と ^3H の高温プラズマを電磁場中に循環させてドーナッツ型に閉じ込め，その中で核融合を起

---

[4] 訳者注：2007 年から各国の共同による国際熱核融合実験炉 ITER 計画がフランスで始まった．

させる磁気閉じ込めである．もう1つはレーザー光または高イオン化ビームにより電磁エネルギーを，燃料が入っている小さな領域に注入する慣性閉じ込めである．しかし核融合が実際に利用できるようになるためには，まだまだ多くの研究が必要である．

5.4 放射性崩壊

これまで述べてきたように，不安定な原子核は α 粒子や β 粒子，ガンマー線を放出して別の種類の原子核に転換する．このように，ある状態から別の状態へ自発的に転換する現象は，**放射性崩壊** ($radioactive\ decay$) として知られる．この章では放射性崩壊の一般的な特性を説明する．

以前に議論したように，放射性崩壊は統計的な現象として説明することができる．つまり多くの放射性原子核があった場合，どの原子核がいつ崩壊するかを知ることはできない．しかし，それぞれの原子核に対して決まった崩壊確率が存在する．N をある特定の種類の放射性原子核のある時刻での数とし，λ を単位時間あたりに崩壊する確率 (**崩壊定数** ($decay\ constant$)) とすると，無限小の時間間隔 dt の間に崩壊する原子核の数は次のように表される．

$$dN = N(t+dt) - N(t) = -N(t)\lambda dt. \tag{5.22}$$

負の符号は原子核の数が崩壊により減少することを示す．N_0 を $t=0$ での初期の原子核数だとすると，それ以後の任意の時刻 t での原子核数 $N(t)$ は式 (5.22) から次のように与えられる．

$$\frac{dN}{N} = -\lambda dt, \quad \rightarrow \quad \int_{N_0}^{N} \frac{dN}{N} = -\lambda \int_0^t dt,$$
$$\rightarrow \quad \ln \frac{N(t)}{N_0} = -\lambda t, \quad \rightarrow \quad N(t) = N_0 e^{-\lambda t}. \tag{5.23}$$

言い換えると，放射性崩壊では生き残る原子核の数は指数関数的に減少し，すべてなくなるには無限の時間がかかる．これは統計的なすべての崩壊に当てはまる特徴的な法則である．

5.4 放射性崩壊

放射性崩壊ではいくつかの時間スケールが使用される．$t_{1/2}$ はサンプルのうち半分の原子核が崩壊するのにかかる時間で，**半減期** (*half-life*) と呼ばれる．半減期と崩壊定数とは次のように関係づけられる．

$$N\left(t_{1/2}\right) = \frac{N_0}{2} = N_0 e^{-\lambda t_{1/2}}, \quad \rightarrow \quad \lambda t_{1/2} = \ln 2,$$

したがって，

$$t_{1/2} = \frac{\ln 2}{\lambda} = \frac{0.693}{\lambda}. \tag{5.24}$$

崩壊定数が分かっているか，計算できる場合半減期が求まり，直接測定値と比較することができる．もう1つの有用な時間スケールは，**平均寿命** (*mean life*)，τ である．これは式 (5.23) を用いて次のように計算することができる．

$$\tau = \langle t \rangle = \frac{\int_0^\infty t N(t) dt}{\int_0^\infty N(t) dt} = \frac{N_0 \int_0^\infty t e^{-\lambda t} dt}{N_0 \int_0^\infty e^{-\lambda t} dt} = \frac{1}{\lambda}. \tag{5.25}$$

この定積分は直接計算できるが，公式集 (ガンマ関数と関係している) を参照することもできる．ポテンシャル障壁の透過と関連して以前の章で議論したように，あるサンプルの平均寿命は崩壊定数の逆数である．さらに τ は半減期を $\ln 2 = 0.693$ で割ることで得られる．先に，式 (5.23) からすべてのサンプルが崩壊し尽くすには無限の時間が必要であると注意した．しかしながら，半減期の何倍か後には崩壊核の数は測定できないくらい減少することもよくある．ある物質の単位時間あたりの崩壊数，または**放射能** (*activity*) は，次のように定義される．

$$\mathcal{A}(t) = \left|\frac{dN}{dt}\right| = \lambda N(t) = \lambda N_0 e^{-\lambda t}. \tag{5.26}$$

放射能は時間の関数であり時間とともに指数関数的に減少する．たとえば半減期が1620年の ^{226}Ra では，$t_{1/2} = 1620$ 年 $\approx 5 \times 10^{10}$ 秒である．したがって崩壊定数は次のように計算できる．

$$\lambda = \frac{0.693}{t_{1/2}} \approx \frac{0.693}{5 \times 10^{10} \text{秒}} \approx 1.4 \times 10^{-11} \text{/秒}. \tag{5.27}$$

118 第 5 章 核物理学の応用

もし $t = 0$ で放射性サンプルが 1 グラムの ^{226}Ra であるとすると，$t = 0$ での放射性原子核の数は，

$$N_0 \approx \frac{6 \times 10^{23}}{226} \approx 2.7 \times 10^{21} \text{ 個}, \tag{5.28}$$

であり，$t = 0$ での放射能は次のよう計算できる．

$$\mathcal{A}(t = 0) = \lambda N_0 \approx 1.4 \times 10^{-11}/\text{秒} \times 2.7 \times 10^{21} \text{ 個}$$
$$\approx 3.7 \times 10^{10} \text{ 崩壊/秒}. \tag{5.29}$$

この放射能は式 (5.27) で与えられたものと同じ崩壊定数で時間とともに指数関数的に減少する．

1 グラムの ^{226}Ra の自然放射能は，放射能の単位を定義するのに使われている．すなわち，毎秒 3.7×10^{10} 個崩壊する物質は，1 キュリー (Ci) の放射能をもつといわれる．Ci はピエール・キュリー (Pierre Curie) とマリー・キュリー (Marie Curie) に因んで名づけられた．普通実験室で使用される放射線源の強度は弱く，ミリキュリー (=1 mCi=3.7×10^7 崩壊/秒) または，マイクロキュリー (=1 μCi= 3.7×10^4 崩壊/秒) という小さい単位で表される．放射能の強度を表すより合理的な単位は，ラザフォード (rd) と呼ばれ，10^6 崩壊/秒で定義される．したがって 1 マイクロ-ラザフォード (μrd) の放射能は 1 崩壊/秒に対応し，1 ベクレル (Bq) と呼ばれる[5]．

例 1：
平均寿命 τ が 10^3 秒の放射性物質の小さなサンプルを考える．ある時刻 $t = 0$ で，10^6 崩壊/秒を観測した．それ以後の時刻 t における放射能は式 (5.26) から次のように予想される．

$$\mathcal{A}(t) = \mathcal{A}(0)e^{-\lambda t}.$$

---

[5] 訳者注：現在は SI 単位系であるベクレルがよく使用されている．ベクレルはまた覚えやすい単位でもある．

したがって任意の t を中心とした 10 秒間に崩壊する数を知りたいとき，次のように計算できる．

$$\Delta N(t) = \int_{t-5}^{t+5} dt \mathcal{A}(t) = -\frac{1}{\lambda}\mathcal{A}(0)e^{-\lambda t}\Big|_{t-5}^{t+5}$$
$$= \tau \mathcal{A}(0) e^{-\lambda t}\Big|_{t+5}^{t-5} = \tau \mathcal{A}(0)\left(e^{-\lambda(t-5)} - e^{-\lambda(t+5)}\right).$$

$t = 1000$ 秒での $\Delta N(t)$ を知りたい場合，$t = 1000$ 秒を中心とした 10 秒間の崩壊数は次のように計算できる．

$$\Delta N(1000) = \tau\mathcal{A}(0)\left[e^{-\frac{995}{1000}} - e^{-\frac{1005}{1000}}\right] = \tau\mathcal{A}(0)e^{-1}\left(e^{\frac{5}{1000}} - e^{-\frac{5}{1000}}\right)$$
$$\approx \tau\mathcal{A}(0)\frac{1}{e}\left(\left(1 + \frac{5}{1000} + \dots\right) - \left(1 - \frac{5}{1000} + \dots\right)\right)$$
$$\approx \tau\mathcal{A}(0)\frac{10}{1000e} = \frac{10^3 \times 10^6 \times 10}{10^3 \times 2.7} \approx 4\times 10^6 \text{個}.$$

実際任意の時間間隔 Δt に対する一般式は，

$$\Delta N(t) = \tau\mathcal{A}(0) e^{-\frac{t}{\tau}}\left(e^{\frac{\Delta t}{2\tau}} - e^{-\frac{\Delta t}{2\tau}}\right),$$

と表すことができ，$\Delta t \ll \tau$ では次のようになる．

$$\Delta N(t) \approx \tau\mathcal{A}(0)\frac{\Delta t}{\tau}e^{-\frac{t}{\tau}} = \mathcal{A}(0)\Delta t e^{-\frac{t}{\tau}}.$$

ある時間間隔の間に期待される崩壊数は時間とともに減少する．もちろん，どの原子核が崩壊するかを知る方法は存在せず，期待される平均の数だけを知ることができる．あることが起こる確率 (p) は小さいが，その事象に関与する数 (N) が多い統計的な過程では，その系を説明するのにポアソン (Poisson) 統計を用いることができる．ポアソン統計では，期待値の平均が $\Delta N = pN$ のとき，その誤差，または平均の周りの標準偏差は丁度 $\sqrt{pN} = \sqrt{\Delta N}$ で表される．(この例では $\Delta t = 10$ 秒，$\lambda = 10^{-3}$/秒な

ので，$p = \lambda \Delta t = 10^{-2} \ll 1$ であり，ポアソン統計を使うことができる.)

上の例題に戻ると，ΔN の予測値が 4×10^6 個の意味は次のように解釈されなければならない．どのような実験でも計測数が平均 ΔN だとすると，実際に正確に ΔN 個計測することはほとんどない．(測定するごとに 3998865 個になったり 4001290 個になったりする.) 我々がいえることは約 68%(正規分布の誤差を仮定した場合) の計測数が $\Delta N - \sqrt{\Delta N}$ と $\Delta N + \sqrt{\Delta N}$ の間にあるということだけである．したがって，もし期待値が $\Delta N = 4 \times 10^6$ 個の場合，$\frac{\sqrt{\Delta N}}{\Delta N}$ はわずか 5×10^{-4} であり平均の周りのふらつきは 0.05 %程度である．しかし $t = 10^4$ 秒と，もっと後で測定した場合，$\Delta N(t = 10^4)$ は非常に小さくなり，

$$\Delta N(10^4) \approx 10^6 \times 10 \times e^{-10} \approx 450.$$

この場合 $\frac{\sqrt{\Delta N}}{\Delta N} \approx 0.05$ になり，期待値からの相対的なふらつきは大きくなり，測定精度は悪くなる．

5.4.1 放射平衡

これまで示したように放射性の親の原子核は，崩壊により娘核と呼ばれる原子核を生成する．娘核は安定な場合もあるし放射性である場合もある．もし娘核が放射性ならばそれは孫核に崩壊することになる．したがって，放射性の親核が，ある崩壊の系列を開始することになる．系列中の原子核は異なった半減期をもつ．一般に親核は崩壊系列のどの原子核よりも非常に長い平均寿命をもち，このことは次に紹介する観測を行う際に重要である．

いま，寿命が非常に長い，放射性の親核を含む物質の試料を考える．寿命が非常に長いため，親核の数はある小さな時間間隔ではほとんど変化しない．さらに娘核や孫核などは比較的早く崩壊すると仮定する．ある時間の経過後，系列中のどの核も 1 つ上流にある核の崩壊で生まれる数と下流側に崩壊して減少する数が釣り合い，親核を除いて崩壊系列中のどの放射性原子核の数も変化し

なくなる時が来る．このような場合を**放射平衡**になったという．いつこの状況になるかを調べるため，崩壊系列の核種に上流から順番に 1, 2, 3, ... と番号をつけ，それぞれの核種に対して，ある時刻での数を $N_1, N_2, N_3, \ldots$，崩壊定数を $\lambda_1, \lambda_2, \lambda_3, \ldots$ と書くことにする．娘核 2 は親核 1 の崩壊により $\lambda_1 N_1$ の頻度で生成される (式 (5.22) 参照)．一方この娘核は $\lambda_2 N_2$ の頻度で崩壊する．この 2 つの差が娘核の数の正味の変化になる．崩壊系列のどの原子核でも同じように上流からの供給で数が増し，崩壊で数が減る効果がある．したがって，Δt の時間の間の親核，娘核，孫核などの数の変化は次のように示される．

$$\begin{aligned}\Delta N_1 &= -\lambda_1 N_1 \Delta t, \\ \Delta N_2 &= \lambda_1 N_1 \Delta t - \lambda_2 N_2 \Delta t, \\ \Delta N_3 &= \lambda_2 N_2 \Delta t - \lambda_3 N_3 \Delta t, \\ &\vdots \quad\quad \vdots \quad\quad \vdots .\end{aligned} \tag{5.30}$$

親核は例外で上流からの供給がないため，$\lambda_1 N_1$ の頻度で減少する．式 (5.30) を Δt で割り，無限小の時間間隔の極限をとることで，$N_1, N_2, N_3, \ldots$ を用いて次のように書き換えることができる．

$$\begin{aligned}\frac{dN_1}{dt} &= -\lambda_1 N_1, \\ \frac{dN_2}{dt} &= \lambda_1 N_1 - \lambda_2 N_2, \\ \frac{dN_3}{dt} &= \lambda_2 N_2 - \lambda_3 N_3, \\ &\vdots \quad \vdots \quad \vdots\end{aligned} \tag{5.31}$$

次の条件が満たされるとき，**永年平衡** (*secular equilibrium*) と呼ばれる状況になる．

$$\frac{dN_1}{dt} = \frac{dN_2}{dt} = \frac{dN_3}{dt} = \cdots = 0. \tag{5.32}$$

仮定から τ_1 は非常に長いので，N_1 の変化は非常に小さいため式 (5.31) の第 1

式は 0 と見なしても良い．式 (5.32) は次の条件のときに成り立つ．

$$\lambda_1 N_1 = \lambda_2 N_2 = \lambda_3 N_3 = \ldots, \tag{5.33}$$

または，

$$\frac{N_1}{\tau_1} = \frac{N_2}{\tau_2} = \frac{N_3}{\tau_3} = \ldots, \tag{5.34}$$

その結果この条件の元では親核だけなく娘核や孫核などもすべてお互いに平衡状態になり，それらの数は時間によって変化しない[6]．

5.4.2 自然放射能と年代測定

　自然界には約 60 種類の放射性原子核が存在することが確認されている．これは実験室でこれまで人工的につくられた放射性元素のおおよその数，1000 と比べると非常に少ない．我々の惑星が生まれた時，もしすべての同位体がほとんど同じ割合で存在したとすると，自然界の現在の放射性元素存在比は太陽系の年齢を見積もるために使うことができる．実際，我々の太陽系は 100 億 (10^{10}) 歳だと信じられているため，この間に短い寿命のほとんどの放射性元素は完全に崩壊してしまうことは驚くことではない．

　自然に見いだされる放射性元素の原子番号は，ほとんど $Z = 81$ から $Z = 92$ の間にあり，かなり中性子が多いという特徴をもつ．しかしそれらの原子核は多数の陽子を含むためその大きなクーロン反発力により不安定になる．そのような原子核は 1 個か数個の α-粒子 (2 つの陽子と 2 つの中性子) を連続的に放出することにより崩壊することができる．その結果生じる娘核は，中性子数の割合がより大きくなり β^- 崩壊を起しやすくなる．崩壊の結果生じる孫核もまだ不安定でさらに α 粒子を放出して崩壊する．このアルファ崩壊とベータ崩壊の連鎖は，原子核が N-Z 安定帯域 (図 2.3) に届くまで続く．1 つの α-粒子は 4

---

[6] 訳者注：放射平衡での崩壊系列中の原子核の数は，$N_i = N_1 \frac{\lambda_1}{\lambda_i}$ で表される．一般に $\lambda_1 \ll \lambda_i$ なので，その数は親核の数に比べ非常に少ない．しかし崩壊頻度は，$\lambda_i N_i$ に比例するので，系列中のすべての核種の崩壊頻度は親核の崩壊頻度と同じになる．

つの核子を含みベータ崩壊では質量数は変化しないため，アルファ崩壊とベータ崩壊を交互に繰り返すと質量数が4だけ異なった1つの放射性核の組をつくる．次の4種の重いアルファ放出核の系列が存在することが知られている．

$$A = 4n \qquad \text{トリウム系列,}$$
$$A = 4n + 1 \qquad \text{ネプツニウム系列,}$$
$$A = 4n + 2 \qquad \text{ウラニウム-ラジウム系列,}$$
$$A = 4n + 3 \qquad \text{ウラニウム-アクチニウム系列.} \tag{5.35}$$

ここで n は整数である．それぞれの系列は，その系列中の最も長寿命である親核の歴史的名前に由来して名づけられている．（「アクチニウム」系列の親核は実際には ^{235}U である．）親核の平均寿命は，

$$\tau(\text{トリウム } {}^{232}\text{Th}^{90}) \approx 1.39 \times 10^{10} \text{年,}$$
$$\tau(\text{ネプツニウム } {}^{237}\text{Np}^{93}) \approx 2.2 \times 10^{6} \text{年,}$$
$$\tau(\text{ウラニウム } {}^{238}\text{U}^{92}) \approx 4.5 \times 10^{9} \text{年,}$$
$$\tau(\text{「アクチニウム」} {}^{235}\text{U}^{92}) \approx 7.15 \times 10^{8} \text{年.} \tag{5.36}$$

であり，宇宙の年齢が 10^{10} 年であることを考えると，ネプツニウム系列の放射性原子核は地球上では存在しないはずである．実際，自然界にはそれ以外の3つの系列の親核しか見つかっていない．鉛の同位体がその3つの系列の終点の安定核になっているのは興味深い．たとえば，^{208}Pb^{82}，^{206}Pb^{82}，^{207}Pb^{82} はそれぞれトリウム，ウラニウム，アクチニウム系列の終点になっている．これらの重い原子核の他に，^{40}K^{19} ($t_{1/2} \approx 1.3 \times 10^9$年) や ^{115}In^{49} ($t_{1/2} \approx 5 \times 10^{14}$年) のような中程度の重さの長寿命放射性核が自然界にいくつか存在する．

放射能の重要な応用の1つは，数千年程度の古い有機物の年代測定である．この方法は次のような簡単な原理による．我々の大気は ^{14}N や ^{12}C を含む様々な気体からできている．さらに大気には，陽子や重い原子核や光子や他の粒子からなる高エネルギーの宇宙線が定常的に降り注いでいる．この宇宙線は大気中の原子核と反応し低いエネルギーの素粒子を生成する．その中で生じる遅い

第 5 章 核物理学の応用

中性子は ^{14}N に吸収され，放射性の炭素をつくることができる．

$$^{14}N^7 + n \to {}^{14}C^6 + p. \tag{5.37}$$

^{14}C は半減期 5730 年でベータ崩壊する．

$$^{14}C^6 \to {}^{14}N^7 + e^- + \bar{\nu}_e. \tag{5.38}$$

したがって，我々の大気はどの時点でも非常に多くの ^{12}C と非常に少ないが有限の ^{14}C を二酸化炭素 (CO_2) の形で含んでいる．植物など生きている有機体は大気から CO_2 を摂取するため両方の炭素同位体を含有する．^{14}C の摂取はその有機体の死によって止まる．^{14}C は放射性なのでその後崩壊し続けるが ^{12}C はそのまま残ることになる．その結果，化石の中ではこの 2 つの同位体の濃度の比は時間により変化する．したがって化石の中の ^{14}C と ^{12}C の存在比を直接測定し現在の生物の値と比較することで，その化石の年代を知ることができる．これとは別に化石中の ^{14}C の放射能を現在生存している生物のものと比較して年代を測定する方法がある．2 番目の方法は，**放射年代測定** (*radioactive dating*) または **放射性炭素年代測定** (^{14}C *dating*) として知られており，考古学や人類学の重要な研究方法である．炭素年代法は W. リビー (Walter Libby) により最初に提唱された．

例 2

例として，^{14}C が毎分 320 個崩壊している重さ 50 g の木片を考えてみよう．生きている植物中では毎分 1 グラムあたり 12 個の ^{14}C が崩壊しており，これからこの木片の年代を調べてみたい．(^{14}C の半減期は $t_{1/2} = 5730$ 年で $\lambda = \frac{0.693}{t_{1/2}}$ である．) 初期と現在の放射能は次のようになる．

$$\mathcal{A}(t=0) = 12/\text{分}/\text{グラム}, \quad \mathcal{A}(t) = \frac{320}{50}/\text{分}/\text{グラム}$$

崩壊率の定義からこの 2 つの時期の放射能を次のように関係つけることが

できる.
$$\mathcal{A}(t) = \left|\frac{dN}{dt}\right| = \lambda N(t) = \lambda N_0 e^{-\lambda t} = \mathcal{A}(t=0)e^{-\lambda t}.$$

したがって,
$$\lambda t = \ln \frac{\mathcal{A}(t=0)}{\mathcal{A}(t)},$$

または,
$$t = \frac{1}{\lambda} \ln \left(\frac{12 \times 50}{320}\right) \approx \frac{5730\,\text{年}}{0.693} \times 0.626 \approx 5170\,\text{年}. \quad (5.39)$$

言い換えるとこの木片の年代は5170年である.炭素年代法の技術は,どのような物質中でも ^{12}C 中の非常に少ない ^{14}C の量を直接測定することができる質量分析装置を使用することにより最近大きく進歩した.1ミリグラムのサンプルに対し(古い計測方法ではグラム単位の量が必要であった),^{14}C/^{12}C 比で $\approx 10^{-14}$ の感度が達成されている.ここまでの例では,宇宙線強度の時間依存性や,最近の大気圏内核実験などによる ^{14}C の濃度変化は無視している.その影響は実際検出されており放射性炭素年代測定ではこの効果を補正しなければならない.

演習問題

5.1 非常に低いエネルギーでの中性子吸収断面積を測定するため,原子炉で生成される1 MeV程度のエネルギーをもつ中性子を減速しなければならないことがよくある.1 MeVの中性子が陽子(パラフィン中にある)に与えうる最大のエネルギーと,アルミニウムの原子核に与えうる最大のエネルギーを比較し,パラフィンがアルミニウムよりも良い減速材であることを示せ.

5.2 1グラムの ^{235}U が ^{148}La と ^{87}Br に分裂した時のエネルギー解放を計算せよ．この値を1グラムの3重水素水 (T_2O) と重水素水 (D_2O) の中の重水素と3重水素を融合させた場合に解放されるエネルギーの値と比較せよ．

5.3 ある線源の放射能を1時間ごとに1分間測定した結果，107, 84, 65, 50, 36, 48, 33, 25 の計測数を得た．放射能と時間の関係をプロットし，その図から平均寿命と半減期のおおよその値を推定せよ．計測数 N の誤差は $\sqrt{N}$ である．データ点の分布は合理的か？（ヒント，片対数グラフを使い，$\log N$ と t の関係をプロットせよ．）

5.4 エジプトのある墓の遺物は 4×10^{-12}Ci の放射能をもつ炭素1グラムを含んでいる．生きている木の $\frac{^{14}C}{^{12}C}$ の比が 1.3×10^{-12} だとすると，この遺物はどの程度古いか？ ^{14}C の半減期は5730年と仮定せよ．

5.5 もし陽子の寿命が 10^{33} 年だとすると，千トンの水の中で，1年間に何個の自由陽子が崩壊するか？ 西暦2050年ではその値はどうなるか？

5.6 次の原子核の表面エネルギーとクーロンエネルギーを計算せよ．

$$^{228}\text{Th}, \quad ^{234}\text{U}, \quad ^{236}\text{U}, \quad ^{240}\text{Pu}, \quad ^{243}\text{Pu}$$

計算結果から，どの原子核が一番分裂しやすいと考えられるか？

5.7 もし熱から電気への変換効率が5%であった場合，500MW の電気出力で運転している原子炉の ^{235}U の燃料の消費率を計算せよ．

5.8 ^{235}U の核分裂で，2つの分裂片の質量比が1.5であるとする．この分裂片の速度の比はいくらか？

5.9 1グラムの水素原子が核融合によりヘリウム原子に転換したとき，どれだけのエネルギーが解放されるか？これを1グラムの ^{235}U が分裂したときのエネルギーと比較せよ．

5.10 放射性 ^{60}Co の半減期は 5.26 年である．
   a) 平均寿命と崩壊定数を計算せよ．
   b) 1 グラムの ^{60}Co の放射能はいくらか？この値をキュリーとラザフォードの単位で表せ．
   c) 10 Ci の放射能をもつ ^{60}Co の試料の質量を求めよ．

5.11 タイプ 1 の原子核がタイプ 2 の原子核に崩壊し，タイプ 2 の原子核は，安定な原子核であるタイプ 3 に崩壊するとする．1 と 2 の崩壊定数は，それぞれ λ_1 と λ_2 である．t=0 で $N_1 = N_0$, $N_2 = N_3 = 0$ だとする．それ以後の任意の時刻 t での $N_1(t)$, $N_2(t)$, $N_3(t)$ の値を求めよ．

5.12 ある物質の放射能は 30 日で 1/8 になる．半減期と平均寿命と崩壊定数は何か？

5.13 離心率 x をもつ長楕円体では，図 5.2 の長軸の長さ a と短軸の長さ b は，$b = \sqrt{1-x^2}a$ のように関係つけられる．もし核楕円体の体積と表面積がそれぞれ $\frac{4}{3}\pi ab^2$, $2\pi b\left(b + \frac{a\sin^{-1}x}{x}\right)$ で与えられたとすると，$\epsilon = \frac{1}{3}x^2$ と定義したとき，小さい x に対して式 (5.5) が成り立つことを示せ．(**ヒント**：変形に対して体積が変化しないと仮定して，関数を x で展開し x^5 まで残す．) この結果を利用して，式 (5.6) が正しい x 依存性をもつかを簡単に説明せよ？

5.14 永続平衡は次のような条件で定義することもできる．
$$\frac{d}{dt}\left(\frac{N_2}{N_1}\right) = \frac{d}{dt}\left(\frac{N_3}{N_2}\right) = \frac{d}{dt}\left(\frac{N_4}{N_3}\right) \cdots = 0.$$

$\lambda_1 \ll \lambda_2, \lambda_3, \lambda_4 \ldots$，と仮定して式 (5.33) の最初の 3 つの関係を得ることができることを明示的に示せ．崩壊列の最後の状態はどうなるか？

推奨図書

巻末推奨図書番号：　　[2], [7], [9], [23], [27], [29], [35]．

6 物質中のエネルギー損失

6.1 はじめに

　物理学は実験科学であり，実験によって自然や物理法則を理解する基礎が与えられる．繰り返し述べたように，原子核および素粒子物理学の発展ほど実験が大いに必要とされる分野はなかった．原子サイズ以下の小さな世界では，粒子どうしの散乱が最も重要な情報源となる．実験は多くの場合，それ自体がとてもやりがいのあるものだが，実験を行う技術もまた研究すべき基本法則と同じくらい魅力的である．本章とこれに続く2つの章では，原子核および素粒子物理学の実験法の基礎となる原理や装置について述べる．最近の実験は，そのほとんどが極めて精巧な電子技術やコンピュータを利用して行われる．これらの装置は，興味深い反応を自動的に選別する手段や，膨大なデータを取り扱う手段を与える．本章ではこの重要な分野には触れないで，粒子を高エネルギーに加速したり，衝突で発生する粒子を検出する際に直面する，より一般的な概念に話を限定する．まず，異なる種類の粒子を検出する際の基本原理から始めることにし，検出器と加速器の説明は続く章で説明する．

　粒子の検出には何らかの痕跡が必要である．つまり粒子の軌跡に沿ってエネルギーが残らねばならない．理想的には検出器はどんな方法であれ，粒子に影響を及ぼさずに観察できるものでなければならないが，後で分かるように必ずしもそうとは限らない．検出器はその寸法や形がどうであれ，最終的には粒子と物質の電磁相互作用によって動作する．たとえば，高エネルギーの荷電粒子が物質に入射すると，物質中の原子を電離し発生した電子は検出器内の高電場で加速され，小さいながらも検出可能な電流となる．ほとんどの中性粒子もまた物質と反応し，エネルギーの一部あるいはすべてを原子核か電子に与え，検

出可能な電気信号を発生させる．ニュートリノのような中性粒子は電磁相互作用をしないため，物質内の衝突確率 (断面積) が非常に小さく，検出がとりわけむずかしい．以下，粒子がどのように物質内でエネルギーを与えるか具体的なメカニズムについて述べることにする．

6.2 荷電粒子

　物質中を進む荷電粒子は，主に物質内の電子と反応する．粒子の運動エネルギーが十分大きければ，粒子は軌道に沿って原子を電離するか，励起してエネルギーを与える．励起された原子や分子は光子を放出して基底状態に戻る．荷電粒子が電子に比べて十分重い場合，電子との反応 (ラザフォード散乱のような電子をはね飛ばす反応) は軌道にあまり影響を及ぼさない (第 1 章を参照)．粒子は原子核ともっと激しい衝突反応を起すこともあるが，そうした反応の断面積はもっと小さく比較的まれである．したがって粒子が物質に与えるエネルギーの大部分は電子との衝突であるといえる．

　物質の電離特性を表す便利な変数に阻止能 (stopping power) $S(T)$ がある．$S(T)$ は運動エネルギー T の荷電粒子が軌跡の単位長さ当たりに失う運動エネルギーとして次の式で定義され，電離エネルギー損失あるいは単にエネルギー損失とも呼ばれる．

$$S(T) = -\frac{dT}{dx} = n_{\text{ion}}\bar{I}, \tag{6.1}$$

ここで n_{ion} は単位長さ当たりに荷電粒子がつくる電子・イオン対の数，$\bar{I}$ はその平均の電離エネルギーである．原子番号が大きい場合，$\bar{I}$ は $10Z$ [eV] と近似できる．式 (6.1) のマイナス符号は，粒子のエネルギーが減少することを表し，x から $x + dx$ での運動エネルギーの変化 $dT = T(x + dx) - T(x)$ が負であることを示す．阻止能は一般に粒子のエネルギーの関数であるが，電荷にも依存する．後に分かるように，エネルギー依存性は相対論的粒子では非常に小さい．

　電離エネルギー損失は電磁相互作用しか含まないので高い信頼度で計算できる．ハンス・ベーテ (Hans Bethe) とフェリックス・ブロッホ (Felix Bloch) は相対論的粒子に対して次の式を導いた．

6.2 荷電粒子

$$S(T) = \frac{4\pi Q^2 e^2 nZ}{m\beta^2 c^2} \left[\ln\left(\frac{2mc^2\gamma^2\beta^2}{\bar{I}}\right) - \beta^2 \right]. \tag{6.2}$$

ここで m は電子の静止質量，$\beta = \frac{v}{c}$ は粒子の速度と真空中の光速の比，γ はローレンツ因子 $(1-\beta^2)^{-\frac{1}{2}}$，$Q = ze$ は粒子の電荷，Z は物質の原子番号である．n は単位体積当たりの原子数で，式 (1.40) のように $\frac{\rho A_0}{A}$ に等しい．

天然のアルファ崩壊では，放出される α 粒子の運動エネルギーは数 MeV で，その質量が大きい (≈ 4000 MeV/c^2) ため，式 (6.2) の相対論的補正項は無視でき，より簡単になる．

$$S(T) = \frac{4\pi Q^2 e^2 nZ}{m\beta^2 c^2} \ln\left(\frac{2m\beta^2 c^2}{\bar{I}}\right). \tag{6.3}$$

しかし，加速器実験での高エネルギー粒子や，原子核のベータ崩壊で放出される電子に対しては，相対論的補正が大きいため，式 (6.2) を用いなければならない．実際，電子に対してはさらに小さな補正項が加わる．$S(T)$ の式は，様々な物質や粒子について広いエネルギー範囲にわたって確かめられている．

第 1 章の議論からすると，電子との散乱によるエネルギー損失が，原子核との散乱によるそれよりもずっと大きいことは奇妙に思えるかもしれない．しかし，弾性散乱で角度が大きく変わることは，運動量の方向が大きく変わることではあるが，大きなエネルギー損失を必要としない．たとえば，原子核のクーロン場による α 粒子の弾性散乱では，α 粒子の運動量の方向は大きく変わるが，重い原子核にはエネルギーがわずかしか移らない．これに対し，原子に束縛された電子との散乱 (そして電離) は非弾性散乱であり，エネルギー移行が起る．もっと具体的にいうと，標的電子への 0.1 MeV/c の運動量移行には，10 keV のエネルギー移行が必要だが，金の原子核での同じ運動量移行では，0.1 eV 以下のエネルギー移行でよい．エネルギー損失を表す式 (6.2) で標的粒子である電子の質量が逆数で入っていることは，重い荷電粒子のエネルギー損失では電子との小角度散乱が支配的であり，原子核との衝突が無視できるという先の議論を支持する．

電離損失は，式 (6.2) にある β^{-2} 因子のために，粒子の速度が小さいときはその運動エネルギーにとても敏感である．実際，この v^{-2} 依存性により，同じ

132　第 6 章　物質中のエネルギー損失

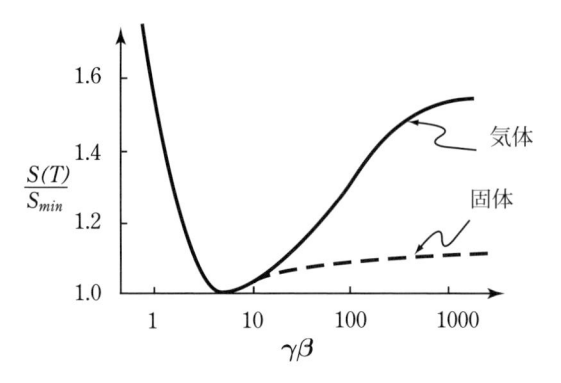

図 6.1: $\frac{p}{Mc}$ (または $\gamma\beta$) の関数として表した阻止能 $S(T)$ の，最小値 S_{min} に対する相対値.

運動量 (p) で質量 (M) の異なる粒子が，エネルギー損失の違いで識別できる．$S(T)$ は粒子の質量に明白には依存しないが，任意の運動量に対して次のような質量依存性をもつ．

$$S(T) \propto \frac{1}{v^2} = \frac{M^2\gamma^2}{p^2}.$$

したがって，速度が小さいとき ($\gamma \approx 1$ のとき)，運動量は同じでも質量が異なるとエネルギー損失は大きく異なる.

　エネルギー損失 $S(T)$ は，質量がどうであれ速度の増加とともに減少し，$\gamma\beta \approx 3$ でなだらかな極小値をとる (つまり極小値は質量の大きい粒子ほど大きな運動量で起る)(図 6.1 参照).

　式 (6.2) の $S(T)$ は，β^{-2} による減少 (とはいえ β は高エネルギーではほとんど 1 に等しくなるが) と，相対論的効果である $\ln\gamma^2$ の項の増加との競合で極小値となる．$S(T)$ は $\gamma\beta$ あるいは $\frac{p}{Mc}$ で表すと，質量 M にほとんどよらなくなる．つまり $S(T)$ は，$\gamma\beta$ あるいは $\frac{p}{Mc}$ でスケールするといえる．(図 6.1 を見よ.)

　相対論的増加項 $\ln\gamma^2$ による $\gamma\beta > 3$ ($v > 0.96c$) での $S(T)$ の増加は最終的

には頭打ちになる．それは遠距離の原子間にはたらく遮蔽効果のためであり，ベーテ-ブロッホ (Bethe-Bloch) の式ではこの項は無視されていた．この増加は，光速の約 0.96 倍の速度をもつ**最小電離**粒子の電離損失の 50%を越えることはまれである．これはガスでは大きく，高密度の物質では数%の効果でしかない．ガス検出器では，$\gamma\beta > 3$ でのエネルギー損失のわずかな違いを利用して，粒子の種類を識別することができる．

相対論的増加が飽和に達する高エネルギーでは，電離損失はエネルギーによらず一定となる．このため，電離損失だけでは粒子の種類を識別することはできない．ガス以外では，高エネルギー粒子の阻止能は，$\gamma\beta \approx 3$ のときの阻止能で十分近似できる．逆に，ずっと低いエネルギーでは，式 (6.2) の阻止能は負となり，物理的な意味をなさなくなる．それは，低速粒子では，電離損失が非常に小さくなるからである．そのような低エネルギーでは，物質の細かい原子構造が重要となり，入射粒子は，物質中の電子と結合して原子を形成することもある．

阻止能が分かると，物質を通過する粒子の飛程 R，つまり粒子が停止するまでに通過する距離が計算でき，次式で表される．

$$R = \int_0^R dx = \int_T^0 \frac{dx}{dT} dT = \int_0^T \frac{dT}{S(T)}. \tag{6.4}$$

低エネルギーでは，運動エネルギーが同じで，質量の違う粒子の飛程は大きく異なる．たとえば，エネルギーが 5 MeV の電子の飛程は，同じエネルギーの α 粒子にくらべ数百倍も長い．飛程がエネルギーにほぼ比例する高エネルギーでは，運動エネルギーが同じならば飛程は粒子の種類によらなくなる．

6.2.1 エネルギー損失と飛程の単位

式 (6.2) の $S(T)$ の単位は cgs 単位系では erg/cm である．もっと一般的には MeV/cm，あるいは物質の単位面積当たりの質量 (g/cm^2) で測った MeV/(g/cm^2) で表される．飛程も一般に cm，または g/cm^2 で表される．2 つの単位は，物質の密度で簡単に関連付けられる．$\gamma\beta \approx 3$ のときは，$z = 1$

134　第 6 章　物質中のエネルギー損失

の粒子に対する $S(T)$ の最小値 S_min は，式 (6.2) を使って近似的に次のように計算できる[1]．

$$\begin{aligned}
S_\mathrm{min} &\approx \frac{4\pi e^4 A_0 \left(\frac{\rho Z}{A}\right)}{mc^2\beta^2} \ln\left(\frac{2mc^2\gamma^2\beta^2}{\bar{I}}\right) \\
&\approx \frac{(12)(4.8\times 10^{-10}\mathrm{esu})^4(6\times 10^{23})(\frac{\rho Z}{A})/\mathrm{cm}^3}{(9.1\times 10^{-28}\mathrm{g})(3\times 10^{10}\ \mathrm{cm/sec})^2\left(\frac{9}{10}\right)} \\
&\quad \times \ln\left(\frac{2\times 0.5\times 10^6\ \mathrm{eV}\times 9}{10Z\ \mathrm{eV}}\right) \\
&\approx 5.2\times 10^{-7}(13.7-\ln Z)\rho\frac{Z}{A}\ \mathrm{erg/cm}.
\end{aligned}$$

$\ln Z$ の項は相対的に小さく (<4.5), Z とともにゆっくりと変化する．例として $Z\approx 20$ の物質についてみると，

$$\begin{aligned}
S_\mathrm{min} &\approx 5.6\times 10^{-6}\rho\frac{Z}{A}\ \mathrm{erg/cm}\times 6.3\times 10^5\ \mathrm{MeV/erg} \\
&\approx 3.5\rho\frac{Z}{A}\ \mathrm{MeV/cm},
\end{aligned}$$

あるいは ρ で割って，

$$S_\mathrm{min} \approx 3.5\frac{Z}{A}\ (\mathrm{MeV}/(\mathrm{g/cm}^2)). \tag{6.5}$$

が得られる．すでに述べたように，式 (6.5) はほとんどの物質に対し，高エネルギーでの近似として用いられる．

---

[1] 訳者注：MKSA 単位系では $e^2(\mathrm{esu})\to \frac{e^2}{4\pi\epsilon_0}\left(\frac{\mathrm{C}^2}{\mathrm{F/m}}\right)$ と置き換えられる．$\left(\frac{\mathrm{C}^2}{\mathrm{F/m}}\right)=(\mathrm{Nm}^2)$, $(\mathrm{cm}^{-3})=(10^6\ \mathrm{m}^{-3})$ に注意して S_min は次のように計算される．$S_\mathrm{min}\approx \left(\frac{(1.6\times 10^{-19})^2\ \mathrm{C}^2}{4\pi\times 8.854\times 10^{-12}\ \mathrm{F/m}}\right)^2\times \frac{4\pi\times 6\times 10^{23}}{9.1\times 10^{-31}\ \mathrm{kg}\times(3\times 10^8\ \mathrm{m/s})^2}\times \frac{1}{(9/10)}\times \frac{\rho Z}{A}\times (13.7-\ln Z)\times 10^6\ \mathrm{m}^3 \approx 5.2\times 10^{-12}\times (13.7-\ln Z)\rho\frac{Z}{A}\ \mathrm{J/m}$.

例題 1：5 MeV の α 粒子の空気中での飛程は，近似的に $R = 0.318\, T^{\frac{3}{2}}$ (cm) で与えられる．ここで T は MeV 単位である．アルミニウムの阻止能が，空気の 1600 倍として，この α 粒子のアルミニウムでの飛程を cm および g/cm^2 で求めよ．

解説：空気での飛程は，$0.318 \times 5^{\frac{3}{2}} \approx 3.56$ cm なので，アルミニウム箔での飛程は，$\frac{3.56}{1600}$ cm $= 2.225 \times 10^{-3}$ cm となる．アルミニウムの密度 2.7 g/cm^3 を使うと，これに相当する厚みは，$(2.225 \times 10^{-3}$ cm$) \times (2.7$ g/cm$^3) \approx 6.01 \times 10^{-3}$ g/cm^2，あるいは 6.01 mg/cm^2 である．

例題 2：低エネルギーでの電子の飛程とエネルギーの関係を表す経験式，R(g/cm^2) $= 0.53T$ (MeV) $- 0.16$ を使って，アルミニウムでの 2.5 g/cm^2 の飛程をもつ電子のエネルギーを計算せよ．

解説：MeV 単位ではエネルギーは次のようになる．

$$T = \frac{1}{0.53}(R + 0.16) = \frac{1}{0.53}(2.5 + 0.16) \approx 5.0 \text{ MeV}.$$

例題 1 と比べると，5 MeV の電子の飛程は，同じ運動エネルギーの α 粒子に比べ約 400 倍長い．

6.2.2 ゆらぎ，多重散乱と確率過程

前節で示した物質中の飛程の計算では，現象論に基づいた式により値を求めた．その値は平均値としては正確であるが，事象ごとにばらつきが存在する．個々の飛程の平均値からの分散は粒子の質量に依存する．同じエネルギーの α 粒子の飛程の分散は，電子に比べて小さい．

分散が生じる根本的な理由は，散乱過程に特有な統計的性質のためである．

入射粒子が標的粒子に与えるエネルギーは一定ではなく，ある関数形に従って広がるのである．たとえばラザフォード散乱では，その関数は式 (1.73) で与えられる．この関数が分かれば注目する変数，たとえば標的粒子に与えられる運動エネルギーについて，平均値とそのまわりのばらつきが計算できる．平均値のまわりで有限のばらつきがあることは，反応ごとにばらつきがあることを意味する．(天然の放射能に関する議論で同様のばらつきがあることは，すでに述べた通りである．) 物質中の飛程は物質中の電子との一連の独立な衝突過程の和で決まる．したがって，個々の衝突過程で起るエネルギー移行のふらつきのために，同じエネルギーの粒子の飛程にばらつきが起ることは驚くべきことではない．

統計的な原因による別の重要な現象として，物質中の原子核とのラザフォード散乱による粒子の方向のズレがある．一連のランダムな衝突によって，粒子の進む方向がもとの進行方向からずれてしまうのである．これを多重クーロン散乱というが，これにより一定の厚さの物質を通過する粒子の飛跡の経路は長くなる．多重散乱は，ランダムな過程なので，ある厚さ L の物質を通過する多くの粒子の角度のズレは，平均するとゼロになる．しかし，その平均 2 乗根 (rms)，あるいは標準偏差 $\theta_\mathrm{rms} = \sqrt{\langle\theta^2\rangle}$ は有限であり，近似的には次式で与えられる．

$$\theta_\mathrm{rms} \approx \frac{20 \text{ MeV}}{\beta pc} z \sqrt{\frac{L}{X_0}}, \tag{6.6}$$

ここで，z は e を単位とする入射粒子の電荷であり，p は MeV/c 単位の運動量，速度は βc である．X_0 は次節で述べる物質の放射長である．

例題 3：断面積が次式で与えられる場合，静止した標的粒子に与えられる平均の運動エネルギー $\langle T \rangle$ と，平均値からのズレ ΔT を計算せよ．

$$\frac{d\sigma}{dq^2} = e^{-8R^2 q^2}. \tag{6.7}$$

この式は，核子と半径 R [fm] の原子核との散乱で，運動量移行 q^2 [$(\mathrm{GeV}/c)^2$]

が小さいときの近似式である (問題 2.11 を参照).
解説：標的核に与えられるエネルギーは，式 (1.70) から次のように求まる.

$$T = \frac{q^2}{2M}.$$

したがって，T と T^2 の平均は，次のように求まる.

$$\begin{aligned}
\langle T \rangle &= \frac{\int_0^\infty dq^2 (\frac{q^2}{2M}) e^{-8R^2 q^2}}{\int_0^\infty dq^2 e^{-8R^2 q^2}} = \frac{1}{16MR^2}, \\
\langle T^2 \rangle &= \frac{\int_0^\infty dq^2 (\frac{q^2}{2M})^2 e^{-8R^2 q^2}}{\int_0^\infty dq^2 e^{-8R^2 q^2}} = \frac{1}{128M^2R^4},
\end{aligned} \quad (6.8)$$

ここで積分値を求めるのに，次の式を用いた.

$$\int_0^\infty dx\, x^n e^{-ax} = \frac{n!}{a^{n+1}}. \quad (6.9)$$

したがって，ズレの平均 2 乗根で定義される T の分散は，次のようになる.

$$\begin{aligned}
\Delta T &= \left[\langle (T - \langle T \rangle)^2 \rangle \right]^{\frac{1}{2}} \\
&= \left[\langle T^2 \rangle - \langle T \rangle^2 \right]^{\frac{1}{2}} = \frac{1}{16MR^2}.
\end{aligned} \quad (6.10)$$

この q^2 についての単純な指数関数形の依存性により分散，すなわち散乱ごとの $\langle T \rangle$ からのズレの平均 2 乗根はちょうど T の平均に等しい．原子核の質量 M は，GeV 単位で原子量 A にほぼ等しく，半径は $R \approx 1.2 A^{\frac{1}{3}}$ なので，ΔT は次のように求まる.

$$\Delta T = T_{\rm rms} = \langle T \rangle \approx (20 A^{\frac{5}{3}})^{-1} \text{ GeV}. \quad (6.11)$$

この例からも運動エネルギーの移行が，標的粒子の質量に大きく依存することが分かる．陽子どうしの衝突では，$\langle T \rangle \approx 0.05$ GeV であり，運動量移行の代表的な値は ≈ 0.3 GeV$/c$ であるが，陽子と鉛の衝突では $\langle T \rangle \approx 7$ keV とわずかで，運動量の移行は ≈ 0.05 GeV$/c$ である．この結

果は，原子核が破壊しない弾性散乱で断面積が q^2 の指数関数形の式である場合においてのみ成り立つ．

6.2.3 制動放射によるエネルギー損失

式 (6.2) は，重い粒子のラザフォード散乱に対して導かれたが，電子が入射する場合についても驚くほど良く成り立つ．しかし電子は質量が小さいので，運動エネルギーが数 100 keV でも相対論的補正が重要になり散乱はもっと複雑である．さらに，電子は衝突する相手の電子にかなりのエネルギーを与えうるため，δ 線あるいはノックオン電子と呼ばれる電子をつくり出すが，それらは入射し散乱する電子と区別がつかない．このため散乱断面積は粒子の交換の効果を入れて量子力学的に注意深く計算しなければならない．それにも関わらず，式 (6.2) は，1 MeV を越える電子の電離損失に対しても良い近似を与える．ただし，その相対論的増加は重い粒子に比べていくぶん小さい．

しかし，電子は重い粒子と違って，原子中の電子や核のつくる強い電場により大きな加速を受ける．これにより電磁波の放射が起る．この現象は**制動放射**(*bremsstrahlung*) と呼ばれ，高エネルギー電子のエネルギー損失の重要なメカニズムである．(制動放射は，重い粒子の場合も重要となるが，それは 10^{12} eV すなわち TeV のエネルギー領域においてである．) したがって，物質を通過する電子の全エネルギー損失は，模式的に次のように表せる．

$$\left(-\frac{dT}{dx}\right)_{\text{tot}} = \left(-\frac{dT}{dx}\right)_{\text{ion}} + \left(-\frac{dT}{dx}\right)_{\text{brem}}. \tag{6.12}$$

高エネルギー電子の制動放射と電離損失の比は，近似的に次の形に表される．

$$\frac{\left(\frac{dT}{dx}\right)_{\text{brem}}}{\left(\frac{dT}{dx}\right)_{\text{ion}}} \approx \frac{TZ}{1200mc^2}. \tag{6.13}$$

ここで，Z は物質の原子番号，m は入射電子の静止質量，T はその運動エネルギーである．高エネルギーでは，電離損失は密度効果のため飽和して一定にな

り，式 (6.5) で近似される．このため，式 (6.12) では制動放射が支配的になる．その様子を図 6.2 に示す．式 (6.13) によると高エネルギーでは，制動放射によるエネルギー損失は電子のエネルギーに比例する．そこで，放射長 (X_0) を導入するのが便利である．放射長は，運動エネルギーがもとの $\frac{1}{e}$ になるまでに電子が進む距離として定義され，式 (6.5) と式 (6.13) を用いて次式で表される．

$$\left(\frac{dT}{dx}\right)_{\text{brem}} = -\frac{T}{X_0}, \quad \text{ここで} \quad X_0 \approx 170\frac{A}{Z^2} \ (\text{g/cm}^2). \tag{6.14}$$

放射長は，物質中を通過する高エネルギー電子のエネルギー損失として定義されていることを指摘しておく．

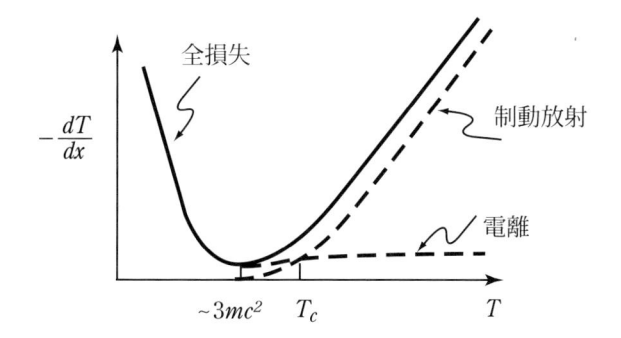

図 **6.2**: エネルギーの関数として表した電子のエネルギー損失．

放射長は，A, Z, 物質の密度と放射を行う電子の質量に依存し，多くの電磁気学の公式に現れる量であるが，これを与えられた粒子のエネルギー損失と混同してはならない．エネルギー損失は，粒子のエネルギー，質量とすべての相互作用に依存する．たとえば，強い相互作用をする粒子は，物質中で主として強い相互作用でエネルギーを失うが，それは断面積と，反応するまでに粒子が進む平均距離を反映した強い相互作用の平均自由行程で表される．一般にエネルギー損失は，電子を含め任意の粒子の平均自由行程がそうであるように，エネルギーに依存する．しかし，放射長は電子のエネルギーには依存しない．

第 6 章 物質中のエネルギー損失

X_0 を物質の密度で割るか，式 (6.14) の右辺に密度を掛けると，物質 1 cm あたりのエネルギー損失量になる（式 (6.5) を参照）．$\gamma\beta > 3$ の高エネルギーでは，電離損失の式を放射長で表すのも便利である．臨界エネルギー (T_c) を，電離損失が制動放射に等しくなるときのエネルギーと定義して，次のように表す．

$$\left(\frac{dT}{dx}\right)_{\text{brem}} = \left(\frac{dT}{dx}\right)_{\text{ion}} = -\frac{T_c}{X_0}, \tag{6.15}$$

式 (6.13) の右辺を 1 とおき，$T = T_c$ とすると，$T_c \approx \frac{600}{Z}$ (MeV 単位) を得る．

Z が非常に小さい場合以外は，上の式は単位電荷の高エネルギー粒子に対する電離損失，および電子の放射損失の計算には十分な近似式である．式 (6.14) の X_0 を，式 (6.15) に代入し，$Z \approx 20$ の物質で，$\frac{A}{Z} = 2.2$ とおくと，$(\frac{dT}{dx})_{\text{ion}} \approx -1.6$ MeV/(g/cm^2) を得る．高エネルギー粒子に対するこの近似は，約 30% 以内の精度で，水素以外のどんな物質に対しても成り立つ．

式 (6.14) の重要な結論として，高エネルギー電子は物質中での制動放射により，指数関数的に運動エネルギーを失うといえる．式 (6.14) を T_0 から T まで積分すると，次の式を得る．

$$T = T_0 e^{-\frac{x}{X_0}}. \tag{6.16}$$

したがって，高エネルギー電子は，放射長の数倍の長さでエネルギーのほとんどを失う．この特徴的なふるまいは，検出器を設計する上で特に重要である．電子より重い高エネルギーの荷電粒子は放射を起すことはなく，原子核と強い相互作用で衝突するか，単に電離損失によりエネルギーを失うだけである[2]．

例題 4：多重散乱の例として，0°C，1 気圧，厚さ 1 cm のアルゴンガスを通過する運動エネルギー 5 MeV の陽子について，進行方向がどのくらい

---

[2] 重い荷電粒子である μ 粒子は，強い相互作用をしないため，放射もしなければ大きな運動量移行で原子核にエネルギーを与えることもなく，エネルギーに比例した飛程をもつ．人や放射能に敏感な装置を，高エネルギーの μ 粒子に過度にさらさないよう遮蔽することは，高エネルギー物理の実験室では配慮すべき重要な事項である．

ずれるか計算し，同じエネルギーの電子の場合と比較せよ．

解説：このアルゴンガスの放射長は，約 105 m である．陽子の運動量は非相対論的であり次のように近似できる．

$$p = \sqrt{2MT} \approx \sqrt{2 \times 1000 \text{ MeV}/c^2 \times 5 \text{ MeV}} = 100 \text{ MeV}/c.$$

陽子の速度は，次のように計算できる．

$$v = \sqrt{\frac{2T}{M}} \approx \sqrt{\frac{2 \times 5 \text{ MeV}}{1000 \text{ MeV}/c^2}} = 0.1c$$

これに対し，電子の運動量は十分相対論的であり次のように書ける．

$$p = \frac{E}{c} = \frac{T + mc^2}{c} \approx 5.5 \text{ MeV}/c.$$

電子の速度は c とおいてよい．したがって，式 (6.6) から陽子に対しては，

$$\theta^p_{\text{rms}} \approx \frac{20}{0.1 \times 100} \sqrt{\frac{0.01}{105}} \approx 0.02 \text{ rad} = 20 \text{ mrad},$$

電子に対しては，

$$\theta^e_{\text{rms}} \approx \frac{20}{1 \times 5.5} \sqrt{\frac{0.01}{105}} \approx 40 \text{ mrad},$$

となる．電子は，その小さな質量から予想されるように，重い陽子にくらべて，散乱により大きく方向がそれる．低エネルギーの電子は，同じエネルギーの重い粒子よりも，飛程もずっと長いので，進む方向やエネルギーにずっと大きなばらつきが生じる．

6.3 光子と物質の相互作用

　光子は電気的に中性なので，荷電粒子のようにクーロン力を受けない．このため，光子は原子をイオン化しないという誤った判断をするかもしれない．実のところ，光子は電磁力の担い手であり物質と様々な反応をし，以下に述べるように原子を電離し物質にエネルギーを与える．

　物質を通過する光(光子，X線やガンマ線)の減衰は，有効吸収係数 μ で表すことができ，それは相互作用の全断面積を反映する量である．一般に，μ は光子のエネルギー，あるいは振動数に依存する．物質中のある場所 x での光の強度を $I(x)$ とすると，無限小の厚さ dx を進む間の強度の変化 dI は次のように書ける．

$$dI = I(x+dx) - I(x) = -\mu I(x)dx. \tag{6.17}$$

マイナス符号は，光の強度が距離とともに減少することを示す．この式を，$x=0$ での強度 I_0 から，位置 x での強度 $I(x)$ まで積分して，

$$\frac{dI}{I} = -\mu dx, \qquad \int_{I_0}^{I} \frac{dI}{I} = -\mu \int_0^x dx,$$

したがって

$$I(x) = I_0 e^{-\mu x}, \tag{6.18}$$

が得られる．

　放射性元素の崩壊のような統計的現象と同様に，光子の場合もその強度がもとの半分になる厚さ，$x_{\frac{1}{2}}$ を定義することができる．

$$I(x_{\frac{1}{2}}) = \frac{I_0}{2} = I_0 e^{-\mu x_{\frac{1}{2}}}, \qquad \mu x_{\frac{1}{2}} = \ln 2,$$

すなわち

$$x_{\frac{1}{2}} = \frac{\ln 2}{\mu} = \frac{0.693}{\mu}, \tag{6.19}$$

である．$x_{\frac{1}{2}}$ の単位が cm なら，μ の単位は cm^{-1} であり，g/cm^2 の単位なら μ は cm^2/g である．μ^{-1} は，光子が吸収されるまでに進む平均距離であり，その強度が $\frac{1}{e}$ に減少するまでに光子が進む距離に対応する．

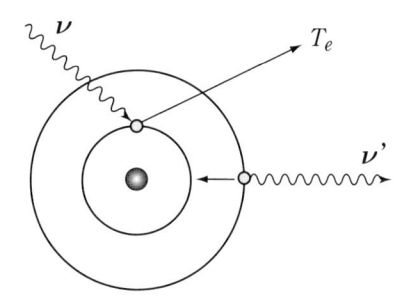

図 6.3: 光電効果の概念図.

物質による光の吸収の具体的な過程を以下に議論する.

6.3.1 光電効果

光電効果は，低エネルギーの光子が物質中の束縛電子によって吸収され，運動エネルギー T_e の電子が放出される過程である (図 6.3 参照). 電子を解放するのに必要なエネルギー (これは束縛エネルギーと符号が逆で正である) を I_B, 光子の振動数を ν とすると，エネルギー保存則により，次のアインシュタインの関係式が成り立つ.

$$E_\gamma = h\nu = I_B + T_e, \qquad T_e = h\nu - I_B. \tag{6.20}$$

ここで，I_B は，この過程が起るのに必要な光子の最小エネルギーを決める. 光電効果の断面積は X 線領域 (keV) で大きく，規格化因子を無視すると近似的に次のように変化する.

$$\begin{aligned} \sigma &\approx \frac{Z^5}{(h\nu)^{\frac{7}{2}}} \qquad (E_\gamma < m_e c^2 \text{ のとき}), \\ \sigma &\approx \frac{Z^5}{h\nu} \qquad (E_\gamma > m_e c^2 \text{ のとき}). \end{aligned} \tag{6.21}$$

光電効果は，原子番号 Z が大きい場合に特に重要であるが，光子のエネルギーが 1 MeV 以上では，それほど重要ではない．内殻電子が放出される場合は，外側の軌道電子がその空いた軌道に落ち込むため，放出電子はその遷移による X 線をともなう[3]．

6.3.2 コンプトン散乱

コンプトン (Compton) 散乱は，自由電子に対する光電効果と考えることができる．この反応はエネルギー $E = h\nu$，運動量 $p = \frac{E}{c}$ の光子と，静止した電子という，2 つの古典的な粒子の衝突と考えることができる．あるいは，次のように考えることもできる．電子は光子を吸収して，非物理的な質量をもった電子のような系をつくる (演習問題 6.8 を参照)．この仮想的な状態は，不確定性関係 $\tau \approx \frac{\hbar}{\Delta mc^2}$ で決まるごく短時間のみ存在する．ここで $\Delta E = \Delta mc^2$ は，系のエネルギーの不定性である．この仮想的な状態が脱励起して，もとの電子と，振動数 (あるいはエネルギー) が変化した光子が放出されると考えるのである (図 6.4(a) 参照)．

この散乱では，自由な標的電子を仮定する．これは入射光子のエネルギーが 100 keV よりもずっと低く，原子による束縛の効果が重要となる場合は，コン

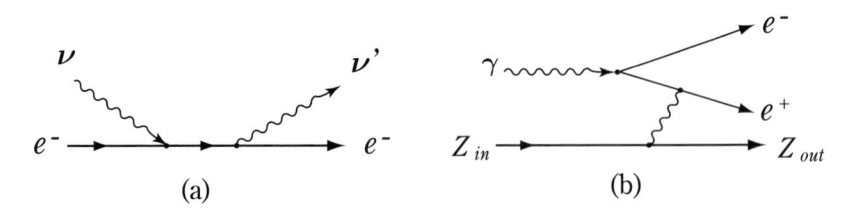

図 **6.4**: コンプトン散乱 (a) と対生成 (b) の概念図．

---

[3] 訳者注：エネルギー・運動量の保存則を満足させるため光電効果は，$\gamma e \to \gamma e$ 散乱の余分なエネルギー・運動量を担うことができる原子核近傍の電子に対して起きやすい．

プトン効果が起らないことを意味する．光子をエネルギー $h\nu$，運動量 $\frac{h\nu}{c}$ (静止質量がゼロ) の粒子として扱い，電子に対して相対論的なエネルギー・運動量保存則を使うと，角度 θ で散乱された光子の振動数 ν' は，入射光子の振動数 ν を用いて次の関係式で表される．

$$\nu' = \frac{\nu}{1 + \frac{h\nu}{mc^2}(1-\cos\theta)}. \tag{6.22}$$

ここで m は電子の静止質量である．この式から分かるように，どの角度でも散乱光子のエネルギーは，入射光子に比べて小さい．つまり，入射光子はエネルギーの一部を電子に与え，電子は散乱角で決まる反跳エネルギーを得るのである．

コンプトン散乱は，特殊相対性理論，光の量子化 (すなわち光子の粒子性)，そして量子論に基づいて理解される反応であり，20世紀におけるこれらの新しい物理学の考えが真実であることをいち早く実証した．規格化因子を除くと，コンプトン散乱の断面積は次のように変化する．

$$\sigma \approx \frac{Z}{h\nu}. \tag{6.23}$$

ここで Z は物質の原子番号である．コンプトン散乱は，0.1 MeV から 10 MeV のエネルギー領域で光子が物質にエネルギーを与える主要な反応である．

6.3.3 対生成

光子が十分なエネルギーをもつと，物質に吸収され，正負の電荷をもった粒子の対がつくられるようになる．このような変換反応は，いかなる保存則も破らない場合にのみ可能となる．電荷とエネルギー・運動量の保存則だけでなく，他の量子数も終状態に制限を加える．最も良く知られた変換反応は対生成と呼ばれ，光子が消滅して電子と陽電子の対がつくられる反応である．

しかし，単一の光子は質量がないため，エネルギー・運動量の保存則により，有限質量の粒子対に変わることはできない．その理由は次のように説明すると理解できる．光子が非常に小さな (電子よりもはるかに小さな) 静止質量をも

つとしよう．光子の静止系でみると系のエネルギーは光子の静止質量，つまりゼロに非常に近い．一方，終状態のエネルギーは，最低でも2粒子の静止質量の和であり，仮定により始状態よりも大きい (図 6.4(b) 参照)．したがって，対生成のようなプロセスは物質中でのみ起る．物質中では反跳原子核が，エネルギー・運動量の保存則を満たすように必要な運動量と非常に小さなエネルギーを吸収する．陽電子の質量は電子と同じなので電子・陽電子対生成のエネルギーのしきい値は，$h\nu \approx 2mc^2 = 2 \times 0.511$ MeV ≈ 1.022 MeV である (演習問題 6.9 参照)．

対生成の断面積は，物質の原子番号を Z とすると Z^2 に比例し，しきい値から急激に立ち上がり，10 MeV 以上の光子では，エネルギー損失の主要な反応となる．100 MeV を越える高エネルギーでは，電子・陽電子対生成の断面積は飽和に達し，一定の平均自由行程 (あるいは一定の吸収係数) で与えられる．詳しい解析によると，それは次式のように物質中での電子の放射長にほぼ等しい．

$$X_{\text{pair}} = (\mu_{\text{pair}})^{-1} \approx \frac{9}{7} X_0. \tag{6.24}$$

光子の変換反応で作られた陽電子はどうなるのだろう．陽電子は，電子の反粒子なので，電子と同様に電離や制動放射を行ってエネルギーを失う．ほとんどのエネルギーを失うと電子を捕獲し，ポジトロニウムと呼ばれる水素原子に似た原子，つまり陽子が陽電子に置きかわった系ができる．ポジトロニウムは水素原子とは違って不安定で，10^{-10} 秒の寿命で崩壊 (消滅) し2個の光子ができる．

$$e^+ + e^- \to \gamma + \gamma. \tag{6.25}$$

この消滅でエネルギーが等しく，正反対に向かう2個の光子がつくられる．エネルギーと運動量の保存則により，光子はどちらもちょうど 0.511 MeV のエネルギーをもつ．したがって，この対消滅反応は，検出器の較正だけでなく陽電子を識別するクリーンな信号としても用いられる．

これまで述べた物質による光子の3つの吸収反応は互いに独立な過程である．このため，光子の全吸収係数は3つの項の和で表される．

$$\mu = \mu_{\text{pe}} + \mu_{\text{Comp}} + \mu_{\text{pair}}. \tag{6.26}$$

6.3 光子と物質の相互作用

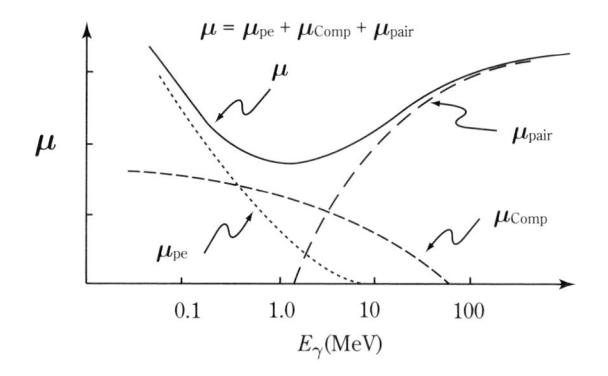

図 **6.5**: 原子番号 Z が比較的大きな物質での光子の吸収係数のエネルギー依存性.

図 6.5 に 3 つの反応の大きさとそれらの和を示す.

第 1 章のラザフォード散乱に戻ると，吸収係数は散乱断面積と関係づけられる．散乱でビームからはずれた粒子の分だけ，ビームの強度が落ち，同じ量だけ散乱の計測数が増加する．式 (1.39) により，散乱でビームから失われる粒子の割合は，原子核 1 個の断面積 (σ) と，標的物質の厚み (dx) に比例する．

$$\frac{dn}{N_0} = \frac{A_0}{A}\rho\sigma dx. \tag{6.27}$$

これは式 (6.18) の $\frac{dI}{I}$ にマイナス記号を付けたもの，すなわちビームが減衰あるいは吸収される割合にほかならない．2 つの項を等しいとすると，断面積と吸収計数について次の関係式が得られる．

$$\mu = \rho\frac{A_0}{A}\sigma = n\sigma. \tag{6.28}$$

ここで n を 1 cm^3 当たりの散乱中心の数とすると，μ は cm^{-1} の単位，σ は cm^2 の単位である．μ を cm^2/g の単位で表すと，n は物質 1 g 当たりの原子数に対応する.

例題 5：5 MeV の光子の，鉛での全吸収係数は約 0.04 cm^2/g である．鉛の密度を 11.3 g/cm^3 としてこのガンマ線の強度が半分になる鉛の厚さを求めよ．また，強度をはじめの 0.06 倍にするのに必要な鉛の厚さを求めよ．

解説：吸収係数 μ の単位を cm^{-1} にとると，$\mu = 0.04$ cm^2/g $\times$ 11.3 g/cm^3 = 0.45 cm^{-1} となる．よって $x_{\frac{1}{2}} = \frac{0.693}{\mu} = \frac{0.693}{0.45 \text{ cm}^{-1}} \approx 1.53$ cm となる．これが入射光子の強度を半分にする鉛の厚さである．光子の強度を 0.06 倍にする鉛の厚さを求めるには，式 (6.18) を使うと

$$\frac{I}{I_0} = e^{-\mu x} = 0.06, \quad \ln(0.06) = -\mu x.$$

したがって，

$$x = -\frac{\ln(0.06)}{\mu} = -\frac{\ln(0.06)}{0.45 \text{ cm}^{-1}} \approx 6.2 \text{ cm}$$

を得る．

物質中の 5 MeV の光子の飛程を，吸収係数の逆数 (吸収長) で表すと，鉛を貫く典型的な長さ (鉛中の飛程) として $\frac{1}{(0.45 \text{ cm}^{-1})} \approx 2.2$ cm が得られ，等価な値として 2.2 cm $\times$ 11.3 g/cm^3 $\approx$ 25 g/cm^2 が得られる．この値を同様のエネルギーをもつ電子や α 粒子と比べると分かるように，低エネルギーではガンマ線はずっと大きな透過力をもつ．

例題 6：鉛中での光子の吸収係数，0.45 cm^{-1} に相当する断面積を求めよ．

解説：必要な関係式は，式 (6.27) で与えられている，

$$\sigma = \frac{\mu}{n} = \frac{A}{A_0}\frac{\mu}{\rho}.$$

$A_0 = 6.02 \times 10^{23}$, $A = 207.2$ g, $\rho = 11.3$ g/cm^3 を使うと求める断面積は,

$$\sigma = \left(\frac{207.2 \text{ g}}{6.02 \times 10^{23}}\right)\left(\frac{0.45 \text{ cm}^{-1}}{11.3 \text{ g/cm}^3}\right) \approx 1.37 \times 10^{-23} \text{ cm}^2 = 13.7 \text{ b}.$$

例題 7：高エネルギーでは鉛の放射長は 5.6 mm である．鉛による吸収係数を求めよ，また e^+e^- 対生成の断面積を求めよ．
解説：式 (6.24) から，対生成の吸収係数は $\mu \approx \frac{7}{9X_0} \approx 1.39$ cm^{-1} と計算される．例題 6 よりこれに対応する断面積は $\sigma \approx 42.3$ b である．この値を，高エネルギーの核子と鉛との強い相互作用による非弾性散乱の断面積 (約 1.6 b) と比べてみる．核子と原子核の衝突の平均自由行程は約 15 cm であるが，電磁相互作用の起る特徴的な長さ，0.6 cm とは際立った違いがある．高エネルギーでは，光子や電子を止めるのに必要な物質は，主に強い力で反応する粒子を止める場合に比べずっとわずかな量ですむ．

6.4 中性子との反応

すでに述べたように，中性子は多くの点で陽子と非常に似通っている．中性子は原子核の構成要素であり，陽子と質量がほぼ同じで核子数もスピンも同じである．しかし電気的に中性のため，光子と同様にクーロン力による直接反応はしない．また，小さな磁気双極子モーメントをもつが物質中で顕著な反応はしない．

中性子はクーロン力の影響を受けないので，遅い中性子でも原子核との強い力で散乱されたり捕獲されたりする．低エネルギーの中性子が原子核と非弾性反応をすると，原子核は励起状態となり，光子や粒子を放出して基底状態に戻る．それらは物質中で起る特有の反応で検出される．弾性散乱では中性子は運動エネルギーの一部を原子核に与え，反跳原子核は周りの物質をイオン化して

信号を発生しこれが中性子の存在を示す．原子核との弾性散乱では，電離損失の場合と同様に，原子核の質量が大きいほど中性子は運動エネルギーのわずかな部分しか与えることができない．(式 (1.70) を参照.) 質量 M の原子核に移行する運動量を q とすると移行エネルギーは $\frac{q^2}{2M}$ である．すでに述べたように，高速中性子の減速材として水素原子を多量に含むパラフィンがよく用いられるのはこのためである．

衝突反応で生成された中性子は高い貫通力をもつ．特に数 MeV 領域では貫通力が高く，もはや水素原子核による減速だけでは中性子のエネルギーを吸収できない．中性子の**照り返し**は加速器や原子炉での実験ではしばしば主たるバックグラウンドであり，適当な減速材と，中性子吸収断面積の大きな物質によってのみ減らすことができる．たとえば，ホウ素は低速の中性子を $^{10}\text{B} + n \to {}^7\text{Li} + \alpha$ 反応で捕獲する．

6.5 高エネルギーハドロンとの反応

強い相互作用をする粒子はハドロンと呼ばれる．中性子，陽子，π 中間子，K 中間子は最も良く知られたハドロンである．ハドロンの固有の性質については第 11 章で論じることにし，ここではハドロンの相互作用について一般的な特徴を述べる．

陽子は水素の原子核であるため，最も簡単に加速されビームとして使えるハドロンである (第 8 章を参照)．陽子ビームが陽子や原子核と反応すると，π 中間子や K 中間子などのハドロンがつくられる．ビームのエネルギーが約 2 GeV 以下の低い場合，π 中間子と核子，K 中間子と核子，核子どうしの反応は大きく異なる．そのような低エネルギーではハドロンどうしの衝突断面積はエネルギーとともに大きく変化し，しばしば増減する．その理由はハドロン系の中には特有のエネルギーで共鳴状態が起るものがあるためである．5 GeV 以上ではハドロン反応の全断面積は，エネルギーとともにわずかながら減少し，70〜100 GeV で極小値 20〜40 mb ($\approx \pi R^2$) をとる．そしてエネルギーの増加とともに対数的にゆるやかに増加する．

ハドロンの衝突反応では一般に運動量の移行は非常に少なく，生成するハド

ロンの角度は小さく，反応距離は 1 fm のオーダーである．大きな運動量移行が起る中心衝突は非常にまれであるが，ハドロンの構造を深く理解する上で極めて重要である．ハドロン反応の運動量移行は典型的には $q^2 \sim 0.1~(\text{GeV}/c)^2$ のオーダーである．反応で生成される粒子 (通常は π 中間子) の平均数は 5 GeV では約 3 個であるが，500GeV では約 12 個で，事象ごとに平均値のまわりに大きくばらつく．したがって，高エネルギーのハドロンが物質と反応すると，原子核は破壊され中間子などのハドロンがつくられ，それらがまた物質と反応してエネルギーを与える．この反応は粒子の電荷とは関係なく，クーロン散乱によるわずかな違いを無視すれば，高エネルギーの中性子と陽子は物質との反応ではほとんど区別できない．反応の 1 次および 2 次粒子が物質に与えるエネルギーは入射ハドロンのエネルギーを推定するのに用いられる．

演習問題

6.1 3 MeV の α 粒子を止めるのに必要なアルミニウムの厚さは何 cm か．3 MeV の電子ではどうか．(例題 1 と 2 の飛程とエネルギーの近似的な関係式を用いよ．)

6.2 物質を通過するミュー粒子が，電離損失のみでエネルギーを失うとして，500 GeV のミュー粒子を止めるのに必要な鉄の厚さは何 cm か．式 (6.5) を使って計算せよ．500 GeV の電子を止めるには同程度の物質が必要だろうか．500 GeV の陽子ではどうか考察せよ．

6.3 荷電粒子の運動方向の測定では，多重散乱による分散が測定精度の限界を与える．厚さ 1m の鉄を通過した 500 GeV のミュー粒子の運動方向はもとと比べどの程度ぶれるか．

6.4 100 GeV の光子が厚さ 2 cm の鉛を通過する割合はいくらか．

6.5 熱中性子のアルミニウム核 (^{27}Al) による捕獲断面積は 233 mb である．密度 2.7 g/cm^3 のアルミニウムを通過する熱中性子の半分が吸収されるまでに進む距離はいくらか．式 (6.27) を参照せよ．

6.6 運動エネルギー 20 MeV の陽子と α 粒子が，厚さ 0.001 cm のアルミニウム箔を通過するとき，箔中で失うエネルギーを求めよ．

6.7 速度が $0.5\,c$ の電子，陽子，α 粒子の，銅での阻止能を比較せよ．

6.8 図 6.4 で入射光子の波長が，1.25×10^{-10} cm のとき，仮想電子の質量 (すなわち $\sqrt{s}$) を計算せよ．そのような系の寿命は近似的にいくらか．光子の波長が 1.25×10^{-12} cm の場合はどうか．

6.9 実験室系で静止した，質量 M の粒子と光子の衝突を考える．電子・陽電子対ができるための光子の最小エネルギーが $E_\gamma = 2m_e c^2 (1 + \frac{m_e}{M})$ であることを示せ．(ヒント: 式 (1.64) と 式 (1.65) の s を等値せよ．) したがって，電子・陽電子対生成のしきい値は，事実上 $2m_e c^2$ である．

6.10 10 GeV の陽子の，液体水素での原子核衝突の断面積を 40 mb として，陽子の平均自由行程を求めよ．液体水素の密度を 0.07 g/cm^3 とせよ．

6.11 式 (6.22) を導出せよ．

推奨図書

巻末推奨図書番号： [8], [21], [22], [24].

7 粒子検出器

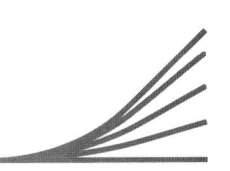

7.1 はじめに

　原子核や素粒子の衝突反応や崩壊反応を調べるには，反応で生成する粒子を測定する検出器が必要である．これらの粒子は原子よりも小さく，光学的な方法では観測できないが，前の章で述べたエネルギー損失のメカニズムを利用することにより検出が可能である．本章では非常に単純な粒子検出器についてのみ述べるが，その動作原理は最も高度な検出装置においても同様である．

7.2 電離型検出器

　電離型検出器は，物質を通過する粒子によって生じる電離量を検出する．検出される電子や陽イオンの数が，粒子のエネルギー損失の量を表すためには，これらのイオンが再結合しない工夫が必要であるが，そのためには十分高い電場をかければよい．この電場により正負のイオンは分離し，それぞれの電極に向かって移動を始めるので再結合することはない．

　電離型検出器は，基本的には電離しやすい物質を満たした箱である．この箱は陽極と陰極をもち，これに高電圧がかけられる．その特性は電極の配置で決まる電気容量 (C) で与えられる．物質は化学的に安定，または不活性で，移動する電子が分子に簡単に捕獲されることのないものでなければならない．また，放射線による損傷を受けにくく，使用とともに検出器の応答が大きく変化してはいけない．加えてこの物質はイオン化ポテンシャル $\bar{I}$ が小さく，入射粒子が与える単位エネルギー当たりの電離量が最大になるものでなければならない．

　すでに述べたように，粒子が検出器を通過すると，電子とイオンの対が発生

する．これらは電気力線に沿って，電子は陽極に，正イオンは陰極に直ちに移動を始める．電荷が移動すると電極に信号が誘起され，小さな電流が抵抗 R を流れる (図 7.1 を参照)．そして電圧降下が起り，これが増幅器 A で検知される．増幅器の信号は波高分析され，電離量と関係づけられる．電離量は物質の密度と原子構造に依存するが，もちろん粒子の電荷とエネルギーにも依存する．検出される電離量は多くの技術的な要因で決まるが，最も重要なのは電場であり，加える電圧である (図 7.2 参照)．

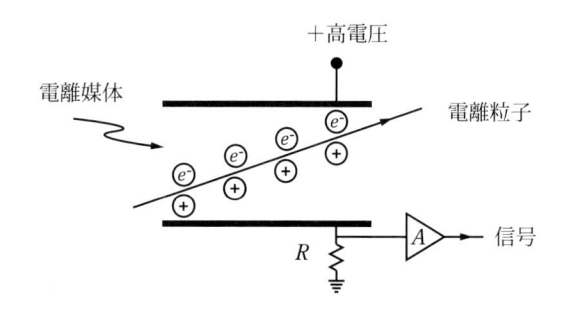

図 **7.1**: 電離型検出器の基本構造．

電極に与える電圧が小さいと，電子とイオンはつくられるとすぐに再結合してしまい，ごくわずかな量しか電極に到達することができない．そのため実際につくられた量よりも少ない電離量に相当する信号しか生じない．このような現象が起る電圧の範囲は**再結合領域**と呼ばれる．電圧が再結合領域を越えると，全電離量を表す信号が得られる．この動作領域を**電離領域**という．電圧をさらに増すと，電離した電子が十分な加速を得て物質中の原子を電離することが可能になる．電離が増加するこの現象はしばしば**信号増幅**あるいは**増殖**といわれる．この電圧領域では出力信号はもとの電離量よりも大きいが比例する．このためこの電圧領域は**比例領域**と呼ばれる．(この比例という言葉は，信号が加える電圧に比例して増加することを必ずしも意味するものではないことに注意せよ．) 電圧をさらに上げると電子-イオン対のなだれ現象が起る．この動作領域

は，ガイガー (*Geiger*) 領域と呼ばれるが，加速される電子のエネルギーが急速に増加するため，励起あるいは電離した原子からの電子や脱励起による光子がさらに多くの電子-イオン対を生み，ついにはもとの電離量と無関係な高い増幅度の信号を出す放電が起る．ガイガー領域をさらに越えると，最後には放電破壊が起り連続放電の状態になる．こうなるともはや入射粒子による電離量は検知できなくなる．これらの動作領域のどこにあるかによって検出器は電離箱や比例計数管，あるいはガイガー計数管としてはたらく．そしてほとんどの検出器には気体が用いられる．

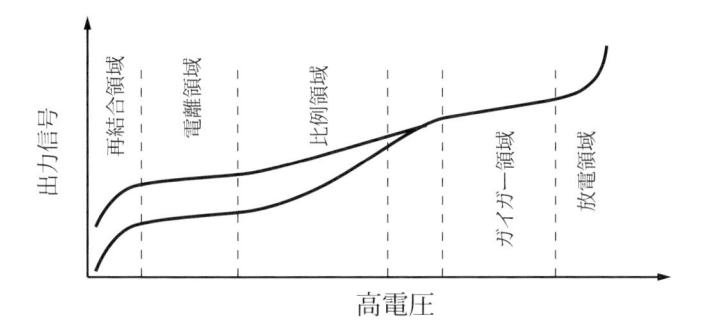

図 7.2: 検出器に加える電圧の関数として表した電離損失による出力信号．上側の線は電離作用の強い粒子，下側の線は最小電離粒子の信号である．ガイガー領域では信号の大きさは電圧にも電離量にもよらない．

7.2.1 電離計数管

電離箱あるいは電離計数管は比較的低電圧で作動するため信号の増幅はしない．このため最小電離粒子1個による出力信号はとても小さく，効率良くはたらかせるために通常は低ノイズの増幅器を必要とする．しかし，原子核反応でできる多電荷の粒子や多数の粒子に対しては，積分された信号が大きいため検出は容易である．電離箱は電圧の変化にあまり敏感でなく入力信号の広い範囲

にわたって優れた線形性を有する．固有の信号増幅がなく放電もないので，大きな電流に対しても回復時間が短いため，反応率の高い環境でも使用可能である．加えて増幅がないために，電気的ノイズや，イオン化過程に固有のばらつきの影響がなく，エネルギー分解能が優れている．後に述べるように液体アルゴンを使った電離箱は，高エネルギー実験でのサンプリングカロリメータ検出器としてエネルギー測定に用いられ，多くの成功を収めた．

原子核物理学で開発された固体検出器は，いまや高エネルギー実験での電離計測器として幅広く用いられている．気体電離箱は，かつては放射性元素の崩壊による α 粒子の飛程の測定などに使われたが，現在は高レベル放射能のモニターとして役立っている．

例として電離計数管が ^{210}Po の崩壊による 5.25 MeV の α 粒子の飛程の決定にどう使われるのかを説明する．電離箱は直径が 6 cm ほどの正確な円筒形容器である．円筒の内面は銀メッキされ電極となっている．円筒の中心には微量のポロニウム (10 μCi ほど) が絶縁性の紐で吊るされている．必要に応じて圧力をかけた気体が封入される．円筒容器のかわりに平行平板でつくられた箱で，一方の平板の中央にアルファ線源を埋め込んだものでもよい．銀メッキした面間に電位差をつけ，図 7.1 のようにアンプを通して電流を観察する．空気では $\bar{I}$ の値は約 30 eV なので，1 個の α 粒子でつくられる電子・イオン対の数はおよそ次のようになる．

$$n = \frac{5.25 \times 10^6 \text{ eV}}{30 \text{ eV}} = 1.75 \times 10^5. \tag{7.1}$$

線源の強度は次のように求まる．

$$\mathcal{A} = 10 \ \mu\text{Ci} = 10 \times (10^{-6} \times 3.7 \times 10^{10}) \ \alpha \text{粒子/sec}$$

$$= 3.7 \times 10^5 \ \alpha \text{粒子/sec}. \tag{7.2}$$

したがって 1 秒間につくられる電子・イオン対の数は，

$$N = n\mathcal{A} = (1.75 \times 10^5) \times (3.7 \times 10^5/\text{sec}) \approx 6.5 \times 10^{10}/\text{sec}. \tag{7.3}$$

正負の電荷が集められると流れる電流は次のように求まる．

$$J = Ne = 6.5 \times 10^{10}/\text{sec} \times 1.6 \times 10^{-19} \text{ C}$$
$$= 1.04 \times 10^{-8} \text{ C/sec} = 1.04 \times 10^{-8} \text{ A}. \tag{7.4}$$

この程度の電流ならば直接測定できる．平行平板型の電離箱では，有感領域に飛び出す α 粒子は半分しかないため電流は約 5 nA となる．

飛程の測定は次のように行われる．ガス (あるいは空気) の圧力を減らしながら電流を記録するのである．空気の密度が α 粒子が停止するほど十分高ければ，α 粒子でつくられる全電離量に対応して電流は一定である．圧力がある値 (P_{crit}) 以下に下がると，α 粒子が全エネルギーを有感領域内で失うことはなくなり，電子・イオン対の数も少なくなる．その結果，電流は減り，さらに圧力を下げると減り続ける．この測定では気温 25 ℃の空気中の飛程が 6 cm の α 粒子に対し P_{crit} は高さ 51 cm の水銀柱に相当する圧力であることが分かる．任意の温度と圧力のもとでの飛程 (R) は簡単な気体の法則を使って計算できる．特に温度 (T) が 288 K，圧力 (P) が 76 cmHg の標準状態での飛程は次のように求まる．

$$R = R_{\text{crit}} \times \frac{P_{\text{crit}}}{P} \frac{T}{T_{\text{crit}}} = 6 \text{ cm} \times \frac{51 \text{ cm Hg}}{76 \text{ cm Hg}} \frac{288 \text{ K}}{298 \text{ K}} = 3.9 \text{ cm}. \tag{7.5}$$

観測する電流はイオン化に要した全エネルギーに相当するが，エネルギーの分かった線源や信号を使ってエネルギー値を較正することは常に重要である．これは計測率が非常に高く，個々のパルスが高速で計測される場合は特にそうである．そのような状況では検出器に含まれるわずかな不純物 (しばしば 1 ppm レベル以下) に電子が付着し信号が減少する原因となる．これは陽極に移動する電子の一部が不純物 (電気的陰性をもつ) 分子に付着すると，分子は移動速度が電子に比べはるかに遅いため，電子による早い出力信号に寄与しなくなるからである．

7.2.2 比例計数管

ガスを使った比例計数管は通常 10^4 V/cm の高い電場ではたらき，10^5 の増

幅率をもつ．そのような高い電場は細い (直径が $10 \sim 50~\mu m$ の) 金属のワイヤーを陽極とする円筒型の容器でつくることができる．電場はワイヤーの近傍で最も強いのでこの領域で電荷の増殖，つまり 2 次電離が起る．多くの種類の気体に対して，最小電離粒子でも非常に大きな出力信号が得られ，比較的広い電圧設定で作動する．比例計数管はエネルギーの測定 (波高の測定) に使うことができるが，信号の大きさは電離の増殖率に依存し，動作電圧にとても敏感である．

G. シャルパック (George Charpak) の研究チームは比例計数管の形式を変えた**多線式比例計数箱 (MWPC)** を開発し，高エネルギー実験での位置検出器としての応用を見いだした．その概念図を図 7.3 と 7.4 に示す． MWPC の基本構造は約 2 mm の等間隔で精密に張られたアノードワイヤー面である．アノード面は 2 枚の同様なワイヤーを張った陰極面に挟まれる．陰極面にはワイヤーの代わりに薄いアルミニウム箔が使われる場合もある．陰極面と陽極面の間隔は約 1 cm かそれ以内である．この対をなす面は薄いマイラーシートの窓をもつ外枠で囲まれ，内部にガスが満たされる．ワイヤーの方向が異なるアノード面を含む複数の組を重ね合わすこともできる．ガス中を通過する荷電粒子は飛

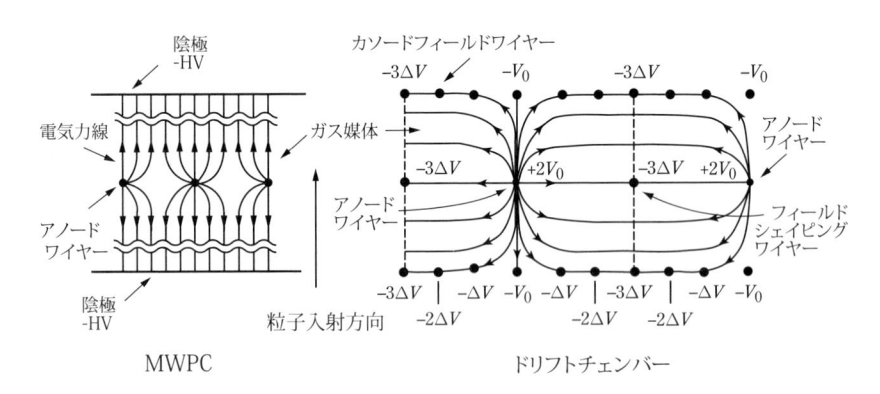

図 **7.3**: 多線式比例計数箱 (MWPC) と多線式ドリフトチェンバーの内部の電場構成．ドリフトチェンバーの図で $-\Delta V$, $-2\Delta V$ などはそれぞれ $-V_0$ からの相対値を示す．

陽極ワイヤー面

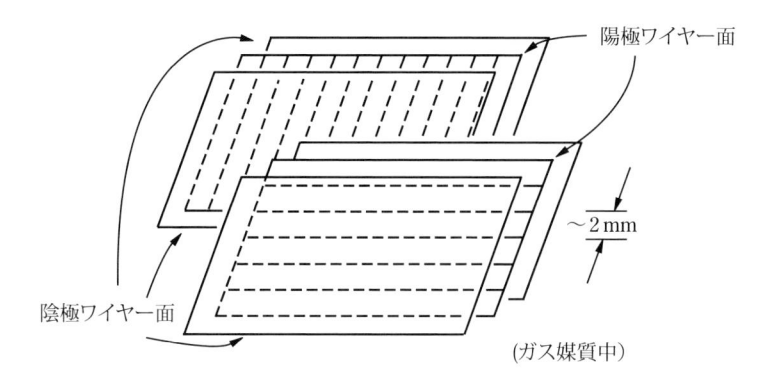

∼2 mm

陰極ワイヤー面

(ガス媒質中)

図 7.4: 多線式比例係数箱 (MWPC) の構造の見取図.

跡に沿ってガスを電離し，これに最も近いアノードワイヤーから信号が出る．アノードワイヤーにはそれぞれにアンプが付けられ独立な比例計数管として機能する．これにより荷電粒子の位置をワイヤー間隔の精度で決定できる．

磁場をかけた領域の前後に一連の MWPC を置くと，磁場領域を通過する荷電粒子の飛跡の角度変化を測ることができ，粒子の運動量が分かる．その原理を図 7.5 に示す．運動量の異なる粒子は分散し，曲がり角 θ は広がる．これはちょうど白色光がプリズムで分散を受けるのと同じ現象である．したがって磁石を出た後の角度は粒子の運動量で決まる．図 7.5 のような装置は，ビーム中の粒子の運動量を分析するスペクトロメータとして用いられる．

平面型の MWPC の電場構造を変えることで位置の測定精度を格段に向上させることができる．その様子を図 7.3 に示す．この図には MWPC と**ドリフトチェンバー**の電気力線が示されている．ドリフトチェンバーでは各セルでチェンバー面に平行な一定の電場 ($E = -\frac{\Delta V}{\Delta x}$) を与える，この電場を得るため，隣接するカソードフィールドワイヤーに一様に変化するポテンシャルを与え，さらにフィールドシェイピングワイヤーをアノードワイヤーの間に加える．このフィールドシェイピングワイヤーはアノードワイヤーに向かう一様な電場が得

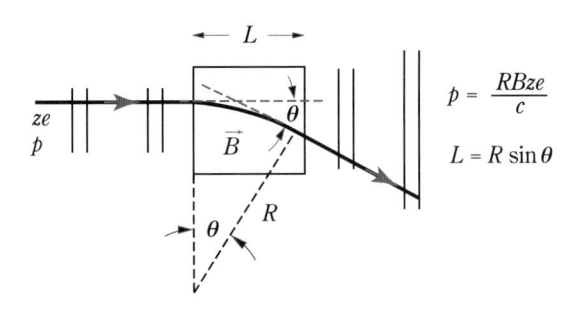

図 7.5: MWPC を使った粒子の運動量測定法．紙面に垂直な方向の一定磁場 B の領域を通過する粒子の軌跡を考える．飛跡の再構成で θ を求め，長さ L と B が分かると運動量 p が求まる．

$$p = \frac{RBze}{c}$$

$$L = R\sin\theta$$

られるよう補正をする．セルのほぼ全領域で，電子は電場に沿って一様な速さ（約 50 μm/ns，あるいは 50 mm/μs）でアノードワイヤーへと移動し，ワイヤー直径の数倍以内に達すると強い電場で短時間に増殖が起る．外から与える入射信号の時間と，ワイヤーからの出力信号の到着時間の差が電子の移動距離を決め，入射粒子の正確な位置が求まる．たとえばアノードワイヤー間隔，つまりドリフト距離が 1 cm 程度のドリフトチェンバーでは約 200 μm の精度が簡単に得られる．

7.2.3 ガイガー・ミュラー計数管

ガイガー-ミュラー (*Geiger-Müller*) **計数管**，あるいは単に**ガイガー計数管**は，ガイガー領域で使う検出器で，十分高い電圧を加え電離エネルギーに無関係にガス放電を起す検出器である．この検出器の利点を理解するために運動エネルギー 0.5 MeV の電子が検出器中で全エネルギーを失う場合を考える．検出器中のガスをヘリウムとすると，平均の電離エネルギーは 42 eV である．生成される電子-イオン対の数は次のようになる．

$$n = \frac{0.5 \times 10^6 \text{ eV}}{42 \text{ eV}} \approx 12,000. \tag{7.6}$$

もし検出器が電離箱として作動し，その静電容量を $\approx 10^{-9}$ F=1 nF とすると，出力信号の電圧は，

$$V = \frac{Q}{C} = \frac{ne}{C} = \frac{(12 \times 10^3)(1.6 \times 10^{-19} \text{ C})}{10^{-9} \text{F}} \approx 2 \times 10^{-6} \text{ V}. \tag{7.7}$$

これは非常に小さい．これに対し，ガイガーモードで作動する場合，増殖のためイオン対の数は電子のエネルギーによらず約 10^{10} である．したがって出力パルスの電圧は約 1.6 V であり容易に検出できる．

　ガイガーカウンターの技術上の利点は構造が簡単で，小さな電圧のふらつきに影響されないことである．これは放射能の測定に大変有用である．しかし2つの重大な欠点がある．第1にパルスのもととなる電離作用の性質についてまったく情報が得られないことである．第2に電離によって引き起される大きな電子なだれのため回復時間が約1ミリ秒と長く，不感時間が長いため高計数率の測定には使えないことである．

7.3　シンチレーション検出器

　荷電粒子による電離作用で物質中の原子や分子は高いエネルギー準位に励起される．それらは基底状態に戻る(脱励起する)とき光を放出するが，これは原理的には検出可能であり，荷電粒子の通過が分かる．シンチレーターとは荷電粒子が通過した後に可視光領域の光を出す物質のことである．原子核や素粒子物理学で広く使われるシンチレーターには主に2つのタイプがある．それは有機あるいはプラスチックシンチレーターと，無機あるいは結晶シンチレーターである．光を放出する物理過程は2つのタイプで異なり，多少複雑であるが良く理解されている．しかしここでは詳しくは述べない．アントラセンやナフタレンのような有機シンチレーターでは，分子が脱励起する際に紫外光を放出する．残念ながらそのような周波数の光は急速に減衰するため，光子を検出するには波長変換剤 (wave length shifter) という物質を添加しなければならない．

すなわちもとの光が波長変換剤に吸収されると，波長が可視光領域に移行するのである．NaI や CsI といった無機シンチレーターは普通，活性化剤が添加される．これに含まれる活性化元素は結晶格子内で，荷電粒子がつくる電子-正孔対により励起され，脱励起して光子を放出する．

有機シンチレーターの発光時間は短く，約 10^{-8} 秒である．無機シンチレーターは，早い発光成分もあるが，通常はずっと遅く約 10^{-6} 秒である．したがってプラスチックシンチレーターは入射粒子束の高い環境により適している．検出可能な光子を発生するには，電離により電子-イオン対を発生する場合よりもずっと多くの (通常は 10 倍以上の) エネルギーが必要である．無機シンチレーターは有機シンチレーターに比べて発光量が多いため，低エネルギーでの計測により適している．

初期の原子核研究では，現在とは異なる蛍光物質が日常的に使われ，その光は肉眼で見ることができた．しかしシンチレーターの光は非常に弱く，通常は肉眼では見えない．シンチレーション光を検出するにはシンチレーターが透明であること，つまり検出したい波長領域の光に対し，減衰長が短くてはだめである．加えて光の強度が弱いため検出には光信号を増幅しなければならない．そのために光電子増倍管 (PMT) が広く用いられており，直接シンチレーターに取り付けるか，ライトガイドを通して接続される．

光電子増倍管は微弱な光信号を検出可能な電気信号に変える．図 7.6 に示すように光電子増倍管はいくつかの要素からできている．薄い入射窓のすぐ内側は光電陰極と呼ばれ，光電効果により光子を電子に変換する．光電陰極は価電子の結合がゆるく，光電効果の断面積が大きい物質からできている．このため入射光子は高い確率で電子を放出する．陰極部の直径は代表的には 2 cm から 12 cm であるがずっと大きいものもある．増倍管の内部には，仕事関数の低い物質でつくられた複数段からなるダイノードがある．各ダイノードには直流の定電圧電源から抵抗分割により，ダイノード間のポテンシャルが，100 V から 200 V ずつ増加するように電圧が与えられる．電子はダイノード間で加速され，各段で 2 次電子を放出して増殖する．ダイノード 1 段あたりの増幅率は 3 から 5 である．通常は 6 段から 14 段のダイノードが使われ，全増幅率は $10^4 \sim 10^7$ である．ダイノードの電圧はガラス製の端部に埋め込まれたピン電極で与えら

7.3 シンチレーション検出器

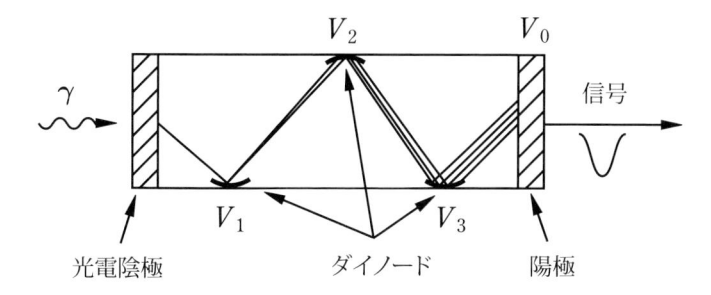

図 7.6: 光電子増倍管の構造. 広く用いられているものは直径約 5 cm で長さは約 20 cm である.

れ，これらは増倍管内部の真空中に位置するダイノードに接続されている．

光電陰極による電子への変換の量子効率は普通の波長領域である 400 nm の光子で約 25％である．出力信号はアノードか最後段のダイノードから取り出される．統計的ゆらぎを別にすると出力信号は光電陰極に入射する光子の数に比例する．信号の出力時間は，個々の電子の通過時間が経路や速度の違いで異なるため，ばらつきがあるがそれはわずか数ナノ秒程度である．したがって出力信号の時間幅はとても狭い．高速のプラスチックシンチレーターと組み合わせれば，興味ある事象をとらえる実験装置のトリガー信号を与えたり，連続する信号の時間間隔の計測が行えるなど非常に有用である．

光電子増倍管と合わせて使われるシンチレーターは，荷電粒子や，その中で反応する光子や中性子を検出する優れた検出器である．例としてコバルト (^{60}Co) のベータ崩壊の検出を考えよう．

$$^{60}\mathrm{Co}^{27} \to {}^{60}\mathrm{Ni}^{28} + e^- + \overline{\nu}_e. \tag{7.8}$$

この崩壊では ^{60}Ni 原子核は励起状態にあり，2 個のガンマ線を引き続き放出して基底状態に戻る．それらは第 1 励起状態に移るときに出る 1.17 MeV のガンマ線と第 1 励起状態から基底状態に落ちるときに出る 1.33 MeV のガンマ線である．^{60}Co の試料が NaI(Tl) 結晶 (タリウム活性の NaI シンチレーター) の前

面に置かれ，光電子増倍管が NaI 結晶の後面に取り付けられたとする．信号はとても小さいので外部からの光が侵入しないよう結晶と PMT は十分に遮光しなけれならない．また NaI のような結晶は潮解性があるので吸湿による性能劣化が起らないよう十分に密封しなければならない．（プラスチックシンチレーターにはこのような欠点はない．）

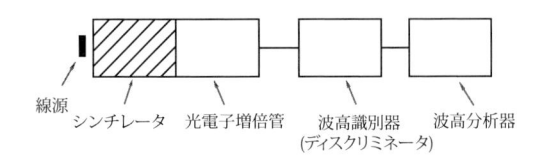

図 7.7: ^{60}Co の崩壊を検出するための測定装置の構成図．

^{60}Ni 原子核の脱励起によるガンマ線がシンチレーターに入射すると，光電効果，コンプトン散乱あるいは e^+e^- 対生成反応が起る．光電効果を起したガンマ線は，シンチレーター中での光電子の電離反応ですべてのエネルギーを失うので，シンチレーション光の強度はもとのガンマ線のエネルギーに比例する．これに対し，ガンマ線がコンプトン散乱を起した場合は，シンチレーターが十分大きくない限り全エネルギーをシンチレーターに与えることはない．散乱電子は全エネルギーを失うが，散乱されたガンマ線はシンチレーターの外に出てしまうからである．(NaI の放射長は 2.6 cm だがプラスチックシンチレーターの放射長は 40 cm である．したがって一辺が数 cm の検出器では，入射ガンマ線が散乱により検出器外に出てしまい，電離エネルギーに変わるのは全エネルギーの一部である．) 低エネルギーのガンマ線は対生成を起す確率は非常に小さいが，これが起ったときに生成された電子と陽電子は電離によって運動エネルギーを失い，最後に陽電子は物質中の電子と対消滅して 0.511 MeV の 2 本のガンマ線を放出する．

式 (7.8) で，低エネルギーの電子を無視すると，NaI に与えられるエネルギーは 2 種類からなる．ひとつはガンマ線が光電子に変わったときの全エネルギーで，もうひとつはコンプトン散乱による反跳電子が与える連続分布である．シ

ンチレーション光，つまり PMT からの信号は 1.17 MeV と 1.33 MeV に対応するピークと低エネルギー側に続く連続部からなる．もし e^+e^- 対消滅からの 0.511 MeV の光子が十分多量に発生した場合は光電子が生まれ，検出器の較正に非常に役立つ 0.511 MeV のピークが得られる．PMT の出力パルスは波高識別器 (ディスクリミネータ) を通し，陰極やダイノード表面から出る熱電子による小さな信号 (ランダムなノイズ) と区別される．その後，パルスはデジタル化され波高分析器 (図 7.7) に表示される．電離損失のゆらぎや集光効率の違い，電子増殖のばらつきなどのため，1.17 MeV と 1.33 MeV のピークは広がりをもち，検出器系のエネルギー分解能に相当した広がりを与える．図 7.8 に期待されるパルスの計数率を波高の関数として表した．(このエネルギー領域での NaI(Tl) 結晶のエネルギー分解能は約 10% である．) この議論では，崩壊で発生する 2 個の光子が同時に検出される可能性については無視したことを指摘しておこう．その結果については演習問題 7.6 に与えておく．

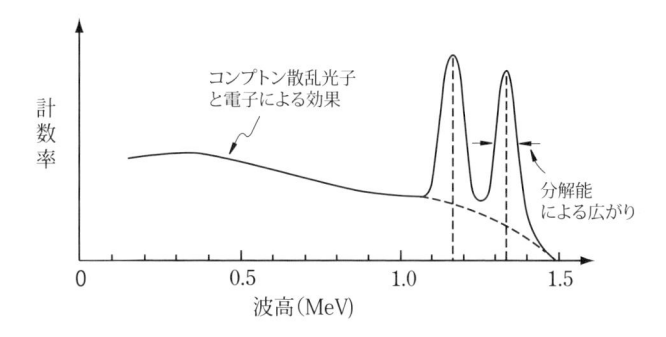

図 7.8: ^{60}Co の崩壊生成物の測定で期待されるパルス波高分布の概略図．

7.4 飛行時間計測

すでに述べたように PMT を用いたシンチレーションカウンターは時間分解能が大変優れている．実際，注意深く製作すれば 10^{-10} 秒の時間分解能も容易に達成できる．これは光速で飛行する粒子を 3 cm の空間分解能でとらえることに相当する．したがってシンチレーションカウンターを並べて飛行時間 (TOF) を測ると粒子の速度が分かる．これを応用すれば，衝突反応で発生する同じような運動量で質量の異なる粒子を識別することができる．たとえば，磁場により荷電粒子の運動量を測るとともに，発生点から距離 L に置かれたシンチレーションカウンターに到着するまでの飛行時間を測れば粒子の速度が分かり質量が決定できる．運動量の測定が十分正確であるとして飛行時間計測法の限界を調べることにする．

飛行時間は単に粒子の通過した距離をその速度で割ったもの，つまり $t = \frac{L}{v}$ である．それゆえ質量 m_1 と m_2 の粒子の飛行時間の違いは，

$$\Delta t = t_2 - t_1 = L\left(\frac{1}{v_2} - \frac{1}{v_1}\right) = \frac{L}{c}\left(\frac{1}{\beta_2} - \frac{1}{\beta_1}\right), \tag{7.9}$$

である．この粒子の運動量 p が分かっているとすると，これは次のように書き換えることができる．

$$\Delta t = \frac{L}{c}\left[\frac{E_2}{pc} - \frac{E_1}{pc}\right] = \frac{L}{pc^2}\left[(m_2^2 c^4 + p^2 c^2)^{\frac{1}{2}} - (m_1^2 c^4 + p^2 c^2)^{\frac{1}{2}}\right]. \tag{7.10}$$

これは非相対論的極限では次のように古典的な表式になる．

$$\Delta t = \frac{L}{p}(m_2 - m_1) = \frac{L}{p}\Delta m. \tag{7.11}$$

この式は最も知りたい条件である $m_2 \approx m_1 = m$ および $v_2 \approx v_1 = v = \beta c$ のとき，次のようになる．

$$\Delta t = \frac{L}{\beta c}\frac{\Delta m}{m} = t\frac{\Delta m}{m}. \tag{7.12}$$

ここで $v = \frac{L}{t}$, $dv = -\frac{L}{t^2}dt$ を使うと次のように書ける.

$$\Delta v = v_2 - v_1 = -\frac{L}{t^2}\Delta t = -\frac{v^2}{L}\Delta t. \tag{7.13}$$

したがって速度が小さいとき ($\beta \approx 0.1$ のとき), 時間分解能が $\Delta t \approx 2 \times 10^{-10}$ 秒, 飛行距離が $L \approx 10^2$ cm であればまずまずの速度分解能が得られる.

$$|\Delta v| = \frac{v^2}{L}\Delta t \approx \frac{(0.1 \times 3 \times 10^{10})^2 \text{ cm}^2/\text{sec}^2}{10^2 \text{ cm}} \times 2 \times 10^{-10} \text{ sec} \approx 2 \times 10^7 \text{ cm/sec}. \tag{7.14}$$

$-\frac{\Delta v}{v} = \frac{\Delta t}{t} = \frac{\Delta m}{m}$ であるからこの結果は TOF により, 運動量が同じ低エネルギーの粒子を約 1%よりも良い質量分解能で分離できることを示す. 明らかに質量分解能は運動量に比例して悪くなり, 飛行距離を長くすると向上する.

相対論的な極限では, 式 (7.10) を書きかえると,

$$\Delta t = \frac{L}{c}\left[\left(1 + \frac{m_2^2 c^2}{p^2}\right)^{\frac{1}{2}} - \left(1 + \frac{m_1^2 c^2}{p^2}\right)^{\frac{1}{2}}\right]$$

$$\approx \frac{L}{c}\left[1 + \frac{m_2^2 c^2}{2p^2} - \left(1 + \frac{m_1^2 c^2}{2p^2}\right)\right] \approx \frac{Lc}{2p^2}(m_2^2 - m_1^2). \tag{7.15}$$

これは $m_1 \approx m_2$ および $v_1 \approx v_2$ のとき次のようになる.

$$\Delta t = \frac{Lc}{2}\left(\frac{m_2^2}{p^2} - \frac{m_1^2}{p^2}\right) = \frac{Lc}{2}\left[\frac{m_2^2}{m_2^2 \gamma_2^2 v_2^2} - \frac{m_1^2}{m_1^2 \gamma_1^2 v_1^2}\right]$$

$$= \frac{Lc}{2}\left[\frac{1 - \frac{v_2^2}{c^2}}{v_2^2} - \frac{1 - \frac{v_1^2}{c^2}}{v_1^2}\right] \approx \frac{L}{c}\frac{v_1 - v_2}{v} = -\frac{L}{c}\frac{\Delta v}{v}. \tag{7.16}$$

したがって, $v \approx c$ のときは先の条件 $\Delta t \approx 2 \times 10^{-10}$ 秒と $L \approx 10^2$ cm を仮定すると速度の分解能は次のようになる.

$$|\Delta v| \approx \frac{c^2}{L}\Delta t \approx \frac{(3 \times 10^{10})^2 \text{ cm}^2/\text{sec}^2}{10^2 \text{ cm}} \times 2 \times 10^{-10} \text{ sec}$$

$$\approx 2 \times 10^9 \text{ cm/sec}. \tag{7.17}$$

この速度の分解能は約 10%であるが，質量分解能はもはやそれと同程度に良いとはいえない．実際，式 (7.15) から，

$$\Delta t = \frac{Lc}{2} \frac{(m_2 - m_1)(m_2 + m_1)}{p^2} \approx \frac{Lcm}{p^2} \Delta m = Lc \frac{m^2}{p^2} \frac{\Delta m}{m} \approx \frac{L}{c\gamma^2} \frac{\Delta m}{m},$$

となり，次式が得られる．

$$\frac{\Delta m}{m} = \frac{c\gamma^2}{L} \Delta t = \gamma^2 \frac{\Delta t}{t}, \tag{7.18}$$

例えば，運動量が $\gtrsim 3$ GeV/c，質量が ≈ 1 GeV/c^2 の粒子は $\gamma \gtrsim 3$ であり，飛行距離が 100 cm より十分大きくとれない場合，質量の識別はできない．飛行距離を大きくとることは，静止標的実験では選択肢のひとつであるが，ほとんどの衝突ビーム実験では検出装置全体が (次章で見るが) 大きくなり建設費が非常に高価になる．また粒子の寿命が短い場合，飛行距離をどこまでも長くとるわけにはいかない．

先に触れたように TOF は，シンチレーションカウンターで反応する低エネルギーの中性子や光子の運動量を求める手段としても用いられる．その場合，衝突反応の時刻は別の方法，たとえば入射ビームによるパルスで定義される時刻などで与える必要がある．シンチレーションカウンターの信号と，スタート時刻との時間差から粒子の TOF が与えられる．

7.5 チェレンコフ検出器

真空中を一定の速度で進む荷電粒子は放射をしない．しかし，屈折率 $n > 1$ の誘電体中では荷電粒子の速度がその中を伝わる光の速度より大きい場合 (すなわち，$v > \frac{c}{n}$ あるいは $\beta > \frac{1}{n}$ のとき)，チェレンコフ (Cherenkov) 放射と呼ばれる放射が起る．この現象は 1934 年，P. チェレンコフ (Pavel Cherenkov) によって初めて観測された．放射される光の方向はホイヘンス (Huygens) の波動の原理によって古典的に計算でき，荷電粒子の軌道に沿って励起された原子や分子からのコヒーレントな放射に起因するといえる．これは超音速の飛行機

から出る衝撃波面と完全に類似の現象である．この光の振動数はある分布をもつが，最も興味深いのは青および紫外域の波長成分である．青色光は通常の光電子増倍管で検出でき，紫外光は，たとえば MWPC のような電離型検出器において，光に反応する分子をガスに混入させ電子に変換して検出できる．

チェレンコフ光の放射角 θ_c は次式で与えられる．

$$\cos\theta_c = \frac{1}{\beta n}. \tag{7.19}$$

放射体 1 cm 当たりの放射強度は $\sin^2\theta_c$ に比例する．したがって $\beta n > 1$ なら光が出るが，$\beta n < 1$ なら θ_c は複素数となり光は出ない．チェレンコフ効果は，運動量が同じで質量の異なる 2 粒子を識別する手段を与える．たとえば運動量が 1 GeV/c の陽子，K 中間子，π 中間子の β はそれぞれ 0.73, 0.89, 0.99 なので，チェレンコフ光を観測するには屈折率の異なる物質が必要である．この場合，陽子がチェレンコフ放射を起すには $n > 1.37$，K 中間子では $n > 1.12$，π 中間子では $n > 1.01$ である．そこで 2 台のチェレンコフ検出器を直列に置き，1 台は水 ($n = 1.33$) を満たし，他方はガスを満たし圧力を加えて $n = 1.05$ となるようにしたとする．これに陽子，K 中間子，π 中間子が混じったビームを通したとすると，陽子はどちらの検出器からも信号を出さず，K 中間子は水を満たした検出器でのみチェレンコフ光を出し，π 中間子は両方のカウンターで光信号を出す．これにより，チェレンコフ放射を起す異なるしきい値をもつ粒子を識別することができる．このような方式のチェレンコフ検出器を**しきい値型** (*threshold*) 検出器と呼ぶ．(陽子崩壊の探索を行う大型実験は，ほとんどがチェレンコフ光を使って崩壊による生成粒子，たとえば $p \to e^+\pi^0$ 崩壊を識別する)．

式 (7.19) から，チェレンコフ光の放出角度を用いて粒子の識別ができることが分かる．これはある一定の屈折率 n と運動量 p において，π 中間子から円錐状に放出されるチェレンコフ光の角度が K 中間子や陽子よりも大きいことを用いる．チェレンコフ光の放出角の違いが検出できるチェレンコフ検出器は**差分型** (*differential*) 検出器と呼ばれる．

この分野での最近の研究はチェレンコフ放射の紫外 (UV) 部分 (エネルギー

で約 5 eV の光子) に集中している．先ほど述べたように，UV 光子は電離作用があり，放出された電子は MWPC で検出できる．高エネルギーの 1 個の荷電粒子からは数個の UV 光子が放出され，それらは粒子の進行方向のまわりに角 θ_c の円錐状に分布する．そこで光電離作用が検出できる装置を入射粒子の進行方向に垂直に置くと，UV 光子により発生した電子がリング状に分布する．この原理による検出器は**リングイメージチェレンコフ検出器** (あるいは RICH) と呼ばれ，衝突で多数の粒子が発生する実験で特に有用である．

7.6 半導体検出器

シリコンやゲルマニウムのような半導体では，電子・正孔対をつくるエネルギーはわずか 3 eV である．そのためこれらの結晶は固体電離箱として用いられ，非常に小さなエネルギー損失に対しても大きな信号が得られる．したがって特に低エネルギーの計測に有利である．実のところ，これらはもともと原子核の研究で，高分解能のエネルギー測定や，核破砕粒子の飛程や阻止能を求めるために開発されたのである．最近ではシリコンストリップ検出器やピクセル検出器が，原子核および素粒子物理学で高精度の位置検出器として広く用いられている．

半導体の内部でつくられる自由電荷のキャリアー数はとても多い上，電子も正孔も高い移動度をもつため，非常に薄い (200～300 μm の厚さの) 基板 (ウェファー) でも，最小電離粒子に対して十分大きな信号が得られる．出力信号は電離損失に比例するので，結晶中に与える電場を十分強くしてキャリアーの再結合を防ぐと，半導体検出器は非常に良い線形特性をもつ．そのため電気抵抗の大きな超高純度の半導体を使い，約 100V の逆バイアス電圧のダイオードとしてはたらかせる．半導体のウェファーは非常に薄い (厚さ数 10 μg/cm^2 の) 電極で挟まれており，それらはウェファー表面に電気的に独立な細い筋状あるいは他のパターンとして蒸着することができる．検出器の面積は 5 cm × 5 cm のものが一般的であり，20～50 μm 幅の電極をもつ一連のウェファーを MWPC の検出面のように配置し，荷電粒子の軌跡を数 μm の精度で決定する．このような装置は小さな衝突径数を測定するのに用いられ，荷電粒子がもとの衝突点

から出たものか，そこから短い距離を飛んだ粒子が崩壊してできた粒子なのかを区別することができる．

2つのシリコン検出器を使うと，任意の低エネルギー粒子や原子核破砕反応で発生した粒子の運動エネルギー，速度，そして質量が決定できる．その方法は非常に薄いウェファー型検出器を，粒子を止める厚い検出器の直前に置くのである．粒子の速度は薄いウェファーでの電離損失の測定から求まり，質量は厚い方の検出器 (あるいは薄いウェファーを重ねた検出器) で測った飛程あるいは全エネルギーの測定から求められる．

7.7　カロリメータ

荷電粒子の運動量は磁石を使ったスペクトロメータを用いて比較的簡単に測定することができる (図 7.5 参照)．しかしこの方法がうまくいかない場合もある．たとえばエネルギーが非常に大きな粒子の運動量を正確に測るのは困難で費用もかさむ．というのはそのためには強い磁場の領域を広げるか，磁場による軌道のわずかな角度変化を測るための非常に長い距離が必要になるからである．ときには実験装置の設計上の理由で分析電磁石が使えない場合もある．さらに中性子や光子のような，電荷をもたない粒子のエネルギーの測定では磁石は使えない．このように磁場を用いる測定法が最適でない場合，カロリメータを用いて物質に与える全エネルギーを測定する方法が用いられる．**カロリメータ** (*calorimeter*) とは粒子の全運動エネルギーを測定する装置で，エネルギーに比例した出力信号を出す．思いつく最も簡単なカロリメータは，本章ですでに説明した α 粒子の飛程測定装置である．大型のカロリメータは 1960 年代前半に高エネルギー宇宙線実験のために開発されたが，大型加速器を使った実験において生成粒子のエネルギーを測定するためにますます重要な装置となっている．

物質を通過する高エネルギーの光子は，そのままではエネルギー損失をしないが，電子-陽電子対に変換してはじめて物質にエネルギーを与える．発生した電子や陽電子は電離によってもエネルギーを失うが，エネルギーが非常に大きい場合にはほとんどのエネルギーを制動放射で失う．制動放射で放出する光子

のエネルギーが高ければ，それらは電子-陽電子対に変わり，発生した電子や陽電子がさらに多くの光子を放出するといった過程が繰り返される．この「電磁シャワー」は非常に多くのエネルギーの低い光子，電子，陽電子を生み出し，それらの全エネルギーは最終的に物質に与えられる．

　同様に，物質中を進む高エネルギーのハドロンも連続する反応でエネルギーを失う．しかしハドロンは電子に比べて重いため制動放射で失うエネルギーはそれほど多くはなく，エネルギーの大部分は多数回の原子核衝突で失われる．物質に入射したハドロンは，はじめに原子核反応で複数個の π 中間子を生み出し，π 中間子は下流の原子核と衝突してさらに多くの粒子を生成し，もとの高いエネルギーはたくさんの低エネルギーの荷電粒子に変わる．そして荷電粒子は最終的には物質中の原子を電離してエネルギーを失う．ほとんどの物質 (特に $Z>10$) は原子核反応の平均自由行程が電磁相互作用のそれに比べてかなり長い (第 6 章の例題 7 を参照) ため，ハドロンシャワーを起すには電磁シャワーに比べてはるかに厚い物質が必要となる．したがって，ハドロン吸収型のカロリメータは電磁エネルギー測定用のカロリメータに比べてはるかに厚い．

　ハドロンシャワーによるエネルギー損失には大きなばらつきがあることを指摘しておく．その原因はハドロン反応で生成する粒子にはしばしば不安定で，ニュートリノを出して崩壊する粒子が含まれるためである．ニュートリノは物質との反応確率があまりにも小さいため，検出されないまま測定器から飛び出し，ハドロンが検出器に与えるべきエネルギーが減少する．これは確率現象であるためエネルギーの測定精度を悪くする．また別の重要な原因として中性 π 中間子の生成がある．中性 π 中間子は，発生後ただちに (10^{-16} 秒の寿命で) 2 個の光子に崩壊し，それらは電磁シャワーを引き起す．光子のエネルギー損失は電磁反応なので，その場所は比較的に狭く，その結果検出されるエネルギーは装置の細かい構造に大きく影響される (以下の説明を参照)．このように複雑な過程を含むため，ハドロンシャワーのエネルギー測定は電磁相互作用をする粒子に比べて精度は劣る．

　これまで物質中のエネルギー損失のメカニズムについて議論し，粒子の検出に最も広く利用されるいくつかのメカニズムについてはすでに述べた．同様の検出原理はカロリメータにも適用される．たとえば，物質中の電離損失を利用

する場合，カロリメータは電離箱としてはたらく (たとえば液体アルゴンカロリメータがそれである)．あるいはシンチレーション光を利用する場合，カロリメータは NaI 検出器のようなシンチレーション検出器としてはたらく．またチェレンコフ放射を全面的に利用するカロリメータ (たとえば鉛ガラス) もある．原理的には粒子のエネルギーは，検出器が受ける熱や音波のエネルギーからも測定でき，そうした手法は過去に開発されたことがある．カロリメータには，結晶やシンチレーターあるいは鉛ガラスといった一様な物質を使ったものか，サンプリング型のものがある．サンプリングカロリメータは，粒子を吸収する物質にたくさんの検出装置を挿入し，発達するシャワーのエネルギーを測るものである (図 7.9 参照)．一様な物質からなる全エネルギー測定用のカロリメータは，最も良い分解能をもつが非常に高価である．サンプリング型の装置は，サンプリングによるばらつきのため分解能は劣るが，多くの場合製作は容易で費用も少なくてすむ．何千チャンネルもの検出要素からなる大型のサンプリングカロリメータの製作は比較的容易であり，エネルギー分解能 ($\frac{\Delta E}{E}$) が $\frac{0.2}{\sqrt{E}}$ (ここで E は GeV 単位) の電磁カロリメータや $\frac{1}{\sqrt{E}}$ のハドロンカロリメータがつくられている．しかしそれ以上の性能を得るのは簡単ではない．エネルギーの増加とともに分解能が向上するのはサンプリングのばらつきが減少するためである．

7.8 積層検出器

高エネルギー粒子の衝突反応では多数の様々な粒子が発生する．それらは電子，ミュー粒子，ニュートリノ，そして多数の π 中間子などであり，安定なものや短寿命のものがある．反応事象を解析し，そこに隠された物理を見いだすには，これらの粒子すべてを必要な高精度で測定しなければならない．最新の測定器システム，特に次章で議論する衝突型加速器による実験の測定器システムは，層構造をなすように設計され各層が特有の機能をもつ (図 7.10 を参照)．たとえばビーム衝突点に最も近い領域には，数層の非常に薄いシリコンマイクロストリップ検出器が置かれ，荷電粒子の正確な位置情報が得られる．装置を薄くする理由は，多重散乱や光子の e^+e^- 対への転換をできる限り抑えるため

174　第7章　粒子検出器

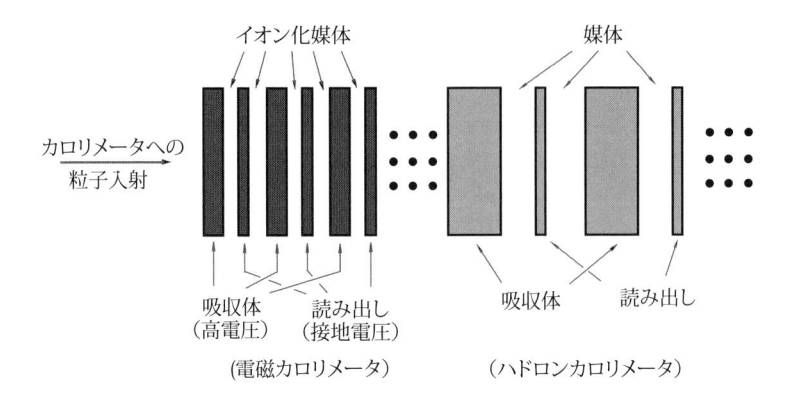

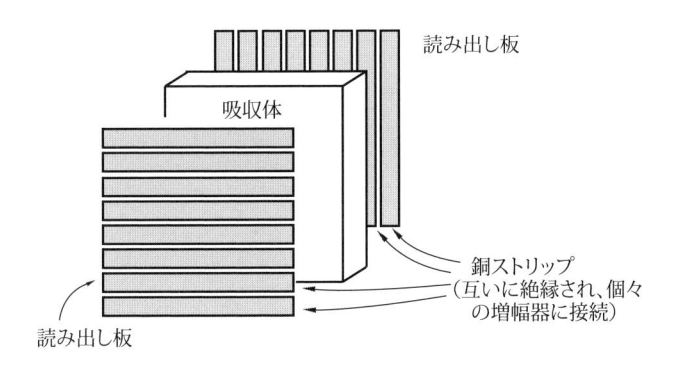

図 7.9: サンプリング式カロリメータの代表的な積層構造.

である．マイクロストリップ検出器は短寿命粒子の崩壊の検出も行う．
　シリコン検出器の外側には，これを取り囲む数層のドリフトチェンバーが配置され，軸方向にソレノイド磁場がかけられる．磁場はチェンバーを取り囲む薄肉の超伝導ソレノイドで与えられる．コイルを薄くするのはこれを通過する荷電粒子のエネルギー損失と多重クーロン散乱による測定精度の低下を抑えるためである．こうしてシリコン検出器やドリフトチェンバーは，発生する荷電

7.8 積層検出器

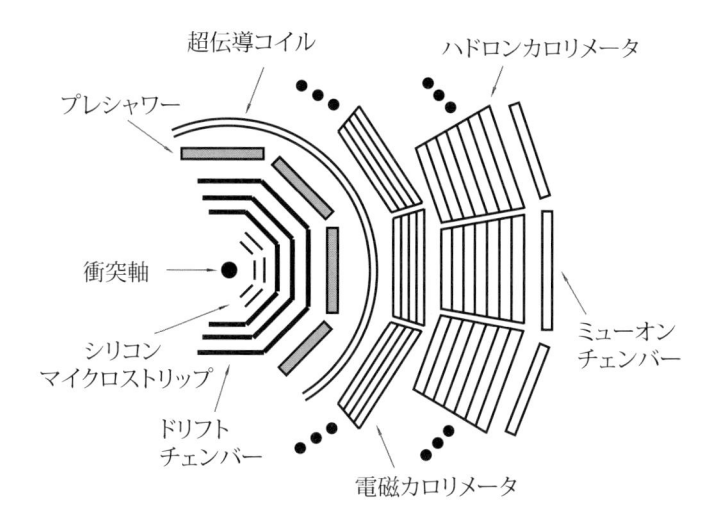

図 7.10: 高エネルギー衝突ビーム型実験における積層検出器の概略図.

粒子の運動量の情報を与える．ドリフトチェンバーの外側には，区分けされたプレシャワーカウンターが置かれ，これは約 3 放射長の吸収体とこれに続くシンチレーション検出器からなる．このシンチレーション検出器は TOF の情報も与える．飛跡検出器の物質量が非常に少ないのに対し，プレシャワーカウンターはその前面に置かれた物質により，光子の e^+e^- 転換や，電子の制動放射による電磁シャワーを起し，その大きな信号を用いて，電磁相互作用をする粒子の情報を与える．磁場を与えるコイルは，プレシャワーカウンターの前面に置かれる場合は放射あるいは吸収体の一部としての機能ももつ．

荷電粒子の軌道が決定され光子や電子の兆候が得られたら，次は電磁 (EM) カロリメータによる測定がなされる．これは Z の大きい約 20 放射長の物質からつくられ，その厚さはハドロン反応の 1 平均自由行程に相当する．このため電子や光子はほぼすべてのエネルギーを EM カロリメータに与えるが，ハドロ

ンは反応が起り始めた段階である．これよりずっと分厚いハドロンカロリメータが EM カロリメータの後ろに設置され，ハドロンはそのエネルギーのほとんどをここで失う．EM 層の厚さは約 30 cm だが，ハドロン層は吸収体や読み出しの種類にもよるが普通 150 cm ほどの厚さである．

　カロリメータを貫く粒子は主にニュートリノと高エネルギーのミュー粒子である．(そのエネルギーは，通過する物質の飛程に相当するエネルギーよりも大きい．) カロリメータを貫いたミュー粒子はその外側で再び運動量が測られ，軌跡を逆向きにたどり，カロリメータの内側で測定された軌跡の情報と合致するかどうかチェックされる．以上で検出されずに残るのはニュートリノだけである．反応にニュートリノが含まれるかどうかは，その事象の全運動量，特にビーム軸に垂直な面での運動量のバランスが欠けているかどうかで推測できる，ニュートリノが持ち去るエネルギーを正しく検知できるように，検出器はビームが交差する領域を囲む全立体角 (4π) をできる限り覆い，検出器の構造体による損失を最小限にするよう設計される．言うまでもないが実験者にとってこれはなかなかの難題である．

演習問題

7.1 ある放射性元素は運動エネルギー 4 MeV の α 粒子を放出する．この α 粒子の軌道半径を 10 cm にするのに必要な磁場の強さはいくらか．(答は α 粒子を入射する相手の物質によるだろうか．) 同じ運動エネルギーの電子について同様の計算をせよ．

7.2 K^+ 中間子の質量は $494 \text{ MeV}/c^2$ で，π^+ 中間子の質量は $140 \text{ MeV}/c^2$ である．時間分解能が平均 2 乗根で 0.2 nsec のシンチレーションカウンター 2 台を 2 m 離した TOF 装置を使って，π^+ と K^+ を 1 標準偏差で分離することができる運動量を，10% より良い精度で計算せよ．(ヒント：式 (7.10) を参照せよ)

7.3 運動量 $1000 \text{ MeV}/c$ の電子と π 中間子が屈折率 n が 1.4 の物質を通過するとき，放射するチェレンコフ光の角度を計算せよ．この電子と π 中間

子から放射されるチェレンコフ光の光子数の比はいくらか.

7.4 検出器を通過する荷電粒子が 10^6 個の電子-イオン対を生成した. 物質の電離エネルギーを $\bar{I}=30$ eV とするとき, ガイガーカウンター, 増幅なしの電離箱, 増幅度が 10^6 で 5%の変動をもつ比例計数管によるエネルギー損失の測定精度を求めよ.

7.5 10 GeV/c の単位電荷の粒子の運動量を, 長さ 1 m, 磁場 2 T の電磁石を使って 1%の精度で測定するには, 磁石の出口での軌跡の角度をどれだけの精度で測定しなければならないか. (図 7.5 参照) この角度をアノードワイヤーの間隔が 2 mm の MWPC2 台で測定する場合, MWPC の距離はいくらにするべきか. もし 25 μm の電極間隔をもつシリコンマイクロストリップ検出器 2 台を使う場合はそれらをどれだけ離せばよいか.

7.6 式 (7.8) の ^{60}Co の崩壊を検出する実験で, 2 個の光子が検出器の時間分解能の範囲で同時に放出される場合に, 期待される波高分布の様子を図示せよ.

推奨図書

巻末推奨図書番号: [8], [21], [22], [24].

8 加速器

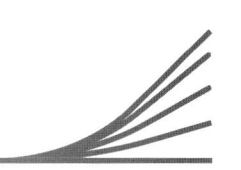

8.1 はじめに

　加速器は現代科学における最も驚嘆すべき道具の1つである．それは巨大で精巧につくられた装置である．わずか数秒間で何百万 km も走る粒子をとらえ，加速し，それを 1 μm ほどの精度で制御するのである．加速器が生み出す大量の高エネルギー粒子は，一発のビームで巨視的なサイズの標的を蒸発させてしまうほど強力である．その巨大さと魅力的な精巧さ，そして人類の知的欲求と創造性を象徴的に表すがゆえに，R. ウィルソン (Robert R. Wilson) は，現代の加速器を中世ヨーロッパの偉大なゴシック建築になぞらえた．初期の加速器が開発された原子核や素粒子物理学の分野では，当然ながら加速器の影響は極めて重大であった．加速器は原子核や素粒子の構造を探る顕微鏡であり，実際その発達がなければこの分野はいまだに初期段階にとどまっていただろう．

　ラザフォードとその研究者たちによる先駆的な実験により，原子核の存在が明らかになった後，高エネルギーの散乱実験により原子核内部を探る貴重な手段が得られることが分かった．たとえば，クーロン場の障壁を突き抜けるほどの高いエネルギーの粒子を当てると，原子核は破壊されその構成物が明らかとなること，さらに高エネルギーであるほど標的原子核のより深くを探れることが分かった．これは不確定性原理により，大きな運動量移行が小さな距離に対応すること，およびその逆もいえるという事実の結果である．短距離での原子核や素粒子のふるまいを研究するには，大きな運動量移行を標的やビーム粒子に与えられる高エネルギーのビームが必要である．

　高エネルギーの粒子は宇宙線にもあるが，その粒子束は極めて小さくエネルギーはもちろん制御できない．実際，宇宙線の実験でもたらされた新現象の発

見は，粒子を加速する技術の発達に刺激を与えたにすぎなかった．

過去 75 年の進歩で達成された加速エネルギーの増加は驚くほどである．1930 年頃の最初の加速器では数百 keV のビームが得られたが，現在の最大の加速器ではその 10^8 倍のエネルギーに達するほどである．ビームを衝突させる技術によりビームの有効エネルギー，つまり重心系で反応に使われるエネルギーは，10^{12} という劇的な倍率に上昇した．それは距離のスケールでいうと 10^6 倍の感度の向上に相当し，次世代加速器では 10^{-18} cm の感度が得られるものと期待されている．最近では加速器は固体物理の研究から電子産業，生命医学，地球物理学の研究，食品加工や下水処理にいたるまで幅広く応用されている．加速器科学はもはや原子核，素粒子物理学の単なる付属分野ではなく，れっきとした学問分野である．

荷電粒子の加速には様々な方法があるが，どれを使うかは粒子の種類，エネルギー，ビーム強度，そしてむろんコストの制約に依存する．この章では加速器の発達の歴史において特に重要な項目をいくつか述べる．

8.2 静電加速器

8.2.1 コックロフト-ウォルトン加速器

コックロフト-ウォルトン (Cockcroft-Walton) 加速器は最も簡単な加速器である．一連の電極がその電位が順次高くなるように並べられ，その中を粒子が通過する仕組みである．通常は高い電場を得るのに倍電圧回路が用いられる．この加速器はイオン源 (しばしば水素ガスが使われる) が一端に，標的が他端に置かれ，その間に電極が配置される．まず電子が原子に付加されるかはぎ取られるかしてイオンがつくられ，一連の加速領域を通過する．電荷 q のイオンが電位差 V を通過して得る運動エネルギーは $T = qV$ である．J. コックロフト (John Cockcroft) と E. ウォルトン (Ernest Walton) はこの原理を用いて初めて粒子の加速に成功した．そして製作した加速器を使って 400 keV に加速した陽子をリチウム原子核に当てこれを破壊したのである．コックロフト-ウォルトン加速器で得られるエネルギーは絶縁破壊や放電のため 1 MeV が上限であ

る．この加速器は商業的にも入手可能で，しばしば強電流 (1 mA オーダー) の入射器として多段式の高エネルギー加速器の初段に用いられている．

8.2.2 バンデグラーフ加速器

　直流電圧による加速では，粒子 (あるいはイオン) が得るエネルギーは電圧に直接比例するので，高電圧源がいかに巧妙に建設されるかが決定的に重要である．R. バンデグラーフ (Robert Van de Graaff) によるバンデグラーフ型高電圧発生装置はまさにそういう装置であった．その基本原理は次の通りである．導体上の電荷は最外部に存在するので，電荷をもつ導体がこれを包みこむ別の導体に触れると，電位に無関係にすべての電荷が外側の導体に移る．この原理を使うと導体上の電荷をうまく増加しより高い電圧が得られる．

　バンデグラーフ型加速器では図 8.1 に示すようにコンベヤーベルト上の電荷が金属製の大きな球形ドームに運ばれてドーム側に移行する．コンベヤーベルトは絶縁性物質でできており，モーターで駆動するローラー (R) 上を動く．放電端子に連結するスプレイヤー (S) が陽電荷をベルト上に「吹き付け」る (電子は P に移動する)．基本的には高電圧でガスを電離し，発生したイオンがベルト上に集まるのである．電荷がベルトに吹き付けられる場所はコロナ点と呼ばれる．ベルトは正電荷をドームに運び，ドームは正の電位に保たれる．この操作に必要なエネルギーはモーターが与える．ベルトの上端には集電極 (C) があり正電荷を集めドームに移すはたらきをする．この方法で約 12MV までの加速電位がつくられる．タンデム型電圧発生器はバンデグラーフ型の改良版であり，負イオンが加速管の一端から入り，まず正の高電圧端子まで加速され，そこで電子をはぎ取られ正電荷となって加速管を下り他端のグラウンド電位まで加速される．これにより加速エネルギーは実質 2 倍となり 25 MeV に達する．

　バンデグラーフ型加速器では真空に引かれた管の中をイオン源から出たイオンが加速され標的に打ち込まれる．この加速管は等電位の金属製のリングを絶縁性の管に埋め込んでつくられる．装置全体は簡単には絶縁破壊しないように加圧された不活性ガス（しばしば SF_6 を使用）で満たされている．通常は装置内の圧力は約 15 気圧で，最高エネルギーはガス中の絶縁破壊と放電が起る電圧で決まる．

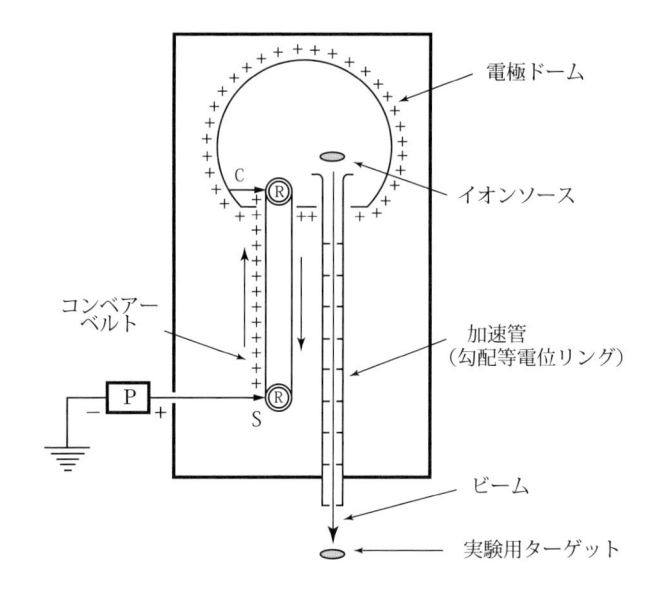

図 8.1: バンデグラーフ加速器の原理.

8.3 共鳴型加速器

8.3.1 サイクロトロン

　固定電圧の加速器では電圧破壊と放電のため，加速エネルギーに限界がある．これに代わる共鳴原理を用いた加速方式は，粒子をより高エネルギーに加速するのにいっそう重要な方式である．

　E. ローレンス (Ernest Lawrence) によって発明されたサイクロトロン (あるいは周期型加速器) はこの原理を使った最も簡単な加速器である (図 8.2 参照). サイクロトロンは 2 つの真空に引かれた中空の D 字形金属容器 (D 電極) からできており，それらは交流高圧電源に接続されている．装置全体は D 電極に垂直な強磁場中に置かれている．

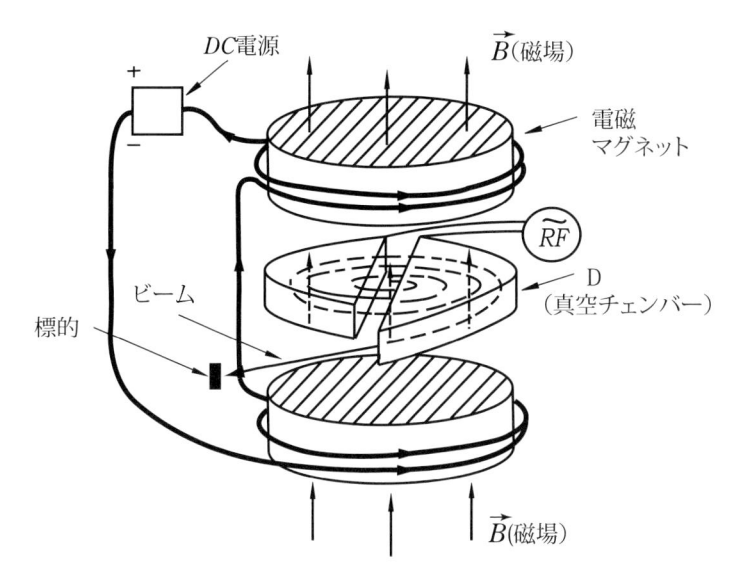

図 8.2: サイクロトロンでの加速粒子の動き．

　中空の D 電極は交流高電圧源に接続されているが，金属製の壁の遮蔽効果によってその内部に電場は存在しない．このため交互に変化する電場が 2 つの D 電極間にのみ存在する．イオン源が D 電極の間に置かれ，そこから出たイオンはそのときの電位の向きによって D 電極の一方に引き寄せられる．しかし磁場によりイオンの軌道は円形となる．イオンは D 電極内に入ると電場を感じないので静磁場により円運動を続けるが半周して D 電極から出る時に電位の向きが変わると，イオンは再び加速されもう一方の D 電極に入る．同様にして，イオンがこの 2 番目の D 電極を出ようとするときに電位の向きが変わると粒子はさらに加速される．交流電圧源の周波数がちょうど合っていれば荷電粒子は連続的に加速され，軌道半径は増加を続け，最後に装置から引き出されて標的に当たる．粒子の引き出しはたとえば磁場を突然切ることでなされる．

184　第 8 章　加速器

粒子の速度が非相対論的な場合，交流電圧の周波数は磁場が与える円軌道の求心力から次のように計算できる[1]．

$$m\frac{v^2}{r} = q\frac{vB}{c}, \quad \text{すなわち} \quad \frac{v}{r} = \frac{qB}{mc}. \tag{8.1}$$

一定速度の円運動では角速度 ω は軌道の半径と速度を使って，

$$\omega = \frac{v}{r}. \tag{8.2}$$

したがって運動の周期は次式で表される周波数 ν の逆数で与えられる．

$$\nu = \frac{\omega}{2\pi} = \frac{qB}{2\pi mc} = \frac{1}{2\pi}\left(\frac{q}{m}\right)\frac{B}{c}. \tag{8.3}$$

粒子の運動に同期して加速するには，電場の周波数が ν でなければならない．この周期はイオンのエネルギーによらず一定である．この周波数を**サイクロトロン共鳴周波数** (*cyclotron resonance frequency*) といい，それゆえにこの種の加速器を共鳴型加速器と呼ぶ．式 (8.3) は加速電場の共鳴周波数を表す．半径 $r = R$ で荷電粒子を取り出すときの粒子の最大エネルギーは[2]，

$$\begin{aligned}
T_{\max} &= \frac{1}{2}mv_{\max}^2 = \frac{1}{2}m\omega^2 R^2 \\
&= \frac{1}{2}m\left(\frac{qB}{mc}\right)^2 R^2 = \frac{1}{2}\frac{(qBR)^2}{mc^2}.
\end{aligned} \tag{8.4}$$

式 (8.4) は必要なエネルギーまで粒子を加速する場合の磁場の強さと磁石の寸法の関係を与える．標準的なサイクロトロンでは，磁場は $B \approx 2\,\mathrm{T}$，D 電極の交流電位は約 $200\,\mathrm{kV}$，その周波数は $10\sim 20\,\mathrm{kHz}$ 程度である．得られる陽子の最大エネルギーは例題 1 で述べるように，D 電極の半径を $R \approx 30\,\mathrm{cm}$ とする

---

[1] 訳者注：MKSA 単位系では式 (8.1) は次のように表される．$m\frac{v^2}{r} = qvB$，すなわち $\frac{v}{r} = \frac{qB}{m}$．ここで B の単位はテスラ (T) であり $1\mathrm{T}=10^4\,\mathrm{G}$ であることに注意する．同様に式 (8.3) には c がなく，$\nu = \frac{\omega}{2\pi} = \frac{qB}{2\pi m} = \frac{1}{2\pi}\left(\frac{q}{m}\right)B$ である．

[2] 訳者注：MKSA 単位系では，$T_{\max} = \frac{1}{2}mv_{\max}^2 = \frac{1}{2}m\omega^2 R^2 = \frac{1}{2}m\left(\frac{qB}{m}\right)^2 R^2 = \frac{1}{2}\frac{(qBR)^2}{m}$．

8.3 共鳴型加速器

と約 20 MeV である．

荷電粒子のエネルギーが増大すると相対論的取り扱いが必要になり，共鳴周波数を与える式 (8.3) は成り立たなくなる．そのため固定周波数のサイクロトロンはイオンを相対論的なエネルギーまで加速することはできない．電子は相対論的効果がずっと低いエネルギーで現れるので単純なサイクロトロンは電子の加速には適さない．相対論的なエネルギー領域まで加速するには次節で述べる同期型の加速器が必要である．

例 1：引き出し半径 R が 0.4 m，磁場 B=1.5 T (=1.5×10^4 G) のサイクロトロンで，陽子を加速するのに必要な交流電源の周波数と陽子が得る最大加速エネルギーは，式 (8.3) と (8.4) から次のように計算できる[3]．

$$\nu = \frac{qB}{2\pi m_p c} = \frac{1}{2\pi} \frac{4.8 \times 10^{-10} \text{esu} \times 1.5 \times 10^4 \text{G} \times c}{m_p c^2}$$

$$\approx \frac{4.8 \times 10^{-10} \text{esu} \times 3 \times 10^{10} \text{ cm/sec} \times 1.5 \times 10^4 \text{G}}{6.28 \times 10^3 \text{ MeV} \times (1.6 \times 10^{-6} \frac{\text{erg}}{\text{MeV}})}$$

$$\approx 22.8 \times 10^6 / \text{sec} = 22.8 \text{ MHz},$$

$$T_{\max} = \frac{1}{2} \frac{(qBR)^2}{m_p c^2} = \frac{1}{2} \frac{(4.8 \times 10^{-10} \text{esu} \times 1.5 \times 10^4 \text{G} \times 40 \text{ cm})^2}{(1000 \text{ MeV}) \times (1.6 \times 10^{-6} \frac{\text{erg}}{\text{MeV}})}$$

$$\approx \frac{(3 \times 10^{-4})^2 \text{erg}}{3.2 \times 10^{-3}} \approx 2.8 \times 10^{-5} \text{erg} \approx 17 \text{ MeV}.$$

上の表現では cgs 単位を使ったので結果もまた cgs 単位であることに注意する．1 esu-gauss は 1 erg/cm に等価であり，それは問題 2.4 の計算と一致する．

---

[3] 訳者注：MKSA 単位系では ν と $T_{\max}$ は次のように計算される．
$\nu = \frac{qB}{2\pi m_p} = \frac{qBc^2}{2\pi m_p c^2} = \frac{1.6 \times 10^{-19} \text{C} \times 1.5 \text{T} \times (3 \times 10^8 \text{m/s})^2}{6.28 \times 940 \text{MeV} \times 1.6 \times 10^{-13} \text{J/MeV}} = 22.8 \times 10^6 /\text{s}$,
$T_{\max} = \frac{1}{2} \frac{(qBRc)^2}{m_p c^2} = \frac{1}{2} \frac{(1.6 \times 10^{-19} \text{C} \times 1.5 \text{T} \times 0.4 \text{m} \times 3 \times 10^8 \text{m/s})^2}{940 \text{MeV} \times 1.6 \times 10^{-13} \text{J/MeV}} \text{J} = 2.8 \times 10^{-12} \text{J} = 17 \text{ MeV}$.

8.3.2 線形加速器

　線形加速器はその名の通り粒子を直線軌道に沿って加速する．このタイプの加速器もまた共鳴原理に基づく．その構造は図 8.3 に示すように，一連のドリフトチューブと呼ばれる金属管が真空容器の中に置かれ，高周波電源につながる電極に交互に接続されている．ある時刻で加速電圧が図に示された状態であるとする．イオン源から出た陽イオンは電場により最初のドリフトチューブに向かって加速される．陽イオンが最初のチューブを出る時に，交流電場が入れ変わり逆向きになったとすると，陽イオンは最初のチューブの出口と 2 番目のチューブの入り口の間で再び加速され，その後も同様の加速が続く．もしドリフトチューブが同じ長さならば，粒子の速度が増すにつれ，粒子がドリフトチューブから出て来る時間と次のチューブの電位の位相が合わなくなり，粒子は加速されないことになる．これを防ぐためドリフトチューブは次第に長くなるようにつくられ，1 つの高周波電源で粒子をドリフトチューブの下端まで加速できるように構成される．

　電子は比較的低エネルギーでも相対論的なので，電子線形加速器は上に述べた原理にやや変更を加えてはたらかせる．電子源はワイヤー製のフィラメントで，これを熱すると電子が放出される．電子はまず正電位のグリッドで加速され急速に相対論的速度に達する．そして多数の電子群が，クライストロンが供給する高周波電力を得た加速チューブを通過する．電子は加速を受けると容易に光を放射する (これをシンクロトロン放射という) のでそのエネルギーを増すには大きな電力が必要となる．この電力は，特殊な形状をしたアイリス型導波

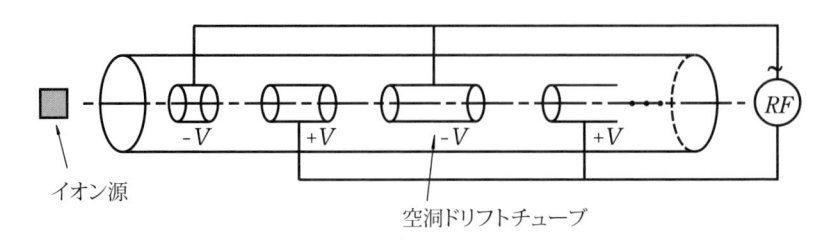

図 8.3: 線形イオン加速器.

管の中を，電子の運動に合わせて伝わる高周波電場により供給される．現在最長の線形加速器はスタンフォード線形加速器センター (SLAC) にある 2 マイルの長さの加速器で，電子を 50 GeV まで加速できる．

8.4 シンクロトロン

先に述べたように粒子を高エネルギーに加速するには相対論的効果を考慮しなければならない．相対論的なエネルギー領域では質量 m の粒子の磁場 $\vec{B}$ のもとでの運動方程式は[4]，

$$\frac{d\vec{p}}{dt} = q\frac{\vec{v}\times\vec{B}}{c}, \tag{8.5}$$

$$\text{あるいは}\quad m\gamma\frac{d\vec{v}}{dt} = m\gamma\vec{v}\times\vec{\omega} = q\frac{\vec{v}\times\vec{B}}{c}. \tag{8.6}$$

最後の式で求心力をローレンツ力に等しいとした．ここで $|\vec{v}|$ は真空中の光速 c にほぼ等しいので，共鳴の関係式は式 (8.6) から以下のようになる (磁場と円軌道の軸は運動の向きと直交することに注意する) [5]．

$$\omega = \frac{qB}{m\gamma c},$$
$$\text{すなわち}\quad \nu = \frac{\omega}{2\pi} = \frac{1}{2\pi}\left(\frac{q}{m}\right)\left(1-\frac{v^2}{c^2}\right)^{\frac{1}{2}}\frac{B}{c}. \tag{8.7}$$

加速の間この関係式を保つには，v が c に近づくにつれ加速周波数を減らすか，磁場を増やすかあるいはその両方を行わねばならない．磁場を一定に保ち加速周波数を変化させる加速器は**シンクロサイクロトロン**，磁場を変化させる加速器は，加速周波数を変えるかどうかに関わらず**シンクロトロン**という．たとえ

---

[4] 訳者注：MKSA 単位系では式 (8.5), (8.6) はそれぞれ次のようになる．$\frac{d\vec{p}}{dt} = q\vec{v}\times\vec{B}$, $m\gamma\frac{d\vec{v}}{dt} = m\gamma\vec{v}\times\vec{\omega} = q\vec{v}\times\vec{B}$.
[5] 訳者注：MKSA 単位系では式 (8.7) は次のようになる．$\omega = \frac{qB}{m\gamma}$, $\nu = \frac{\omega}{2\pi} = \frac{1}{2\pi}\left(\frac{q}{m}\right)\left(1-\frac{v^2}{c^2}\right)^{\frac{1}{2}}B$.

ば電子シンクロトロンでは加速周波数は一定で磁場を変化させるが，陽子シンクロトロンでは加速周波数と磁場の両方を変えながら加速する．

相対論的な効果を取り入れた式 (8.7) は粒子を任意のエネルギーに加速する加速器の設計に用いられる．まず式 (8.7) を粒子の運動量と最終軌道半径で表す．$v \approx c$ では運動の周波数は次の式で表される．

$$\nu = \frac{1}{2\pi}\frac{v}{R} \approx \frac{c}{2\pi R}. \tag{8.8}$$

$p = m\gamma v \approx m\gamma c$ なので式 (8.7) から p, R, B の間に成り立つよく知られた関係式を得る[6]．

$$\frac{c}{2\pi R} = \frac{1}{2\pi}\left(\frac{q}{m}\right)\frac{1}{\gamma}\frac{B}{c},$$
$$\text{すなわち} \quad R = \frac{pc}{qB}. \tag{8.9}$$

加速器学では，式 (8.9) を次のような便利な単位系で表す．

$$R \approx \frac{p}{0.3B}, \tag{8.9'}$$

ここで p は GeV/c, B はテスラ，R はメートル単位であり，電荷 q は電子の電荷の大きさに等しいと仮定した．

加速に用いる電磁場の性質によらず，得られる運動量の上限は最大の軌道半径と磁場の大きさの積で決まる．(しかしたいていは建設費により制約を受ける．) 実用的な偏向磁石の磁場の強さは常伝導磁石で 2 T 以下，超伝導磁石では 10 T かそれ以下である．したがって，陽子を 30 GeV/c に加速するには常伝導磁石の場合，軌道半径として約 50 m が必要である．

$$R \approx \frac{p}{0.3B} \approx \frac{30}{(0.3)(2)} = 50 \text{ m}. \tag{8.10}$$

---

[6] 訳者注：MKSA 単位系では式 (8.9) は次のようにかける．$\frac{c}{2\pi R} = \frac{1}{2\pi}\left(\frac{q}{m}\right)\frac{1}{\gamma}B$, $R = \frac{p}{qB}$．

8.4 シンクロトロン

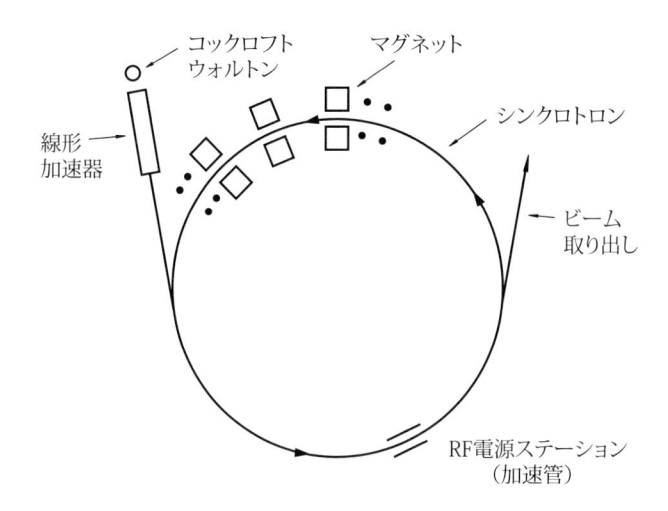

図 8.4: シンクロトロン加速器システムの概念図.

このような加速をサイクロトロンで使われるような 1 つの電磁石をもったシンクロサイクロトロンで実現しようとすると，建設の困難さを別としても，磁石に用いる鉄の値段だけで天文学的な額になるだろう．そのような電磁石は鉄の体積で $\pi R^2 t$ となる．ここで t は磁極の厚さで約 1 m である．鉄の密度を 8 g/cm^3 とするとその質量は約 2×10^8 ポンド，つまり約 10 万トンになり，鉄の値段だけで 1 億ドルを越えるであろう．シンクロサイクロトロンは数 100 MeV 以上の加速には実用的ではない．

1 GeV あるいはそれ以上の加速エネルギーをもつシンクロトロンでは磁石はリング状に並べられる (図 8.4 参照)．数 100 MeV の粒子が (たいていは線形加速器から)，磁石を貫く細い真空パイプに入射される．加速の最初は入射粒子の運動量に見合った低い磁場に合わせてある．ビーム粒子は磁場で曲げられ真空パイプで閉じられた円形軌道上を走る．粒子を高エネルギーに加速するために，RF ステーションがリング内のいくつかの場所に配置される．粒子は RF 空洞

を通過するたびに数 MeV のエネルギーを加速電場から与えられる．そのため異なる加速空洞の電場は，バンチ状のビーム粒子の運動に合わせるだけでなくお互いのタイミングも合うように運転される．粒子の運動量が増えるにつれてその軌道半径を一定に保つよう，式 (8.9) に合わせて磁場もまた増大させる．

リングはほとんどが偏向磁石で占められるが，ほかにも真空系や磁石への電力の供給やその冷却のための装置，RF ステーション，ビームの入射や取り出しのための装置，その他のビーム機器類のためのスペースが必要である．このためシンクロトロンには，ビームの曲げを行わない多くの直線状セクションがある．加速された粒子は，偏向磁石が置かれた円弧の部分とその間にある直線部を進む．設計エネルギーに達するまでには粒子は RF 空洞を含むリング全体を何百万回も回ることになる．それほど多くの回数を周回するビームを，細い真空パイプの中にうまく保持することができるのかという疑問が湧くが，これについては次の節で述べることにする．

8.5 位相安定性

いろいろな加速器について述べる前に位相安定性について述べる．そのためにシンクロサイクロトロン，すなわち一定磁場のもとで 2 つの D 電極間の RF 電場の周波数が可変のサイクロトロンを考える．どのビームも常に粒子の運動量には有限の広がりがあるので，個々の粒子が D 電極間に到着する時間にも広がりがある．図 8.5 で加速サイクルの時刻 τ に到着する粒子を同期粒子と呼ぶ．この粒子は D 電極間で電場 E_0 を受け加速される．この間隙に早めに到着した粒子はいくぶん大きな電場 $E_>$ を受ける．このため，この粒子はより大きな力 ($qE_>$) で加速され，次の周回では D 電極内の軌道半径が増大し，D 電極間に到着する時間が遅れ，同期粒子の到着時間に近づく．これに対し同期粒子に遅れて到着した粒子は，加速電場がより小さい値 $E_<$ のため加速の度合いが少ない．このため D 電極内での軌道半径が小さくなり次の加速のタイミングが早まり同期粒子に近づく．続くサイクルでは同期粒子は再び同じ電場 E_0 を受け，これより遅れた粒子は加速の度合いが少なく，早く到着した粒子はより強く加速され，引き続くサイクルで同様の加速が起る．τ から大きくはずれた

8.5 位相安定性

時刻に到着した粒子は，ランダムな加速や減速を受け，加速サイクルからはずれてしまう．周期的な電場によるこの自己修正の効果により，加速サイクルに合った粒子は，同期粒子のタイミングを中心とするバンチを形成する．これが加速器でビームの **RF 構造**という言葉が使われる理由である．

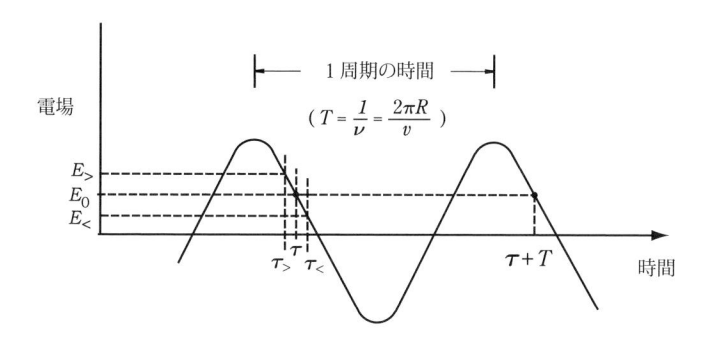

図 8.5: シンクロサイクロトロンの D 電極間の電場の時間変化.

同様の自己修正効果がビームの進行方向に垂直な方向でも起る．マクスウェル方程式から，大きな軌道半径 (つまり加速器の周縁部) では双極磁石はかなりの周縁磁場をもつことが示される．この様子を図 8.6 に示す．すべてのビーム粒子を偏向面 (図の水平軌道面) 内で回そうとしても，ビーム内の角度の広がりにより真ん中の軌道平面から飛び出す粒子がある．すると $\vec{v} \times \vec{B}$ に比例するローレンツ力が垂直方向の復元力としてはたらき，広がりを阻止する．つまり粒子は中心平面に戻される．角度の広がりが大きいほど復元力 (あるいは集束力) は大きくなる．中心軌道面の粒子は垂直方向の補正は受けないが，それからはずれると常に軌道面に垂直な力がはたらく．

シンクロトロンでは個々の双極電磁石の磁場により軌道面に垂直な方向の補正がはたらく．シンクロサイクロトロンと同様に磁石の縁に沿った磁場が粒子を軌道面に集束させる．偏向磁石による運動量分散のため，より大きな運動量の粒子は真空パイプの最大径を周回し，より低い運動量の粒子は水平軌道面の

内側を運動する．粒子の速度が光速に近いと，前者はリングを周回する時間が後者より長いため RF キャビティーで加速の補正を受け，図 8.5 に示す位相の安定性が保たれる．

このような復元力により，粒子は平均軌道を中心に横方向 (ビームに垂直な方向でベータトロン振動という) と縦方向 (ビームに沿った方向でエネルギーあるいは周回時間についてのシンクロトロン運動という) で微小振動を起し，長時間軌道を保持することができる．この概念，特に RF 電場の自己修正機能は，**位相安定性の原理**と呼ばれ E. マクミラン (Edwin McMillan) と V. ヴェクスラー (Vladimir Veksler) によって独立に発見された．これは現在高エネルギー加速器を安定に運転するための基礎原理となっている．

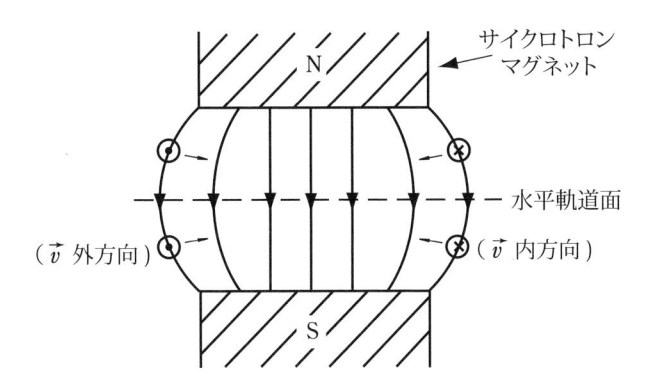

図 8.6: シンクロサイクロトロンでの磁場と，磁石の周縁部を周回する荷電粒子が受ける周縁磁場の効果．

陽子シンクロトロンを含む加速器システムでは，陽子はまずコックロフト-ウォルトン加速器で約 1 MeV まで加速された後，線形加速器で数百 MeV まで加速されシンクロトロンに入射される．すでに述べたようにシンクロトロンの半径は大きく，多数の電磁石が加速リング上に配置され，磁場は数百ガウスから最大値まで一定の割合で増加する．その割合は加速器の周長と磁石の占有率で決まるほか，常伝導磁石か超伝導磁石かにもよる．加速周波数は通常 0.3 MHz

から 50 MHz の間で変化するが,入射粒子のエネルギー,加速 RF 空洞の数,ビーム取り出し時のエネルギーなどにより異なる.代表的な加速器システムの概要を図 8.4 に示した.陽子はほとんどシンクロトロン放射をしないため,陽子シンクロトロンのリングは最大エネルギーの粒子を保持するのに必要な偏向電磁石で一杯に占められる.このためリングの大きさは主として偏向電磁石の最大磁場で決まる.これに対し電子はその質量が小さく,磁場中で求心力による加速を受けるため,軌道半径に逆比例して大量のシンクロトロン放射が起る.(たとえば 30 GeV の電子は半径 50 m の軌道を 1 周する間に約 1.5 GeV ものエネルギーを失う!これほどのエネルギーは高々 10 MeV/m を供給する標準的な加速システムでは補うことはできない.このエネルギー損失は γ^4 で増大するため,陽子では微々たる量であり問題にならない.) このため,電子シンクロトロンでは同じエネルギーの陽子シンクロトロンに比べリングの半径を大きくとることで放射を減らし,加速に十分な RF 電力を供給する必要がある.稼働中の最大の陽子シンクロトロンはイリノイ州バタビヤにあるフェルミ国立研究所のテバトロンであり,陽子を 150 GeV から 1000 GeV (= 1 TeV) に加速する[7].陽子はまずコッククロフト-ウォルトン加速器で加速され,続いて H⁻ イオンとして 400 MeV 線形加速器で加速される.続いて電子をはぎ取られ陽子となってブースターシンクロトロンで 8 GeV まで加速される.ブースターから出たビームは主入射リングで 150 GeV まで加速された後,テバトロンに打ち込まれる.ブースターと主入射リングは常伝導電磁石が用いられている.

8.6 強集束

実のところ双極電磁石の周縁磁場による集束は弱く,高エネルギー粒子を軌道内に十分長く保持し,ビームを十分高エネルギーまで加速することはできない.双極電磁石のかわりに 4 重極電磁石を使うともっと強い集束が得られる.その本質は図 8.7 に示すように光学レンズによる集束と同じである.正電荷の粒子

---

[7] 訳者注:2009 年に CERN で LHC がこれを上回るビームエネルギー 3 TeV(設計値は 7 TeV) で運転を開始した.

が電磁石の軸 $(x = y = 0)$ に沿って (紙面の表から裏の向きに) 入射する場合を考える．この場合，磁力線が打ち消し合い粒子を曲げる正味の作用は生じない．粒子が $x = 0$, $y \neq 0$ の軸上に入射したとすると正負の y に対して粒子は磁石の中心に向かうように (より小さな $|y|$ になるように) 曲げられる．$|y|$ が大きいほど磁場は強くなり曲げの効果は大きくなる．その結果，この領域を通過する正電荷の粒子は集束する．$y = 0$, $x \neq 0$ の領域を通過する粒子には逆向きの効果となり，正負の x に対して粒子は磁石の中心から離れる向きに力を受け発散する．磁場が場所によりこのように変化するため (つまり場所ごとに一定の割合で変化し，それが2つの直交する軸で大きさが等しく向きが逆であるため) 粒子は直交する2つの平面の一方に集束され，他方では発散する．この磁石とこれを90°回転させた磁石をビーム軸に沿って交互に並べると，粒子は両方の平面

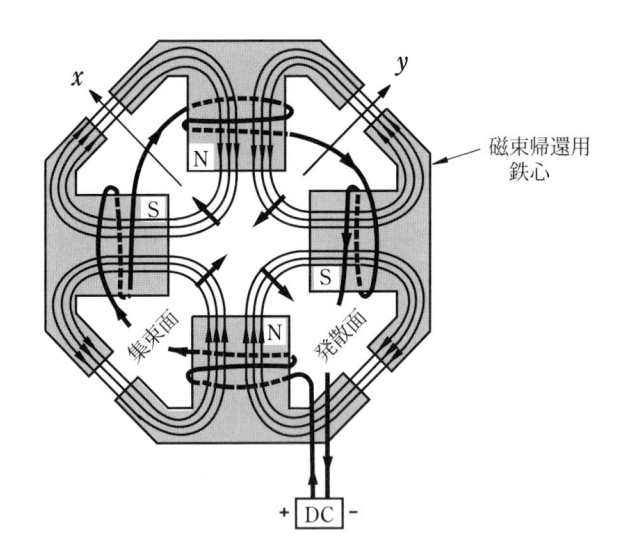

図 8.7: 紙面に垂直に入射した正の荷電粒子にはたらく四極電磁石の集束，発散の効果．電磁石に巻かれる導線の様子を電流の方向を表す矢印で示す．リターンヨーク内の磁力線の様子も示した．

内に集束される[8]. これが**交替勾配**あるいは**強集束**として知られる原理である.

強集束の原理は E. クーラント (Ernest Courant), S. リビングストン (Stanley Livingston) と H. スナイダー (Harland Snyder), そして N. クリストフィロス (Nicholas Christofilos) によって 1950 年代初期に独立に発案され, 1950 年代後半にブルックヘブン国立研究所の 30 GeV 陽子加速器である交替勾配シンクロトロン (AGS) で初めて適用された. AGS は交互に大きな磁場勾配を与えるように, 双極電磁石の磁極の形状 (磁場) が設計された. 現在では高エネルギー実験用シンクロトロンは, 双極電磁石に加えて 4 重極電磁石が使われ, リングを周回する粒子は RF 装置でエネルギーを獲得する. 粒子を一定半径の軌道内に保持する双極電磁石と, 軌道内の粒子の位置を補正する 4 重極電磁石という機能を分離した方式はフェルミ研究所で初めて開発された[9].

双極電磁石が弱集束の特性をもつ (磁場に 4 重極成分がある) のと同様に 4 重極電磁石はより高次の集束成分をもつ. 実際のシンクロトロンでは補正コイル (特に 6 重極成分をはたらかせるためだが, より高い 8 重極成分もある) を使って, 加速中にビームが発散し失われることがないようビームの安定性が保たれる. ビームは最高エネルギーに達すると, 標的領域に導かれたり, 別のビームとの衝突に利用される.

本章ではビームの入射, 取り出しの技術や, ビームを実験室の外部標的に導くための技術については触れない. そうした技術は本質的にはすでに述べた双極電磁石や 4 重極磁石, RF 空洞などの電磁気を利用する装置や原理に基づいている. これは加速器科学の重要な分野の 1 つであり原子核, 素粒子物理学そして他の分野において幅広く応用されている.

8.7 衝突ビーム

高エネルギー実験で最も重要な要素は, 実験室系での粒子のエネルギーではなく, 多くの粒子をつくり出すのに使われる重心系でのエネルギーである. こ

---

[8] 訳者注:交互に並べると正味の効果は x 軸, y 軸の両方向とも集束になる.
[9] 訳者注:機能分離型加速器は北垣敏男 (東北大学) により発案された.

の問題のいくつかはすでに論じたが特に重要な点を復習する．静止質量 m，全エネルギー E の粒子が，同じ質量で静止した粒子に衝突する場合を考える．重心系で反応に使われるエネルギーは $\sqrt{s}$ (式 (1.64)) で与えられ，次のように表すことができる．

$$E_{\rm CM}^{\rm TOT} = \sqrt{s} = \sqrt{2m^2c^4 + 2mc^2 E}. \tag{8.11}$$

エネルギーが非常に高い場合には次の式となる．

$$E_{\rm CM}^{\rm TOT} \approx \sqrt{2mc^2 E}. \tag{8.12}$$

このエネルギーは入射エネルギーの一部であり，新たに粒子をつくり出すのに利用できるが，残りのエネルギーは重心の運動を単に維持するため，すなわち運動量の保存に使われる．したがって粒子を静止標的に当てる実験では，重心系のエネルギーは加速エネルギーの $\frac{1}{2}$ 乗でしか増えない．この結果，質量が約 90 GeV の重い W や Z ボソンをつくり出すには巨大なエネルギーが必要になる．陽子陽子散乱で Z 粒子 1 個をつくる反応のエネルギーの閾値は約 4 TeV である[10]．このため特別な場合を除けば静止標的に粒子を衝突させるのは，加速エネルギーを利用する点からはかなり効率の悪い方法である．これに対し，2 つのビームを加速して正面衝突させる場合は，衝突の重心は実験室で静止しており，ビームの全エネルギーを粒子の生成に使うことができる．これが衝突ビーム型加速器が開発された理由である．

衝突型加速器には様々な種類がある．2 つのビームが同種粒子であるもの，たとえば重イオンどうし，陽子どうし，あるいは電子どうしを衝突させるタイプ，粒子と反粒子を衝突させるもの，たとえば反陽子と陽子，電子と陽電子を

---

[10] 鉛原子核やさらに鉛ブロックのようなもっと重い静止標的を使えば良いではないかと思うかもしれない．しかしそのような議論は，相互作用が鉛原子核 (6 fm) や鉛ブロック (cm) 程度の反応距離の場合を除けば，重心系のエネルギーを増すのにはまったく役に立たない．つまり Z ボソンや W ボソンをつくるには大きな運動量移行が必要なのであり，相互作用の距離はこれらの粒子のコンプトン波長 (約 10^{-2} fm) と同程度でなければならない．このため，興味のある衝突はビームと標的中の陽子の間，実際にはこれら陽子の構成要素の間で起るのであり，陽子と大きな標的の間で起るのではない．したがって大きな標的を用いることは無意味である．

8.7 衝突ビーム

衝突させるタイプ，あるいは電子と陽子のように異なる種類の粒子を衝突させるタイプがある．2つのビームのエネルギーが同じ場合や異なる場合もある．非対称エネルギーの加速器が用いられるのは技術的な理由である．すなわち短寿命の粒子を検出する場合や，電子と陽子の衝突のようにエネルギーを等しくはできない場合である．後者では電子のエネルギーが，膨大なシンクロトロン放射によるエネルギー損失のため低く抑えられるので，陽子の方を可能な限り高エネルギーにする必要性があるためである．非対称エネルギーの衝突では当然ながら実験室系でみた重心は止まってはいない．さらに衝突型加速器には電磁石のリングが1つのものと，2つの独立なリングを有するものがある．一般に衝突型加速器では，リングごとに独立な加速システムが用いられるが，粒子と反粒子を衝突させる場合は別である．というのはリングの1方向に進む粒子の軌道は，同じ真空パイプの中を反対方向に進む反粒子があっても維持されるからである．リングが1つでも2つでも2つのビームは同時に加速可能で，検出器が置かれたビーム交差領域で衝突軌道に移される．ビームは衝突領域で互いに反応を起こし，ついには強度が大きく低下する．（これには何時間もかかる．ビームの減少はビームどうしの衝突のほか，真空パイプ中の残留ガス分子との反応にもよる．）ビームの強度が十分減少するとビームは加速器から安全に除かれ，新たな加速サイクルが開始される．（この運転サイクルではビームの加速と充填は，衝突モードに比べてはるかに短時間で行われる．）

衝突型加速器のうち陽子の加速に最も適したものは，すでに述べた円形のシンクロトロンである．電子陽電子衝突型では2つの選択肢がある．ひとつはシンクロトロン，もうひとつはSLACで新たな概念に基づいて開発された衝突型線形加速器である．後者は一方の線形加速器で電子を，もう一方の線形加速器で陽電子を加速し，ビームは一回きりの正面衝突を行う[11]．そのような線形加速器は約 100 MeV/m の高い加速勾配，大強度のビーム電流，横方向の小さな（< 1 μm サイズの）ビームが要求される．そして蓄積ビームを用いて衝突領域で何度も粒子が通過する円形加速器の利点に劣らぬよう十分な衝突が行われる．

---

[11] 訳者注：SLAC の場合，電子と陽電子は1つの線形加速器で加速され，最下流で2つに分けられた後，正面衝突する．

衝突ビームに反粒子を使うには高度なビームの取り扱いが必要となる．まず反粒子をつくり，これを取り出し，保持し，蓄積し，そして十分な量にして加速し，大強度の粒子ビームと十分な反応を起させねばならない．これは通常の加速器に比べビーム粒子を長時間保持しなければならないことを意味する．通常のシンクロトロンのビーム集束は十分でなく，ビームのロスをおさえ，横方向の運動量を減少させビームの発散を防ぐ**冷却**技術によりビーム強度を高める必要がある．陽子ビームの場合，S・ファンデルメール (Simon Van der Meer) により開発された確率冷却の原理を使ってビームの強度が確保される．すなわちリングのある点で粒子の横方向の位置を検知し，その情報がリングを走る粒子よりも前に届くように信号をリングの弦の方向に送る．そして RF の電場を利用して粒子の横方向の位置を補正し軌道から外れるのを防ぐのである．

陽子と陽子を衝突させる最大の衝突型加速器は，スイスのジュネーブ郊外にある研究所 CERN にある大型ハドロンコライダー (LHC) と呼ばれる加速器で，2007 年頃から運転を開始する予定である[12]．LHC は 1 周 27 km のトンネルを反対方向に回る 7 TeV の陽子ビームを衝突させる加速器である．2 つのビームは，共通の冷凍機をもつヨークの中にある分離したビームパイプを互いに逆向きに周回する．この超伝導磁石は 1.9 K に冷却したコイルを流れる 15,000 アンペアの電流により 8.4 T の磁場を与える．衝突頻度は毎秒 10^9 回に及ぶ！この途方もないビーム輝度（ルミノシティー）のため，従来の衝突頻度の約 100 倍に対応できるまったく新たな検出法とトリガー技術の開発が必要である．LHC では陽子と鉛原子核との衝突や，鉛原子核ビームどうしの衝突実験も可能である．

建設が中止された米国の超伝導超大型衝突型加速器 (SSC) は，円形に磁石を並べた 1 周 90 km の 2 つのリングを有し，各リングには 4000 台の超伝導双極電磁石が配置され 7 T の磁場で運転される予定であった．さらに各リングには 1000 台の 4 重極電磁石と補正コイルが配置され，最高ビームエネルギーは 20 TeV で設計された．図 8.8 と図 8.9 に SSC の大きさと設計の概念図を示す．

---

[12] 訳者注：実際は 2008 年 9 月 10 日に稼働を開始した．

8.7 衝突ビーム 199

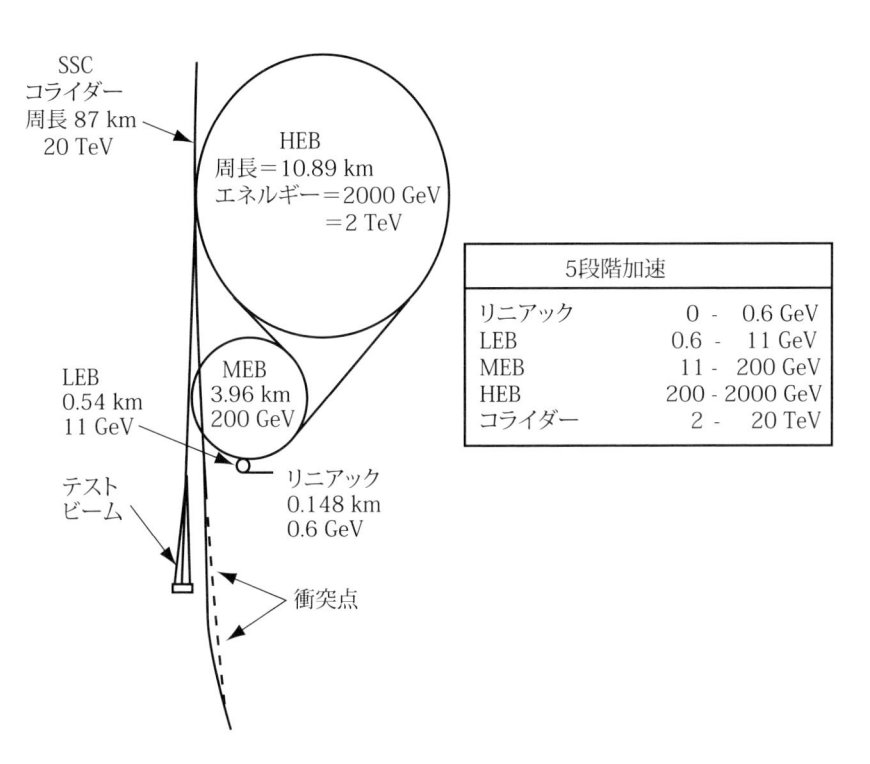

```
SSC
コライダー
周長 87 km
20 TeV

HEB
周長＝10.89 km
エネルギー＝2000 GeV
　　　　　＝2 TeV

MEB
3.96 km
200 GeV

LEB
0.54 km
11 GeV

リニアック
0.148 km
0.6 GeV

テスト
ビーム

衝突点
```

5段階加速	
リニアック	0 - 0.6 GeV
LEB	0.6 - 11 GeV
MEB	11 - 200 GeV
HEB	200 - 2000 GeV
コライダー	2 - 20 TeV

図 8.8: 超伝導超大型衝突型加速器 (SSC) で予定されていたビーム入射システム．LEB, MEB, HEB はそれぞれ低エネルギー，中間エネルギー，高エネルギーブースター（シンクロトロン）を指す．

200 第 8 章 加速器

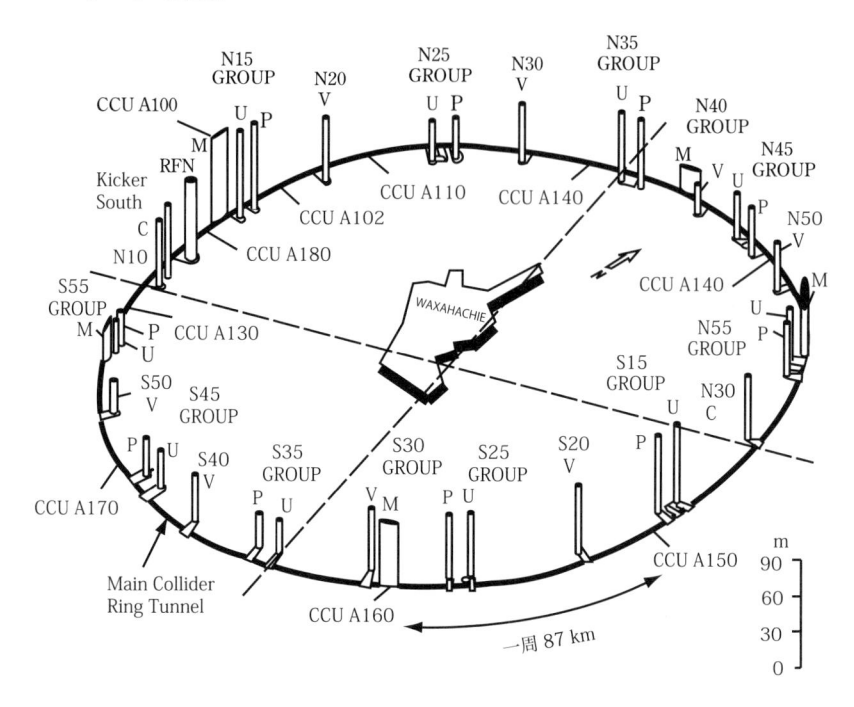

図 8.9: 中止された SSC 計画における加速器への進入用竪坑と地下作業エリアの配置図.

演習問題

8.1 陽子を加速するサイクロトロンの加速電場の周波数が 8 MHz であるとする．このサイクロトロンの磁石の直径が 1 m の場合，磁場の強さと陽子が得る最大エネルギーを計算せよ．

8.2 SSC の主リングでは 20 TeV のビームエネルギーを得るため，長さ 16 m で 7 T の磁場の双極電磁石を 4000 台配置する．そのため周長約 60 マイ

ルの SSC トンネルはその半分以上が双極電磁石で占められる．もし同じ電磁石を使ってシンクロトロンを建設し，SSC と同じ重心系エネルギー ($\sqrt{s}$=40 TeV) の衝突実験を固定標的で行うとすると，加速器のトンネルの周長はいくらになるか．

8.3 バンデグラーフ加速器の高電圧部の電気容量が 250 $\mu\mu$F(pF) で電圧が 4 MV の場合，高電圧部の全電荷はいくらか．充電用のベルトが 0.2 mA の電流を運ぶとすると 4 MV まで充電するのにかかる時間はいくらか．

8.4 cgs 単位系を用いて式 (8.9) から式 (8.9') を導け．

8.5 円形加速器で加速されたビームを取り出し，外部標的に導く装置の仕組みを述べよ．

8.6 式 (8.12) によれば，静止した鉛原子核に 1 TeV の π^0 を衝突させて，質量約 120 GeV/c^2 のヒッグスボソン (H^0) をつくることは数値的には可能である．原理的にはコヒーレントな衝突，つまり鉛原子核はそのままの状態でとどまるような反応で起すことができる．これは脚注 9 の議論からみて意味があるだろうか．鉛原子核の形状因子が $\approx e^{-400q^2}$ (q は GeV 単位) と仮定して，非現実的な反応 π^0+Pb→H^0+Pb を考える．この形状因子により角度 $0°$ で生成するヒッグスボソンの確率はどのくらい減少するか．(ヒント：$q^2 = (p_\pi c - p_H c)^2 - (E_\pi - E_H)^2$ に許される最小値を計算するには，ヒッグスボソンが相対論的ではあるが，速度 β は $(M_H c^2/E_H)^4$ の次数で近似せよ．π 中間子の質量を無視し，$E_H = E_\pi$ とおくと $q^2 \approx q_{min}^2 \approx (M_H^2 c^4/2E_\pi)$ を得る．)

推奨図書

巻末推奨図書番号： [6], [25], [26], [36].

9 素粒子の相互作用の特徴

9.1 はじめに

　1932 年に中性子が発見されると，物質の究極の構成要素は電子，陽子，中性子であると考えられた．その後加速器や宇宙線を使った実験で，これらと同様に物質の基本的要素と考えてよい粒子が多数存在することが明らかになった．レプトンの一族とその性質については原子核のベータ崩壊との関係から述べたが，これに加えて π 中間子，K 中間子，ρ 中間子，そしてハイペロンと，それらの数多くの励起状態の存在が知られている．これらはまとめて素粒子と呼ばれる．通常素粒子とは構造のない点粒子であると考えるが，粒子の構造はエネルギーで決まる長さのスケールまでしか調べられない．したがって素粒子の定義は確定したものではなく，常により高いエネルギーの実験による検証に依存する．たとえば，距離 $\Delta r < 0.1$ fm のスケールでの物質の構造を調べるには，横方向の運動量移行 (Δp_T) は少なくとも次式の大きさが必要である．

$$\Delta p_T \approx \frac{\hbar}{\Delta r} = \frac{\hbar c}{(\Delta r) c} \approx \frac{197 \text{ MeV} \cdot \text{fm}}{(0.1 \text{fm}) c} \approx 2000 \text{ MeV}/c. \tag{9.1}$$

　言い換えると微小スケールを調べるには粒子のエネルギーは非常に高くなければならない．このため素粒子の研究は高エネルギー物理学とも呼ばれる．

　より高いエネルギーの加速器が稼働すると，物質の構造をより深く探ることができ，かつて素粒子だと考えられた粒子が実はそうではないことが明らかになってきた．陽子，中性子，π 中間子，K 中間子などの研究の流れがまさにそうであった．どの粒子が素粒子であるかについて我々の理解は，わずか数十年前とはずいぶん異なっている．本章では素粒子について伝統的な (歴史的な) 見方から始め，後の章でより現代的な観点について述べることにする．まず質量

が 1 GeV/c^2 のスケールから始め，素粒子の性質と相互作用について現象論的な見地から論じることにする．

9.2 力

我々は古典的な電磁力と重力についてよく知っている．粒子はすべて，質量の有無によらず重力に引かれることが知られている．(重力場のもとで光が曲がる観測事実は，粒子は質量がなくてもエネルギーをもてば引力がはたらくことを決定的に示している.) これに反し，クーロン場の影響を直接受けるのは荷電粒子だけである．クーロン力も重力も長距離力である．光子はクーロン力を伝える担い手であり電磁力が無限の長距離に及ぶ事実から，光子は質量がないと結論できる．重力の担い手は重力子と考えられているがこれも質量はないと信じられている．

原子核の現象から，原子より小さな世界ではこのほかに 2 つの重要な力があることを学んだ．ひとつは核子を原子核に束縛する強い力であり，もうひとつは原子核のベータ崩壊で現れる弱い力である．これらは古典的な類似現象がなく電磁力や重力にくらべて非常に短距離でしかはたらかない力である．以上から自然界には次の 4 つの基本的な力があるといえる．

1. 重力,
2. 電磁力,
3. 弱い力,
4. 強い力.

原理的にはこれらすべての力は同時にはたらくので，ある現象で一体どの力がはたらくといえるのか疑問に思うかもしれない．しかし力の種類は相互作用の強さで区別できる．力の相対的な強さは有効ポテンシャルを考えるとよく理解できる．ポテンシャルの考えは非相対論的な概念であるが，粗い比較をするには役に立つ．距離 r 離れた 2 個の陽子を考えよう．クーロン力と重力のポテンシャルエネルギーの大きさは次のようになる．

$$V_{\text{em}}(r) = \frac{e^2}{r},$$

9.2 力

$$V_{\text{grav}}(r) = \frac{G_N m^2}{r}, \tag{9.2}$$

ここで G_N はニュートン定数で $6.7 \times 10^{-39} \hbar c (\text{GeV}/c^2)^{-2}$, m は陽子の質量である. これを運動量でフーリエ変換すると (式 (1.77) 参照), 全体にかかる係数を別にしてポテンシャルは次のように表される.

$$V_{\text{em}}(q) = \frac{e^2}{q^2},$$

$$V_{\text{grav}}(q) = \frac{G_N m^2}{q^2}, \tag{9.3}$$

ここで q は相互作用に特徴的な運動量移行の大きさである.

2つのポテンシャルエネルギーの絶対値は運動量移行の2乗で減少するので V_{em} と V_{grav} の比は運動量の大きさにはよらず, 次のように求められる.

$$\frac{V_{\text{em}}}{V_{\text{grav}}} = \frac{e^2}{G_N m^2} = \left(\frac{e^2}{\hbar c}\right) \frac{1}{(mc^2)^2} \frac{\hbar c \times c^4}{G_N}$$

$$\approx \frac{1}{137} \frac{1}{(1\ \text{GeV})^2} \frac{10^{39}\ \text{GeV}^2}{6.7} \approx 10^{36}, \tag{9.4}$$

ここで陽子の質量を 1 GeV とおき, 微細構造定数 $\alpha = \frac{e^2}{\hbar c} = \frac{1}{137}$ の値を用いた. 式 (9.4) は, 荷電粒子にはたらく重力は電磁力に比べて途方もなく弱いことを示す.

次に, 強い力と弱い力はともに短距離力であり, 現象論的には湯川ポテンシャルで次のように表すことができることを思い出そう.

$$V_{\text{strong}} = \frac{g_s^2}{r} e^{-\frac{m_\pi c^2 r}{\hbar c}},$$

$$V_{\text{wk}} = \frac{g_{\text{wk}}^2}{r} e^{-\frac{m_W c^2 r}{\hbar c}}, \tag{9.5}$$

ここで g_s と g_{wk} は強い力と弱い力の結合定数 (有効「電荷」) であり, m_π と m_W はそれぞれの力を媒介 (交換) する粒子の質量である. ここでもポテンシャ

206 第9章 素粒子の相互作用の特徴

ルを運動量空間に変換すると，全体にかかる因子を除いて，

$$V_{\text{strong}} = \frac{g_s^2}{q^2 + m_\pi^2 c^2},$$

$$V_{\text{wk}} = \frac{g_{\text{wk}}^2}{q^2 + m_W^2 c^2}. \tag{9.6}$$

結合定数の値は実験から次のように評価できる．

$$\frac{g_s^2}{\hbar c} \approx 15, \qquad \frac{g_{\text{wk}}^2}{\hbar c} \approx 0.004.$$

第2章で述べたように，強い力の媒介粒子として質量が約 140 MeV の π 中間子が考えられた．同様に低エネルギーの弱い相互作用 (たとえばベータ崩壊) から W ボソンの質量は約 80 GeV/c^2 と評価できる．したがってクーロンポテンシャルの強さを強い力と弱い力のそれと比べることができる．しかしその比には運動量の依存性が現れる．我々は2個の陽子の相互作用を考えているのだから，運動量のスケールとして陽子の質量をとることにする．したがって $q^2 c^2 = m^2 c^4 = (1 \text{ GeV})^2$ ととると次の結果が得られる．

$$\frac{V_{\text{strong}}}{V_{\text{em}}} = \frac{g_s^2}{\hbar c} \frac{\hbar c}{e^2} \frac{q^2}{q^2 + m_\pi^2 c^2} = \frac{g_s^2}{\hbar c} \frac{\hbar c}{e^2} \frac{m^2 c^4}{m^2 c^4 + m_\pi^2 c^4}$$
$$\approx 15 \times 137 \times 1 \approx 2 \times 10^3,$$

$$\frac{V_{\text{em}}}{V_{\text{wk}}} = \frac{e^2}{\hbar c} \frac{\hbar c}{g_{\text{wk}}^2} \frac{m^2 c^4 + m_W^2 c^4}{m^2 c^4}$$
$$\approx \frac{1}{137} \frac{1}{0.004} (80)^2 \approx 1.2 \times 10^4. \tag{9.7}$$

この式から強い力は電磁力よりも強く，電磁力は弱い力よりも強く，重力は最も弱いことが分かる．W ボソンの質量ほどの大きな運動量のスケールでは弱い力と電磁力は同程度の強さになり，非常に高いエネルギーでは両者は統一される興味深い可能性を示している．しかし，この現象論的な評価は定性的であり式 (9.7) の比の値は額面通りにとらえるべきではない．

力の違いは反応を特徴づける時間にも現れる．たとえば，強い相互作用の典型的な時間スケールは約 10^{-24} 秒で，これは大雑把にいって陽子の大きさ，すなわち 1 fm を光が横切るのにかかる時間である．これに比べ典型的な電磁相互作用の時間は $10^{-20} \sim 10^{-16}$ 秒の程度であり，弱い相互作用による崩壊の時間は $10^{-13} \sim 10^{-6}$ 秒の程度である[1]．1 GeV 程度のエネルギーでは 4 つの力の特徴はまったく異なっており，それにより素粒子を分類することができる．

9.3 素粒子

クォークが核物質の基本構成要素であることが理解される以前は，素粒子は相互作用の性質により古典的な 4 つの種類に分類された．表 9.1 にそれを示す．

すべての素粒子は，光子もニュートリノも含め重力に関与する．光子は電荷をもったすべての粒子と電磁相互作用をする．電荷をもつレプトンは弱い相互作用と電磁相互作用をし，中性レプトンは当然ながら直接には電磁力を受けない．これがニュートリノの検出を困難にした原因であった．レプトンは強い力を感じない．ハドロン (中間子と重粒子) は強い力に反応し，すべての相互作用に関与する．後に中間子と重粒子の違いについて議論するが，両者はともに構造をもち，1 fm 程度の大きさをもつ．

表 9.1: 様々な質量と電荷をもつ素粒子．

粒子	記号	質量の範囲
光子	γ	$\lesssim 2 \times 10^{-16}$ eV/c^2
レプトン	$e^-, \mu^-, \tau^-, \nu_e, \nu_\mu, \nu_\tau$	$\lesssim 3$ eV/$c^2 \sim 1.777$ GeV/c^2
中間子	$\pi^+, \pi^-, \pi^0, K^+, K^-, K^0,$ $\rho^+, \rho^-, \rho^0, \ldots$	135 MeV/$c^2 \sim$ 数 GeV/c^2
重粒子	$p, n, \Lambda^0, \Sigma^+, \Sigma^-, \Sigma^0, \Delta^{++},$ $\Delta^0, N^{*0}, Y_1^{*0}, \Omega^-, \ldots$	938 MeV/$c^2 \sim$ 数 GeV/c^2

---

[1] 再び強調するが，これらの値は典型的な時間スケールについてである．個別の反応の遷移確率はスピンの効果や終状態の状態密度 (「位相空間」) により様々な影響を受け，素粒子の寿命に大きく関係する．たとえば，すでに述べたように中性子の寿命は約 900 秒であり，これは弱い力の基準からはかなりかけ離れている．

自然界に存在する素粒子は，統計性の違いによりボソンかフェルミオンに分けられる．ボソンはボーズ・アインシュタイン統計に従い，フェルミオンはフェルミ・ディラック統計に従う．この違いは波動関数の構造に現れる．たとえば，同じ種類のボソンからなる系の波動関数は任意の2つの粒子の交換に対して対称である．すなわち，

$$\Psi_B(x_1, x_2, x_3, \ldots, x_n) = \Psi_B(x_2, x_1, x_3, \ldots, x_n), \tag{9.8}$$

ここで x_i は i 番目の粒子の量子数と時空座標をひとまとめに示すものとする．これに対し同じ種類のフェルミオンからなる系の波動関数は，任意の2個の粒子の交換に対して反対称である．

$$\Psi_F(x_1, x_2, x_3, \ldots, x_n) = -\Psi_F(x_2, x_1, x_3, \ldots, x_n). \tag{9.9}$$

パウリの排他律はフェルミオンの反対称の波動関数に自動的に組み入れられ，同種のフェルミオンが同じ量子状態を占めることは禁止される．なぜなら $x_1 = x_2$ であれば式 (9.9) の波動関数は，その符号が変わったものと等しくなるためゼロとなるからである．

　基本的な原理からすべてのボソンのスピンは整数であり，フェルミオンのスピンは半整数であることが示される．次の章で素粒子のスピンの決定方法をいくつか述べる．これまでの研究の結果，光子とすべての中間子はボソンであり，レプトンとバリオンはすべてフェルミオンであることが分かった．また，すでに示したように，すべての粒子には反粒子が存在する．反粒子は粒子と同じ質量をもつが，それ以外の量子数は符号が逆である．したがって，陽電子 (e^+) は電子の反粒子で負のレプトン数と正の電荷をもつ．反陽子 ($\bar{p}$) は負の素電荷と負のバリオン数をもつが，これは陽子が正の素電荷と，正のバリオン数あるいは核子数をもつことと対称的である．ある種の粒子は反粒子と区別がつかない．たとえば，π^0 は電荷がなく，自分自身が反粒子である．粒子がそれ自体反粒子であるためには，少なくとも電気的に中性でなければならない．中性子は電荷をもたないが，反中性子はバリオン数が負であり，磁気モーメントの符号が逆なので区別できる．同様に，K^0 中間子も電荷はゼロだが明確に異なる反

粒子がある．(ニュートリノが反ニュートリノと区別できるかどうかは知られていない．) 通常，反粒子は粒子と同じ記号の上にバーをつけて示す．以下にいくつか例をあげる．

$$\begin{aligned}\overline{e^-} &= e^+, \\ \overline{\pi^0} &= \pi^0, \\ \overline{\Sigma^-} &= \overline{\Sigma}^+, \\ \overline{K^+} &= K^-.\end{aligned} \quad (9.10)$$

9.4 量子数

　原子核の現象について述べた際に強調したが，我々の物理的な直感の多くは，原子よりも小さな世界を理解する際には役に立たず，実験を指針にしなければならない．素粒子の特性と相互作用は我々をさらに当惑させるが，多くの素粒子と反応を通じてそれらを研究することができる．しかし観測から意味のある結論を引き出すには，実験結果を首尾一貫した形にまとめなければならない．そこでは古典論で知られた経験が役に立つ．古典論では物理の過程や反応は，運動学的に許され，かつ，経験的に認められた保存則を破らない限り起りえることが知られている．たとえば，電荷の保存則を破る反応は確かに起らないといえる．電荷の保存則は長い年月にわたる研究と電磁相互作用を記述する信頼度の高い理論に基づく．我々は微視的な世界でも同様の保存則が成り立つと信じている．ただし，すべての力を完全に理論的に理解している訳ではないので，関連する法則のすべてを必ずしも知っている訳ではない．したがって，一般的な原理を定式化するには，反応で保存される量子数や，正しい保存則を実験により導き出さねばならない．素粒子の反応で明らかなことの１つにフェルミオン数の保存がある (ただしフェルミオンの反粒子は負のフェルミオン数をもつとして数える)．一方で光子や中間子の数は保存されない．このことは，次に述べるようにフェルミオン数の保存がすべての相互作用がもつ基本的な特徴であることを示唆する．

9.4.1 バリオン数

観測される遷移確率の違いや，運動学的に許されるのに観測されず上限値しか得られていない過程から，保存則の可能性が推論できる．たとえば次の崩壊を考える．

$$p \to e^+ + \pi^0. \tag{9.11}$$

陽子は質量が π 中間子と陽電子の質量の和よりも大きく，この崩壊は電荷も保存するので，起りえる反応と思われる．しかし，陽子崩壊はいまだに観測されていない．実際，反応確率の上限値は非常に小さく 10^{-40}/sec である．このため，この反応を禁止する何らかの保存則が示唆される．実際，加算的に保存される重粒子数 (あるいは核子数)B を導入し，重粒子は $B = 1$ をもち (当然ながら反重粒子は $B = -1$ をもつとする)，光子，レプトン，中間子は $B = 0$ とすると，この事実は説明できる．したがって，すべての反応で重粒子数が保存されるとすると，陽子は最も軽い重粒子のため崩壊できない．

9.4.2 レプトン数

バリオン数と同様にレプトン数 L が導入できる．すなわち，すべてのレプトンは $L = 1$ をもち，光子やハドロンは $L = 0$ とするのである．レプトン数を導入するのは数多くの実験事実からの要請である．一例として次の反応を考える．

$$e^- + e^- \to \pi^- + \pi^-. \tag{9.12}$$

高エネルギーではこの反応は力学的に許され，電荷の保存則も満たすが観測されていない．当然ながら，レプトン数の保存則はこの反応を禁止する[2]．実際，次の反応は運動学的には許されるがいまだに観測されていない．

$$\mu^- \to e^- + \gamma,$$
$$\mu^- \to e^- + e^+ + e^-. \tag{9.13}$$

このような実験事実から，レプトンが属する族ごとに決まるレプトン数 (表9.2

---

[2] レプトン数の保存則は式 (9.11) の陽子崩壊が起らないことも説明する．

表 9.2: レプトン数.

	電子数 L_e	ミューオン数 L_μ	タウレプトン数 L_τ	$L = L_e + L_\mu + L_\tau$
e^-	1	0	0	1
ν_e	1	0	0	1
μ^-	0	1	0	1
ν_μ	0	1	0	1
τ^-	0	0	1	1
ν_τ	0	0	1	1

を参照) の保存則があることが分かった．したがって電子とそれに対応するニュートリノは電子型のレプトン数 $L_e = 1$ をもつが，ほかのレプトンは $L_e = 0$ である．ミュー粒子とこれに対応するニュートリノはレプトン数 $L_\mu = 1$ をもち，ほかのレプトンは $L_\mu = 0$ である．同様にタウレプトンとそのニュートリノについても固有のレプトン数が与えられる．粒子がもつ正味のレプトン数は電子数，ミュー粒子数，タウ粒子数の和として表される．したがって，レプトンは3つの族に分けられる．すなわち (e^-, ν_e), (μ^-, ν_μ), (τ^-, ν_τ) であり，反応でそれぞれの族のレプトン数は保存される．これにより，たとえば次に示すミュー粒子の崩壊が説明される．

$$\mu^- \to e^- + \bar{\nu}_e + \nu_\mu. \tag{9.14}$$

式 (9.11) の陽子崩壊は，バリオン数もレプトン数も保存しないが，両者の組み合せである $B - L$ は保存されることに注意する．それは，この興味深い性質がすべての理論に取り入れられるべきことを示唆する．

9.4.3 ストレンジネス

初期の宇宙線シャワーの研究では，ある種の粒子，つまり K 中間子や Σ バリオン，あるいは Λ^0 バリオンのような粒子は，強い相互作用で生成される (つまり生成断面積がミリバーンの程度で大きい) にも関わらず，寿命は弱い相互作用に特徴的な 10^{-10} 秒であることが分かった．さらに，これらの粒子は常に

K と，Λ^0 か Σ の対で生成された．これは物理学者を当惑させる現象であり，新たな量子数の導入が考えられた．次の反応,

$$\pi^- + p \to K^0 + \Lambda^0,$$

では，K^0 と Λ^0 は，

$$\begin{aligned}\Lambda^0 &\to \pi^- + p, \\ K^0 &\to \pi^+ + \pi^-,\end{aligned} \tag{9.15}$$

のように崩壊するが Λ^0 は常に K^0 とともに生成され，1個の π^0 とでは生成されない．また Λ^0 は次のように K^+ とともに生成されるが，K^- とでは生成されない．

$$\begin{aligned}\pi^- + p &\to K^+ + \pi^- + \Lambda^0, \\ \pi^- + p &\not\to K^- + \pi^+ + \Lambda^0, \\ \pi^- + p &\not\to \pi^- + \pi^+ + \Lambda^0.\end{aligned} \tag{9.16}$$

同様に反応,

$$\pi^+ + p \to \Sigma^+ + K^+,$$

では Σ^+ と K^+ は次のように崩壊する．

$$\begin{aligned}\Sigma^+ &\to n + \pi^+, \\ K^+ &\to \pi^+ + \pi^0.\end{aligned} \tag{9.17}$$

この反応では Σ^+ は常に K^+ とともに生成されるが，π^+ とは生成されない．また Σ^+ は K^0 中間子とともに生成することもあるが，この場合は電荷の保存のため π^+ も生成する．同様に Σ^- バリオンは $\pi^- p$ 反応で K^+ とともにできるが，同じ $\pi^- p$ 反応で $\Sigma^+ K^-$ の終状態は見つかっていない．

$$\begin{aligned}\pi^+ + p &\to \Sigma^+ + \pi^+ + K^0, \\ \pi^- + p &\to \Sigma^- + K^+, \\ \pi^- + p &\not\to \Sigma^+ + K^-, \\ \pi^- + p &\not\to \Sigma^- + \pi^+.\end{aligned} \tag{9.18}$$

式 (9.16) や式 (9.18) で観測される反応の断面積は π 中間子の運動量が 1 GeV/c のときは約 1 mb であるが，$\pi^\pm$ と陽子の散乱の全断面積は約 30 mb であることが知られている．したがってこれらの反応は強い相互作用であることは明らかである．生成された粒子の崩壊も研究され，Λ^0 粒子は速度 $0.1\,c$ で進んだ場合，0.3 cm の飛行の後崩壊することが分かった．したがってこのバリオンの寿命は，

$$\tau_{\Lambda^0} \approx \frac{0.3 \text{ cm}}{3 \times 10^9 \text{ cm/sec}} = 10^{-10} \text{ sec}$$

である．同様に他の「奇妙な」粒子の寿命も観測され，その崩壊は弱い力によるものであると結論された (図 9.1 参照)．

特定の粒子がともなって生成される謎は，M. ゲルマン (Murray Gell-Mann) と A. パイス (Abraham Pais) によって次のように説明された．これらの粒子はストレンジネス (S) という新たな量子数をもち，それは強い相互作用では保存されるが，弱い相互作用の崩壊では保存されないとするのである．普通の中間子やバリオンそして光子はストレンジネスをもたない ($S=0$)．したがって，強い相互作用で始状態のストレンジネスがゼロならば，終状態でもそれはゼロである．そのような反応を解析した結果，K^+ と K^0 のストレンジネスは，Σ^+, Σ^0, Σ^- そして Λ^0 とは符号が逆でなければならないことが導かれた．

実際，次のようにストレンジネスをとると，

$$S(K^0) = 1, \tag{9.19}$$

K^+ のストレンジネスは，

$$S(K^+) = S(K^0) = 1, \tag{9.20}$$

であり，

$$S(\Lambda^0) = S(\Sigma^+) = S(\Sigma^0) = S(\Sigma^-) = -1, \tag{9.21}$$

のようにストレンジネスが決まる．

同様に強い相互作用による次の反応，

$$K^- + p \to \Xi^- + K^+,$$

214　第 9 章　素粒子の相互作用の特徴

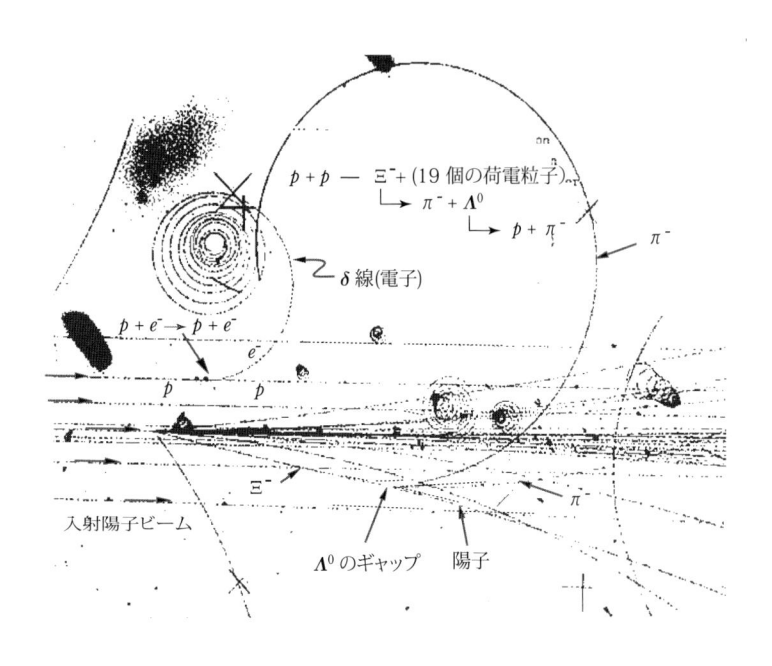

図 9.1: フェルミ研究所の水素泡箱で観測された素粒子反応と崩壊を表す写真．入射粒子は 400 GeV の陽子であり，そのうちの 1 個が標的の陽子 (水素原子の原子核) と強い相互作用をして多くの粒子を生み出している．軌跡は荷電粒子の飛跡であり，過飽和状態の液体水素中で飛跡に沿って水素原子が電離され泡 (局所的な沸騰) が発生する．磁場により荷電粒子は曲げられる．泡箱が感度をもつ時間は 1 ミリ秒だが，これはほとんどの粒子の寿命に比べると長く，感度のある時間内に崩壊が検出される．

$$\overline{K^0} + p \to \Xi^0 + K^+, \tag{9.22}$$

では生成される粒子 Ξ^0 と Ξ^- は，$\overline{K^0}$ と K^- が $S = -1$ ならばストレンジネス $S = -2$ が指定できる．$\overline{K^0}$ と K^- が $S = -1$ であることは，これらがそれぞれ K^0 と K^+ の反粒子であることとつじつまが合う．

ハドロンが弱い力で崩壊するときは，ストレンジネスは保存されないことを強調しておく．ストレンジネスが強い相互作用と電磁相互作用のみで保存されるとすると，レプトンにはストレンジネスは指定できない．

9.4.4 アイソスピン

陽子と中性子はスピン $\frac{1}{2}$ のバリオンで質量は事実上縮退している．実際，陽子は正電荷をもち中性子は電荷をもたないことを除くと，両者の核力の特性は非常に良く似ている．しかし両者の電磁相互作用はまったく異なり，すでに議論したように磁気双極子モーメントは大きさと符号が異なる．

強い力が粒子の電荷によらないことはずっと以前から知られていた．実際，鏡映核の研究 (たとえば ^{3}H と ^{3}He) から，陽子-陽子，陽子-中性子，そして中性子-中性子間の強い力による束縛力は基本的に等しいことが示されている．さらに散乱実験では電磁力の効果を補正すると，2個の陽子の散乱断面積は2個の中性子のそれと同じであることが分かった．つまり強い相互作用は陽子と中性子を区別しないのである．もし強い力のみが存在し，弱い力と電磁力がはたらかない世界を考えると，そこでは陽子は中性子と区別がつかないであろう．(現実の世界はむろんそうではない．しかし強い力は他の力に比べずっと強いので，我々は世界がこの単純な描像に近く，他の力はこれに小さな補正を与えるのみであると考えてよい．) そのような世界では陽子と中性子は，核子という同じ粒子の直交する状態と考えられ，次のように表すことができる．

$$p = \begin{pmatrix} 1 \\ 0 \end{pmatrix}, \qquad n = \begin{pmatrix} 0 \\ 1 \end{pmatrix}. \tag{9.23}$$

この表し方はスピン $\frac{1}{2}$ の粒子の「上向き」と「下向き」の状態を論じたのと同様であり，それらは回転対称性を破る相互作用 (たとえば磁場による作用) がなければ区別がつかない．2つのスピン状態はエネルギーが縮退しており，外部からの磁場を加えてはじめて，空間の方向が指定され縮退が解ける．これと非常に良く似た考え方で陽子と中性子を，強い力の対称性 (あるいは強い力のハミルトニアンの対称性) のために質量が縮退した状態と考えることができ，こ

の対称性をアイソスピン対称性という．現実には，電磁力と弱い力が存在し，この対称性が破られ，質量の縮退が解けて中性子と陽子が区別される．

第2章で示したように，3つの π 中間子，π^+，π^-，そして π^0 もほとんど同じ質量をもつ．核子と同様に，異なる π 中間子と陽子および中性子との散乱断面積も電磁相互作用の効果を補正すると同じであることが分かった．よって強い力は異種類の π 中間子を識別しないように見える．したがって電磁力と弱い力がなければ，3種の π 中間子は同一の粒子 (π 中間子) の異なる状態に相当すると考え，次のように表すことができる．

$$\pi^+ = \begin{pmatrix} 1 \\ 0 \\ 0 \end{pmatrix}, \quad \pi^0 = \begin{pmatrix} 0 \\ 1 \\ 0 \end{pmatrix}, \quad \pi^- = \begin{pmatrix} 0 \\ 0 \\ 1 \end{pmatrix}. \tag{9.24}$$

むろんこの3つの状態は仮想世界では質量が縮退している．スピンとの類似でいうと，これらは $J=1$ の粒子の3つのスピン射影状態に対応し，回転に対して不変なハミルトニアンによりエネルギーが縮退している．

同様に，(K^+, K^0) 2重項，$(\overline{K^0}, K^-)$ 2重項，$(\Sigma^+, \Sigma^0, \Sigma^-)$ 3重項は，それぞれ粒子 K，$\overline{K}$ そして Σ の違った状態と考えることができる．実はこの議論はすべてのハドロンに広げることができ，スピンと良く似た量子数の多重項に分類できる．この量子数をアイソスピンと呼ぶ．アイソスピンが保存するのは強い相互作用のハミルトニアンがアイソスピン変換で不変であることを示唆する．この変換はスピンと非常に良く似た回転の操作に対応するが，時空の回転ではなく，ヒルベルト空間での回転である．アイソスピン量子数 (あるいは I-スピン) は強い相互作用で保存される (それは強い力がもつ対称性である)．しかし，I-スピンは電磁相互作用や弱い相互作用では保存されない．

表9.3に種々のハドロンについて散乱実験から求まったアイソスピンをまとめた．アイソスピンの第3成分，あるいは射影成分は，アイソスピン多重項に属する粒子の電荷の順に決められる．時間と空間の対称性ではないことを強調するため，この射影は I_z ではなく I_3 で示す．アイソスピン対称性は強い相互作用のハミルトニアンのみがもつ性質なので，強い力に関わらないレプトンや光子は決まったアイソスピン量子数をもたない．第13章で触れるが「弱いア

表 9.3: 比較的寿命の長いハドロン群のアイソスピン.

ハドロン	質量 (MeV/c^2)	I	I_3
p	938.3	1/2	1/2
n	939.6	1/2	$-1/2$
π^+	139.6	1	1
π^0	135.0	1	0
π^-	139.6	1	-1
K^+	494.6	1/2	1/2
K^0	497.7	1/2	$-1/2$
$\overline{K}^0$	497.7	1/2	1/2
K^-	494.6	1/2	$-1/2$
η^0	548.8	0	0
Λ^0	1115.6	0	0
Σ^+	1189.4	1	1
Σ^0	1192.6	1	0
Σ^-	1197.4	1	-1
Ω^-	1672.4	0	0

イソスピン」という別の対称性があり，それは素粒子標準模型の基礎をなし，レプトンとクォークを対象とする対称性である．

すでに述べたように，強い相互作用でのアイソスピンの保存は種々の生成や崩壊反応から推論された．その詳細は第 10 章の具体例や問題で与えることにする．

9.5 ゲルマン・西島の関係式

式 (9.19) で指定したストレンジネスやその他の量子数の導入は，一見特別な処方に見えるかもしれないが，もともとは観測をもとにして，ハドロンの電荷がほかの量子数とゲルマン-西島 (Gell-Mann-Nishijima) の式で関係づけられるという考えでなされた．

$$Q = I_3 + \frac{Y}{2} = I_3 + \frac{B+S}{2}. \tag{9.25}$$

表 9.4: 寿命の長い代表的なハドロンの量子数.

ハドロン	Q	I_3	B	S	$Y=(B+S)$
π^+	1	1	0	0	0
π^0	0	0	0	0	0
π^-	-1	-1	0	0	0
K^+	1	$1/2$	0	1	1
K^0	0	$-1/2$	0	1	1
η^0	0	0	0	0	0
p	1	$1/2$	1	0	1
n	0	$-1/2$	1	0	1
Σ^+	1	1	1	-1	0
Λ^0	0	0	1	-1	0
Ξ^-	-1	$-1/2$	1	-2	-1
Ω^-	-1	0	1	-3	-2

ここで $Y = B + S$ は強い力のハイパーチャージ (超電荷) として知られている. (後に標準模型との関連で, これとは別の**弱い力のハイパーチャージ**についての関係式に触れるが, この弱い力のハイパーチャージの関係式はすべての素粒子に当てはまる.) 表 9.4 に代表的な長寿命のハドロンの量子数をまとめる. これらはすべて関係式 (9.25) を満足する.

ストレンジネスに続いてチャームやボトムという新たな**香り**の量子数をもつ粒子が発見されたが, ゲルマン-西島の関係式はこれらの量子数も含むよう一般化された. 拡張された関係式ではハイパーチャージはバリオン数とストレンジネス, そしてこれらの新たな香りの量子数の和で定義される. この変更でもとの関係式,

$$Q = I_3 + \frac{Y}{2} \tag{9.26}$$

はすべてのハドロンに対して成り立つ. 電荷とアイソスピンは強い相互作用で保存されるので一般化されたハイパーチャージもまた反応で保存される. 実際, 香りの量子数は強い相互作用でそれぞれ独立に保存される.

9.6 共鳴状態の生成と崩壊

第 2 章と第 4 章で述べたように原子核には共鳴状態や励起状態がある．同様に，ハドロンにも励起状態があり，共鳴状態は典型的に 10^{-23} 秒程度の寿命をもつことが分かった．そのような短寿命の粒子を観測するには 2 つの方法がある．まず Δ (1232) を考える．これは $I = \frac{3}{2}$ で 4 つの荷電状態が存在する πN 結合状態であり，E. フェルミ (Enrico Fermi) らがエネルギーを変えながら行った πN 散乱の実験で最初に見つかった共鳴状態である．励起ハドロンを探すこの直接的な方法は，生成反応あるいは s-チャンネルの研究といわれる．π 中間子ビームを使い核子標的からの散乱の確率 (すなわち πN 散乱の断面積 $\sigma_{\pi N}$) を π 中間子の運動量の関数として，あるいは同じことだが式 (1.64) に与えるように πN 系の不変質量 $\frac{\sqrt{s}}{c^2}$ の関数として測定することができる．図 9.2 に低エネルギーの π^+ 中間子と陽子の弾性散乱について，測定された断面積の概形を $\sqrt{s}$ の関数で示す．断面積はしきい値 (π^+ と陽子の質量の和に相当する約 1080 MeV) から立ち上がり，$M_\Delta c^2 \approx 1230$ MeV で極大となる．そのピークの幅は半値全幅で $\Gamma_\Delta \approx 100$ MeV である．励起スペクトルの形は基本的にはローレンツ関数あるいはブライト-ウィグナー型 (Gregory Breit と Eugene Wigner による) の特徴をもつ．このピークは πN 系の共鳴状態，または核子の励起状態とみなすことができる．測定の分解能の効果を差し引いた後のピークの幅を質量の固有の不定性とすると，その寿命は次のような値であることが分かる．

$$\tau_\Delta \approx \frac{\hbar}{\Gamma_\Delta c^2} \approx \frac{6.6 \times 10^{-22} \text{ MeV·sec}}{100 \text{ MeV}} \approx 10^{-23} \text{ sec.} \tag{9.27}$$

すべてのハドロンの共鳴状態がこのようにして見つかるわけではない．たとえば，π 中間子の共鳴状態は s-チャンネル反応ではつくることができない，なぜならその観測にはあまりにも強いビームが必要となるからである．ρ 中間子のような粒子は多くの π 中間子を含む終状態から発見された．次の反応はビームのエネルギーが一定のとき，ρ^0 中間子を豊富につくり出す．

$$\pi^- + p \to \pi^+ + \pi^- + n. \tag{9.28}$$

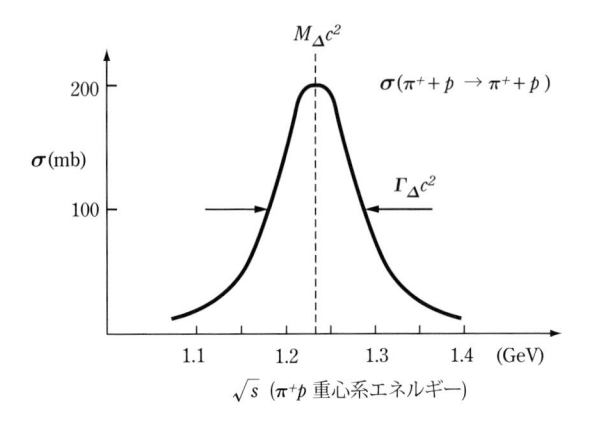

図 9.2: 低エネルギーでの π 中間子と核子の弾性散乱の断面積のふるまい.

終状態から共鳴状態を発見する方法は，$\pi^+\pi^-$ 系の不変質量あるいは $\frac{\sqrt{s_{\pi\pi}}}{c^2}$ をグラフに示すことである．反応 (9.28) が次の中間状態

$$\pi^- + p \to \rho^0 + n,$$

を経て起り，

$$\rho^0 \to \pi^+ + \pi^-, \tag{9.29}$$

が起るならば，ρ^0 が崩壊した後の π^+ と π^- には相関がある．すなわちエネルギー・運動量の保存によりこの崩壊では，次の関係式が成り立つ．

$$E_\rho = E_{\pi^+} + E_{\pi^-},$$

$$\vec{p}_\rho = \vec{p}_{\pi^+} + \vec{p}_{\pi^-}. \tag{9.30}$$

したがって 2 個の π 中間子の不変質量は ρ^0 の質量になるのである．すなわち，

$$M_\rho^2 c^4 = E_\rho^2 - p_\rho^2 c^2 = (E_{\pi^+} + E_{\pi^-})^2 - (\vec{p}_{\pi^+} + \vec{p}_{\pi^-})^2 c^2 = s_{\pi\pi}. \tag{9.31}$$

9.6 共鳴状態の生成と崩壊

このため反応 (9.28) の事象について，2 個の π 中間子の有効質量あるいは不変質量の分布，すなわち $\frac{\sqrt{s_{\pi\pi}}}{c^2}$ の関数として事象数を図示すると，崩壊反応 (9.29) が含まれていれば，$\frac{\sqrt{s_{\pi\pi}}}{c^2} = M_\rho$ にピークが現れるはずである．反応 (9.28) の代表的な結果を図 9.3 に示す．2 個の π 中間子の共鳴を特徴付けるピークが，$M_\rho = 760$ MeV に幅 $\Gamma_\rho \approx 150$ MeV/c^2 で示されている．

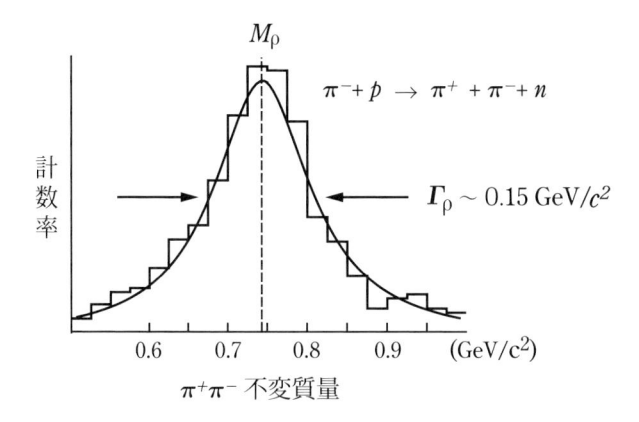

図 9.3: 反応式 (9.28) で生成する $\pi^+\pi^-$ 対の不変質量の分布．

共鳴状態の質量の分布の形状がブライト-ウィグナー型であることは崩壊粒子の量子状態からくる特有の結果である．平均寿命が $\frac{\hbar}{\Gamma c^2}$ で質量の中心値が M_0 の状態を表す波動関数の時間依存性は，粒子の静止系では次のように書き表される (第 12 章の時間発展についての議論を参照せよ)．

$$\psi(t) \propto e^{-\frac{ic^2}{\hbar}(M_0 - i\frac{\Gamma}{2})t} \quad (t > 0). \tag{9.32}$$

これにより平均寿命 $\frac{\hbar}{\Gamma c^2}$ の状態は指数関数的に崩壊することを示すことができる．

$$|\psi(t)|^2 \propto e^{-\frac{\Gamma c^2 t}{\hbar}}. \tag{9.33}$$

式 (9.32) をフーリエ変換すると，エネルギー (あるいは質量) 空間で表した振幅が得られる．
$$\psi(M) \propto \int_0^\infty dt \psi(t) e^{\frac{i}{\hbar} Mc^2 t}. \tag{9.34}$$
この積分は容易であり，規格化因子を除くと次のように求まる．
$$\psi(M) \propto \frac{1}{(M - M_0) + i\frac{\Gamma}{2}}. \tag{9.35}$$
両辺の絶対値の平方をとると，$M = M_0$ の共鳴を表すローレンツ関数あるいはブライト-ウィグナーの関数形が次式のように得られる．
$$|\psi(M)|^2 \propto \frac{1}{(M - M_0)^2 + \frac{\Gamma^2}{4}}. \tag{9.36}$$

9.7 スピンの決定

安定な素粒子のスピンは，たとえば O. シュテルン (O. Stern) と W. ゲルラッハ (W. Gerlach) の実験法により求めることができる．磁場でビーム粒子が分離することから電子や陽子がスピン角運動量 $\frac{1}{2}$ をもつことが分かる．ニュートリノは，すでに述べたようにベータ崩壊での角運動量の保存からスピン $\frac{1}{2}$ が仮定された．光子のスピンはもちろん電磁波の古典的性質から決定できる．電磁場がベクトルポテンシャルで記述されることは，光子がスピン 1 のベクトル粒子であり，その波動関数が偏極ベクトル $\vec{\epsilon}$ に比例することを意味する．通常スピン 1 の粒子は角運動量の 3 つの射影成分 $s_z = 1, 0, -1$ をもつ．しかし電磁波は横波であり，それは光子が縦方向の自由度をもたないことを示す．このため光子の電場 ($\vec{E}$) と磁場 ($\vec{B}$)，そして偏極ベクトルは伝播する方向 $\hat{k} = \frac{\vec{k}}{|\vec{k}|}$ に垂直である．
$$\vec{E} = \vec{\epsilon} E_0 e^{i(\vec{k}\vec{r} - \omega t)}, \qquad \vec{B} = \hat{k} \times \vec{E}. \tag{9.37}$$
これらは次の式に従う，
$$\vec{k} \cdot \vec{E} = 0, \quad \vec{k} \cdot \vec{B} = 0, \quad \vec{k} \cdot \vec{\epsilon} = 0. \tag{9.38}$$

この性質は光子に質量がないことと関係し，伝統的には電磁ポテンシャルの**ゲージ変換**と呼ばれる変換のもとでマクスウェルの方程式が不変であることに由来する．(この点について第 13 章でより詳しく議論する．)

π^0 中間子のスピンは 2 個の光子への崩壊から求められる．π^0 の静止系では 2 個の光子は互いに反対向きに同じ大きさの運動量で放出される (図 9.4)．終状態は 2 個の同種のボソンなので波動関数は 2 個の光子の波動関数の積で表され，光子の入れ替えに対して対称である．先に示したように光子の波動関数は偏極ベクトルに比例する．2 個の光子の相対運動量を $\vec{k}$，偏極ベクトルを $\vec{\epsilon}_1, \vec{\epsilon}_2$ とすると，これら 3 つのベクトルからつくられるスカラー量またはベクトル量のうち，$\vec{\epsilon}_1$ と $\vec{\epsilon}_2$ がともに 1 次で光子の変数の入れ替えで対称なものは，次の式で表される．

$$\vec{k} \times (\vec{\epsilon}_1 \times \vec{\epsilon}_2), \quad \vec{k} \cdot (\vec{\epsilon}_1 \times \vec{\epsilon}_2), \quad \vec{\epsilon}_1 \cdot \vec{\epsilon}_2. \tag{9.39}$$

最初の量は偏極ベクトルが横方向のため次のようにゼロである．

$$\vec{k} \times (\vec{\epsilon}_1 \times \vec{\epsilon}_2) = (\vec{k} \cdot \vec{\epsilon}_2)\vec{\epsilon}_1 - (\vec{k} \cdot \vec{\epsilon}_1)\vec{\epsilon}_2 = 0.$$

したがって対称性を満たす最も単純な形は式 (9.39) の 2 つのスカラー積である．観測では 2 個の光子の偏極面は直交するので終状態の波動関数は，次のスカラー積に比例するものでなければならない．

$$\vec{k} \cdot (\vec{\epsilon}_1 \times \vec{\epsilon}_2). \tag{9.40}$$

π^0 の崩壊が起るためには (つまり，崩壊の遷移振幅がゼロでないためには)，π 中間子の波動関数は終状態の 2 個の光子の波動関数に相当する成分をもたねばならない．したがって，π 中間子の波動関数もまた空間の回転に対して不変 (スカラー量) でなければならず，そのスピンはゼロとなる．(ここで π 中間子のスピンが 1 より大きい可能性は無視した．)

同様に，K^0 中間子のスピンを $K^0 \to 2\pi^0$ 崩壊から求めることができる．この場合も K^0 中間子の静止系でみると 2 個の π^0 の運動量は大きさが等しく方向が反対である (図 9.5 参照)．終状態は 2 個の，スピンがゼロの粒子なのでこの状態の全角運動量 (すなわち K^0 のスピン) は 2 個の π^0 の相対軌道角運動量

第 9 章 素粒子の相互作用の特徴

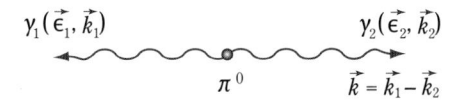

図 9.4: 中性 π 中間子の静止系で見た 2 個の光子への崩壊.

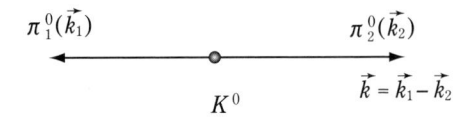

図 9.5: K^0 中間子の静止系で見た 2 個の π^0 への崩壊.

に等しい．2 個の π^0 中間子は同種のボソンなので波動関数は粒子の入れ替えに対して対称でなければならない．終状態の相対軌道角運動量を ℓ とすると波動関数の角度を表す成分は球面調和関数 $Y_{\ell,m}(\theta,\phi)$ に比例する．第 3 章で注意したように，2 個の粒子の交換に対して波動関数は次の性質をもつ．

$$Y_{\ell,m}(\theta,\phi) \to (-1)^\ell Y_{\ell,m}(\theta,\phi). \tag{9.41}$$

終状態が粒子の入れ替えに対して対称であるためには ℓ は偶数しかとれない．したがって K 中間子のスピンは 0, 2, 4, ... のような値になる．

π^0 の場合と同様に次のようにも議論できる．π 中間子のスピンはゼロなので K 中間子の静止系では，終状態を記述する唯一のベクトル量は 2 個の π^0 の相対運動量 $\vec{k}$ である．π 中間子の交換で，ベクトル $\vec{k}$ は符号を変えるので，このベクトルからつくられ，終状態の対称性を満たす最も簡単な波動関数はスカラー (つまり $\vec{k} \cdot \vec{k}$ の任意の関数) である．したがって，K^0 中間子の波動関数はスカラーであり K^0 のスピンはゼロである．実際には，K 中間子の崩壊特性により $J=2,4$, といった高いスピンは排除される．言い換えると K 中間子の静止系での π^0 中間子の角分布からは $\ell=0$ 以外を示す証拠はないのである．

次にいくつかのバリオンのスピンがどのようにして決定されるかについて述

べる．例として，高エネルギーの π^- と静止した陽子の以下の反応を解析する．

$$\pi^- + p \to K^0 + Y_1^{*0}. \tag{9.42}$$

この反応におけるハイペロン (ストレンジネスをもつバリオン)Y_1^{*0} はただちに次の崩壊をする．

$$Y_1^{*0} \to \pi^0 + \Lambda^0. \tag{9.43}$$

ビームの方向，すなわち実験室系でみた入射 π 中間子の方向を角運動量の量子化軸にとることにする．入射 π 中間子の軌道角運動量の成分のうち運動方向の成分は明らかにゼロである．($\vec{L}_\pi \approx \vec{r} \times \vec{p}_\pi$ でありこれは $\vec{p}_\pi$ に垂直である.) さらに π 中間子はスピンがゼロである．始状態では全角運動量のビーム軸成分は陽子の固有スピンの射影 s_z で与えられる．

$$j_z = s_z(p) = \pm\frac{1}{2}\hbar. \tag{9.44}$$

議論を K^0 と Y_1^{*0} がビーム軸方向に生成される場合に限り，反応 (9.42) の重心系でみて，前後方近くの角度に生成される場合を考える．この軸に沿う K^0-Y_1^{*0} 系の相対軌道角運動量の成分はゼロであり，K^0 のスピンはゼロなので角運動量の保存則により次のことがいえる．

$$s_z(Y_1^{*0}) = s_z(p) = \pm\frac{1}{2}\hbar. \tag{9.45}$$

このことから Y_1^{*0} のスピンは $\frac{1}{2}$ かそれ以上の半整数であるといえる．真のスピンの大きさを求めるには Y_1^{*0} の崩壊 (9.43) を詳しく解析する必要がある．Y_1^{*0} の静止系でみた崩壊の角分布からスピンが，今日知られている $\frac{3}{2}$ として求まるのである，

高エネルギー実験での粒子の生成と崩壊反応の同様な解析により，多くのハドロンのスピンの値が決められた．そしていくつかの粒子は相関関係があり，量子数が似通った粒子群にまとめられることが分かった．

9.8 量子数の非保存

これまで見てきたように強い相互作用ではすべての量子数が保存されるように見える.しかし,いくつかの量子数は電磁相互作用や弱い相互作用で保存されない.2, 3の例を上げて説明する.

9.8.1 弱い相互作用

自然界には3種類の弱い力による崩壊反応が存在する:(a) 終状態がハドロンのみである崩壊,(b) セミレプトニック崩壊,すなわち終状態がレプトンとハドロンである崩壊,そして (c) 終状態がレプトンのみのレプトニック崩壊である.たとえば,次の崩壊,

$$\begin{aligned}\Lambda^0 &\to \pi^- + p, \\ n &\to p + e^- + \bar{\nu}_e, \\ \mu^- &\to e^- + \bar{\nu}_e + \nu_\mu,\end{aligned} \quad (9.46)$$

はこの3種類を表している.強い力での量子数はレプトンには定義されないのでレプトニック崩壊でそれらの量子数の破れを議論するのは意味がない.さらに,セミレプトニック崩壊においても始状態と終状態のハドロンの量子数が保存するかどうかを述べるにすぎない.このことに留意して典型的な反応について調べる.

レプトンを含まない崩壊

次のようにハドロンが別のハドロンに崩壊する過程を考える.

$$
\begin{array}{cccc}
 & \Lambda^0 & \to & \pi^- & +p, \\
I_3 = & 0 & & -1 & \dfrac{1}{2} \\
S = & -1 & & 0 & 0
\end{array}
$$

$$
\begin{array}{cccc}
 & \Sigma^+ & \to & p & +\pi^0, \\
I_3 = & 1 & & \dfrac{1}{2} & 0 \\
S = & -1 & & 0 & 0
\end{array}
$$

$$
\begin{array}{cccc}
 & K^0 & \to & \pi^+ & +\pi^-, \\
I_3 = & -\dfrac{1}{2} & & 1 & -1 \\
S = & 1 & & 0 & 0
\end{array}
$$
(9.47)
$$
\begin{array}{cccc}
 & \Xi^- & \to & \Lambda^0 & +\pi^-. \\
I_3 = & -\dfrac{1}{2} & & 0 & -1 \\
S = & -2 & & -1 & 0
\end{array}
$$

これらの崩壊ではアイソスピンもストレンジネスも保存されず，その破れは次のように要約される．

$$|\Delta I_3| = \frac{1}{2}, \quad |\Delta S| = 1. \tag{9.48}$$

また，次のことを付け加えておく．これらの崩壊では $\Delta I = \frac{1}{2}$ と $\Delta I = \frac{3}{2}$ がともに関与するように見えるが，$\Delta I = \frac{3}{2}$ は強く抑制され，$|\Delta S| = 2$ の過程は非常にまれである．

セミレプトニック崩壊

ここでも崩壊反応の特徴を述べるため，いくつかの例についてのみ調べることにし，始状態と終状態の量子数の変化のみを考える．

$$n \to p + e^- + \overline{\nu}_e,$$
$$I_3 = -1/2 \quad 1/2$$
$$S = 0 \quad 0$$

$$\pi^- \to \mu^- + \overline{\nu}_\mu,$$
$$I_3 = -1$$
$$S = 0$$

$$\pi^+ \to \pi^0 + e^+ + \nu_e,$$
$$I_3 = 1 \quad 0$$
$$S = 0 \quad 0$$

$$K^+ \to \mu^+ + \nu_\mu,$$
$$I_3 = 1/2$$
$$S = 1$$

$$K^+ \to \pi^0 + \mu^+ + \nu_\mu,$$
$$I_3 = 1/2 \quad 0$$
$$S = 1 \quad 0$$

$$\Lambda^0 \to p + e^- + \overline{\nu}_e,$$
$$I_3 = 0 \quad 1/2$$
$$S = -1 \quad 0$$

$$\begin{array}{cccc}
& \Sigma^- & \to & n & +e^- + \bar{\nu}_e. \\
I_3 = & -1 & & -1/2 & \\
S = & -1 & & 0 &
\end{array} \qquad (9.49)$$

セミレプトニック崩壊は2つの種類に分けられる．1つはハドロンのストレンジネスが変わらないものであり，ストレンジネスを保存する崩壊，すなわち $|\Delta S| = 0$ の崩壊として知られている．この場合 $|\Delta I_3| = 1$ である．式にまとめると，

$$|\Delta S| = 0, \quad |\Delta I_3| = 1, \quad |\Delta I| = 1. \qquad (9.50)$$

もう1つはストレンジネスを保存しない反応で，反応の前後でストレンジネスが変化する．式で表すと，

$$|\Delta S| = 1, \quad |\Delta I_3| = \frac{1}{2}, \quad |\Delta I| = \frac{1}{2} \text{ または } \frac{3}{2}. \qquad (9.51)$$

ここでも観測される $\Delta I = \frac{3}{2}$ の崩壊は，$|\Delta S| = 2$ の崩壊と同様に強く抑制されている．

9.8.2 電磁力による崩壊

電磁力による崩壊を考える．すでに述べたが強い力の量子数は光子については常に定義できるわけではなく，意味のある量はハドロンの量子数の変化である．

$$\begin{array}{cccc}
& \pi^0 & \to & \gamma + \gamma, \\
I_3 = & 0 & & \\
S = & 0 & &
\end{array}$$

$$\begin{array}{cccc}
& \eta^0 & \to & \gamma + \gamma, \\
I_3 = & 0 & & \\
S = & 0 & &
\end{array}$$

$$\begin{array}{ccc} \Sigma^0 & \to & \Lambda^0 + \gamma. \\ I_3 = \quad 0 & & 0 \\ S = \quad -1 & & -1 \end{array} \qquad (9.52)$$

この例が示すように,電磁相互作用はストレンジネスを保存するがアイソスピンは保存しない.実際,電磁力による崩壊は以下のように特徴付けられる.

$$|\Delta S| = 0, \quad |\Delta I_3| = 0, \quad \Delta I = 1 \text{ および } 0. \qquad (9.53)$$

本節で述べた条件は標準模型でごく自然に理解することができる.以下の章ではこれらの結果を素粒子の標準模型と呼ばれる理論的枠組みに取り込むことを試みる.

演習問題

9.1 以下の反応で保存されない量子数があれば答えよ.これらの反応は強い力,弱い力,電磁力のいずれで起るか,あるいはいずれにも該当しないか答えよ.(素粒子の特徴については *CRC Handbook* を参照せよ.)

(a) $\Omega^- \to \Xi^0 + \pi^-$,

(b) $\Sigma^+ \to \pi^+ + \pi^0$,

(c) $n \to p + \pi^-$,

(d) $\pi^0 \to \mu^+ + e^- + \overline{\nu}_e$,

(e) $K^0 \to K^+ + e^- + \overline{\nu}_e$,

(f) $\Lambda^0 \to p + e^-$.

9.2 次の反応で保存されない量子数があれば答えよ.反応は強い力,電磁力,弱い力のいずれによるか,あるいは不自然に抑制されているか説明せよ.(素粒子の特徴については *CRC Handbook* を参照せよ.)

(a) $\Lambda^0 \to p + e^- + \overline{\nu}_e$,

(b) $K^- + p \to K^+ + \Xi^-$,

(c) $K^+ + p \to K^+ + \Sigma^+ + \overline{K}^0$,

(d) $p + p \to K^+ + K^+ + n + n$.

(e) $\Sigma^+(1385) \to \Lambda^0 + \pi^+$,

(f) $\overline{p} + n \to \pi^- + \pi^0$.

9.3 運動量 135 MeV/c の π^0 中間子が 2 個の光子に崩壊する場合，π^0 の平均寿命が 8.5×10^{-17} 秒として，崩壊するまでに走る平均距離を 10%の精度で計算せよ．実験室でみたときの崩壊後の 2 個の光子の開き角は最小でいくらになるか答えよ．

9.4 第 13 章でハドロンはクォークからできており，中間子はクォークと反クォークから，バリオンは 3 つのクォークからできていることを学ぶ．クォークはすべてバリオン数 $\frac{1}{3}$ をもち，その他の量子数は表 9.5 に示されている．反クォークはクォークと符号が反対の量子数をもつ．クォークのアイソスピンは一般化されたゲルマン-西島の公式 (9.26) から推測される．単独のクォークは観測されていない．トップクォークは限りなく自由なクォークに近いが，あまりにも早く崩壊するのでハドロンを構成するだけの時間がない．それはトップクォークでは弱い相互作用が強い相互作用よりも強いことを反映している．3 つのクォーク uds の系は複数個のアイソスピンをとることができる．このクォーク系の I_3 の値はいくらか，そして可能なアイソスピンの大きさ I の値はいくらか答えよ．それらは実際にはどの粒子にあたるか答えよ．(*CRC Handbook* を参照せよ．)

9.5 次のクォーク系について，バリオン数, ハイパーチャージ, アイソスピンを答えよ：(a) $u\overline{s}$, (b) $c\overline{d}$, (c) $\overline{u}\,\overline{u}\overline{d}$, (d) ddc, (e) ubc, (f) $s\overline{s}$. *CRC Handbook* を参照し，これらに該当する粒子を答えよ．

9.6 次の崩壊について，CRC の表にある粒子の特性からそれぞれの崩壊ではたらく相互作用を述べよ．保存されない量子数はどれか．終状態での軌道角運動量のとり得る値を答えよ．

第 9 章 素粒子の相互作用の特徴

表 9.5: クォークの特性.

クォーク	記号	静止質量 (GeV/c^2)	電荷 (e)	ストレンジ	チャーム	ボトム	トップ
アップ	u	$\lesssim 3 \times 10^{-3}$	$\frac{2}{3}$	0	0	0	0
ダウン	d	$\approx 7 \times 10^{-3}$	$-\frac{1}{3}$	0	0	0	0
ストレンジ	s	≈ 0.12	$-\frac{1}{3}$	-1	0	0	0
チャーム	c	≈ 1.2	$\frac{2}{3}$	0	1	0	0
ボトム	b	≈ 4.2	$-\frac{1}{3}$	0	0	-1	0
トップ	t	175 ± 5	$\frac{2}{3}$	0	0	0	1

香り (フレーバー) 量子数

(a) $N^+(1535) \to p + \eta^0$,

(b) $\Sigma^+(1189) \to p + \pi^0$,

(c) $\rho^0(770) \to \pi^0 + \gamma$.

推奨図書

巻末推奨図書番号: [9], [15], [28], [35].

10 対称性

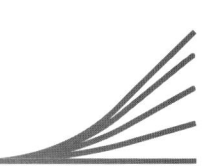

10.1 はじめに

 すでに前章で述べたように，高エネルギーの素粒子反応では強い相互作用で保存される量子数がある一方で，弱い力や電磁相互作用で保存されない量子数もある．これは力のもつ固有の性質の現れである．したがって，保存則の起源を理解し，どのような条件で保存則が破れるかを理解することは，素粒子反応を定式化する上で重要である．そこで物理の理論で保存則がどのようにして提起されたかを述べる．すぐ分かることだが，驚くほど簡単な答えは以下の通りである．系が対称性をもつとき，すなわち座標や力学変数の変更によって系が影響を受けないときは，常にその対称性に付随して保存される「電荷」(量子数) が定義できることである．逆に物理系に保存量があると，それに対応した不変性や対称性が存在する．ネーター (Emmy Noether に因む) の定理として知られるこの観測事実は，理論を構成する上で強力な制約を与える．ここでは系の対称性についての問題から始める．

10.2 ラグランジアンの対称性

 簡単にいえば，運動方程式を変えない変換があれば，それはその物理系の対称性とよばれる性質を定義する．対称性はラグランジアンかハミルトニアンを用いて，量子力学はもとより古典力学の理論でも論ずることができる．そこでラグランジアンの枠組みで議論を始めることにする．というのはラグランジアンは，最終目的である相対論的な物理系を調べるのに最適だからである．
 はじめに，孤立した 2 個の粒子からなる非相対論的な系を考え，粒子は互い

の相対的な位置に依存するポテンシャルにより相互作用するものとする．系の全運動エネルギーとポテンシャルエネルギーは以下のように与えられる．

$$T = \frac{1}{2}m_1\dot{\vec{r}}_1^2 + \frac{1}{2}m_2\dot{\vec{r}}_2^2,$$
$$V = V(\vec{r}_1 - \vec{r}_2). \tag{10.1}$$

ここで m_1 と m_2 は粒子の質量，$\vec{r}_1$ と $\vec{r}_2$ は，ある点を原点としてそこから測った粒子の位置座標である．系が従う運動方程式 (ニュートンの方程式)，あるいは力学方程式は次の形をとる．

$$m_1\ddot{\vec{r}}_1 = \vec{F}_1 = -\vec{\nabla}_1 V(\vec{r}_1 - \vec{r}_2) = -\frac{\partial}{\partial \vec{r}_1}V(\vec{r}_1 - \vec{r}_2),$$
$$m_2\ddot{\vec{r}}_2 = \vec{F}_2 = -\vec{\nabla}_2 V(\vec{r}_1 - \vec{r}_2) = -\frac{\partial}{\partial \vec{r}_2}V(\vec{r}_1 - \vec{r}_2). \tag{10.2}$$

ここで $\vec{F}_1$, $\vec{F}_2$ は粒子 1, 2 にはたらく力であり，$\frac{\partial}{\partial \vec{r}_i}V(\vec{r}_1 - \vec{r}_2)$ は，

$$\hat{x}\frac{\partial}{\partial x_i}V + \hat{y}\frac{\partial}{\partial y_i}V + \hat{z}\frac{\partial}{\partial z_i}V,$$

を意味し，i は 1 または 2 を指す．$\hat{x}$, $\hat{y}$, $\hat{z}$, はそれぞれ静止座標系の x, y, z 軸方向の単位ベクトルである．座標の原点をあるベクトル ($-\vec{a}$) だけ変位させる．つまり座標を次のように変換させるとする．

$$\vec{r}_1 \to \vec{r}'_1 = \vec{r}_1 + \vec{a},$$
$$\vec{r}_2 \to \vec{r}'_2 = \vec{r}_2 + \vec{a}. \tag{10.3}$$

この場合，系の従う運動方程式 (10.2) は変化しない．それは単に次の式からの結果である．

$$V(\vec{r}_1 - \vec{r}_2) \to V(\vec{r}'_1 - \vec{r}'_2) = V(\vec{r}_1 + \vec{a} - \vec{r}_2 - \vec{a}) = V(\vec{r}_1 - \vec{r}_2). \tag{10.4}$$

したがって，原点を移行する変換は 2 粒子系に対しある対称性を定義する．そして系は空間の移行に対して不変であること，つまりこの物理系は原点のとり

方によらないことがいえる．この結果は大変興味深い．ポテンシャルの形から系にはたらく力は全体としてはゼロになることに注意する．すなわち，

$$\vec{F}_{\text{TOT}} = \vec{F}_1 + \vec{F}_2 = -\vec{\nabla}_1 V(\vec{r}_1 - \vec{r}_2) - \vec{\nabla}_2 V(\vec{r}_1 - \vec{r}_2) = 0. \tag{10.5}$$

(式 (10.5) は $\frac{\partial V}{\partial \vec{r}_1} = -\frac{\partial V}{\partial \vec{r}_2}$ から導かれる．) これにより系の全運動量 $\vec{P}_{\text{TOT}}$ に対して次の式が得られる，

$$\frac{d\vec{P}_{\text{TOT}}}{dt} = \vec{F}_{\text{TOT}} = 0. \tag{10.6}$$

つまり，系の全運動量は保存され，系全体は時間によらず一定の速度で運動する．

この結果はまったく偶然で，2粒子系にのみ適用できるように思えるかもしれないが，実は系のもつ任意の対称性に対して保存量が存在することが示せる．それを見るために式 (10.2) の運動方程式を書き換える．

$$\begin{aligned}\frac{d}{dt}\frac{\partial T}{\partial \dot{\vec{r}}_1} &= -\frac{\partial V}{\partial \vec{r}_1}, \\ \frac{d}{dt}\frac{\partial T}{\partial \dot{\vec{r}}_2} &= -\frac{\partial V}{\partial \vec{r}_2}.\end{aligned} \tag{10.7}$$

ここで運動エネルギーは式 (10.1) で定義されている．(ここでも式 (10.7) は簡略表記であり，それぞれの式は $q = x_i, y_i, z_i (i = 1, 2)$ とした3つの式， $\frac{d}{dt}\frac{\partial T}{\partial \dot{q}} = -\frac{\partial V}{\partial q}$ をまとめて表す．) さらに，

$$L = T - V, \tag{10.8}$$

として L を定義すると，粒子の座標と速度は独立変数であるから，運動方程式 (10.2) あるいは式 (10.7) は次のように書ける．

$$\frac{d}{dt}\frac{\partial L}{\partial \dot{\vec{r}}_i} - \frac{\partial L}{\partial \vec{r}_i} = 0 \quad (i = 1, 2). \tag{10.9}$$

$L(\vec{r}_i, \dot{\vec{r}}_i)$ は系のラグランジアンでありその定義から次式を得る．

$$\frac{\partial L}{\partial \dot{\vec{r}}_i} = \frac{\partial T}{\partial \dot{\vec{r}}_i} = m_i \dot{\vec{r}}_i = \vec{p}_i. \tag{10.10}$$

236　第 10 章　対称性

この結果，式 (10.1) と (10.10) によりラグランジアンからハミルトニアン，$H = T + V = 2T - L$，が次のように得られる．

$$H = \sum_{i=1}^{2} \vec{p}_i \cdot \dot{\vec{r}}_i - L(\vec{r}_i, \dot{\vec{r}}_i). \tag{10.11}$$

これまでの考察はもっと複雑な系に自然に適用でき，自由度 n の (すなわち n 個の座標と n 個の速度の) 一般的な系のラグランジアンは次のように書かれる．

$$L = L(q_i, \dot{q}_i) \qquad (i = 1, 2, \ldots, n). \tag{10.12}$$

座標 q_i に対応する，あるいはこれに共役な運動量は，式 (10.10) で定義される．

$$p_i = \frac{\partial L}{\partial \dot{q}_i} \qquad (i = 1, 2, \ldots, n). \tag{10.13}$$

そして一般的な運動方程式は式 (10.9) に合う形にかける．

$$\begin{aligned} & \frac{d}{dt}\frac{\partial L}{\partial \dot{q}_i} - \frac{\partial L}{\partial q_i} = 0, \\ \text{あるいは} \quad & \frac{dp_i}{dt} = \frac{\partial L}{\partial q_i} \qquad (i = 1, 2, \ldots, n). \end{aligned} \tag{10.14}$$

系のラグランジアンがある座標 q_m によらないとすると，

$$\frac{\partial L}{\partial q_m} = 0 \quad (\text{ある特定の } m \text{ について}). \tag{10.15}$$

その結果，$i = m$ で運動方程式 (10.14) は

$$\frac{dp_m}{dt} = 0, \tag{10.16}$$

となる．言い換えると，ラグランジアンがある座標に直接依存しない場合，対応する運動量は保存される．さらにラグランジアンが特定の座標によらなければラグランジアンはこの座標の平行移動 (座標の再定義) に対して不変でなければならず，これにより理論の不変性と対応する保存量が関係づけられる．

10.2 ラグランジアンの対称性

表 10.1: 変換に対する系の不変性と対応する保存量.

変換	系の保存量
座標の並行移動	運動量
時間の移動	エネルギー
空間回転	角運動量
アイソスピン空間での回転	アイソスピン

例として第1章で学んだように，2体問題を相対座標 $\vec{r} = \vec{r}_1 - \vec{r}_2$ と重心座標 $\vec{R}_{CM}$ で表すと，ポテンシャルエネルギーは $\vec{R}_{CM}$ によらないので，ラグランジアンは $\vec{R}_{CM}$ によらない．このため重心座標に対応する運動量 $\vec{P}_{CM}$，つまり系の全運動量は一定である．これはすでに式 (10.6) でみた結果である．

別の簡単な例として自由な回転子を考える．力がはたらかなければ系は回転の運動エネルギーをもつだけであり，次のように書ける．

$$L = T = \frac{1}{2}I\dot{\theta}^2, \tag{10.17}$$

ここで I は回転子の慣性モーメント，$\dot{\theta}$ は角速度である．このラグランジアンは回転子の角度座標 θ に依存しないので次の結論が得られる．

$$p_\theta = \frac{\partial L}{\partial \dot{\theta}} = I\dot{\theta} = \text{一定}. \tag{10.18}$$

回転子のラグランジアンが θ によらないので系は回転に対して不変であり，その角運動量は一定である．すでに強調したように，この結論は非常に一般的である．表 10.1 によく知られた変換と，その変換に対して系が不変であるときに保存される量をまとめた．

これの逆もまたいえる．すなわち系のすべての保存量に対し，基本となる不変性の原理が存在する．このことはハミルトニアン形式を用いるとずっと容易に分かる．次にそれを示す．

10.3　ハミルトニアンの対称性

　古典力学でのハミルトニアンの定式化は量子力学にも自然に適用されるので，ハミルトニアン形式で対称性を議論すると理解しやすい．自由度 n の系のハミルトニアン $H(q_i, p_i)$ は n 個の座標と n 個の運動量の関数である．運動方程式はハミルトニアンの 1 次式からなり，次式で与えられる[1]．

$$\frac{dq_i}{dt} = \dot{q}_i = \frac{\partial H}{\partial p_i}, \\ \frac{dp_i}{dt} = \dot{p}_i = -\frac{\partial H}{\partial q_i} \quad (i = 1, 2, \ldots, n). \tag{10.19}$$

ここで独立な座標と運動量に対するブラケット表記 (**ポアソン括弧**という) を導入する．一般にポアソン括弧は q_i と p_i を変数とする任意の 2 つの関数の偏微分として次のように定義される．

$$\{F(q_i, p_i), G(q_i, p_i)\} = \sum_{i=1}^{n} \left(\frac{\partial F}{\partial q_i} \frac{\partial G}{\partial p_i} - \frac{\partial F}{\partial p_i} \frac{\partial G}{\partial q_i} \right) \\ = -\{G(q_i, p_i), F(q_i, p_i)\}. \tag{10.20}$$

したがって座標と運動量の基本的なポアソン括弧 (**正準ポアソン括弧**という) について以下の式が得られる．

$$\{q_i, q_j\} = 0, \\ \{p_i, p_j\} = 0, \\ \{q_i, p_j\} = -\{p_j, q_i\} = \delta_{ij}. \tag{10.21}$$

ここで δ_{ij} は**クロネッカー** (Kronecker) の**デルタ**で $i = j$ のときは 1，$i \neq j$ のときはゼロである．(量子力学ではポアソン括弧は交換関係に置き換えられる．)

---

[1] 訳者注：式 (10.11) でのハミルトニアンは $H = T + V = \frac{p_1^2}{2m_1} + \frac{p_2^2}{2m_2} + V(\vec{r}_1 - \vec{r}_2)$ である．

この括弧を使うと次式が得られる.

$$
\begin{aligned}
\{q_i, H\} &= \sum_j \left(\frac{\partial q_i}{\partial q_j} \frac{\partial H}{\partial p_j} - \frac{\partial q_i}{\partial p_j} \frac{\partial H}{\partial q_j} \right) \\
&= \sum_j \delta_{ij} \frac{\partial H}{\partial p_j} = \frac{\partial H}{\partial p_i}, \\
\{p_i, H\} &= \sum_j \left(\frac{\partial p_i}{\partial q_j} \frac{\partial H}{\partial p_j} - \frac{\partial p_i}{\partial p_j} \frac{\partial H}{\partial q_j} \right) \\
&= -\sum_j \delta_{ij} \frac{\partial H}{\partial q_j} = -\frac{\partial H}{\partial q_i}.
\end{aligned}
\tag{10.22}
$$

したがって運動方程式 (10.19) は次のようにも表される.

$$
\begin{aligned}
\dot{q}_i &= \{q_i, H\}, \\
\dot{p}_i &= \{p_i, H\}.
\end{aligned}
\tag{10.23}
$$

(式 (10.22) を得るには q_i と p_i は独立な変数であり,偏微分 $\frac{\partial q_i}{\partial q_j}$ と $\frac{\partial p_i}{\partial p_j}$ は $i \neq j$ のときゼロ,$\frac{\partial q_i}{\partial p_j}$ と $\frac{\partial p_i}{\partial q_j}$ はつねにゼロであることを用いる.) 実際,任意の観測量 $\omega(q_i, p_i)$ が時間に直接依存しなければ,一連の微分操作と式 (10.19) によりその時間発展は次式で与えられる[2].

$$
\frac{d\omega(q_i, p_i)}{dt} = \{\omega(q_i, p_i), H\}. \tag{10.24}
$$

10.3.1 無限小平行移動

次に座標の無限小平行移動について考察する.それは次の式で与えられる.

$$
\begin{aligned}
q_i &\to q_i' = q_i + \epsilon_i, \\
p_i &\to p_i' = p_i.
\end{aligned}
\tag{10.25}
$$

---

[2] 訳者注:$\frac{d\omega(q_i,p_i)}{dt} = \frac{dq_i}{dt}\frac{\partial \omega}{\partial q_i} + \frac{dp_i}{dt}\frac{\partial \omega}{\partial p_i} = \frac{\partial H}{\partial p_i}\frac{\partial \omega}{\partial q_i} - \frac{\partial H}{\partial q_i}\frac{\partial \omega}{\partial p_i} = \{\omega(q_i,p_i), H\}$.

第 10 章　対称性

ここで ϵ_i はこの変換を決める任意の無限小定数である．同じことだが力学変数の無限小の変化は次のように表すことができる．

$$\begin{aligned} \delta_\epsilon q_i &= q_i' - q_i = \epsilon_i, \\ \delta_\epsilon p_i &= p_i' - p_i = 0. \end{aligned} \tag{10.26}$$

ここで δ の添字 ϵ はこの変換が変数 ϵ_i を含む座標変換であることを示す．ある関数 $g(q_i, p_i)$ が次式で与えられるとすると，

$$g = \sum_j \epsilon_j p_j, \tag{10.27}$$

次の関係式が得られる．

$$\begin{aligned} \frac{\partial g}{\partial q_i} &= \frac{\partial (\sum_j \epsilon_j p_j)}{\partial q_i} = 0, \\ \frac{\partial g}{\partial p_i} &= \frac{\partial (\sum_j \epsilon_j p_j)}{\partial p_i} = \sum_j \epsilon_j \delta_{ij} = \epsilon_i. \end{aligned} \tag{10.28}$$

したがってポアソン括弧の定義式 (10.20) から次のように書ける．

$$\begin{aligned} \{q_i, g\} &= \sum_j \left(\frac{\partial q_i}{\partial q_j} \frac{\partial g}{\partial p_j} - \frac{\partial q_i}{\partial p_j} \frac{\partial g}{\partial q_j} \right) \\ &= \sum_j \delta_{ij} \epsilon_j = \epsilon_i = \delta_\epsilon q_i, \\ \{p_i, g\} &= \sum_j \left(\frac{\partial p_i}{\partial q_j} \frac{\partial g}{\partial p_j} - \frac{\partial p_i}{\partial p_j} \frac{\partial g}{\partial q_j} \right) = 0 = \delta_\epsilon p_i. \end{aligned} \tag{10.29}$$

ここで式 (10.26) を用いてポアソン括弧と力学変数の無限小変化を関係づけた．式 (10.20) または式 (10.21) を使うと，変換前と後の変数が同じポアソン括弧の式を満たすことも確かめられる．すなわち，

$$\begin{aligned} \{q_i', q_j'\} &= 0 = \{p_i', p_j'\}, \\ \{q_i', p_j'\} &= \delta_{ij}. \end{aligned} \tag{10.30}$$

10.3 ハミルトニアンの対称性

言い換えると，式 (10.25) の無限小変換で正準ポアソン括弧の式は変わらない．それゆえこの変換は正準変換として知られている．

ハミルトニアンは位置座標と運動量の関数なので，式 (10.25) の変換によるハミルトニアンの変化は以下のように計算できる．

$$\begin{aligned}
\delta_\epsilon H &= \sum_i \left(\frac{\partial H}{\partial q_i} \delta_\epsilon q_i + \frac{\partial H}{\partial p_i} \delta_\epsilon p_i \right) \\
&= \sum_i \frac{\partial H}{\partial q_i} \epsilon_i = \sum_i \left(\frac{\partial H}{\partial q_i} \frac{\partial g}{\partial p_i} - \frac{\partial H}{\partial p_i} \frac{\partial g}{\partial q_i} \right) \\
&= \{H, g\}.
\end{aligned} \tag{10.31}$$

ここで中央の式で式 (10.28) を使った．もしハミルトニアンが無限小の平行移動に対して変わらないとする．すなわち

$$\delta_\epsilon H = \{H, g\} = 0, \tag{10.32}$$

と書けるとすると次の式が得られる．

$$H(q_i', p_i') = H(q_i, p_i). \tag{10.33}$$

さらに q_i と p_i のポアソン括弧は変化しないので変換後の運動方程式はもとの式 (10.23) と一致する．

$$\begin{aligned}
\dot{q_i}' &= \{q_i', H(q_j', p_j')\} = \{q_i, H(q_j, p_j)\}, \\
\dot{p_i}' &= \{p_i', H(q_j', p_j')\} = \{p_i, H(q_j, p_j)\}.
\end{aligned} \tag{10.34}$$

式 (10.34) は式 (10.23) と同じ運動を表す．実はこの結果は，無限小変換に対して H が不変ならば，その変換は系の力学方程式の対称性，すなわち系の対称性を定義するという一般的な事実の帰結である．したがって式 (10.32) の例ではハミルトニアンが変換で変わらないのでこの変換は系の対称性を表す．

式 (10.29) と (10.31) から，無限小平行移動 (10.25) による q_i, p_i, H の変化が g とのポアソン括弧から得られることが分かる．実際，式 (10.31) から任意の

物理量の変化が g とのポアソン括弧で得られる．したがって g は無限小平行移動を生み出すと考えることができ，この変換の生成子と呼ばれる．式 (10.24)，(10.32)，(10.27) から無限小平行移動は次の条件を満たすとき，系の対称性であることが分かる．

$$\frac{dg}{dt} = \{g, H\} = 0,$$
$$\text{すなわち}\quad \frac{dp_i}{dt} = \{p_i, H\} = 0. \tag{10.35}$$

言い換えると，座標の無限小平行移動に対し系が対称であれば運動量は保存し，逆に運動量が保存すると，座標の無限小平行移動に対し系は対称である．このことはラグランジアン形式を用いて式 (10.16) で得られたのと同じ結果である．

10.3.2 無限小回転

2 次元での回転，特に z 軸まわりの有限の角度 θ の回転を考える．回転軸に垂直な 2 つの直交座標は次の変換で関係づけられる．

$$\begin{aligned} x' &= x\cos\theta - y\sin\theta, \\ y' &= x\sin\theta + y\cos\theta. \end{aligned} \tag{10.36}$$

角度 θ が無限小のとき，$\cos\theta$ は $1 - \frac{\theta^2}{2}$ で，$\sin\theta$ は θ で置き換えることができるので，この変換を θ の 1 次の項まで表すと次式を得る．

$$\begin{aligned} x' &= x - \theta y, \\ y' &= \theta x + y. \end{aligned} \tag{10.37}$$

これを行列で表記すると次のようになる．

$$\begin{pmatrix} x' \\ y' \end{pmatrix} = \begin{pmatrix} 1 & -\theta \\ \theta & 1 \end{pmatrix} \begin{pmatrix} x \\ y \end{pmatrix}. \tag{10.38}$$

10.3 ハミルトニアンの対称性

$\delta_\theta x$, $\delta_\theta y$ を x, y 座標の無限小の変化とすると次のように書ける．

$$\delta_\theta \begin{pmatrix} x \\ y \end{pmatrix} = \begin{pmatrix} x' - x \\ y' - y \end{pmatrix} = \theta \begin{pmatrix} -y \\ x \end{pmatrix} = \begin{pmatrix} 0 & -\theta \\ \theta & 0 \end{pmatrix} \begin{pmatrix} x \\ y \end{pmatrix}. \quad (10.39)$$

一般化された座標と運動量では z 軸周りの無限小の回転は次のように書ける．

$$\begin{aligned} q_1 &\to q_1' = q_1 - \epsilon q_2, \\ q_2 &\to q_2' = q_2 + \epsilon q_1, \\ p_1 &\to p_1' = p_1 - \epsilon p_2, \\ p_2 &\to p_2' = p_2 + \epsilon p_1. \end{aligned} \quad (10.40)$$

ここで q_1 と q_2 は x と y と考えることができ，p_1 と p_2 は p_x と p_y と考えることができる．式 (10.25) の場合と異なり，運動量も同じ無限小変換を受けることに注意する．さらに無限小の角度の回転を ϵ で定義すると次の式のように書ける．

$$\begin{aligned} \delta_\epsilon q_1 &= q_1' - q_1 = -\epsilon q_2, \\ \delta_\epsilon q_2 &= q_2' - q_2 = \epsilon q_1, \\ \delta_\epsilon p_1 &= p_1' - p_1 = -\epsilon p_2, \\ \delta_\epsilon p_2 &= p_2' - p_2 = \epsilon p_1. \end{aligned} \quad (10.41)$$

これを座標と運動量の列ベクトルを使って行列表示で書くと

$$\begin{aligned} \delta_\epsilon \begin{pmatrix} q_1 \\ q_2 \end{pmatrix} &= \epsilon \begin{pmatrix} -q_2 \\ q_1 \end{pmatrix} = \begin{pmatrix} 0 & -\epsilon \\ \epsilon & 0 \end{pmatrix} \begin{pmatrix} q_1 \\ q_2 \end{pmatrix}, \\ \delta_\epsilon \begin{pmatrix} p_1 \\ p_2 \end{pmatrix} &= \epsilon \begin{pmatrix} -p_2 \\ p_1 \end{pmatrix} = \begin{pmatrix} 0 & -\epsilon \\ \epsilon & 0 \end{pmatrix} \begin{pmatrix} p_1 \\ p_2 \end{pmatrix}, \end{aligned}$$

となり，式 (10.39) に似た変換式になる．関数 $g(q_i, p_i)$ を，軌道角運動量の第 3 成分 (z 成分)，すなわち $(\vec{r} \times \vec{p})_z$ に比例するとして次のように定義する，

$$g = \epsilon(q_1 p_2 - q_2 p_1) = \epsilon \ell_z, \quad (10.42)$$

244　第 10 章　対称性

すると次式を得る．

$$\begin{aligned}\frac{\partial g}{\partial q_1} &= \epsilon p_2, & \frac{\partial g}{\partial q_2} &= -\epsilon p_1, \\ \frac{\partial g}{\partial p_1} &= -\epsilon q_2, & \frac{\partial g}{\partial p_2} &= \epsilon q_1.\end{aligned} \tag{10.43}$$

したがってポアソン括弧の定義式を使うと次式が得られる．

$$\begin{aligned}\{q_1, g\} &= \frac{\partial g}{\partial p_1} = -\epsilon q_2 = \delta_\epsilon q_1, \\ \{q_2, g\} &= \frac{\partial g}{\partial p_2} = \epsilon q_1 = \delta_\epsilon q_2, \\ \{p_1, g\} &= -\frac{\partial g}{\partial q_1} = -\epsilon p_2 = \delta_\epsilon p_1, \\ \{p_2, g\} &= -\frac{\partial g}{\partial q_2} = \epsilon p_1 = \delta_\epsilon p_2.\end{aligned} \tag{10.44}$$

ここでもポアソン括弧は変換 (10.40) で不変であることが示せる．そして先に述べたようにハミルトニアンの変化が次式で与えられることが示せる．

$$\begin{aligned}\delta_\epsilon H &= \sum_{i=1}^{2} \left(\frac{\partial H}{\partial q_i} \delta_\epsilon q_i + \frac{\partial H}{\partial p_i} \delta_\epsilon p_i \right) \\ &= \sum_{i=1}^{2} \left(\frac{\partial H}{\partial q_i} \frac{\partial g}{\partial p_i} - \frac{\partial H}{\partial p_i} \frac{\partial g}{\partial q_i} \right) \\ &= \{H, g\} = -\{g, H\},\end{aligned} \tag{10.45}$$

ここで式 (10.44) と (10.20) を使った．式 (10.32) から式 (10.34) で議論したように，ハミルトニアンが回転に対して不変ならば，つまり

$$\delta_\epsilon H = -\{g, H\} = 0, \tag{10.46}$$

ならば運動方程式は回転に対する対称性をもつことが分かる[3]．

---

[3] 訳者注：たとえば $H = \frac{1}{2}(p_1^2 + p_2^2)$ では，$\{g, H\} = -\sum_{i=1}^{2} \left(\frac{\partial H}{\partial q_i} \frac{\partial g}{\partial p_i} - \frac{\partial H}{\partial p_i} \frac{\partial g}{\partial q_i} \right) = \frac{p_1}{m} \epsilon p_2 - \frac{p_2}{m} \epsilon p_1 = 0$

10.4 量子力学における対称性

このことは式 (10.24) から次のことを意味する.

$$\{g, H\} = \frac{dg}{dt} = \epsilon \frac{d\ell_z}{dt} = 0. \tag{10.47}$$

したがって z 軸回りの回転に対し系が対称ならば，軌道角運動量の z 成分は保存される．逆に軌道角運動量の z 成分が保存されるならば，系は z 軸回りの回転に対して不変である．これと同様に，任意の無限小変換に対してその生成子が定義でき，変換により生成子が保存されるときは系は対称性をもつことが示せる．逆に無限小変換で系が対称であればその生成子は保存される.

10.4 量子力学における対称性

　古典力学から量子力学への移行は，ハミルトニアン形式の枠組みにより最もうまく記述できる．量子力学では古典的な観測量はエルミート演算子で表され，ポアソン括弧式は交換関係の式で置き換えられる．古典力学での無限小平行移動の生成子は演算子となり，ヒルベルト空間のベクトルだけでなく，演算子の対称変換も定義する．量子力学では，対称変換は 2 つの等価な方法のいずれかでなされる．それはヒルベルト空間の状態ベクトルを変換するか，状態ベクトルに作用する演算子を変換するかである．このことは古典力学で行われる 2 つの変換の方法，すなわち受動変換と能動変換に非常に良く似ている.

　量子力学では観測量はエルミート演算子の期待値に対応する．その時間発展は，もし演算子が時間に直接依存しないときは，エーレンフェスト (Ehrenfest) の定理により次式で与えられる[4].

$$\frac{d}{dt}\langle Q \rangle = \frac{1}{i\hbar}\langle [Q, H] \rangle = \frac{1}{i\hbar}\langle (QH - HQ) \rangle. \tag{10.48}$$

---

[4] 訳者注：$\frac{d}{dt}|\psi\rangle = \frac{1}{i\hbar}H|\psi\rangle$, $\frac{d}{dt}\langle\psi| = -\frac{1}{i\hbar}\langle\psi|H^\dagger = -\frac{1}{i\hbar}\langle\psi|H$ なので $\frac{d}{dt}\langle Q \rangle = \frac{d}{dt}\langle\psi|Q|\psi\rangle = \left(\frac{d}{dt}\langle\psi|\right)Q|\psi\rangle + \langle\psi|Q\frac{d}{dt}|\psi\rangle = -\frac{1}{i\hbar}\langle\psi|HQ|\psi\rangle + \frac{1}{i\hbar}\langle\psi|QH|\psi\rangle = \frac{1}{i\hbar}\langle\psi|(QH-HQ)|\psi\rangle = \frac{1}{i\hbar}\langle(QH-HQ)\rangle$. ここで Q は時間に依存しないことと H のエルミート性を利用した．

ここで状態 $|\psi\rangle$ がとる演算子 Q の期待値を次式で表す.

$$\langle Q \rangle = \langle \psi | Q | \psi \rangle. \tag{10.49}$$

したがって次のことは明らかである．時間に直接依存しない観測量が保存量であるためには，これに対応する演算子がハミルトニアンと可換なことが必要かつ十分である．すなわち任意の量子力学的状態に対して，

$$\frac{d}{dt}\langle Q \rangle = 0,$$

となるのは，

$$[Q, H] = 0, \tag{10.50}$$

が必要かつ十分な条件である．

　これは式 (10.35) と (10.47) に類似した量子力学の関係式である．つまり演算子 Q による無限小変換が理論の対称性を規定するのは，式 (10.50) が成り立つときである．この対称性の結果，任意の状態の Q の期待値は時間によらず保存される (一定である)．逆に，任意の状態での観測量あるいは Q の期待値が保存されるときには Q は系の対称性を生み出すのである．

　量子力学では，2 つの演算子が可換であるとそれらは同時に対角化できる．つまり両者は同じ固有関数の完全系をもつ．それゆえハミルトニアンが演算子 Q が定める対称性をもつときは，エネルギーの固有状態は演算子 Q の固有状態でもあり，Q の固有値に対応する量子数でも名前付けすることができる．さらにそれらの量子数は，粒子の崩壊や反応を表すハミルトニアンが，対称変換により不変である限り常に保存される．しかし，ハミルトニアンが対称変換に対して不変でないときは，量子数は保存される必要はない．このことから異なる反応で，ある種の量子数は保存されるが他の量子数はそうならない理由が理解でき，相互作用の理論を構築する上で本質的な第 1 歩が与えられる．

　量子力学的対称性の例として，平行移動を考える．簡単のために 1 次元に限ることにし，x 座標を一定量 ϵ だけ移動する変換を考える．この変換を演算子ではなく状態ベクトルに適用する (この逆の場合も議論は同様で容易である．)

10.4 量子力学における対称性

ϵ を実数とし，$x \to x' = x + \epsilon$ の変換で，状態ベクトルに対応する波動関数は次のように変換する[5]．

$$\psi(x) \to \psi(x - \epsilon) = \psi(x) - \epsilon \frac{d\psi(x)}{dx} + O(\epsilon^2). \tag{10.51}$$

この変換で，ハミルトニアンの期待値は次のように変化する．

$$\begin{aligned}\langle H \rangle &= \int_{-\infty}^{\infty} dx \psi^*(x) H(x) \psi(x) \\ &\to \langle H \rangle' = \int_{-\infty}^{\infty} dx \psi^*(x-\epsilon) H(x) \psi(x-\epsilon) \\ &= \int_{-\infty}^{\infty} dx \psi^*(x) H(x) \psi(x) - \epsilon \int_{-\infty}^{\infty} dx \frac{d\psi^*}{dx} H(x) \psi(x) \\ &\quad - \epsilon \int_{-\infty}^{\infty} dx \psi^*(x) H(x) \frac{d\psi(x)}{dx} + O(\epsilon^2).\end{aligned}$$

真ん中の項は部分積分により，以下のようにかける．

$$\int_{-\infty}^{\infty} dx \frac{d\psi^*(x)}{dx} H(x) \psi(x) = \int_{-\infty}^{\infty} dx \left[\frac{d}{dx}(\psi^* H \psi) \right] - \int_{-\infty}^{\infty} dx \psi^* \frac{d}{dx}(H\psi).$$

仮定により，波動関数は無限遠で消失するので右辺の第 1 項はゼロになり，次式を得る．

$$\begin{aligned}\langle H \rangle' &= \langle H \rangle - \epsilon \int_{-\infty}^{\infty} dx \psi^*(x) \left(H \frac{d}{dx} - \frac{d}{dx} H \right) \psi(x) + O(\epsilon^2) \\ &= \langle H \rangle - \frac{i\epsilon}{\hbar} \langle [H, p_x] \rangle + O(\epsilon^2).\end{aligned} \tag{10.52}$$

最後の段階で運動量演算子を空間微分で定義した．

$$p_x \to -i\hbar \frac{d}{dx}. \tag{10.53}$$

---

[5] 変換 $x \to x + \epsilon$ では波動関数は $\psi(x) \to \psi(x-\epsilon)$ のように変化することに注意する．(量子力学の教科書を参照せよ)

式 (10.27) および (10.31) と比べると，ϵ の 1 次の項までで，無限小の空間移動の量子力学的演算子 G は運動量演算子であることが分かる．

$$g = \epsilon G = -\frac{i\epsilon}{\hbar}p_x. \tag{10.54}$$

そしてハミルトニアンは，

$$[p_x, H] = 0, \tag{10.55}$$

であれば x 座標の移動で不変である．さらに，もし式 (10.55) が成り立てば，エーレンフェストの定理により $\langle p_x \rangle$ は保存される．明らかに，1 次元の空間を運動する，質量 m の自由な粒子のハミルトニアンはこの不変性をもつ．

$$H_{\text{free particle}} = \frac{p_x^2}{2m}. \tag{10.56}$$

知られているように，量子力学での自由粒子を表すハミルトニアンのエネルギー固有状態は平面波であり，それは運動量演算子の固有状態でもある．

10.5 連続的対称性

一般に，理論における対称変換は 2 つに分類される．連続変数に依存する変換と，ある種の反転による変換である．それらは**連続変換**と**離散的変換**と呼ばれている．本章でこれまで考察した変換は，すべて任意の変数（たとえば ϵ）に依存する連続変換である．次の章で離散的変換について学ぶが，ここではまず連続変換について考察を発展させることにする．

無限小変換は，変換が連続性をもつときにのみ意味があり，連続変換において基本的な重要性をもつ．というのは有限な変換はすべて連続する一連の無限小変換で記述されるからである．それは次のように示すことができる．式 (10.51) から，x 軸上の無限小の移動に対して状態 $|\psi\rangle$ が受ける効果は，$|\psi\rangle$ にかかる次の演算子で与えられる．

$$U_x(\epsilon) = 1 - \frac{i\epsilon}{\hbar}p_x. \tag{10.57}$$

10.5 連続的対称性

x 軸上で有限の量 α の平行移動を与える演算子 $U_x(\alpha)$ は次のようにして得られる．まず x 軸に沿って微少量 ϵ の無限小移動を N 回連続して行う操作を考える．それは全体では $N\epsilon$ の移動であり，その演算子は単に N 個の無限小移動の演算子の積である．

$$U_x(N\epsilon) = \left(1 - \frac{i\epsilon}{\hbar}p_x\right)\left(1 - \frac{i\epsilon}{\hbar}p_x\right)\ldots = \left(1 - \frac{i\epsilon}{\hbar}p_x\right)^N. \tag{10.58}$$

ϵ は無限小なので有限の N に対して $N\epsilon$ もまた無限小である．しかし，N が無限に大きいとその積は有限にすることができる．α を有限の変数として，$\epsilon \to 0$，$N \to \infty$ の極限で $\alpha = N\epsilon$ と表されるとする．有限な移動は無数の無限小移動がつながった変換とみなすことができる．すると式 (10.58) から有限移動の演算子は次のように与えられる．

$$\begin{aligned}U_x(\alpha) &= \lim_{\substack{N\to\infty \\ \epsilon\to 0 \\ N\epsilon=\alpha}} \left(1 - \frac{i\epsilon}{\hbar}p_x\right)^N \\ &= \lim_{\substack{N\to\infty \\ \epsilon\to 0 \\ N\epsilon=\alpha}} \left(1 - \frac{i\alpha}{N\hbar}p_x\right)^N = e^{-\frac{i}{\hbar}\alpha p_x}.\end{aligned} \tag{10.59}$$

このように有限変数の変換を表す演算子は，単に無限小変換の生成子を指数関数の肩にのせることにより得られる．(他の座標軸に沿っての有限移動についても同様の表式が成り立つことは明らかである．) 対称変換はいわゆる「群」として知られる集合を定義する．(付録 D にある群論の基礎を参照せよ．) たとえば 2 つ続けて移動させる変換はまとめて 1 度の移動と考えても良く，2 つの回転操作はまとめて 1 度の回転操作と考えてもよい．2 つの変換を組み合わせるときの規則 (変換群の特性) は，変換の生成子が満たす交換関係 (代数) で完全に決定される．x 軸方向の移動では生成子は交換可能な運動量であり，次の関係を満たす．

$$[p_x, p_x] = 0. \tag{10.60}$$

実際には異なる座標軸を向くすべての運動量演算子も互いに交換可能である．

$$[p_i, p_j] = 0 \quad (i,j = x, y, \text{ または } z). \tag{10.61}$$

このような代数は可換あるいはアーベリアン (Niels Abel に因んで) 代数として知られている．式 (10.59)〜(10.61) の帰結として次のことがいえる．

$$\begin{aligned} U_j(\alpha)U_k(\beta) &= e^{-\frac{i}{\hbar}\alpha p_j}e^{-\frac{i}{\hbar}\beta p_k} \\ &= e^{-\frac{i}{\hbar}\beta p_k}e^{-\frac{i}{\hbar}\alpha p_j} \\ &= U_k(\beta)U_j(\alpha) \quad (k,j=x,y,z), \end{aligned} \tag{10.62}$$

そして

$$\begin{aligned} U_x(\alpha)U_x(\beta) &= e^{-\frac{i}{\hbar}\alpha p_x}e^{-\frac{i}{\hbar}\beta p_x} \\ &= e^{-\frac{i}{\hbar}(\alpha+\beta)p_x} = U_x(\alpha+\beta) = U_x(\beta)U_x(\alpha). \end{aligned} \tag{10.63}$$

すなわち座標を移動する変換は可換群あるいはアーベリアン群といわれる群を形成する．2 つの変換の結果は変換の順序とは無関係である．しかし必ずしもすべての変換が可換とは限らない．周知のように量子力学では無限小回転は角運動量の演算子で生成される．(古典力学でも角運動量はポアソン括弧式により回転を生み出す．)

$$\begin{aligned} L_1 &= x_2 p_3 - x_3 p_2, \\ L_2 &= x_3 p_1 - x_1 p_3, \\ L_3 &= x_1 p_2 - x_2 p_1. \end{aligned} \tag{10.64}$$

これらは量子力学の代数 (交換関係) を満たす．

$$[L_j, L_k] = \sum_\ell i\hbar \epsilon_{jk\ell} L_\ell \qquad (j,k,\ell = 1,2,3), \tag{10.65}$$

ここで $\epsilon_{jk\ell}$ はレビ・チビタ (Levi-Civita) の全反対称テンソルと呼ばれ，j,k,ℓ が 1, 2, 3 のサイクリックな順のときは 1，サイクリックな順にないときは -1，それ以外 (たとえば 2 個が同じ数のとき) は 0 である．式 (10.65) は最も簡単な非可換代数 (生成子が交換しない)，あるいは非アーベリアン代数を与える．こ

10.5 連続的対称性

の非可換性により回転群は平行移動の変換群とはまったく異なる振る舞いをする．特に 2 つの軸に沿う平行移動と違って，異なる軸の回りの回転は可換ではなく，回転操作の順序が重要になってくる．

3 次元空間の回転群は $SO(3)$ として知られるが $SU(2)$ 群と非常に良く似た代数学的な構造をもつ．$SU(2)$ 群は内部対称性に関する群で，行列式が 1 の 2 行 2 列のユニタリー行列で特徴付けられる．

量子力学では系の状態は，抽象的なヒルベルト空間のベクトルで定義される．通常のベクトルが座標空間で回転されるのと同じように量子力学の状態ベクトルはヒルベルト空間内で回転させることができる．したがって系の連続的な対称性は，時空の対称変換か内部空間の対称変換に対応する．以下に述べるように $SU(2)$ 群による変換は，ヒルベルト空間内のベクトルを空間回転と同じように回転する．内部ヒルベルト空間の変換は時空座標に何ら影響を与えることはなく，時空座標は保持される．そのため 2 つの基本的な状態が次のような列ベクトル，

$$\begin{pmatrix} \psi_1(x) \\ 0 \end{pmatrix} \text{および} \begin{pmatrix} 0 \\ \psi_2(x) \end{pmatrix},$$

で表示される系を考えると，この 2 次元の内部空間の一般的な回転は次のように表すことができる．

$$\delta \begin{pmatrix} \psi_1(x) \\ \psi_2(x) \end{pmatrix} = -\sum_{j=1}^{3} i\epsilon_j \frac{\sigma_j}{2} \begin{pmatrix} \psi_1(x) \\ \psi_2(x) \end{pmatrix}. \tag{10.66}$$

ここで σ_j は 2 行 2 列のパウリのスピン行列で，$SU(2)$ の無限小変換の生成子であり次のように定義される．

$$\hat{I}_j = \frac{\sigma_j}{2} \quad (j=1,2,3),$$
$$\sigma_1 = \begin{pmatrix} 0 & 1 \\ 1 & 0 \end{pmatrix}, \quad \sigma_2 = \begin{pmatrix} 0 & -i \\ i & 0 \end{pmatrix}, \quad \sigma_3 = \begin{pmatrix} 1 & 0 \\ 0 & -1 \end{pmatrix}. \tag{10.67}$$

パウリ行列の性質により $\hat{I}_j$ は，角運動量演算子が満たす式 (10.65) と同じ代数

関係を満たす[6]．角運動量との類推でこの 2 つの状態に演算子 $\hat{I}_3$ の固有値で名前をつけることができる．実際，状態 $\begin{pmatrix} \psi_1(x) \\ 0 \end{pmatrix}$ と $\begin{pmatrix} 0 \\ \psi_2(x) \end{pmatrix}$ は $\hat{I}_3$ の固有状態でその固有値は $\pm\frac{1}{2}$ である．($\hat{I}_j$ は可換でないのでその内の 1 つだけが対角行列になる．) これら 2 つの状態は，回転が系の対称性を保つならばむろんエネルギー的に縮退している．(再び指摘するが，これは回転で不変な系ではスピンが上向きと下向きの状態がエネルギー的に縮退しているのと非常に良く似ている．) 前章で議論した強い相互作用でのアイソスピンの変換はそのような内部空間の回転に相当する．陽子と中性子の質量が縮退しているのは，強い相互作用のハミルトニアンがアイソスピン空間での回転に対して不変であることの帰結である．一般に，系のハミルトニアンがこの種の内部空間の回転で不変ならば，保存される量子数が存在する．

10.5.1 アイソスピン

前節の定式化に焦点をしぼり，考えをいくぶん拡張してアイソスピンに適用する．アイソスピンの対称性があればその上向き状態，つまり $I_3 = \frac{1}{2}$ の陽子と下向き状態，つまり $I_3 = -\frac{1}{2}$ の中性子は区別できない．(ここで I_3 はアイソスピンの射影による量子数であり，演算子 $\hat{I}_3$ の固有値である．) したがって中性子 $|n\rangle$ と陽子 $|p\rangle$ の状態ベクトルの線形結合による新たな状態が定義できる．式 (10.36) と (10.39) を比較して分かるように，式 (10.68) から，アイソスピン空間でのベクトルを I_2 軸のまわりに有限角 θ だけ回転させると，変換後のベクトル $|p'\rangle$ と $|n'\rangle$ は次のように表される．

---

[6] 次の事に注意する．$\epsilon_1 = 0$, $\epsilon_3 = 0$, $\epsilon_2 = \epsilon$ の回転を考えると内部空間の回転は次の形をとる．

$$\delta \begin{pmatrix} \psi_1(x) \\ \psi_2(x) \end{pmatrix} = \frac{\epsilon}{2} \begin{pmatrix} -\psi_2(x) \\ \psi_1(x) \end{pmatrix}, \tag{10.68}$$

これを式 (10.39) と比べると，波動関数の 2 つの成分は内部空間の座標と考えることができ，通常の空間の回転と類似することが理解できる．

10.5 連続的対称性

$$|p'\rangle = \cos\frac{\theta}{2}|p\rangle - \sin\frac{\theta}{2}|n\rangle,$$
$$|n'\rangle = \sin\frac{\theta}{2}|p\rangle + \cos\frac{\theta}{2}|n\rangle. \tag{10.69}$$

アイソスピンの不変性が核子どうしの相互作用にどのような性質を与えるのか調べる．ヒルベルト空間の 2 核子の状態は，粒子の交換に対して対称または反対称である基本的な 4 つの状態で書き表すことができる．

$$|\psi_1\rangle = |pp\rangle, \quad |\psi_2\rangle = \frac{1}{\sqrt{2}}(|pn\rangle + |np\rangle), \quad |\psi_3\rangle = |nn\rangle,$$
$$|\psi_4\rangle = \frac{1}{\sqrt{2}}(|pn\rangle - |np\rangle). \tag{10.70}$$

通常のスピンの場合のように I_3 は加算的な量子数であり，$|\psi_1\rangle$ は $I_3 = +1$，$|\psi_2\rangle$ と $|\psi_4\rangle$ は $I_3 = 0$，$|\psi_3\rangle$ は $I_3 = -1$ である．アイソスピンの変換による影響を調べるために，例として $|\psi_1\rangle$ と $|\psi_4\rangle$ をとり上げる．式 (10.69) による回転でこれらは図式的には次のように変換する．

$$\begin{aligned}
|\psi_1'\rangle &= \left|\left(\cos\frac{\theta}{2}p - \sin\frac{\theta}{2}n\right)\left(\cos\frac{\theta}{2}p - \sin\frac{\theta}{2}n\right)\right\rangle \\
&= \cos^2\frac{\theta}{2}|pp\rangle - \cos\frac{\theta}{2}\sin\frac{\theta}{2}(|pn\rangle + |np\rangle) + \sin^2\frac{\theta}{2}|nn\rangle \\
&= \cos^2\frac{\theta}{2}|\psi_1\rangle - \frac{1}{\sqrt{2}}\sin\theta|\psi_2\rangle + \sin^2\frac{\theta}{2}|\psi_3\rangle,
\end{aligned} \tag{10.71}$$

$$\begin{aligned}
|\psi_4'\rangle &= \frac{1}{\sqrt{2}}\bigg(\left|\left(\cos\frac{\theta}{2}p - \sin\frac{\theta}{2}n\right)\left(\sin\frac{\theta}{2}p + \cos\frac{\theta}{2}n\right)\right\rangle \\
&\quad - \left|\left(\sin\frac{\theta}{2}p + \cos\frac{\theta}{2}n\right)\left(\cos\frac{\theta}{2}p - \sin\frac{\theta}{2}n\right)\right\rangle\bigg) \\
&= \frac{1}{\sqrt{2}}\left(\cos^2\frac{\theta}{2} + \sin^2\frac{\theta}{2}\right)(|pn\rangle - |np\rangle) = |\psi_4\rangle.
\end{aligned} \tag{10.72}$$

これより ψ_4 は回転の影響を受けないことが分かる．すなわち ψ_4 はスカラー (つまり 1 重項) であり，$I = 0$，$I_3 = 0$ の 2 核子系を表す．ψ_2 と ψ_3 について

も同様に計算することができ，これらはアイソスピンの回転で ψ_1 と互いに移り合う．それはちょうど空間の回転でベクトルの3つの成分が混じり合うように変換するのと同じである．核子どうしの強い相互作用でアイソスピンが不変ならば，3つの状態，ψ_1, ψ_2, ψ_3 はそれぞれ $I_3 = 1, 0, -1$ に対応し，互いに等価であり区別できない．以上から任意の2核子系はアイソスピン空間で $I = 0$ の1重項か $I = 1$ の3重項に分類されることが分かる．くり返し述べるが，系がアイソスピンの対称性をもつ，つまり核子間の強い力が中性子と陽子の入れ替えの影響を受けない場合，1重項と3重項の状態は互いに独立であり，$I = 1$ の3つの成分は区別がつかない．$I = 1$ の縮退した状態が解けるのは他の相互作用による．たとえばハミルトニアンに含まれる電磁相互作用の項であり，それは系の電荷に依存する．

2核子系と同様に3核子系を構成することができ，それは $I = \frac{1}{2}$ の2つの2重項と，これと独立な $I = \frac{3}{2}$ の4重項に対応する．このように，角運動量の状態を組み合わせるのと同じ方法で，アイソスピン空間の多重項をつくることができる．

アイソスピン不変性が適用される重要な例として，粒子の崩壊や反応の相対遷移確率の計算が上げられる．ここでは $\Delta(1232)$ の π 中間子と核子への崩壊がどう計算できるか調べる．第9章で触れたように $\Delta(1232)$ はフェルミらによる π 中間子と核子の散乱で π-N 共鳴状態として発見された．$\Delta(1232)$ には電荷の異なる4種の粒子があり，それらは $I = \frac{3}{2}$ の多重項の4つの I_3 射影成分に対応する．$\Delta(1232)$ の π 中間子と核子への崩壊でアイソスピン対称性を仮定すると，$\Delta^{++}(1232)$, $\Delta^{+}(1232)$, $\Delta^{0}(1232)$, $\Delta^{-}(1232)$ の全崩壊率は等しくなければならない．というのは強い相互作用は多重項の中のメンバーを区別しないからである．さらに，式 (10.69) の変換では π^+, π^0, π^- だけでなく p と n も互いに移り変わり区別できない．そこで終状態が中性子を含む全崩壊率は，陽子を含む全崩壊率に等しいと仮定し，3種の π 中間子に対しても同様の仮定をする．そして始状態の $\Delta(1232)$ と終状態の π 中間子と核子の組で電荷が保存する場合を表にまとめ，強い力による崩壊で荷電対称性とアイソスピンの不変性を要求する．その結果を表 10.2 に示す．Δ^+ の $p\pi^0$ と $n\pi^+$ への崩壊率の和と Δ^0 の $p\pi^-$ と $n\pi^0$ の崩壊率の和がともに1とすると，すべての Δ が等価

表 10.2: アイソスピン対称性を仮定した場合の $\Delta \to \pi N$ の崩壊率.

荷電状態	I_3	終状態	期待値	解
Δ^{++}	$\frac{3}{2}$	$p\pi^+$	1	1
Δ^+	$\frac{1}{2}$	$p\pi^0$	x	$\frac{2}{3}$
		$n\pi^+$	$1-x$	$\frac{1}{3}$
Δ^0	$-\frac{1}{2}$	$p\pi^-$	y	$\frac{1}{3}$
		$n\pi^0$	$1-y$	$\frac{2}{3}$
Δ^-	$-\frac{3}{2}$	$n\pi^-$	1	1

で同じ全崩壊率をもつことになる.簡単のため全崩壊率を 1 に規格化した.次に終状態が p または n を含む崩壊率が互いに等しいとする,

$$1 + x + y = (1-x) + (1-y) + 1. \tag{10.73}$$

ここで x と y は表 10.2 で定義した.さらに終状態が π^+, π^0, π^- を含む崩壊率がそれぞれ等しいとする,

$$1 + (1-x) = x + (1-y) = y + 1. \tag{10.74}$$

未知数よりも方程式の数が多いが,つじつまの合う (x, y) の解が 1 つあり,それを表 10.2 に示す.この結果,$\Delta^+(1232)$ の崩壊では $p+\pi^0$ への崩壊率が $n+\pi^+$ の 2 倍であり,$\Delta^0(1232)$ の崩壊では $n+\pi^0$ への崩壊率が $p+\pi^-$ の 2 倍であることが示される.これらは真にアイソスピン対称性からくるものである.これら崩壊比が実験と良く一致することはアイソスピンが強い相互作用における対称性であり,I と I_3 が強い力で保存されることを示す.得られた解は角運動量の合成を与えるクレブシュ-ゴルドン (Clebsh-Gordan) 係数から簡単に求まるが,以上の考え方は,R. アデア (Robert Adair) と I. シュムシュケビッチ (Ilya M. Shmushkevich) により提案され教育的効果が強調されている.

10.6　局所対称性

　現実の時空であろうと内部空間であろうと連続的対称性は 2 種類に分けられる．ひとつは変換の変数が一定であるもの，すなわちすべての時空点で同じ値であるもので，グローバル変換と呼ばれる．これまで考察した連続変換はこの部類に入り，すでに見たように変換に対する不変性により電荷 (あるいは量子数) が保存される．これに対し，変換の変数が時空座標に依存するもの，すなわち変換の大きさが時空の各点ごとに異なる変換は局所変換と呼ばれる．この場合対称性を保つには力が導入されなければならない．例として，時間によらないシュレディンガー方程式を考える．

$$H\psi(\vec{r}) = \left(-\frac{\hbar^2}{2m}\vec{\nabla}^2 + V(\vec{r})\right)\psi(\vec{r}) = E\psi(\vec{r}). \tag{10.75}$$

解 $\psi(\vec{r})$ に対し，α が定数ならば明らかに $e^{i\alpha}\psi(\vec{r})$ もまた解である．言い換えると解は波動関数の位相まで決定することはできず，位相の変換に対して量子力学系は対称である．この種の変換は確率を保存し，また電荷の保存もそのようなグローバル変換に由来する．

　次に，以下の局所位相変換について考える．

$$\psi(\vec{r}) \to e^{i\alpha(\vec{r})}\psi(\vec{r}). \tag{10.76}$$

ここで位相は時空座標にあらわに依存し，波動関数は時空の各点で異なる位相をもつ．(強調しておくが，ここでは時空座標の変化を考えているのではなく，位相変換の変数が座標点ごとに異なる場合を考えている．) 式 (10.76) の局所位相変換を行うと式中の空間微分により余分な項が出る．

$$\vec{\nabla}\left[e^{i\alpha(\vec{r})}\psi(\vec{r})\right] = e^{i\alpha(\vec{r})}\left[i(\vec{\nabla}\alpha(\vec{r}))\psi(\vec{r}) + \vec{\nabla}\psi(\vec{r})\right] \neq e^{i\alpha(\vec{r})}\vec{\nabla}\psi(\vec{r}). \tag{10.77}$$

したがって変換 (10.76) により式 (10.75) の右辺は同じ形であるが左辺はそうならず，シュレディンガー方程式は一般には不変でない[7]．

---

[7] 訳者注：$He^{i\alpha}\psi = e^{i\alpha}H\psi$ の形ならば $H\psi = E\psi$ のとき $H\left(e^{i\alpha}\psi\right) = E\left(e^{i\alpha}\psi\right)$ になり ψ と $e^{i\alpha}\psi$ は同じ方程式を満たす．

10.6 局所対称性

しかし変換 (10.76) の空間微分を次のように置き換えるとシュレディンガー方程式が局所変換に対し対称になる．

$$\vec{\nabla} \to \vec{\nabla} - i\vec{A}(\vec{r}). \tag{10.78}$$

ここでベクトルポテンシャル $\vec{A}(\vec{r})$ が

$$\vec{A}(\vec{r}) \to \vec{A}(\vec{r}) + \vec{\nabla}\alpha(\vec{r}), \tag{10.79}$$

のように変換すれば式 (10.77) の余分な項がキャンセルし，2 つの変化を合わせると次の結果が得られる．

$$\begin{aligned}\left(\vec{\nabla} - i\vec{A}(\vec{r})\right)\psi(\vec{r}) &\to \left(\vec{\nabla} - i\vec{A}(\vec{r}) - i(\vec{\nabla}\alpha(\vec{r}))\right)\left(e^{i\alpha(\vec{r})}\psi(\vec{r})\right) \\ &= e^{i\alpha(\vec{r})}\left(\vec{\nabla} - i\vec{A}(\vec{r})\right)\psi(\vec{r}).\end{aligned} \tag{10.80}$$

このことはベクトルポテンシャルが式 (10.79) のように変換するならば，変更されたシュレディンガー方程式が局所位相変換 (10.76) に対し対称であることを意味する．

$$\left(-\frac{\hbar^2}{2m}\left(\vec{\nabla} - i\vec{A}(\vec{r})\right)^2 + V(\vec{r})\right)\psi(\vec{r}) = E\psi(\vec{r}). \tag{10.81}$$

式 (10.79) はマクスウェルの方程式で見られたのと同類のゲージ変換であることが分かる．局所位相変換での不変性が成り立つには新たな場の導入が必要であることに注意する．新たな場はゲージ場として知られ，ここでは $\vec{A}(\vec{r})$ は電磁気のベクトルポテンシャルとみなすことができ，物理的に明確な力が導かれる．1 変数の位相変換 (10.76) の対称群はアーベリアン (可換な対称群) であり $U(1)$ 群と呼ばれる．(これらの考え方については第 13 章で議論する．)

これまで述べたことは簡単な局所位相対称性の議論であるが，局所対称性を得るには新たな場が必要であるという一般的な結論は，もっと複雑な場合についても当てはまる．この事実は現代物理学の理論を構築する上で極めて重要である．自然界に存在する異なる基本的な力は，理論の局所不変性に由来するものであり，これに対応するゲージ場がこれらの力を生み出すことが示唆される．この考えはゲージ原理と呼ばれ，現在それに基づいて基本的な相互作用が理解されている．

演習問題

10.1 $I=1$ の ρ 中間子の崩壊 ($\rho^+ \to \pi^+\pi^0$, $\rho^- \to \pi^-\pi^0$, $\rho^0 \to \pi^+\pi^-$, $\rho^0 \to \pi^0\pi^0$) をアイソスピンに分解し，アイソスピン不変性から $\rho^0 \to \pi^0\pi^0$ が禁止されることを，アデア・シュムシュケビッチの方法を使って示せ．

10.2 強い相互作用がアイソスピン空間の回転で不変であることと，K 中間子と π 中間子のアイソスピンを仮定して，次の崩壊の遷移確率の比を予言せよ：

$$\frac{K^{*++} \to K^+\pi^+}{K^{*+} \to K^+\pi^0}, \quad \frac{K^{*+} \to K^+\pi^0}{K^{*+} \to K^0\pi^+}, \quad \frac{K^{*-} \to K^0\pi^-}{K^{*0} \to K^+\pi^-}.$$

(a) K^* 中間子のアイソスピンを $I=\frac{3}{2}$ と仮定した場合．
(b) 上の崩壊について，K^* 中間子が $I=\frac{1}{2}$ をもつと仮定した場合はどうなるか．(ヒント：終状態の I_3 を考えよ．)

10.3 バリオン N^* は核子の励起状態で $I=\frac{1}{2}$ である．強い相互作用のアイソスピン不変性に基づいて，N^* と Δ の π-N 系への崩壊がどう違うか表 10.2 での議論から述べよ．

10.4 次の系が取り得るアイソスピンの値を求めよ．(a) π^+ 中間子と反陽子，(b) 2 個の中性子，(c) π^+ 中間子と Λ^0，(d) π^+ 中間子と π^0 中間子，(e) u クォークと $\bar{u}$ クォーク，(f) c, b, s クォーク各 1 個ずつから成る系 (クォークの性質については表 9.5 を参照せよ).

推奨図書

巻末推奨図書番号： [9], [12], [15], [16], [31], [35].
この他量子力学の標準的な教科書として，[4]

11 離散的対称性

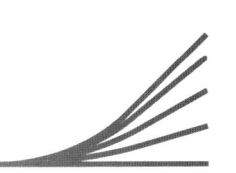

11.1 はじめに

物理量の変換には時空間の変換やアイソスピンのような内部空間の変換などがあるが，基準となる座標系の変化として記述することで理解することができる．連続的な変換も離散的な変換もこの枠組みで理解することができる．前章では連続的な変換に対する対称性を取り扱ったが，本章では離散的な変換に対する対称性について議論する．

11.2 パリティ

これまで述べてきたように，パリティと呼ばれる空間反転操作は，右手座標系を左手座標系に，またはその逆に左手系を右手系に変換する操作である．このような変換を記号で P と表すと，P により時間と空間の 4 元ベクトルは次のように変換される．

$$\begin{pmatrix} ct \\ x \\ y \\ z \end{pmatrix} \stackrel{P}{\to} \begin{pmatrix} ct \\ -x \\ -y \\ -z \end{pmatrix}. \tag{11.1}$$

どのように空間回転しても左手系から右手系に移ることはできないため，パリティ変換は空間回転とはまったく異なる変換であることを強調しておく．実際，空間座標の回転は，連続的な変換であるのに対し空間座標の反転はそうではない．したがって，回転とパリティに対応する量子数はまったく異なるものになる．

古典的には，位置と運動量のベクトルの成分は座標の反転で符号を変えるが

第 11 章 離散的対称性

その大きさは変化しない．

$$\vec{r} \xrightarrow{P} -\vec{r},$$
$$\vec{p} = m\dot{\vec{r}} \xrightarrow{P} -m\dot{\vec{r}} = -\vec{p},$$
$$r = (\vec{r} \cdot \vec{r})^{\frac{1}{2}} \xrightarrow{P} [(-\vec{r}) \cdot (-\vec{r})]^{\frac{1}{2}} = (\vec{r} \cdot \vec{r})^{\frac{1}{2}} = r, \quad (11.2)$$
$$p = (\vec{p} \cdot \vec{p})^{\frac{1}{2}} \xrightarrow{P} [(-\vec{p}) \cdot (-\vec{p})]^{\frac{1}{2}} = (\vec{p} \cdot \vec{p})^{\frac{1}{2}} = p.$$

これらは，通常のスカラーとベクトルが空間反転でどう変換するかを示している．しかしながら，パリティ変換により，式 (11.2) のようには変換しないスカラーとベクトル量も存在する．たとえば，座標回転によりベクトルのように変換する軌道角運動量は，空間反転すると，

$$\vec{L} = \vec{r} \times \vec{p} \xrightarrow{P} (-\vec{r}) \times (-\vec{p}) = \vec{r} \times \vec{p} = \vec{L}, \quad (11.3)$$

のように変換する．これは普通のベクトルの符号の変化とは逆である．そのため，このようなベクトルは**擬ベクトル** (*pseudovector*) または**軸性ベクトル** (*axial vector*) と呼ばれる．同様に，平行 6 面体の体積のように，空間反転に対する符号の変化が通常のスカラーとは反対のスカラーも存在する，

$$\vec{a} \cdot (\vec{b} \times \vec{c}) \xrightarrow{P} (-\vec{a}) \cdot ((-\vec{b}) \times (-\vec{c})) = -\vec{a} \cdot (\vec{b} \times \vec{c}). \quad (11.4)$$

このような量は**擬スカラー** (*pseudoscalar*) と呼ばれる．一般にベクトルの成分は，a_μ のように 1 つの添字を用いて表すことができる．しかし物理では，**テンソル** (*tensor*) と呼ばれる，複数の添字が必要なもっと複雑な数を扱うこともある．四重極モーメント，エネルギー・運動量応力テンソル，相対論的電磁場の強さ $F_{\mu\nu}$ などは 2 階のテンソル (2 つの添字をもつ) の例である．

パリティ変換の 1 つの重要な性質は，パリティ変換を 2 回繰り返すと座標系が元にもどることである，

$$\vec{r} \xrightarrow{P} -\vec{r} \xrightarrow{P} \vec{r}. \quad (11.5)$$

パリティ変換を行う演算子を P とし，$|\psi\rangle$ を状態関数とすると，式 (11.5) から次のように結論づけられる．

$$P^2 |\psi\rangle = +1 |\psi\rangle. \quad (11.6)$$

11.2 パリティ

これを満足するパリティ演算子の固有値は，±1 だけである．もしハミルトニアン H が座標の反転で不変ならば，すでに述べたように P と H は可換である．

$$[P, H] = 0. \tag{11.7}$$

逆に，P と H が可換であれば，このハミルトニアンの固有状態は，固有値が +1 または −1 の P の固有状態でもある．波動関数 $\psi(\vec{r})$ は P の変換に対して，

$$\psi(\vec{r}) \xrightarrow{P} \psi(-\vec{r}), \tag{11.8}$$

のように変換する．このことはパリティ変換で不変な任意のハミルトニアンでは，その定常状態は決まったパリティをもち，奇関数か偶関数のいずれかであることを意味する．たとえば，ハミルトニアンがパリティ変換に対し不変である 1 次元の調和振動子の場合を考えてみよう，

$$H = \frac{p^2}{2m} + \frac{1}{2}m\omega^2 x^2 \xrightarrow{P} \frac{(-p)^2}{2m} + \frac{1}{2}m\omega^2(-x)^2 = H. \tag{11.9}$$

よく知られているように，この振動子のエネルギー固有状態は x の奇関数か偶関数のエルミート多項式であるが，奇関数と偶関数が混じったものにはならない．次に 3 次元空間における回転に対して不変な系を考える．

第 10 章で示したように，エネルギー固有状態は角運動量の演算子の固有状態でもあり，この波動関数は次のように表される．

$$\psi_{n\ell m}(\vec{r}) = R_{n\ell}(r) Y_{\ell m}(\theta, \phi). \tag{11.10}$$

ここで，$Y_{\ell m}(\theta, \phi)$ は第 3 章で議論した球面調和関数である．極座標でのパリティ変換は，

$$r \xrightarrow{P} r, \quad \theta \xrightarrow{P} \pi - \theta, \quad \phi \xrightarrow{P} \pi + \phi, \tag{11.11}$$

のように表される．その結果球面調和関数は，

$$Y_{\ell m}(\theta, \phi) \xrightarrow{P} Y_{\ell m}(\pi - \theta, \pi + \phi) = (-1)^\ell Y_{\ell m}(\theta, \phi), \tag{11.12}$$

のように変換されるので，軌道角運動量の固有状態である波動関数はパリティ

変換に対して，
$$\psi_{n\ell m}(\vec{r}) \xrightarrow{P} (-1)^\ell \psi_{n\ell m}(\vec{r}), \tag{11.13}$$
のように変換する．

一般に量子力学では，波動関数はパリティ変換に対する式 (11.13) の位相とは別の位相である**固有パリティ** (*intrinsic parity*) をもつこともできる．その結果，軌道角運動量の固有関数で表される量子状態はパリティ変換に対して，
$$\psi_{n\ell m}(\vec{r}) \xrightarrow{P} \eta_\psi (-1)^\ell \psi_{n\ell m}(\vec{r}), \tag{11.14}$$
のように変換する．ここで η_ψ は，この量子状態の固有パリティを表す．式 (11.6) を用いると，固有パリティも次の条件を満たすことが分かる．
$$\eta_\psi^2 = 1. \tag{11.15}$$
したがって，式 (11.14) で表される量子力学的状態の全体的なパリティは次のようになる，
$$\eta_{TOT} = \eta_\psi (-1)^\ell. \tag{11.16}$$
これは，固有スピンと軌道角運動量を加えることでその系の全角運動量が求められることに似ている．相対論的量子力学では，ボソンとその反粒子は同じ固有パリティをもち，フェルミオンとその反粒子は，お互いに反対の固有パリティをもつことが導かれる．

質点に対する古典的なニュートンの運動方程式は次の式で表される．
$$m\frac{d^2\vec{r}}{dt^2} = \vec{F}. \tag{11.17}$$
力 $\vec{F}$ が電磁力または重力の場合，次のように書ける．
$$\vec{F} = \frac{C}{r^2}\hat{r}. \tag{11.18}$$
ここで C は定数である．座標の反転に対して式 (11.17) の左辺と式 (11.18) の右辺は符号を変えるため電磁力と重力に対するニュートン方程式は明らかに空間反転に対して不変である．同じようにマクスウェル方程式もパリティ変換に対して不変であることを示すことができる．

11.2.1 パリティ保存

　パリティが良い対称性であるとき，ある素粒子の固有パリティは，その崩壊や生成過程を調べることにより，ある少数の素粒子で定義されたパリティに対して相対的に決定することができる．しかし絶対的なパリティを決定することは一般にはできない．なぜなら定義されたパリティを反転しても物理過程は変化しないからである．現在受け入れられている取り決めでは，陽子，中性子およびΛハイペロンの固有パリティを +1 に定義する[1]．

　パリティが保存すると，ある種の崩壊は制限を受ける場合がある．たとえば粒子 A が静止系で粒子 B と C に崩壊する場合を考える．

$$A \to B + C. \tag{11.19}$$

崩壊する粒子 A のスピンを J とすると，角運動量の保存則より，終状態の全角運動量は J でなければならない．特に粒子 B, C がスピンをもたない場合は，B と C 間の相対軌道角運動量 (ℓ) は A のスピンと同じでなければならない．

$$\ell = J. \tag{11.20}$$

この崩壊でパリティが保存する場合，次の関係が示される．

$$\eta_A = \eta_B \eta_C (-1)^\ell = \eta_B \eta_C (-1)^J. \tag{11.21}$$

粒子 A のスピンが 0 ならば，崩壊 (11.19) が起るためには，

$$\eta_A = \eta_B \eta_C, \tag{11.22}$$

でなければならない．系のスピンを J，パリティを P としたとき，系のスピン・パリティをまとめて J^P と記述することが一般に行われている．式 (11.22) の崩壊で可能なスピンとパリティの組合せは，この記号を使用し次のように表

---

[1] 訳者注：13章のクォーク模型では，これは u, d, s クォークのパリティを定義することに対応する．

すことができる．

$$0^+ \to 0^+ + 0^+,$$
$$0^+ \to 0^- + 0^-, \tag{11.23}$$
$$0^- \to 0^+ + 0^-.$$

一方，次のようにパリティ保存則を破る崩壊過程は禁止される．

$$0^+ \not\to 0^+ + 0^-,$$
$$0^- \not\to 0^+ + 0^+, \tag{11.24}$$
$$0^- \not\to 0^- + 0^-.$$

例題 1： π^- 中間子のパリティを求めよ．

解説： 非常に低いエネルギーの π^- 中間子 (通常「静止 π^- 中間子」と呼ばれる) の重水素核による吸収を考えてみる．

$$\pi^- + d \to n + n. \tag{11.25}$$

ℓ_i と ℓ_f をそれぞれ始状態と終状態の軌道角運動量とすると，この反応がパリティを保存するためには，次の条件が満たされなければならない．

$$\eta_\pi \eta_d (-1)^{\ell_i} = \eta_n \eta_n (-1)^{\ell_f}. \tag{11.26}$$

ここで，η_π, η_d と η_n は，それぞれの粒子の固有パリティである．$\eta_n^2 = +1$ であり重水素核の固有パリティは $\eta_d = +1$ なので，

$$\eta_\pi = (-1)^{\ell_f - \ell_i} = (-1)^{\ell_f + \ell_i}. \tag{11.27}$$

π^- は，ほとんど静止状態で重陽子に吸収されるので $\ell_i = 0$ となり[2]，

$$\eta_\pi = (-1)^{\ell_f}, \tag{11.28}$$

---

[2] 訳者注：古典的に，速度 $\vec{v} \to 0$ のとき，角運動量 $\vec{\ell} = \vec{r} \times m\vec{v} \to 0$ で理解される．

であることが示される．ここで，重陽子のスピンは $J_d = 1$ なので，2つの中性子の状態には次の可能性が残ることになる．

$$\begin{aligned}|\psi_{nn}^{(1)}\rangle &= |J=1, s=1, \ell_f = 0 \text{ または } 2\rangle, \\ |\psi_{nn}^{(2)}\rangle &= |J=1, s=1, \ell_f = 1\rangle, \\ |\psi_{nn}^{(3)}\rangle &= |J=1, s=0, \ell_f = 1\rangle.\end{aligned} \quad (11.29)$$

ここで，$s=0$ の状態は2つの中性子のスピンが反対称の状態 ($\uparrow\downarrow - \downarrow\uparrow$) に対応し，$s=1$ の状態は，対称な3重項 (($\uparrow\uparrow$), ($\downarrow\downarrow$), ($\uparrow\downarrow + \downarrow\uparrow$)) に対応する．2つの中性子は同一種類のフェルミオンなので，全体の波動関数は粒子の交換に対して反対称でなければならず，$|\psi_{nn}^{(2)}\rangle$ だけが可能となる．したがって，π 中間子のパリティは，$\eta_\pi = -1$ となり，π 中間子は擬スカラー粒子であることが示される．

例題 2： $\Delta(1232)$ のパリティを求めよ．

解説： 第9章で議論したように $\Delta(1232)$ は，πN 系の励起状態であり，強い相互作用により π 中間子と核子 N に崩壊する

$$\Delta(1232) \to \pi + N. \quad (11.30)$$

したがって，Δ 粒子のパリティは，次のように表すことができる

$$\eta_\Delta = \eta_\pi \eta_N (-1)^\ell. \quad (11.31)$$

ここで，ℓ は，終状態の軌道角運動量である．$\eta_N = +1$ と定義されており，例題1で $\eta_\pi = -1$ と決定されたので，Δ 粒子のパリティは，終状態の軌道角運動量により決定される．(問題 11.6 参照．) Δ の静止系で観測される π と N の角分布より，$\ell = 1$ であることが分かっているため，Δ 粒子のパリティは $\eta_\Delta = +1$ となる．(Δ 粒子のスピンが $J = \frac{3}{2}$ であることも知られている．)

11.2.2 パリティ非保存

1950年代の終わりまでは，パリティの保存はすべての基本的な相互作用で成り立つと信じられていた．言い換えると，物理現象は右手座標系でも左手座標系でも同じであると信じられていた．しかし，1950年代の初期に，弱い相互作用による2種類の崩壊が観測され物理学者を困惑させた．それが次の反応であり，「$\tau - \theta$」パズルと呼ばれた．(ここでの「τ」は，ずっと後に発見されたτレプトンとは別物である．)

$$\begin{aligned} \theta^+ &\to \pi^+ + \pi^0, \\ \tau^+ &\to \pi^+ + \pi^+ + \pi^-. \end{aligned} \qquad (11.32)$$

2πに崩壊するθ粒子と3πに崩壊するτ粒子の質量と寿命は，観測によるとまったく同じであったため，これらの崩壊は非常に興味深い問題を提示した．(その後，2つの粒子は，スピンも同じ$J = 0$をもつことも確認された．以後の議論を簡単にするためにこの事実を用いる．) 質量，寿命およびスピンが同じなので，単純に考えるとθ^+粒子とτ^+粒子は同じ粒子と見なせる．しかし，そうするとパリティ保存則と矛盾することになる．これを理解するため，次のように考える．θ^+粒子とτ^+のスピンが$J = 0$とすると，崩壊粒子の静止系では初期状態の角運動量は0である．終状態は両方ともスピン0のπ中間子しか含まない．したがって，角運動量保存則からθ^+の終状態の$\pi^+\pi^0$間の軌道角運動量ℓ_fは0でなければならない．一方，τ^+の終状態の$\pi^+\pi^+\pi^-$の場合は，2つの相対軌道角運動量 (2個のπ^+の間の軌道角運動量と，この2個のπ^+の系とπ^-の間の軌道角運動量) があるため状況はいくぶん複雑になるが，この2つの軌道角運動量はともに$\ell = 0$であることが分かっている[3]．したがってθ^+粒子とτ^+粒子の固有パリティは，それぞれの終状態のπ粒子の固有パリティを掛け合わせたものになる．π粒子は擬スカラー ($\eta_{\pi^+} = \eta_{\pi^-} = \eta_{\pi^0} = -1$) なので，次のように結論づけられる．

---

[3] 訳者注：2つのπ^+の間の軌道角運動量ℓ_{++}は，ボーズ統計より偶数でなければならない．全角運動量が0になるためには，π^-と$\pi^+\pi^+$系の間の軌道角運動量はℓ_{++}と同じでなければならない．

$$\begin{aligned}\eta_{\theta^+} &= \eta_{\pi^+}\eta_{\pi^0} = 1, \\ \eta_{\tau^+} &= \eta_{\pi^+}\eta_{\pi^+}\eta_{\pi^-} = -1.\end{aligned} \tag{11.33}$$

したがって，これらの崩壊過程でパリティが保存されるならば θ^+ と τ^+ は，反対のパリティをもつことになり同じ粒子ではないことになる．逆に θ^+ と τ^+ が同じ粒子であると仮定すると，崩壊過程でパリティは保存しないと結論づけなければならない．T.D. リー (Tsung-Dao Lee) と C.N. ヤン (Chen-Ning Yang) は，それまで知られている弱い相互作用による崩壊を系統的に調べ上げ，弱い相互作用でパリティが保存されている証拠は存在しないことを結論した．彼らは弱い相互作用はパリティ対称性を破っていると予想し，その検証実験を提案したがすぐにこの予想は正しいことが実証された．現在では式 (11.32) の崩壊は，K^+ 中間子の，パリティを保存しない弱い相互作用による崩壊であると考えられている[4]．

$$\begin{aligned} K^+ &\to \pi^+ + \pi^0, \\ K^+ &\to \pi^+ + \pi^+ + \pi^-. \end{aligned} \tag{11.34}$$

この弱い相互作用でのパリティ非保存を決定づけた実験が，偏極した ^{60}Co [27] を用いたベータ崩壊の実験である．この実験は単純であるが非常に説得力があるのでここで紹介しておく．この実験で用いられた崩壊は次のようなものである．

$$^{60}\text{Co} \to {}^{60}\text{Ni} + e^- + \bar{\nu}_e. \tag{11.35}$$

この崩壊は，^{60}Co 中の中性子が陽子に変わるため中性子のベータ崩壊と同等である．実験ではコバルト塩の結晶に強力な外部磁場をかけコバルト原子核を偏極した．熱運動による減偏極を防ぐためコバルト塩の温度は $0.01K$ に冷やされた．放出される電子の外部磁場の方向に対する角分布 (θ_e) が測定され，電子は磁場とは反対方向，すなわちコバルト核のスピンの方向とは反対方向に出やすいことが観測された．この結果は以下に示す $\cos\theta_e$ の期待値が有限で負である

---

[4] K^+ の反粒子である K^- 中間子は，$K^- \to \pi^- + \pi^0$ や $K^- \to \pi^- + \pi^- + \pi^+$ のように，式 (11.32) と (11.34) の電荷を反転した崩壊をする．

ことを示したことになる．すなわち，^{60}Co のスピンベクトルを $\vec{s}$，放出された電子の運動量を $\vec{p}$ とすると，

$$\langle \cos\theta_e \rangle = \langle \frac{\vec{s}\cdot\vec{p}}{|\vec{s}||\vec{p}|} \rangle = \langle \psi | \frac{\vec{s}\cdot\vec{p}}{|\vec{s}||\vec{p}|} |\psi\rangle < 0. \tag{11.36}$$

スピンは角運動量であり軸性ベクトルなので，パリティ変換を行うと観測量 $\langle \cos\theta_e \rangle$ は符号を変える．

$$\langle \cos\theta_e \rangle \xrightarrow{P} \langle \frac{\vec{s}\cdot(-\vec{p})}{|\vec{s}||\vec{p}|} \rangle = -\langle \frac{\vec{s}\cdot\vec{p}}{|\vec{s}||\vec{p}|} \rangle = -\langle \cos\theta_e \rangle. \tag{11.37}$$

もし左手座標系と右手座標系で物理現象が同一であると仮定すると，2 つの系での観測値は同じになるはずである．したがって式 (11.37) から，もしパリティが保存するならば，右手系での観測値 $\langle \cos\theta_e \rangle$ は左手系の観測値 $-\langle \cos\theta_e \rangle$ と等しいことになり，

$$\langle \cos\theta_e \rangle \propto \langle \vec{s}\cdot\vec{p} \rangle = 0, \tag{11.38}$$

でなければならない[5]．このことは，電子が $\cos\theta_e > 0$ と $\cos\theta_e < 0$ の方向に放出される確率が等しいこと意味する．したがって $\langle \cos\theta_e \rangle$ の測定値が 0 でないことは，この 2 つの座標系が同等ではないということ，言い換えると，弱い相互作用ではパリティ対称性は破れていることを意味する．実際，C.S. ウー (Chien-Shiung Wu) と E. アンブラー (Ernest Ambler) のグループによる実験と，その後に行われた実験から，弱い相互作用ではパリティが最大限に破れていることが明らかになった．これらの実験で基本的に共通する考え方は，もしパリティが保存しているならば 0 でなければならない物理量の期待値を測定しようとした点である．

11.3 時間反転

時間反転とは，簡単にいうと時間の矢，すなわち時間の進む向きを反転することである．古典力学ではこの変換 T は次のように表される．

---

[5] 訳者注：$\langle x \rangle = -\langle x \rangle$ のとき $\langle x \rangle = 0$ ということ．

11.3 時間反転

$$\begin{aligned}
t &\xrightarrow{T} -t, \\
\vec{r} &\xrightarrow{T} \vec{r}, \\
\vec{p} &= m\dot{\vec{r}} \xrightarrow{T} -m\dot{\vec{r}} = -\vec{p}, \\
\vec{L} &= \vec{r} \times \vec{p} \xrightarrow{T} \vec{r} \times (-\vec{p}) = -\vec{L}.
\end{aligned} \qquad (11.39)$$

ニュートンの運動方程式 (式 (11.17)) は時間の 2 階微分なので，電磁相互作用や重力相互作用では時間反転に対して不変である．マクスウェル方程式も時間反転に対して不変である．しかし，巨視的な系がすべて時間反転に対して不変であるわけではない．実際，統計力学では巨視的な系のエントロピー (無秩序性) が増える方向を時間が進む向きと定義する．一方微視的な系では，時間反転対称性が成り立っているように思われる．しかしながら時間反転対称性を理論体系に組み込むことは，他の対称性のときのように簡単ではない．

ここで時間に依存する次のシュレディンガー方程式を考えてみる．

$$i\hbar \frac{\partial \psi}{\partial t} = H\psi. \qquad (11.40)$$

これは時間の 1 階微分の方程式なので，次式のように時間を反転しただけでは対称にならない．

$$\psi(\vec{r}, t) \xrightarrow{T} \psi(\vec{r}, -t). \qquad (11.41)$$

しかし，波動関数が時間反転に対して，

$$\psi(\vec{r}, t) \xrightarrow{T} \psi^*(\vec{r}, -t), \qquad (11.42)$$

のように変換するとする．ここで H が実数 (エルミート演算子) と仮定して，式 (11.40) の複素共役をとると，

$$-i\hbar \frac{\partial \psi^*(\vec{r}, t)}{\partial t} = H\psi^*(\vec{r}, t), \qquad (11.43)$$

を得る．さらに，$t \to -t$ としてみると，

$$i\hbar \frac{\partial \psi^*(\vec{r}, -t)}{\partial t} = H\psi^*(\vec{r}, -t), \qquad (11.44)$$

になる．したがって，もし波動関数が時間反転に対して式 (11.42) のように変換するならば，ψ とその時間反転の波動関数は，同じ方程式を満たすことになり，シュレディンガー方程式は時間反転に対し対称になる．

この結果，量子力学では時間反転の演算は波動関数をその複素共役に変換するという，まったく目新しいものになる．(技術的にはそのような演算子は反線形(*antilinear*) と呼ばれる．) 時間に依存する波動関数は必然的に複素数なので，波動関数は時間反転の演算子の固有関数にはなりえない．したがって時間反転の対称性に対応する単純な量子数は存在しない．しかし物理的には，時間反転対称性は $i \to f$ の過程の遷移振幅と時間反転した $f \to i$ の過程の遷移振幅は同じ大きさをもつことを意味する．

$$|M_{i \to f}| = |M_{f \to i}|. \tag{11.45}$$

ここで，$|M_{i \to f}|$ は，初期状態 $|i\rangle$ から終状態 $|f\rangle$ への遷移の行列要素を意味する．式 (11.45) は通常，**詳細釣り合いの原理** (*principle of detailed balance*) と呼ばれる．これは，順方向の反応の量子力学的確率は反対方向の反応の確率と等しいことを述べている．しかしながら，この 2 つの反応の遷移確率が大きく違っていることもありうる．フェルミの黄金律によると，遷移確率は次のように表される．

$$W_{i \to f} = \frac{2\pi}{\hbar}|M_{i \to f}|^2 \rho_f, \quad W_{f \to i} = \frac{2\pi}{\hbar}|M_{f \to i}|^2 \rho_i. \tag{11.46}$$

ここで，ρ_f と ρ_i は状態 f と i の状態密度を表す．この 2 つの値は，関係する素粒子の質量やスピンに依存するため大きく違っていることもありえる．その結果，詳細釣り合いの原理が成り立っていたとしても，遷移確率自体は大きく違うこともありうる．この詳細釣り合いの原理は，これまで多くの反応で確認されていて，実際順方向と逆方向の反応速度を比較して素粒子のスピンを決定するのに使われている．

時間反転対称性は，知られているほとんどすべての基本的な相互作用の過程で成り立っているように見える．電磁相互作用に対する最も印象的な時間反転対称性の検証実験は，中性子の電気双極子モーメントの探索である．これまで

に議論されたように，中性子は正味の電荷をもたないが磁気双極子モーメントをもち，これは電荷が中性子の中で広がっていることを示唆している．もしプラス電荷とマイナス電荷の重心が一致しなければ，中性子は電気双極子モーメントをもつことになる．簡単な次元解析からそのような電気双極子モーメント μ_{el} の上限を推定することができる．

$$\mu_{el} \lesssim ed \approx e \times 10^{-13} \text{ cm} \approx 10^{-13} \ e \cdot \text{cm}. \tag{11.47}$$

ここで，電荷の重心の位置の差が中性子の典型的な大きさである $d \approx 10^{-13}$ cm よりも小さいことを利用した．中性子の方向で，空間的に唯一特徴づけられるものはスピンの軸であるため，中性子が 0 でない電気双極子モーメントをもてば，そのスピン軸に沿う成分 $\langle \vec{\mu}_{el} \cdot \vec{s} \rangle$ が有限値をもつはずである．これまでの最高感度の実験により次のような上限値が得られている．

$$\mu_{el} \lesssim 10^{-25} \ e \cdot \text{cm}. \tag{11.48}$$

これは，式 (11.47) の上限の単純な予想値に比べ 12 桁近く小さく，電気双極子モーメントが 0 であることと矛盾しない．

$\langle \vec{\mu}_{el} \cdot \vec{s} \rangle$ の期待値が有限であること，すなわち μ_{el} が有限であることは，T-不変性の破れを表す．これは次のように理解することができる．電気双極子モーメントのスピン方向の成分の演算子は時間反転により，

$$\vec{\mu}_{el} \cdot \vec{s} \xrightarrow{T} \vec{\mu}_{el} \cdot (-\vec{s}) = -\vec{\mu}_{el} \cdot \vec{s}, \tag{11.49}$$

のように変換する．ここで，$\vec{\mu}_{el}$ は，$e\vec{r}$ と同じ変換性をもつため，時間反転操作で変化しないということを利用した．一方スピンは，角運動量の一種なので時間反転操作で符号を変える (式 (11.39) 参照)．したがって時間反転により，

$$\langle \vec{\mu}_{el} \cdot \vec{s} \rangle \xrightarrow{T} -\langle \vec{\mu}_{el} \cdot \vec{s} \rangle, \tag{11.50}$$

であるため，系が時間反転対称ならばこの量は 0 でなければならない (式 (11.38) 参照))．したがって式 (11.48) の上限値は，電磁相互作用の T 不変性を強く示

す結果と見なすことができる．しかしこの解釈には 1 つの問題がある．なぜならパリティ変換に対してもこの値の符号は変わる．

$$\langle \vec{\mu}_{el} \cdot \vec{s} \rangle \xrightarrow{P} \langle (-\vec{\mu}_{el}) \cdot \vec{s} \rangle = -\langle \vec{\mu}_{el} \cdot \vec{s} \rangle. \tag{11.51}$$

これは有限の電気双極子モーメントはパリティ非保存の効果からも生じえることを意味する．他の実験から，パリティは電磁相互作用では保存するが弱い相互作用では保存しないことが分かっている．したがって，電気双極子モーメントは，電磁相互作用による T 非保存または弱い相互作用による P 非保存の両方から生じうる．実際非常に小さな電気双極子モーメントが存在することが弱い相互作用から予想されるが，この予想より大きな電気双極子モーメントが存在した場合，それは電磁相互作用の T 非保存効果か，何か新しい物理効果のためであると考えることができる．そのため，中性子の電気双極子モーメントの上限値 (これは，点状の電子の電気双極子モーメントの上限値より約 100 倍大きい) は，電磁相互作用の T 非保存効果と弱い相互作用の P 非保存効果を制限すると解釈することができる．

11.4 荷電共役

　パリティと時間反転はともに時空間の不連続変換なので，同じように量子力学系のヒルベルト (Hilbert) 空間内でも不連続な変換があるのではないかと考えることは自然である．実際荷電共役変換は，時空間の座標は変えずに状態の内部の性質だけを変えるこの種の変換である．

　電子を粒子と呼び，陽電子を反粒子と呼ぶことは便宜上のことであったことを思い出そう．実際電荷の正と負やストレンジネスの正と負，バリオン数の正負の定義などはすべて慣例にすぎない．しかし一旦選択を行うと，他の粒子の量子数はその相対値として定めることができる．荷電共役操作は，すべての内部量子数を反転し，それにより粒子とその反粒子を関係づける．古典的には，荷電共役 C は電荷 Q に対する次のような変換で表される．

$$Q \xrightarrow{C} -Q. \tag{11.52}$$

11.4 荷電共役

電磁場の源は電荷なので,この変換で電磁場は次のようになる.

$$\vec{E} \xrightarrow{C} -\vec{E}, \quad \vec{B} \xrightarrow{C} -\vec{B}. \tag{11.53}$$

(これは単に $\vec{E}$ も $\vec{B}$ も電荷の1次の関数であることから来る.) また,マクスウェル方程式がこのような変換に対して不変なことは容易に示すことができる.

Q が,電荷やレプトン数やバリオン数,そしてストレンジネスなどのすべての内部量子数を表すとすると,荷電共役は量子力学的状態 $|\psi(Q,\vec{r},t)\rangle$ に対して,すべての内部量子数を反転する操作である.

$$|\psi(Q,\vec{r},t)\rangle \xrightarrow{C} |\psi(-Q,\vec{r},t)\rangle. \tag{11.54}$$

したがって荷電共役演算子 C の固有状態は,少なくとも電気的に中性でなければならない.たとえば光子 (γ),ポジトロニウム原子 (e^--e^+) や π^0 中間子は,C 変換に対する固有状態になりうる.しかし電気的に中性の状態がすべて C 変換の固有状態になりうるとは限らない.なぜなら,それらは別の内部量子数をもつ場合があるからである.たとえば,次に示す状態は明らかに C の固有状態ではない.

$$|n\rangle \xrightarrow{C} |\bar{n}\rangle, \quad |\pi^- p\rangle \xrightarrow{C} |\pi^+ \bar{p}\rangle, \quad |K^0\rangle \xrightarrow{C} |\overline{K^0}\rangle. \tag{11.55}$$

荷電共役変換を2回繰り返すと同じ状態に戻るので,C の固有値,すなわち固有状態の**荷電パリティ**は ± 1 だけである.したがって,たとえば式 (11.53) から電磁場の量子である光子は荷電パリティ -1 をもつことが分かる.

$$\eta_C(\gamma) = -1. \tag{11.56}$$

もしハミルトニアン H が荷電共役対称で H と C が可換だとすると,

$$[C, H] = 0, \tag{11.57}$$

であり,そのような過程では荷電パリティは保存する.マクスウェル方程式は C 変換に対して不変なので,電磁相互作用は荷電共役に対して不変でなければならない.したがって,π^0 中間子は次のように2つの光子に崩壊するので,

$$\pi^0 \to \gamma + \gamma, \tag{11.58}$$

もし荷電パリティがこの崩壊で保存するならば，π^0 の荷電パリティは + であることが結論できる．

$$\eta_C(\pi^0) = \eta_C(\gamma)\eta_C(\gamma) = (-1)^2 = +1. \tag{11.59}$$

したがって荷電共役に対する不変性は，起りうる反応や崩壊の種類に制約を与えることになる．たとえば，π^0 は奇数個の光子に崩壊することは禁止される．

$$\pi^0 \not\to N\gamma \quad (N = 奇数). \tag{11.60}$$

実際，実験によるこの種の崩壊率の上限値は，$\frac{\pi^0 \to 3\gamma}{\pi^0 \to 2\gamma} < 10^{-8}$ である．

　荷電共役は，電磁相互作用と強い相互作用では保存することが知られているが弱い相互作用では次に示すように破れていると考えられる．これまで強調してきたように，荷電共役は時空間の変換ではないため，量子状態が左巻きか右巻きかはこの変換に対して不変であるので荷電共役変換により，

$$|\nu_L\rangle \xrightarrow{C} |\bar{\nu}_L\rangle, \quad |\bar{\nu}_R\rangle \xrightarrow{C} |\nu_R\rangle, \tag{11.61}$$

になる．ここで，添字の L と R は．それぞれ左巻きと右巻きのニュートリノ（または反ニュートリノ）を表す．しかし以前に指摘したとおり，右巻きニュートリノまたは左巻き反ニュートリノは存在せず，ベータ崩壊を荷電共役した反応は生じない．すなわち，ベータ崩壊のような反応は荷電共役に対して対称ではない．しかしベータ崩壊では P も C も破れているが，これらを合わせた変換 CP に対しては対称であると思われる．これは，次のように示すことができる．

$$|\nu_L\rangle \xrightarrow{P} |\nu_R\rangle \xrightarrow{C} |\bar{\nu}_R\rangle, \quad |\bar{\nu}_R\rangle \xrightarrow{P} |\bar{\nu}_L\rangle \xrightarrow{C} |\nu_L\rangle. \tag{11.62}$$

言い換えると，かけ合わせの操作 CP は 1 つの物理的状態を他の，物理的にありうる状態に変換する[6]．このような状態は C だけや P だけを独立に行っても得られない．しかしながら CP 変換はすべての弱い反応に対して対称であるというわけではない．このことは後の章で述べることにする．

---

[6] 訳者注：たとえば ^{60}Co のベータ崩壊に C 変換を行った反応 $^{60}\overline{\text{Co}} \to {}^{60}\overline{\text{Ni}} + e^+ + \nu_R$ は起らないが，CP 変換を行った反応 $^{60}\overline{\text{Co}} \to {}^{60}\overline{\text{Ni}} + e^+ + \nu_L$ の反応は起る．

11.5 CPT 定理

すでに見たように，ある反応では，離散的な対称性 P, T そして C は破れていると考えられる．しかしながら，それらをかけ合わせた操作 CPT は，ローレンツ不変ないかなる理論においても対称でなければならないことが G. ルダーズ (Georg Lüders), W. パウリ (Wolfgang Pauli) や J. シュウィンガー (Julian Schwinger) により，独立に提唱された．言い換えると，物理現象が C, P, T の独立した個々の操作に対して対称ではないにしてもその 3 つの積 CPT の操作に対しては対称であることである．これを CPT 定理と呼ぶ．CPT 不変性の概念から次のような非常に興味深い結論を導くことができる．

(1) 粒子は，整数スピンをもつときはボース・アインシュタイン統計に従い，半整数のスピンをもつときはフェルミ・ディラック統計に従う．このことはもう 1 つのことを示す．すなわち，相対論的理論では，整数スピンの粒子の演算子は交換関係を用いて量子化しなければならず，半整数スピンの粒子の演算子は反交換関係を用いて量子化される．

(2) 粒子とその反粒子は同じ質量と同じ寿命をもつ．

(3) 反粒子のすべての内部量子数は粒子と反対の符号をもつ．

この CPT 定理は，これまでのすべての観測と一致しているので CPT 不変性はすべての相互作用に対する真の対称性と思われる．

演習問題

11.1 $\rho^0(770)$ 粒子は，強い相互作用により $\pi^+\pi^-$ 対に崩壊するが，$\pi^0\pi^0$ 対には崩壊しない．対称性と角運動量を考慮してなぜ $\rho^0 \to \pi^0\pi^0$ の崩壊が禁止されるかを説明せよ．ただし ρ^0 のスピン・パリティは $J^P = 1^-$ である．

11.2 $K^- + p \to \overline{K^0} + n$ と荷電共役な反応を示せ．K^-p 系は荷電共役の演算の固有状態になりえるか？　同様に，$\bar{p} + p \to \pi^+ + \pi^-$ の場合について議論せよ．

11.3 ρ^0 中間子が z 軸方向に運動しているとする．この ρ^0 中間子が $J_z = 0$ の

276　第11章　離散的対称性

状態で生成されたとすると，ρ^0 の静止系で，$\rho^0 \to \pi^+ + \pi^-$ の π^+ 粒子の角度分布はどうなるか説明せよ．（$Y_{\ell,m}(\theta,\phi)$ の関数形については，付録 B を参照．）最初の ρ^0 のスピンの方向が $J_z = +1$ のときはどうなるか説明せよ．

11.4　Ξ^- のスピン・パリティは，$J^P = \frac{1}{2}^+$ である．この粒子は弱い相互作用により Λ^0 と π^- に崩壊する．もし，Λ^0 と π^- の J^P を，$J^P_\Lambda = \frac{1}{2}^+$，$J^P_\pi = 0^-$ とすると，$\Lambda - \pi^-$ 間で許される軌道角運動量を求めよ．

11.5　次の崩壊のうち，C 不変性から禁止されるものはどれか．
　　(a) $\omega^0 \to \pi^0 + \gamma$,　(b) $\eta' \to \rho^0 + \gamma$,　(c) $\pi^0 \to \gamma + \gamma + \gamma$,　(d) $J/\psi \to \bar{p} + p$,　(e) $\rho^0 \to \gamma + \gamma$.
（Particle Data Group の表を参照し，これらの崩壊が起るかどうか確認せよ．）

11.6　強い相互作用の系である π-N 系のパリティは，軌道角運動量により決定されるが，異なった ℓ の状態が，必ずしも異なる崩壊角分布を生じるとは限らない．特に $J = \frac{1}{2}$, $J_Z = +\frac{1}{2}$ の π-N 共鳴状態は，$\ell = 0$ と $\ell = 1$ が同じ角分布で崩壊することを示せ．同様に $J = \frac{3}{2}$, $J_Z = +\frac{1}{2}$ の π-N 共鳴状態は，$\ell = 1$ の崩壊角分布が $\ell = 2$ の角分布と同じであることを示せ．[ヒント：　対象となる波動関数を $s = \frac{1}{2}$ のスピン状態と適当な $Y_{\ell,m}(\theta,\phi)$ の積で表せ．]

推奨図書

　　巻末推奨図書番号：　　[9], [15], [28], [31], [35].
量子力学の標準的なテキストを参照のこと．たとえば，[4]

12 中性K中間子，振動とCPの破れ

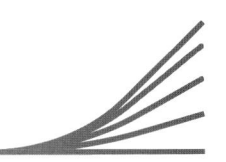

12.1 はじめに

　前章で見たように，弱い相互作用は C と P の対称性を独立に破っている．しかしながら，1950年代初頭まではそれらをかけ合わせた CP 対称性はすべての相互作用で保存すると考えられていた．式 (11.62) の例で示されたように，CP 変換は粒子の状態を反粒子の状態に移すので，CP 変換に対して対称であるということは，自然が粒子-反粒子対称性をもつことを表す．しかし，現実の我々の宇宙では反物質は存在せずほとんど物質のみからできていることが知られている．このことは我々の宇宙では，まぎれもなく粒子-反粒子の非対称性が存在することを示す．このため CP 対称性はある基本的相互作用では成り立たないのかもしれない．実際後で説明されるように CP 対称性を破る反応は存在する．本章では，弱い相互作用の CP 対称性の破れについて議論する．もし CPT 対称性がすべての物理過程で成り立つとすると，CP の破れは自動的に T の破れを意味する．CP 非保存はそれゆえ原子より小さいスケールで，時間に方向性があることを示唆する．

12.2 中性 K 中間子

　我々はこれまで τ-θ パズルについて議論してきた．そこでは $\theta^+(\theta^-)$ と $\tau^+(\tau^-)$ の崩壊は，$K^+(K^-)$ の2つの崩壊チャンネルであると結論づけた．中性 K 中間子にも K^+ や K^- と似た崩壊が存在する．本章では，この中性 K 中間子の崩壊について考える．特に終状態がハドロンである場合を考える．

第 12 章 中性 K 中間子，振動と CP の破れ

$$\begin{aligned}\theta^0 &\to \pi^0 + \pi^0, \\ \theta^0 &\to \pi^+ + \pi^-, \\ \tau^0 &\to \pi^0 + \pi^0 + \pi^0, \\ \tau^0 &\to \pi^+ + \pi^- + \pi^0.\end{aligned} \quad (12.1)$$

最初の素朴な疑問は，θ^0 と τ^0 がどのように K^0 と $\overline{K^0}$ に関係づけられるかである．この関係を探るため，まず中性 K 中間子の生成と崩壊の特徴を議論する．
K^0 と $\overline{K^0}$ は次のような強い相互作用による反応で生成される．

$$\begin{aligned}K^- + p &\to \overline{K^0} + n, \\ K^+ + n &\to K^0 + p, \\ \pi^- + p &\to \Lambda^0 + K^0.\end{aligned} \quad (12.2)$$

これらの反応では K^0 中間子は特定のストレンジネス，すなわち K^0 は $S = +1$，$\overline{K^0}$ は $S = -1$，の状態として生成される．K^0 は K^+ の $I_3 = -\frac{1}{2}$ のアイソスピンパートナーであり，したがって $\overline{K^0}$ は，K^- の $I_3 = +\frac{1}{2}$ のアイソスピンパートナーと考えることができる．$\overline{K^0}$ は K^0 の反粒子であり，両者はストレンジネスの違いとして区別できる．上の反応で生成された中性 K 中間子は不安定で，実験室である距離 ℓ (ある時間 t_lab) だけ飛行した後，弱い相互作用により崩壊する．崩壊するまでの飛行距離は，K 中間子の速度 v を用いて次のように固有時間と関係づけられる．

$$\ell = vt_\mathrm{lab} = v\gamma t_\mathrm{proper}, \quad \gamma = \left(1 - \frac{v^2}{c^2}\right)^{-\frac{1}{2}}. \quad (12.3)$$

固有時間の平均は静止系での K^0 の寿命 τ_{K^0} である．

$$\tau_{K^0} = \langle t_\mathrm{proper} \rangle. \quad (12.4)$$

K^0 の速度と平均崩壊長 $\langle \ell \rangle$ の測定から，この粒子の固有時間が測定でき，そのような事象のサンプルから寿命が決定される．$\overline{K^0}$ は K^0 の反粒子なので，CPT 定理から 2 つの粒子は同じ質量と寿命をもたなければならない．τ_{K^0} を

12.2 中性 K 中間子　279

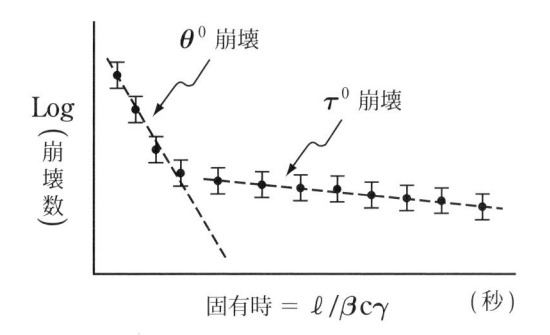

図 12.1: K^0 または $\overline{K^0}$ 中間子の固有時間分布の概念図. 崩壊するまでに飛行した距離と速度より計算した.

測定した実験の実に面白い結果を図 12.1 に示す. 自由粒子のハミルトニアンから予想される単一の寿命 (指数関数的減少) ではなく, データは $\overline{K^0}$ と K^0 の両方が明確に異なった 2 つの寿命をもつことを示している. このことは, $\overline{K^0}$ と K^0 の状態は異なった寿命をもつ 2 つの別の状態の重ね合わせであると仮定することによってのみ理解することができる. 元々短い寿命をもつ状態は K^0_1, 長い寿命をもつ状態は K^0_2 と呼ばれていた. K^0_1 の崩壊は θ^0 のそれと同じであり (すなわち 2 つの π 中間子に崩壊する), 一方 K^0_2 の崩壊は τ^0 のそれと同じである (すなわち 3 つの π 中間子に崩壊する). $\overline{K^0}$ の崩壊と K^0 の崩壊から得られた知見は同じであった. すなわち $\overline{K^0}$ の崩壊中にみられる K^0_1, K^0_2 成分の崩壊形式と寿命は K^0 の崩壊中にみられるものと同じで, その寿命は以下のように与えられる.

$$\tau_1 \approx 0.9 \times 10^{-10} \text{ sec}, \quad \tau_2 \approx 5 \times 10^{-8} \text{ sec}. \tag{12.5}$$

$\overline{K^0}$ と K^0 が両方とも同じ K^0_1, K^0_2 成分をもつということは式 (12.6) のように $\overline{K^0}$ と K^0 が同じ終状態に崩壊できることを意味する.

$$K^0 \to \pi^0 + \pi^0, \quad \overline{K^0} \to \pi^0 + \pi^0. \tag{12.6}$$

そのため, K^0 と $\overline{K^0}$ 間の変換が, たとえば 2 つの π^0 の中間状態を通して次

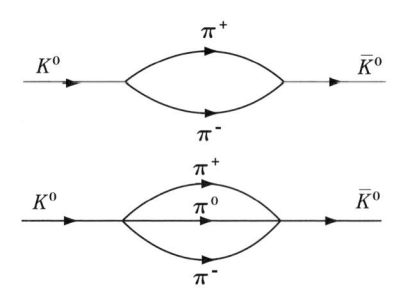

280　第12章　中性 K 中間子，振動と CP の破れ

図 12.2: K^0 と $\overline{K^0}$ の可能な変換.

のように可能になる (図 12.2 参照).
$$K^0 \xrightarrow{H_{\text{wk}}} \pi^0 + \pi^0 \xrightarrow{H_{\text{wk}}} \overline{K^0}. \tag{12.7}$$

ここで H_{wk} は弱い相互作用のハミルトニアンである．この結果，$\overline{K^0}$ と K^0 はストレンジネス量子数により区別することが可能であり，お互いに直交状態であるにも関わらず，弱い相互作用により時間の経過とともにそれらの状態が混じってくることになる．これは弱い相互作用はストレンジネスを保存しないという性質から来ている．このように，K^0 と $\overline{K^0}$ 粒子状態は，強い相互作用のハミルトニアン (H_{st}) の固有状態であるが，弱い相互作用のハミルトニアン (H_{wk}) の固有状態ではない．このことを概念的に示すと，強い相互作用に対しては，
$$\langle \overline{K^0}|K^0\rangle = 0, \quad \langle \overline{K^0}|H_{\text{st}}|K^0\rangle = 0,$$
であり，K 中間子の静止系では，$H_{\text{st}}|K^0\rangle = m_{K^0}c^2|K^0\rangle$, $H_{\text{st}}|\overline{K^0}\rangle = m_{\overline{K^0}}c^2|\overline{K^0}\rangle$ で，$m_{K^0} = m_{\overline{K^0}} \approx 498$ MeV$/c^2$ である．S をストレンジネスを求める演算子とすると，
$$\begin{aligned} S|K^0\rangle &= +1|K^0\rangle, \quad S|\overline{K^0}\rangle = -1|\overline{K^0}\rangle, \\ I_3|K^0\rangle &= -\frac{1}{2}|K^0\rangle, \quad I_3|\overline{K^0}\rangle = \frac{1}{2}|\overline{K^0}\rangle. \end{aligned} \tag{12.8}$$

一方，弱い相互作用に対しては次の関係がある．
$$\langle \overline{K^0}|H_{\text{wk}}|K^0\rangle \neq 0. \tag{12.9}$$
K 中間子の崩壊は弱い相互作用で起るので，K_1^0 と K_2^0 粒子は H_{wk} の固有状態になる．さらに，K^0 と $\overline{K^0}$ は両方とも K_1^0 と K_2^0 の重ね合わせなので，逆に K_1^0 と K_2^0 は，K^0 と $\overline{K^0}$ の重ね合わせである．

12.3 中性 K 中間子の CP 固有状態

弱い相互作用のハミルトニアンの固有状態に対応する重ね合わせを決定するには，簡単のため弱い相互作用は CP 対称であると仮定する．また，K^0 と $\overline{K^0}$ の位相を次のように定義する．

$$\begin{aligned} CP|K^0\rangle &= -C|K^0\rangle = -|\overline{K^0}\rangle, \\ CP|\overline{K^0}\rangle &= -C|\overline{K^0}\rangle = -|K^0\rangle. \end{aligned} \tag{12.10}$$

ここで，K 中間子は擬スカラー粒子であるため，奇の固有パリティをもつことを利用した．式 (12.10) を使い CP 演算に対する固有状態を，次のように K^0 と $\overline{K^0}$ の2つの線形直交状態としてつくることができる．

$$\begin{aligned} |K_1^0\rangle &= \frac{1}{\sqrt{2}}\left(|K^0\rangle - |\overline{K^0}\rangle\right), \\ |K_2^0\rangle &= \frac{1}{\sqrt{2}}\left(|K^0\rangle + |\overline{K^0}\rangle\right). \end{aligned} \tag{12.11}$$

CP 変換を K_1^0 と K_2^0 に行うことにより，次の関係を導くことができる．

$$\begin{aligned} CP|K_1^0\rangle &= \frac{1}{\sqrt{2}}\left(CP|K^0\rangle - CP|\overline{K^0}\rangle\right) \\ &= \frac{1}{\sqrt{2}}\left(-|\overline{K^0}\rangle + |K^0\rangle\right) = \frac{1}{\sqrt{2}}\left(|K^0\rangle - |\overline{K^0}\rangle\right) = |K_1^0\rangle, \\ CP|K_2^0\rangle &= \frac{1}{\sqrt{2}}\left(CP|K^0\rangle + CP|\overline{K^0}\rangle\right) \\ &= \frac{1}{\sqrt{2}}\left(-|\overline{K^0}\rangle - |K^0\rangle\right) = -\frac{1}{\sqrt{2}}\left(|K^0\rangle + |\overline{K^0}\rangle\right) = -|K_2^0\rangle. \end{aligned} \tag{12.12}$$

このように，$|K_1^0\rangle$ と $|K_2^0\rangle$ の 2 つの状態は，決まったストレンジネスをもたないが，CP 変換に対してそれぞれ固有値 $+1$ と -1 をもつ固有状態であると定義することができる．もし弱い相互作用で CP が保存するならば，K_1^0 と K_2^0 を θ^0 と τ^0 にそれぞれ対応づけることができる．実際 θ^0 の静止状態では，2 つの π^0 間の軌道角運動量 ℓ は 0 でなければならない．したがって終状態の $\pi^0\pi^0$ 系は固有値 $+1$ をもつ CP 固有状態である．これは K_1^0 を θ^0 の崩壊形式

$$\theta^0 = K_1^0 \to \pi^0 + \pi^0, \tag{12.13}$$

に対応づけたことと一致している．τ^0 の $3\pi^0$ 崩壊を同様に解析すると，π 中間子は擬スカラー中間子なので，全体の系は固有値 -1 をもつ CP 固有状態であることが分かる．そのため，K_2^0 は τ^0 の崩壊

$$\tau^0 = K_2^0 \to \pi^0 + \pi^0 + \pi^0, \tag{12.14}$$

に対応づけすることができる．式 (12.13) の 2 体崩壊で利用できる運動量 (したがって位相空間または状態密度) は，式 (12.14) の 3 体崩壊の場合に比べかなり大きい．そのためこれまでの考え方が正しければ，K_1^0 の崩壊速度は K_2^0 の崩壊よりかなり早く，K_1^0 は K_2^0 に比べ寿命が短いことが予想される．この 2 つの寿命の予言は，M. ゲルマン (Murray Gell-Mann) と A. パリス (Abraham Pais) の解析によるもので，K_2^0 の発見に先立つ重要な結論であった．

12.4　ストレンジネス混合

式 (12.11) を逆に解くと次の関係が得られる．

$$\begin{aligned}|K^0\rangle &= \frac{1}{\sqrt{2}} \left(|K_1^0\rangle + |K_2^0\rangle \right), \\ |\overline{K^0}\rangle &= -\frac{1}{\sqrt{2}} \left(|K_1^0\rangle - |K_2^0\rangle \right).\end{aligned} \tag{12.15}$$

したがって，K^0 と $\overline{K^0}$ 中間子を含む反応は次のように理解できる．中性 K 中間子は，式 (12.2) のような強い相互作用による生成反応では，$|K^0\rangle$ や $|\overline{K^0}\rangle$ と

12.4 ストレンジネス混合

いった，強い相互作用の固有状態として生成される．しかし式 (12.15) でみられるように，これらは，弱い相互作用の固有状態 $|K_1^0\rangle$ と $|K_2^0\rangle$ の重ね合わせである．(K_1^0 と K_2^0 の質量と寿命に関しては，以下で議論する．) 生成の時点で，K^0 と $\overline{K^0}$ は，式 (12.15) で与えられるような K_1^0 と K_2^0 の重ね合わせ状態である．$|K^0\rangle$ や $|\overline{K^0}\rangle$ が真空中を移動するにつれ，その $|K_1^0\rangle$ 成分と $|K_2^0\rangle$ 成分は両方とも崩壊していく．しかし，$|K_1^0\rangle$ は $|K_2^0\rangle$ より非常に早く崩壊するため，しばらくすると $|K_2^0\rangle$ の状態が優勢になる．しかし，式 (12.11) に示されるように K_2^0 は K^0 と $\overline{K^0}$ を同じだけ含む．このことは，純粋な K^0 状態から始まっても $\overline{K^0}$ 状態から始まっても，中性 K 中間子状態はある時間経過後には，ストレンジネスが $+1$ と -1 の混合状態になることを示唆する．この現象，すなわち弱い相互作用におけるストレンジネス混合は次のように検証することができる．たとえば，最初純粋な K^0 状態であったものが，時間とともに $\overline{K^0}$ 状態が生じることを観測するには，中性 K 中間子と物質の反応を生成点からの距離の関数として測定すればよい．最初は中性 K 中間子は純粋な $S = +1$ の状態 (K^0) であったとする．しかし，K_1^0 成分が崩壊するにともない $\overline{K^0}$ 状態が生じ，物質中の陽子との強い相互作用で次のように $S = -1$ のハイペロンが生成される．

$$\begin{aligned}\overline{K^0} + p &\to \Sigma^+ + \pi^+ + \pi^-, \\ \overline{K^0} + p &\to \Lambda^0 + \pi^+ + \pi^0.\end{aligned} \quad (12.16)$$

一方，強い相互作用のストレンジネス保存則により，K^0 中間子はハイペロンを生成できない．たとえば，

$$\begin{aligned}K^0 + p &\not\to \Sigma^+ + \pi^+ + \pi^-, \\ K^0 + p &\not\to \Lambda^0 + \pi^+ + \pi^0.\end{aligned}$$

したがって，物質との反応でハイペロンが生成することは $\overline{K^0}$ の存在を意味する．これは実際観測と良く一致する．K^0 が生成された近くでは $\overline{K^0}$ は存在せず，式 (12.16) のような 2 次反応はおきない．しかしビームの下流では，ハイペロンの発生により $\overline{K^0}$ が存在することを確かめることができる．

後に K^0-$\overline{K^0}$ 振動と呼ばれる現象により K_1^0 と K_2^0 間の小さい質量差を測定することができることを示す．中性 K 中間子やニュートリノの他に $b\bar{d}$, $b\bar{s}$ な

どからなる中性ボトム中間子 B^0(表 9.5 参照) もこのように興味ある量子効果を示す．これまで中性チャーム中間子 ($c\bar{u}$ からなる D^0 中間子) の振動や，中性子と反中性子間の振動なども探索されているが，発見には至っていない[1]．

12.5　K_1^0 の再生

K^0-$\overline{K^0}$ を含んだもう 1 つの興味ある過程は，K_1^0 の再生現象と呼ばれるものである．この現象は A. パイス (Abraham Pais) と O. ピッチオニ (Oreste Piccioni) によって最初にその可能性が指摘された．このアイデアは，$\overline{K^0}$ と核子の反応断面積が，K^0 のそれと異なる (より大きい) という事実に基づく．(強い相互作用による $\overline{K^0}N$ 反応は，K^0N 反応で起る過程をすべて含み，さらに式 (12.16) で示されるハイペロンをつくる反応も起すため，$\sigma(\overline{K^0}N) > \sigma(K^0N)$ である．) K^0 ビームが真空中を飛行中にその K_1^0 成分が崩壊してしまい，純粋な K_2^0 ビームになった場合を考えよう．この K_2^0 ビームをターゲット物質に入射したとき，その $\overline{K^0}$ 成分は K^0 成分より強く吸収されるため，ビーム中の K^0 と $\overline{K^0}$ 成分の比は変化する．たとえば，物質との強い相互作用により，もしすべての $\overline{K^0}$ 成分がなくなってしまった場合，ビームは純粋な K^0 ビームになり，その結果 K_1^0 成分と K_2^0 成分を同じだけ含むものになる．したがって，K_2^0 ビームから始めて，それを物質に通すことにより K_1^0 をまた生み出すことができるわけである．この興味ある現象はこれまで多くの実験で観測されている．K_1^0 の再生成は奇妙に思えるかもしれないが，実は光学での直線偏光した光の吸収と類似した現象である．K^0 と $\overline{K^0}$ は，K_1^0 と K_2^0 の基底ベクトルで表すことができ，逆に K_1^0 と K_2^0 を K^0 と $\overline{K^0}$ の基底ベクトルで表すことができるように，$\hat{x}$ と $\hat{y}$ 方向に偏光した光も，それから 45° 傾いた方向の偏光ベクトル $\hat{u}$ と $\hat{v}$ で表すことができ (図 12.3 参照)，その逆もまた可能である．もし $\hat{y}$ 方向に偏光した光を $\hat{v}$ 方向の偏光成分を吸収するフィルター (つまり $\hat{y}$ 方向から 45° 傾けたフィルター) に通した場合，通過した光は $\hat{u}$ 方向に偏光してい

---

[1] 訳者注：その後，D^0-$\overline{D^0}$ 振動は 2007 年に KEK (つくば市) と SLAC (米国) で独立に発見された．

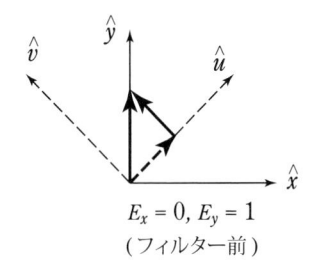

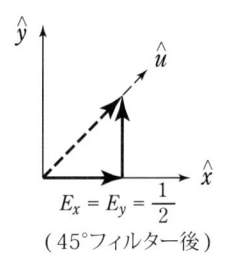

図 12.3: 光を $45°(\hat{u})$ 回転するフィルターを通す前と後の電場の偏極ベクトル.

ることになる．この光は，$\hat{x}$ 方向と $\hat{y}$ 方向で同じ強さの光の重ね合わせとして表すことができる．このように $\hat{y}$ 方向に電場が偏極した光 (または K_2^0 ビーム) から始めて，$\hat{v}$ 方向の成分を吸収する (K_2^0 から $\overline{K^0}$ 成分だけを減少させる) と，元とは直交する $\hat{x}$ 方向に偏極した状態 K_1^0 を生むことができる．

12.6 CP 対称性の破れ

$|K_2^0\rangle$ の CP 固有値は -1 なので，もし弱い相互作用で CP 対称性が成り立つならば，2つの π 中間子に崩壊することはできない．すなわち，次に示すような変化は起りえない．

$$\begin{aligned} K_2^0 &\not\to \pi^0 + \pi^0, \\ K_2^0 &\not\to \pi^+ + \pi^-. \end{aligned} \tag{12.17}$$

しかし，1963 年に J. クリステンソン (James Christenson), J. クローニン (James Cronin), V. フィッチ (Val Fitch) および R. ツアレイ (René Turlay) らによる実験は，K^0 の長寿命成分も少数ながら2つの π 中間子に崩壊することを明らかにした．このことは，K^0 の長寿命成分と短寿命成分は CP 固有状態である K_2^0, K_1^0 と一致する必要がないことを示す．このため今後 K_2^0, K_1^0 をそれぞれ K_L^0, K_S^0 (K-long と K-short から名づけられた) と呼ぶことにする．K_L^0

が $\pi^+\pi^-$ と $\pi^0\pi^0$ に崩壊する確率は，0.1% 程度である．

$$\frac{K_L^0 \to \pi^+\pi^-}{K_L^0 \to \text{ALL}} \approx 2 \times 10^{-3}, \quad \frac{K_L^0 \to \pi^0\pi^0}{K_L^0 \to \text{ALL}} \approx 9 \times 10^{-4}. \tag{12.18}$$

式 (12.5) の K_L^0，K_S^0 の寿命から，$K_L^0 \to 2\pi$ の崩壊率は短寿命の $K_S^0 \to 2\pi$ 崩壊率の 4×10^{-6} 倍であることが推定できる．

クローニンとフィッチらの実験では，運動量 $\approx 1\,\text{GeV}/c$ の純粋な K^0 ビームを (物質量の小さい) ヘリウムガスをつめた長さ 15 m のポリエチレンのチューブに通した．ビームの短寿命成分の崩壊長は $\langle \ell_{K_S^0} \rangle = \gamma\beta c\tau_{K_S^0} \approx 6$ cm であり，チューブの終端では崩壊しつくすため，そこで $K_2^0 \to 2\pi$ 崩壊の上限値を測定することが目的であった．しかし逆にこの実験から有限の 2π 崩壊が発見され，素粒子反応における CP 非保存の明らかな証拠が初めて見つかった．

本章の始めで議論したように，CP 非保存は，宇宙の物質-反物質の非対称性を理解するために重要である．しかしながら，我々の知っている CP 非保存の性質はいくぶん普通でない．特に弱い相互作用におけるパリティの非保存は最大であるのに対し，少なくとも K^0 での CP 非保存は非常に小さく，通常は保存していると考えても問題はない．実際 CP 非保存の現象はこれまで K^0 中間子と B^0 中間子でのみ観測されている．B^0 中間子での CP 非保存効果は大きく，その強さは CP を保存する崩壊と同程度である．しかし B 中間子が顔を出さない低エネルギーでは CP はほとんどの物理系で保存していると考えてよく，$K_L^0 \to 2\pi$ 崩壊は非常に小さいため，K_L^0，K_S^0 といった物理的な固有状態は，ごくわずか CP 固有状態と異なるだけである．

パリティ非保存の場合と違って，CP 非保存を理論の中に組み込むことは簡単ではなかった．歴史的にはこの問題は 2 つの方向で研究された．第 1 の研究では，$K_L^0 \to 2\pi$ の遷移は標準的な弱い相互作用ハミルトニアン H_wk で生じるということ．第 2 では，K^0 系にのみ生じる，新たな弱い (extra-weak) 相互作用が存在するというものであった．後者の考え方では，H_wk は CP 対称性をもち，CP 非保存効果は新しい「超弱」相互作用が担うと考える．この考え方は確かに理論的に可能ではあるが，CP 非保存を説明するために新たな相互作用を導入しなければならず，この問題に対する簡潔な解決方法ではない．

実際このようにして現象論的に導入したミリウィーク (milli-weak) または超弱 (super-weak) 理論による予言のほとんどは，K^0 や B^0 崩壊のデータと合わなかったのでそれ以上は発展しなかった．

これまで示してきたように，$\langle 2\pi|H_\text{wk}|K_L^0\rangle$ は明確に CP 対称性を破っている．しかし，このことは弱い相互作用の固有状態である K_L と K_S が CP 演算子の固有状態ではなく，CP 固有値 $-1(CP\text{-odd})$ と $+1(CP\text{-even})$ 状態の重ね合わせとして表される場合にも生じる．この種の CP 非保存は通常**間接的** (*indirect*) CP 非保存と呼ばれ，K_L^0 中に自然に含まれている小さな K_1^0 成分により $K_L^0 \to 2\pi$ 崩壊が生じると考える．この場合，H_wk は CP 変換に対し符号を変えない．しかし H_wk を通じて CP 対称性を破る，**直接的** (*direct*) CP 非保存と呼ばれる可能性も存在する．この崩壊は，$\langle 2\pi|H_\text{wk}|K_2^0\rangle \neq 0$ ならば起る．この場合 H_wk は CP 変換に対し符号を変える要素を含む．実際には，直接と間接の両方の効果が $K_L^0 \to 2\pi$ に寄与している．直接的 CP 非保存は間接的 CP 非保存に比べ $\approx 0.1\%$ 程度の強さである[2]．

さらに話を進めるために，弱い相互作用ハミルトニアンの2つの固有状態を強い相互作用のハミルトニアン (H_st) の固有状態 $|K^0\rangle$ と $|\overline{K^0}\rangle$ で，次のように表してみよう．(より正確な議論は次の章で行う．)

$$\begin{aligned}
|K_S^0\rangle &= \frac{1}{\sqrt{(2(1+|\epsilon|^2))}}\left((1+\epsilon)|K^0\rangle - (1-\epsilon)|\overline{K^0}\rangle\right) \\
&= \frac{1}{\sqrt{(2(1+|\epsilon|^2))}}\left[\left(|K^0\rangle - |\overline{K^0}\rangle\right) + \epsilon\left(|K^0\rangle + |\overline{K^0}\rangle\right)\right] \\
&= \frac{1}{\sqrt{(1+|\epsilon|^2)}}(|K_1^0\rangle + \epsilon|K_2^0\rangle),
\end{aligned} \tag{12.19}$$

---

[2] 訳者注：直接的 CP 非保存は崩壊プロセス中の効果であり，間接的 CP 非保存は質量固有状態に異なった CP 状態が混じっていることから起る．小林・益川理論では両者とも同じ原因から導かれていることが説明される．

第 12 章 中性 K 中間子，振動と CP の破れ

$$\begin{aligned}|K_L^0\rangle &= \frac{1}{\sqrt{(2(1+|\epsilon|^2))}}\left((1+\epsilon)|K^0\rangle + (1-\epsilon)|\overline{K^0}\rangle\right) \\ &= \frac{1}{\sqrt{(2(1+|\epsilon|^2))}}\left[\left(|K^0\rangle + |\overline{K^0}\rangle\right) + \epsilon\left(|K^0\rangle - |\overline{K^0}\rangle\right)\right] \\ &= \frac{1}{\sqrt{(1+|\epsilon|^2)}}(|K_2^0\rangle + \epsilon|K_1^0\rangle).\end{aligned} \quad (12.20)$$

ここで，ϵ は非常に小さい複素数のパラメータであり，K_L^0，K_S^0 状態の CP 固有状態からのずれを表す．これはまた，系の間接的 CP 非保存の大きさを表す．上式で短寿命と長寿命の物理的な (質量固有状態の) 中性 K 中間子が CP の固有状態 K_1^0，K_2^0 の混合として表されたように，これらは CP の固有状態ではありえない．このことは次のように直接確認することができる．

$$\begin{aligned}CP|K_S^0\rangle &= \frac{1}{\sqrt{(1+|\epsilon|^2)}}(CP|K_1^0\rangle + \epsilon CP|K_2^0\rangle) \\ &= \frac{1}{\sqrt{(1+|\epsilon|^2)}}(|K_1^0\rangle - \epsilon|K_2^0\rangle) \neq |K_S^0\rangle \\ CP|K_L^0\rangle &= \frac{1}{\sqrt{(1+|\epsilon|^2)}}(CP|K_2^0\rangle + \epsilon CP|K_1^0\rangle) \\ &= \frac{1}{\sqrt{(1+|\epsilon|^2)}}(-|K_2^0\rangle + \epsilon|K_1^0\rangle) \neq -|K_L^0\rangle\end{aligned} \quad (12.21)$$

さらに，これらは互いに直交しない．

$$\begin{aligned}\langle K_L^0|K_S^0\rangle &= \frac{1}{1+|\epsilon|^2}\left(\langle K_2^0| + \epsilon^*\langle K_1^0|\right)\left(|K_1^0\rangle + \epsilon|K_2^0\rangle\right) \\ &= \frac{1}{1+|\epsilon|^2}\left(\epsilon\langle K_2^0|K_2^0\rangle + \epsilon^*\langle K_1^0|K_1^0\rangle\right) \\ &= \frac{\epsilon + \epsilon^*}{1+|\epsilon|^2} = \frac{2\mathrm{Re}\epsilon}{1+|\epsilon|^2} = \langle K_S^0|K_L^0\rangle.\end{aligned} \quad (12.22)$$

$|K_L^0\rangle$ と $|K_S^0\rangle$ の非直交性は，両方とも 2π や 3π のような同じ崩壊モードをもつため，ある意味予想されたことであり，その非直交性の大きさは，実際のところ CP 非保存の大きさを表す．言い換えると，この定式化では 2π に崩壊する

のは $|K_1^0\rangle$ 状態だけであり，$|K_L^0\rangle$ には $|K_1^0\rangle$ 状態がほんの少し混じっているため $|K_L^0\rangle$ もほんの少し 2π に崩壊する確率があるのである．

$K_L^0 \to 2\pi$ の崩壊におけるこのような間接的 CP 非保存は，純粋に $|K_L^0\rangle$ に含まれた $|K_1^0\rangle$ から導かれるということをもう一度強調しておく．この種の崩壊は，$\Delta S = 2$, $\Delta I = \frac{1}{2}$ の遷移である．最近発見されたさらに小さな直接的 CP 非保存の寄与は，$K_2^0 \to 2\pi$ の崩壊中に直接現れる．この効果は，H_{wk} が CP 非保存の要素をもつ (CP 演算子と交換しない) 場合にのみ起る．この過程は，$\Delta S = 1$, $\Delta I = \frac{3}{2}$ の遷移に対応し，標準模型 (次章を参照) では**ペンギン** (*penguin*) 過程と呼ばれる遷移である．

K_L^0 と K_S^0 の遷移振幅 (注：崩壊幅ではない) の比を，次のような複素パラメータの比として表すことができる．

$$\eta_{+-} = \frac{K_L^0 \to \pi^+ + \pi^-}{K_S^0 \to \pi^+ + \pi^-}, \quad \eta_{00} = \frac{K_L^0 \to \pi^0 + \pi^0}{K_S^0 \to \pi^0 + \pi^0}. \tag{12.23}$$

弱い相互作用による崩壊は，$\Delta I = \frac{1}{2}$ と $\frac{3}{2}$ 両方の遷移を起すことができるが，以前説明したとおり，$\Delta I = \frac{3}{2}$ の崩壊は，非常に抑制されている．そのため，すべての崩壊は $\Delta I = \frac{1}{2}$ で起ると単純化して考えると，2π 系のアイソスピンは，$I = 0$ になる．(これは直接的 CP 非保存を無視することに相当する．) 式 (12.19) と (12.20) で定義した $|K_S^0\rangle$ と $|K_L^0\rangle$ から，次のことが結論づけられる．

$$\eta_{+-} = \eta_{00} = \epsilon. \tag{12.24}$$

したがって，もし間接的 CP 非保存効果しか存在しなければ，式 (12.23) の 2 つの崩壊比は同じになる．実際の測定は，1%の精度ではあるがこの予想に一致する．

$$|\eta_{+-}| = (2.29 \pm 0.02) \times 10^{-3}, \quad \phi_{+-} = (43 \pm 1)°, \tag{12.25}$$

$$|\eta_{00}| = (2.27 \pm 0.02) \times 10^{-3}, \quad \phi_{00} = (43 \pm 1)°. \tag{12.26}$$

ここで，η_{+-} と η_{00} を次のようにパラメータ化した．

$$\eta_{+-} = |\eta_{+-}|e^{i\phi_{+-}}, \tag{12.27}$$

$$\eta_{00} = |\eta_{00}|e^{i\phi_{00}}. \tag{12.28}$$

$\Delta I = \frac{3}{2}$ が混じると，標準模型から期待される小さな直接的 CP 非保存 (次章を参照) が加わる．このより一般的な場合では，η_{00} と η_{+-} の関係は変更され，

$$\frac{|\eta_{00}|^2}{|\eta_{+-}|^2} = 1 - 6\text{Re}\left(\frac{\epsilon'}{\epsilon}\right),$$

になる．ここで，ϵ' は直接的 CP 非保存を表すパラメータである．最近の非常に高精度の測定によると，式 (12.23) で表される崩壊率比の比から，$\text{Re}(\frac{\epsilon'}{\epsilon}) \approx 1.6 \times 10^{-3}$ であることが示されている．これは，間接的 CP 非保存の効果だけでは説明できないが，直接的 CP 非保存の効果を入れた標準模型の予想と一致している．

12.7　K^0-$\overline{K^0}$ の時間依存性

弱い相互作用のない世界では $|K^0\rangle$ と $|\overline{K^0}\rangle$ は，強い相互作用のハミルトニアンの固有状態であり，粒子と反粒子の明確な差が存在した．これらは 2 次元ヒルベルト空間中の定常状態であり，次のような基底ベクトルで表される．

$$|K^0\rangle \to \begin{pmatrix} 1 \\ 0 \end{pmatrix}, \quad |\overline{K^0}\rangle \to \begin{pmatrix} 0 \\ 1 \end{pmatrix}. \tag{12.29}$$

もちろん，この空間の規格化された任意の状態は，この 2 つの状態の次のような線形結合で表される，

$$|\psi\rangle = \frac{(a|K^0\rangle + b|\overline{K^0}\rangle)}{(|a|^2 + |b|^2)^{\frac{1}{2}}} \to \frac{1}{(|a|^2 + |b|^2)^{\frac{1}{2}}} \begin{pmatrix} a \\ b \end{pmatrix}. \tag{12.30}$$

しかし弱い相互作用が存在すると，式 (12.30) で表された状態は定常状態ではなくなる．実際これまで見てきたように，これらの状態は弱い相互作用により様々な終状態に崩壊することができる．その結果 K^0-$\overline{K^0}$ 系を説明するためには，終状態を考慮にいれてヒルベルト空間を拡張しなけらばならない．別の方

法として，議論を 2 次元のヒルベルト空間に限り，崩壊過程の効果を有効ハミルトニアンとして扱うこともできる．この場合，粒子は時間とともに崩壊し，存在確率が保存しないためにハミルトニアンはもはやエルミートではない (たとえば式 (9.32) 参照)．しかしながら，一般にヒルベルト空間内の 2 次元ベクトルの時間発展は，時間に依存するシュレディンガー方程式で表される．

$$i\hbar \frac{\partial |\psi(t)\rangle}{\partial t} = H_{\text{eff}} |\psi(t)\rangle. \tag{12.31}$$

ここで，H_{eff} は 2 行 2 列の複素 (一般にはエルミートでない) 行列演算子であり，一般に次のように記述される，

$$H_{\text{eff}} = M - \frac{i}{2}\Gamma. \tag{12.32}$$

ここで，

$$M = \frac{1}{2}\left(H_{\text{eff}} + H_{\text{eff}}^{\dagger}\right), \quad \Gamma = i\left(H_{\text{eff}} - H_{\text{eff}}^{\dagger}\right).$$

したがって，

$$\begin{aligned} M^{\dagger} = M \quad &\text{すなわち，} \quad M_{jk}^{*} = M_{kj}, \\ \Gamma^{\dagger} = \Gamma, \quad &\text{すなわち，} \quad \Gamma_{jk}^{*} = \Gamma_{kj}, \quad j,k = 1,2. \end{aligned} \tag{12.33}$$

ここで，Γ と M は 2 行 2 列のエルミート行列である．Γ が 0 でない場合明らかに，

$$H_{\text{eff}}^{\dagger} \neq H_{\text{eff}}, \tag{12.34}$$

である．H_{eff} は崩壊に関係するため，エルミートではありえない．したがって，Γ は状態の寿命に関係する．

式 (12.31) で示される $|\psi\rangle$ の時間発展は，

$$i\hbar \frac{\partial |\psi\rangle}{\partial t} = H_{\text{eff}} |\psi\rangle = \left(M - \frac{i}{2}\Gamma\right)|\psi\rangle,$$

$\langle \psi |$ に対しては，

$$-i\hbar \frac{\partial \langle \psi |}{\partial t} = \langle \psi | H_{\text{eff}}^{\dagger} = \langle \psi | \left(M + \frac{i}{2}\Gamma\right), \tag{12.35}$$

第 12 章 中性 K 中間子，振動と CP の破れ

で表される．これらの関係式から，直接次式が導かれる．

$$\frac{\partial \langle \psi(t)|\psi(t)\rangle}{\partial t} = -\frac{1}{\hbar}\langle \psi(t)|\Gamma|\psi(t)\rangle. \tag{12.36}$$

崩壊により素粒子の存在確率は減少するので，行列 Γ は，どのような状態に対しても次の条件を満たさなければならない，

$$\langle \psi(t)|\Gamma|\psi(t)\rangle \geq 0. \tag{12.37}$$

言い換えると，行列 Γ は 0 か正の固有値をもたねばならず，予想されたように崩壊の特徴を示す．行列 M の固有値は系のエネルギーレベルの実部に対応し，静止系 ($\vec{p} = 0$) での質量に対応する．そのため M は**質量行列** ($mass\ matrix$) として知られ，Γ は通常**崩壊行列** ($decay\ matrix$) と呼ばれる．

さらに，H_eff を次のように 2 行 2 列の行列で一般的に表すと，

$$H_\text{eff} = \begin{pmatrix} A & B \\ C & D \end{pmatrix}. \tag{12.38}$$

式 (12.29) から，次の関係式を得る，

$$\langle K^0|H_\text{eff}|K^0\rangle = A, \quad \langle \overline{K^0}|H_\text{eff}|\overline{K^0}\rangle = D. \tag{12.39}$$

H_eff が CPT 不変だと K^0 の質量は $\overline{K^0}$ の質量と同じであることが要請されるため，次の関係がある．

$$A = D. \tag{12.40}$$

そのため，CPT 対称な H_eff は一般に次のように書ける，

$$H_\text{eff} = \begin{pmatrix} A & B \\ C & A \end{pmatrix}. \tag{12.41}$$

次に H_eff の固有状態をつくり，その 2 つの状態を次のようにパラメータ化しよう．

12.7 K^0-$\overline{K^0}$ の時間依存性

$$|K_S^0\rangle = \frac{p|K^0\rangle + q|\overline{K^0}\rangle}{(|p|^2 + |q|^2)^{\frac{1}{2}}} \to \frac{1}{(|p|^2 + |q|^2)^{\frac{1}{2}}} \begin{pmatrix} p \\ q \end{pmatrix},$$

$$|K_L^0\rangle = \frac{r|K^0\rangle + s|\overline{K^0}\rangle}{(|r|^2 + |s|^2)^{\frac{1}{2}}} \to \frac{1}{(|r|^2 + |s|^2)^{\frac{1}{2}}} \begin{pmatrix} r \\ s \end{pmatrix}. \quad (12.42)$$

ここで, p, q, r, s は H_{eff} の K_S^0 と K_L^0 の固有状態を定義する複素パラメータである. 粒子の静止系での固有値はそれぞれ $m_S - \frac{i}{2}\gamma_S$ と $m_L - \frac{i}{2}\gamma_L$ である. つまり,

$$H_{\text{eff}}|K_S^0\rangle = \left(m_S - \frac{i}{2}\gamma_S\right)|K_S^0\rangle,$$
$$H_{\text{eff}}|K_L^0\rangle = \left(m_L - \frac{i}{2}\gamma_L\right)|K_L^0\rangle. \quad (12.43)$$

ここで, $m_S, m_L, \gamma_S, \gamma_L$ は, それぞれ 2 つの固有状態の質量と崩壊幅に対応する. なお光速を $c=1$ とした. K_L^0 と K_S^0 の固有状態を基底とした場合 H_{eff} の対角要素はもちろん式 (12.43) の固有値である. この基底では, 固有値の和は H_{eff} のトレース (Tr) である. 行列のトレースはどのような基底でも同じなので, $\text{Tr}H_{\text{eff}}$ は常に 2 つの固有値の和である. したがって, 式 (12.41) から次のようになる

$$\text{Tr}H_{\text{eff}} = 2A = \left(m_S - \frac{i}{2}\gamma_S\right) + \left(m_L - \frac{i}{2}\gamma_L\right),$$

または,
$$A = \frac{1}{2}(m_S + m_L) - \frac{i}{4}(\gamma_S + \gamma_L). \quad (12.44)$$

式 (12.43) の最初の式を書き下すと次のようになる,

$$\begin{pmatrix} A & B \\ C & A \end{pmatrix} \begin{pmatrix} p \\ q \end{pmatrix} = \left(m_S - \frac{i}{2}\gamma_S\right) \begin{pmatrix} p \\ q \end{pmatrix},$$

または,
$$\begin{pmatrix} A - m_S + \frac{i}{2}\gamma_S & B \\ C & A - m_S + \frac{i}{2}\gamma_S \end{pmatrix} \begin{pmatrix} p \\ q \end{pmatrix} = 0. \quad (12.45)$$

294 第12章 中性 K 中間子，振動と CP の破れ

式 (12.45) は，未知数が p と q の連立線形同次方程式を表し，自明でない解は行列式が 0 のときにのみ存在する．言い換えると式 (12.45) に自明でない解が存在するためには，

$$\det \begin{pmatrix} A - m_S + \frac{i}{2}\gamma_S & B \\ C & A - m_S + \frac{i}{2}\gamma_S \end{pmatrix} = 0, \tag{12.46}$$

すなわち，

$$BC = \left(A - m_S + \frac{i}{2}\gamma_S\right)^2 = \left[\frac{1}{2}(m_L - m_S) - \frac{i}{4}(\gamma_L - \gamma_S)\right]^2,$$

よって，$\quad \frac{1}{2}(m_L - m_S) - \frac{i}{4}(\gamma_L - \gamma_S) = \pm\sqrt{BC}, \tag{12.47}$

でなければならない．この結果を式 (12.45) に代入すると，次のような関係が p と q になければならない．

$$\frac{p}{q} = \pm\sqrt{\frac{B}{C}}. \tag{12.48}$$

同じように，式 (12.42) の K_L^0 の固有状態に対しても，

$$\frac{r}{s} = \mp\sqrt{\frac{B}{C}} = -\frac{p}{q}. \tag{12.49}$$

の関係がある．$r = p$, $s = -q$ と選ぶと，次のように表すことができる，

$$\begin{aligned} |K_S^0\rangle &= \frac{1}{(|p|^2 + |q|^2)^{\frac{1}{2}}}(p|K^0\rangle + q|\overline{K^0}\rangle), \\ |K_L^0\rangle &= \frac{1}{(|p|^2 + |q|^2)^{\frac{1}{2}}}(p|K^0\rangle - q|\overline{K^0}\rangle). \end{aligned} \tag{12.50}$$

したがって，式 (12.19) と (12.20) で定義したパラメータとは次の関係がある．

$$p = 1 + \epsilon, \quad q = -(1 - \epsilon). \tag{12.51}$$

12.7 K^0-$\overline{K^0}$ の時間依存性

式 (12.50) を逆に解くと次のように書ける．

$$|K^0\rangle = \frac{(|p|^2+|q|^2)^{\frac{1}{2}}}{2p}(|K_S^0\rangle + |K_L^0\rangle),$$
$$|\overline{K^0}\rangle = \frac{(|p|^2+|q|^2)^{\frac{1}{2}}}{2q}(|K_S^0\rangle - |K_L^0\rangle).$$
(12.52)

$|K_S^0\rangle$ と $|K_L^0\rangle$ は H_{eff} の固有状態なので，式 (12.31) と (12.43) の解は，

$$|K_S^0(t)\rangle = e^{-\frac{i}{\hbar}(m_S - \frac{i}{2}\gamma_S)t}|K_S^0\rangle,$$
$$|K_L^0(t)\rangle = e^{-\frac{i}{\hbar}(m_L - \frac{i}{2}\gamma_L)t}|K_L^0\rangle,$$
(12.53)

になる．ここで，また $c=1$ (式 (9.32) 参照) としている．K_S^0 と K_L^0 の寿命は，式 (12.53) からの振幅の絶対値の 2 乗をとることにより得られる．

$$\tau_S = \frac{\hbar}{\gamma_S}, \quad \tau_L = \frac{\hbar}{\gamma_L}.$$
(12.54)

これらはもちろん，以前に紹介した寿命 $\tau_S \approx 0.9\times 10^{-10}$ sec と $\tau_L \approx 5\times 10^{-8}$ sec に対応する．また，以前に述べた通り，m_L と m_S はそれぞれ長寿命と短寿命の粒子の質量に対応する．K^0 と $\overline{K^0}$ の場合と異なり，K_L と K_S はお互いの反粒子ではないため，質量と寿命が異なってもよいことをここで強調しておく．

次に初期条件として，最初純粋な K^0 ビームがある場合について考える．このビームの時間発展は式 (12.52) と (12.53) から次のように得られる．

$$\begin{aligned}|K^0(t)\rangle &= \frac{(|p|^2+|q|^2)^{\frac{1}{2}}}{2p}(|K_S^0(t)\rangle + |K_L^0(t)\rangle) \\ &= \frac{(|p|^2+|q|^2)^{\frac{1}{2}}}{2p}\left[e^{-\frac{i}{\hbar}(m_S-\frac{i}{2}\gamma_S)t}|K_S^0\rangle + e^{-\frac{i}{\hbar}(m_L-\frac{i}{2}\gamma_L)t}|K_L^0\rangle\right] \\ &= \frac{(|p|^2+|q|^2)^{\frac{1}{2}}}{2p}\left[\begin{array}{l} e^{-\frac{i}{\hbar}(m_S-\frac{i}{2}\gamma_S)t}\dfrac{(p|K^0\rangle + q|\overline{K^0}\rangle)}{(|p|^2+|q|^2)^{\frac{1}{2}}} \\ +e^{-\frac{i}{\hbar}(m_L-\frac{i}{2}\gamma_L)t}\dfrac{(p|K^0\rangle - q|\overline{K^0}\rangle)}{(|p|^2+|q|^2)^{\frac{1}{2}}} \end{array}\right]\end{aligned}$$

296　第 12 章　中性 K 中間子，振動と CP の破れ

$$= \frac{1}{2p}\left[\begin{array}{l}p(e^{-\frac{i}{\hbar}(m_S-\frac{i}{2}\gamma_S)t}+e^{-\frac{i}{\hbar}(m_L-\frac{i}{2}\gamma_L)t})|K^0\rangle \\ +q(e^{-\frac{i}{\hbar}(m_S-\frac{i}{2}\gamma_S)t}-e^{-\frac{i}{\hbar}(m_L-\frac{i}{2}\gamma_L)t})|\overline{K^0}\rangle\end{array}\right]. \quad (12.55)$$

したがって，時間 t が経過した後ではビーム中に $|K^0\rangle$ を見出す確率は次のように与えられる．

$$\begin{aligned}P(K^0,t) &= |\langle K^0|K^0(t)\rangle|^2 \\ &= \frac{1}{4}\left|e^{-\frac{i}{\hbar}(m_S-\frac{i}{2}\gamma_S)t}+e^{-\frac{i}{\hbar}(m_L-\frac{i}{2}\gamma_L)t}\right|^2 \\ &= \frac{1}{4}\left(e^{-\frac{\gamma_S t}{\hbar}}+e^{-\frac{\gamma_L t}{\hbar}}+e^{-\frac{1}{2\hbar}(\gamma_S+\gamma_L)t}\times 2\cos\frac{(m_L-m_S)}{\hbar}t\right) \\ &= \frac{1}{4}e^{-\frac{t}{\tau_S}}+\frac{1}{4}e^{-\frac{t}{\tau_L}}+\frac{1}{2}e^{-\frac{1}{2}\left(\frac{1}{\tau_S}+\frac{1}{\tau_L}\right)t}\cos\frac{\Delta m}{\hbar}t.\end{aligned} \quad (12.56)$$

ここで，質量差を次のように定義した．

$$\Delta m = m_L - m_S. \quad (12.57)$$

同様に，時間 t が経過した後のビーム中に $|\overline{K^0}\rangle$ を見出す確率は次のように与えられる．

$$\begin{aligned}P(\overline{K^0},t) &= |\langle\overline{K^0}|K^0(t)\rangle|^2 \\ &= \left|\frac{q}{p}\right|^2\left[\frac{1}{4}e^{-\frac{t}{\tau_S}}+\frac{1}{4}e^{-\frac{t}{\tau_L}}-\frac{1}{2}e^{-\frac{1}{2}\left(\frac{1}{\tau_S}+\frac{1}{\tau_L}\right)t}\cos\frac{\Delta m}{\hbar}t\right].\end{aligned} \quad (12.58)$$

式 (12.57) と (12.58) から，$\Delta m = 0$ の場合，すなわち $|K_S^0\rangle$ と $|K_L^0\rangle$ が同じ質量をもつ場合，ビーム強度は固有の寿命に対応して減少する 2 つの指数関数の和になる．2 つの粒子の質量に違いがある場合は，ビーム強度に振動の効果 (ストレンジネス振動) が加わる．実際この質量差は振動の周期から次のように測定されている．

$$\Delta m = m_L - m_S \approx 3.5 \times 10^{-12} \text{ MeV}/c^2. \quad (12.59)$$

この質量差は非常に小さく ($m_{K^0} \approx 500$ MeV/c^2 を思い出してみよう) K^0-$\overline{K^0}$ の質量差の上限値に対応させた場合 ($m_{K^0} - m_{\overline{K^0}} < 10^{-18}m_{K^0}$)，中性 K 中間

子では CPT 対称性が高い精度で成り立っていることを示す．次章で見るように，このことは K^0-$\overline{K^0}$ 混合が主に弱い相互作用ハミルトニアンの 2 次の効果であることを示唆する．この場合，ストレンジネスの変化は，$\Delta S = 1$ が 2 つ重なり $\Delta S = 2$ になる．以上が間接的 CP 非保存の原因である．一方 $K_2^0 \to 2\pi$ 崩壊での直接的 CP 非保存は $\Delta S = 1$ の弱い相互作用の 1 次の遷移である．

式 (12.55) から始めて，ビーム中に $|K_L^0\rangle$ または $|K_S^0\rangle$ を見出す確率を時間の関数として計算することもできる．$|K_L^0\rangle$，$|K_S^0\rangle$ 両方とも $\pi^+\pi^-$ 対に崩壊するため，$\pi^+\pi^-$（または $\pi^0\pi^0$）崩壊数を固有時間の関数として測定することにより，$|K_L^0\rangle$ と $|K_S^0\rangle$ の 2π 崩壊形式での量子力学的干渉の効果を観測することができる．すなわち，もし振幅和の絶対値の 2 乗，

$$\left|(K_L^0 \to 2\pi) + (K_S^0 \to 2\pi)\right|^2, \tag{12.60}$$

を測定すれば，データと式 (12.60) の干渉項を比較することにより，相対的な位相である ϕ_{+-} や ϕ_{00} を測定することができる．このような測定の結果を図 12.4 に示す．

12.8　K^0 のセミレプトニック崩壊

セミレプトニック崩壊とは，ベータ崩壊のように終状態にレプトンとハドロンの両方を含むものをいう．式 (12.2) のような反応で生成された K^0 と $\overline{K^0}$ の研究の結果，K^0 がセミレプトニックに崩壊するとき，終状態には陽電子を含み，$\overline{K^0}$ の場合は電子を含むことが分かった．

$$\begin{aligned} K^0 &\to \pi^- + e^+ + \nu_e, \\ \overline{K^0} &\to \pi^+ + e^- + \bar\nu_e. \end{aligned} \tag{12.61}$$

CP 操作を行うと，ニュートリノも含めてすべての素粒子はその反粒子に変換する．したがって上記の崩壊を利用して，K 中間子の CP 非保存効果に対してもう 1 つ別の情報を得ることができる．

1 つの興味深い可能性は，式 (12.56) と (12.58) のように，時間の関数としてストレンジネス振動が存在するので，まず K^0 か $\overline{K^0}$ を主に含むビームから始

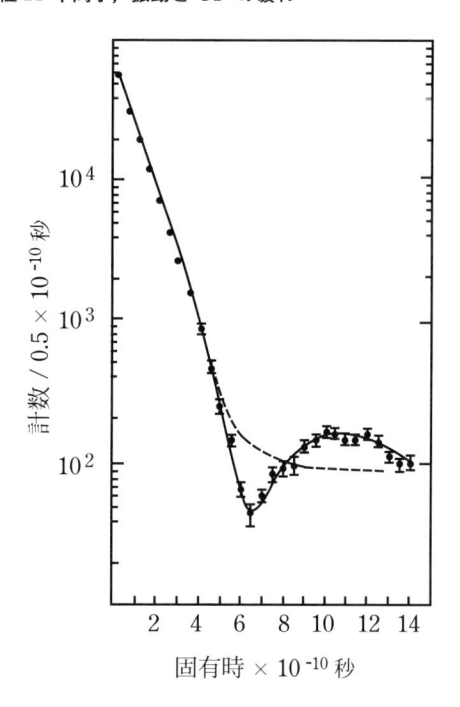

図 12.4: K_L^0 ビームを炭素を再生体物質として通した後の $K_{L,S}^0 \to \pi^+\pi^-$ 崩壊の固有時間分布のデータ. 点線は K_L^0-K_S^0 の干渉がない場合に期待される分布. 実線は, 干渉があることを仮定してデータにフィットした線. これから ϕ_{+-} が決定された. [W.C.Carithers et al., Phys. Rev. Lett. **34**, 1244(1975) より.]

めて e^+ を含む崩壊の数 (N^+) と e^- を含む崩壊の数 (N^-) の変化を測定することである. K_S^0 成分は途中で崩壊してしまうので, ビームは純粋な K_L^0 となる. ここで, もし K_L^0 が CP の固有状態ならば, K^0 成分と $\overline{K^0}$ 成分を同じだけ含むため e^+ を含む崩壊と e^- を含む崩壊は同数のはずである. しかし, もし中性 K 中間子で CP 対称性が破れていて K_L^0 が CP の固有状態でないならば,

12.8 K^0 のセミレプトニック崩壊　299

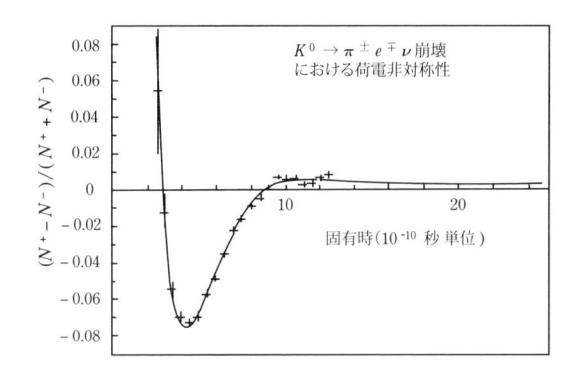

図 **12.5**: 最初主に K^0 ビームであったときの $K^0 \to \pi^- e^+ \nu$ と $\overline{K^0} \to \pi^+ e^- \bar{\nu}$ の崩壊の固有時間分布間の荷電非対称性．測定された干渉の効果は，K_L^0-K_S^0 の質量差に強く依存する．固有時間が大きい所では，この荷電非対称性は CP 非保存の効果を示し，K_L^0 中の正負のストレンジネスが対称でないことを示す．[S. Gjesdal et al., Phys Lett. **52B**, 113 (1974) より．]

e^+ と e^- を含む崩壊数に差が出てくる．すなわち，時間が経過し，振動が減衰するにつれ ($\tau_S \ll \tau_L$ を思い出そう)，測定値である N^+ と N^- の間に，K_L^0 中の K^0 成分と $\overline{K^0}$ 成分の相対強度による差が出て来る．その結果，式 (12.20) で示されるストレンジネスの非対称性は，約 3.3×10^{-3} ($2\mathrm{Re}\,\epsilon$ に対応する) と測定されて，式 (12.58) の $|\frac{q}{p}|^2$ も決定できる．この結果は図 12.5 に示されている．

演習問題

12.1 最初 ($t=0$) 純粋な K^0 ビームであったビーム中に $\overline{K^0}$ を観測する確率を時間の関数として $\approx 10\%$ の精度でプロットせよ．ただし CP 非保存効果は無視する．

12.2 式 (12.27) で使われているパラメータ η_{+-} と ϕ_{+-} を使って，$K^0 \to \pi^+\pi^-$ 崩壊の時間分布の式を導け．純粋な K^0 ビームから始めて式 (12.55) によ

り発展すると考えれば良い．崩壊確率全体の規格化は無視してよい．

推奨図書

巻末推奨図書番号： [9], [15], [19], [28], [35]

13 標準模型

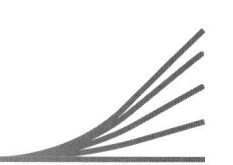

13.1 はじめに

　第9章では，1970年代中期以前に発見された少数の軽いハドロンの性質について議論した．加速器のエネルギーが上がるにつれ，これらのハドロンの励起状態でより重い質量や大きなスピンをもつものや，新しいフレーバーの粒子 (表9.5参照) が次々に発見された．実際1960年代の中頃ですでに数多くの粒子が存在し，これらがすべて物質の究極の構成要素と見なしてよいかどうかは疑問であった．以前に議論したように，最も軽いバリオンである陽子や中性子でさえ内部構造をもつことが間接的にではあるが示されていた．たとえば，中性子で特に顕著である大きな異常磁気モーメントは，その内部の複雑な電流分布の存在を示唆する．観測されたハドロンの特性のパターンから，M. ゲルマン (Murray Gell-Mann) と G. ツヴァイク (George Zweig) は1964年に独立に，そのような粒子はすべてクォークを構成要素にもつとするとその性質が理解できることを示した．表9.5で示されるとおり，この構成要素はかなり特異な性質をもっており，初期の頃は実在する粒子 (物理的実態) ではなく計算の便宜にすぎないと考えられていた．

　1960年代，J. フリードマン (Jerome Friedman), H. ケンドール (Henry Kendall) と R. テイラー (Richard Taylor) らはスタンフォード線形加速器センター (SLAC) で水素および重水素を標的とした電子散乱の測定を行い，陽子と中性子が電荷 $-\frac{1}{3}e$ と $+\frac{2}{3}e$ の点状粒子から構成されると仮定すると，データを最も良く説明できることを明らかにした．これらの実験は，非弾性散乱における電子の振る舞いから，核子中に点状の**クォーク** (*quarks*) あるいは**パートン** (*partons*) が存在することを示し，原子の中に「点状」の原子核があること

を明らかにしたラザフォードの散乱実験の近代的な再現であった．ラザフォードの最初の散乱実験では，α 粒子は原子核を壊すことができず，原子核の内部構造まで調べることはできなかった．それに対して，SLAC での散乱実験では中性子と陽子を壊すのに十分な運動量移行があった．

ここで核子を標的とする電子の弾性散乱と非弾性散乱の違いについて考える．弾性散乱では，高エネルギーでの微分断面積は，低エネルギー散乱の式 (2.14) の形状因子で説明することができる．しかし，陽子を破壊するほどの非弾性散乱では，核子の内部構造を探れる可能性がある．特に，大きな q^2 の電子の非弾性散乱は小さな距離の相互作用に対応し，核子中の点状の構成要素を探索するのに適している．実際大きな q^2 での非弾性散乱の形状因子は実質 q^2 によらなくなり，核子の中に点状粒子が存在することを示唆する．これはラザフォードの散乱実験で，α 粒子が「点状」の原子核により大角度に散乱される性質を思い出させる．その後，核子は荷電クォークだけでなく中性の **グルーオン** 粒子 (*gluon*-partons) も含み，それぞれ特徴的な運動量分布 (**パートン分布関数** (*parton distribution function*)) をもつことが明らかになった．

1970 年代初頭までに，ハドロンはもはや点状粒子ではないことが明らかになった．これに対してレプトンは，実験可能な最大の運動量移行でもいまだに内部構造が存在する証拠は見つかっていない．したがって，レプトンは基本的な素粒子であり，ハドロンはより基本的な粒子から構成されているとみなすことができる．最初はまったく現象論的であったこの考え方は，やがて電子散乱の観測と粒子の分類，そしてクォークモデルを統一し，現在の標準模型として実を結んだ．標準模型はクォーク，レプトンやゲージボソンなど，観測されているすべての基本粒子を含み，強い相互作用，弱い相互作用そして電磁相互作用の 3 つの基本的な力の性質を説明することができる．

13.2 クォークとレプトン

これまで述べたように，すべての荷電レプトンには対応するニュートリノがあり，次の 3 つのファミリー (またはフレーバー) が存在する．

$$\begin{pmatrix} \nu_e \\ e^- \end{pmatrix}, \qquad \begin{pmatrix} \nu_\mu \\ \mu^- \end{pmatrix}, \qquad \begin{pmatrix} \nu_\tau \\ \tau^- \end{pmatrix}. \tag{13.1}$$

式 (13.1) は，以前議論した強い相互作用のアイソスピンのときのように，粒子を電荷の順に並べてある．ハドロンの中のクォーク成分も同じように次の3つのファミリーに分類される (問題 9.4 参照).

$$\begin{pmatrix} u \\ d \end{pmatrix}, \qquad \begin{pmatrix} c \\ s \end{pmatrix}, \qquad \begin{pmatrix} t \\ b \end{pmatrix}. \tag{13.2}$$

クォークの電荷などの性質は表 9.5 にまとめた．すべてのクォークでバリオン数 B は $\frac{1}{3}$ であり，電荷は，

$$\begin{aligned} Q[u] = Q[c] = Q[t] = +\frac{2}{3}e, \\ Q[d] = Q[s] = Q[b] = -\frac{1}{3}e, \end{aligned} \tag{13.3}$$

である．この分数電荷は u クォークや d クォークによる電子散乱の結果から間接的に推定されたが，このように電荷を仮定すると，観測されたハドロンを，クォークの結合状態として自然に分類することができる．クォークも表 9.5 のように，フレーバー量子数をもつと考えられる．たとえば K^+ のストレンジネスは +1 と定義したが，すぐ後で出て来るようにストレンジクォークは，ストレンジネス -1 をもたなければならない．チャームやトップやボトムクォークもそれぞれ自分自身のフレーバー量子数をもつ．もちろん，どのクォークにも反粒子が存在し，反対符号の電荷やストレンジネスやチャーム数などの内部量子数をもつ．

13.3 中間子のクォーク成分

レプトンと同じようにクォークも点状のフェルミオンである．言い換えると，クォークはスピン角運動量 $\frac{1}{2}\hbar$ をもつ．中間子は整数のスピンをもつため，クォークの結合状態ならば，偶数個のクォークから成っているはずである．実

際知られているすべての中間子は，クォークと反クォークの結合状態として説明できる．たとえばスピン 0 で +1 の電荷をもつ π^+ 中間子は，次のような結合状態として表される．

$$\pi^+ = u\bar{d}. \tag{13.4}$$

これから，π^+ 中間子の反粒子である π^- 中間子は次のように記述される．

$$\pi^- = \bar{u}d. \tag{13.5}$$

電荷が 0 の π^0 中間子は，原理的には任意のクォークとその反クォークの結合状態として説明できる．しかし 3 種の π 中間子は，強い相互作用の同じアイソスピン多重項に含まれ，同じ内部構造をもたなければならない．したがって π^0 中間子は次のような構造をもつことが導かれる[1]．

$$\pi^0 = \frac{1}{\sqrt{2}}(u\bar{u} - d\bar{d}). \tag{13.6}$$

ストレンジ中間子は，同じようにクォークと反クォークの結合状態であるが，クォークの 1 つがストレンジクォーク (s-クォーク) であると理解することができる．したがって，次のように表される．

$$K^+ = u\bar{s}, \quad K^- = \bar{u}s, \quad K^0 = d\bar{s}, \quad \overline{K^0} = \bar{d}s. \tag{13.7}$$

クォークと中間子の電荷の関係が正しいことはすぐに分かる．同じように，もし s-クォークのストレンジネス量子数が -1 とすると，ストレンジネス量子数の関係も正しく説明されることが分かる．質量がもっと大きく新たなフレーバー量子数をもつクォークが存在するため，クォークモデルを元にして現象論的に新たな中間子の存在が予測される．実際そのような中間子はすでに数多く見つかっている．たとえば，1974 年に S. ティン (Samuel Ting) と B. リヒター

---

[1] 訳者注：π^0 中のクォーク-反クォークは強い相互作用で対消滅と対生成を行い，$u\bar{u}$ と $d\bar{d}$ の状態が入れ替わる振幅があるため，質量固有状態である π^0 はその 2 つの状態の重ね合わせになっている．これは $|K_S\rangle = (|K^0\rangle - |\overline{K^0}\rangle)/\sqrt{2}$ の場合と同じである．$u\bar{u} + d\bar{d}$ の状態はさらに $s\bar{s}$ と交じり，η や η' 粒子になる．

(Burton Richter) のグループにより独立に発見された電荷 0 の J/ψ 中間子はチャームクォークが存在することの最初の証拠となったが，チャームクォークと反チャームクォークの結合状態であるチャーモニウム (ポジトロニウムにあやかって名づけられた) として次のように表すことができる[2]．

$$J/\psi = c\bar{c}. \tag{13.8}$$

これは，チャームと反チャームの量子数が加え合わさりチャーム数をもたないという意味では，ρ^0 のような普通の中間子であるが，その性質 (崩壊) は，これまでの u, d, s クォークだけでは説明できない．もちろん次のようにチャームクォークと軽いクォークからなる中間子も存在する．

$$D^+ = c\bar{d}, \quad D^- = \bar{c}d, \quad D^0 = c\bar{u}, \quad \overline{D^0} = \bar{c}u. \tag{13.9}$$

これらの中間子は，これまで詳しく述べた K 中間子で，s-クォークを c-クォークで置き換えた形をしている．K^+ と同様に D^+ はチャーム数 +1 をもつと定義され，その結果 c-クォークのチャーム数を +1 と定義する．ストレンジネスとチャーム数を合わせもつチャーム中間子も存在する．その例を次に示す．

$$D_s^+ = c\bar{s}, \quad D_s^- = \bar{c}s. \tag{13.10}$$

構成粒子の 1 つがボトムクォークであるボトム中間子も存在する．ボトム中間子も K 中間子と同じように次のような構造をもつ．

$$B^+ = u\bar{b}, \quad B^- = \bar{u}d, \quad B_d^0 = d\bar{b}, \quad \overline{B_d^0} = \bar{d}b. \tag{13.11}$$

b, s-クォークを含んだ電荷 0 の中間子状態は，K^0-$\overline{K^0}$ 系のように，その崩壊中に CP 非保存の効果が現れるので特に興味深い．

$$B_s^0 = s\bar{b}, \quad \overline{B_s^0} = \bar{s}b. \tag{13.12}$$

---

[2] 訳者注：J/ψ（ジェー・プサイ）という奇妙な名前は，S. ティンのグループと B. リヒターのグループが同時に独立にこの粒子を発見したため，2 つのグループの命名を組み合わせてつけられた．

最近の「B 中間子工場」と呼ばれる 2 つの e^+e^- 衝突実験,すなわち,米国の SLAC で行われた BaBar 実験と日本のつくば市にある KEK の BELLE 実験は,不定性の少ない実験環境で,e^+e^- 衝突による対生成,

$$e^+ + e^- \to B + \overline{B}, \tag{13.13}$$

により生じる中性 B 中間子を研究し,大きな CP 非保存効果の明白な証拠を発見した[3]. 現在,e^+e^- とハドロン衝突実験では,B 中間子の崩壊の様々な研究が行われ標準模型からのずれが探索されている.

13.4　バリオンのクォーク成分

中間子がクォークと反クォークの結合状態と見なせるのとまったく同じように,バリオンもクォークの結合状態と見なすことができる. しかし,バリオンは,フェルミオンで半整数のスピン角運動量をもつため,奇数個のクォークからできていると考えられる. その特性から,バリオンは 3 つのクォークからなっていると考えるのが最も自然である. したがって,陽子と中性子は,

$$p = uud, \quad n = udd, \tag{13.14}$$

というクォークの結合状態と考えることができる. 同じように,ストレンジネスをもつバリオンである「ハイペロン」は,

$$\Lambda^0 = uds, \quad \Sigma^+ = uus, \quad \Sigma^0 = uds, \quad \Sigma^- = dds, \tag{13.15}$$

であると見なすことができる. 同様に,ストレンジネスを 2 つもつ「カスケード」粒子は,

$$\Xi^0 = uss, \quad \Xi^- = dss, \tag{13.16}$$

であると見なすことができる. すべてのバリオンはバリオン数 1 をもつために,クォークはバリオン数 $\frac{1}{3}$ をもつことになる. 中間子はクォークと反クォークか

---

[3] 訳者注:この実験の結果,CP 非保存の原因が小林・益川理論であることが証明され,両博士は南部博士とともに 2008 年ノーベル物理学賞を受賞した.

ら成り，反クォークのバリオン数は $-\frac{1}{3}$ なので中間子はバリオン数をもたないことになる．

13.5　カラーの導入

これまで議論してきたクォーク模型をそのままバリオンに当てはめると，理論的な困難が生じる．以前議論したとおり，Δ^{++} バリオンは，ストレンジネスをもたず，電荷は $+2$ であり，スピン角運動量は $\frac{3}{2}$ である．したがって，単純に考えると，Δ^{++} は3つの u-クォークからなると考えられる．

$$\Delta^{++} = uuu. \tag{13.17}$$

この構造は，Δ^{++} の知られているすべての量子数を説明する．基底状態では軌道角運動量は0なので，全角運動量が $J = \frac{3}{2}$ であるためには，3つのクォークのスピンは同じ向きでなければならない．しかし，パウリ原理によると，同一の状態にある同じ種類のフェルミオンを交換すると波動関数は反対称になるため，2つの同じフェルミオンは，相対的な軌道角運動量が0のときには同じスピン方向をもつことができないことになる．したがって，このままではクォークモデルは Δ^{++} の構造を説明できないことになる．しかしクォークモデルは他のハドロンの性質を非常にうまく説明するため，それを完全に捨て去るのは賢明ではない．興味ある解決方法の1つは，すべてのクォークは新たな量子数をもち，式 (13.17) の状態は，この量子数の交換に対して反対称であると考えることである．

この新たな自由度は，「色」($color$) と呼ばれ，クォークは3つの異なった色をもちえるとする．したがって，クォーク多重項は次の形をとる．

$$\begin{pmatrix} u^a \\ d^a \end{pmatrix}, \quad \begin{pmatrix} c^a \\ s^a \end{pmatrix}, \quad \begin{pmatrix} t^a \\ b^a \end{pmatrix}, \quad (a = \text{red, blue, green}). \tag{13.18}$$

この段階ではカラーは，ハドロンの構造を説明するため現象論的に導入された単なる新しい量子数にすぎない．しかし，すぐ明らかになるように，カラー

は電磁相互作用の電荷に対応する，強い相互作用の「電荷」とみなすことができる．

ハドロンは正味のカラーが観測されないので，全カラー量子数が 0，またはカラーが中性の結合状態 (すなわちカラー 1 重項状態) であるといえる．バリオンの 3 つのクォークの波動関数のカラー 1 重項の部分はどの 2 つのクォークの交換に対しても符号を変えるが[4]，クォーク-反クォークのカラー 1 重項は符号を変えない．この仮説により，すべてのバリオンは 3 つのクォークの結合状態であり，すべての中間子は，クォーク-反クォーク対の結合状態であるとして矛盾はなくなる．特にこの仮説は，ストレンジネス -3 とスピン角運動量 $\frac{3}{2}$ をもつ Ω^- バリオンを 3 つの s-クォークの基底状態として記述する．

$$\Omega^- = sss. \tag{13.19}$$

カラーの交換に対する対称性が，バリオンを構成するフェルミオンの波動関数の全体的な反対称性を実現するのに重要な役割を担っていることをもう一度確認しておく．観測されるハドロンはカラー量子数をもたないので，カラーの導入はその場しのぎのように感じられる．しかしカラーの存在は次のように証明することができる．電子・陽電子の衝突により，$\mu^+\mu^-$ 対やクォーク-反クォーク対を生成する反応を考える．図 13.1 のように，この反応は中間状態の仮想光子を介して生じる．この反応でハドロンをつくる断面積は，光子がつくるクォーク-反クォーク対の数に依存する．それは，クォークのカラーの数に比例するはずである．すなわち，ハドロン生成の断面積と $\mu^+\mu^-$ 対生成の断面積の比,

$$R = \frac{\sigma(e^-e^+ \to \text{hadrons})}{\sigma(e^-e^+ \to \mu^-\mu^+)}, \tag{13.20}$$

は，クォークのカラーの数に比例する．実際この測定量は，カラーの数が 3 であることを示している．図 13.1 の過程でクォーク-反クォーク対をつくる確率は，クォークの電荷にも依存するので，この観測データからクォークが分数電荷をもつことも確かめられた．

---

[4] 訳者注：演習問題 13.2 参照．

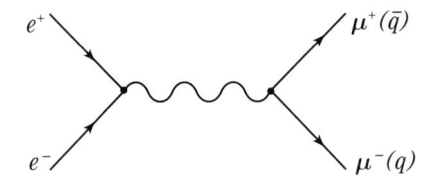

図 13.1: e^+e^- 消滅から，仮想光子を介して生じる $\mu^+\mu^-$ または $q\bar{q}$ 対．

この節を終えるにあたり，高エネルギーの電子-陽電子消滅反応は，新しいフレーバーのクォークの存在を探索する最も不定性のない方法の1つであることを指摘しておく．たとえば，e^+e^- のエネルギーを増していき，新しいクォークを含むハドロンの閾値を越えたとき，式 (13.20) の比の値は急に増加するため，ビームエネルギーの依存性に階段状の変化が現れるはずである．もちろんその閾値以上のエネルギーでは，e^+e^- 衝突反応の終状態に新しいクォークを含む新種のハドロンが観測される．チャームクォークとボトムクォークの場合，最初にポジトロニウムに似た状態 ($c\bar{c}$ の場合は J/ψ，$b\bar{b}$ の場合は Υ) がつくられ，それより若干高いエネルギーで，上の説明のようにチャームやボトムを含んだ粒子が生成されることが観測された．しかし，トップクォークの場合は，以前に指摘したように，崩壊が早すぎてトップクォークを含むハドロンが生成されることはないと考えられる．

13.6 中間子のクォーク模型

本節では，強い相互作用の対称性を $q\bar{q}$ の波動関数に当てはめ，非相対論的で単純なクォークモデルで予想される中性中間子の量子数を調べることにする．特に，そのような系のスピン (J)，パリティ (P) そして荷電共役 (C) などの量子数に対する条件を確立する．$q\bar{q}$ の波動関数は，2つの粒子の交換に対して固有の対称性をもつ波動関数の積として表されると仮定する．

$$\Psi = \psi_{\text{空間}}\psi_{\text{スピン}}\psi_{\text{電荷}}. \tag{13.21}$$

ここで，$\psi_{空間}$ は $q\bar{q}$ 波動関数の時間空間部分を表し，$\psi_{スピン}$ は固有スピンの波動関数を表し，$\psi_{電荷}$ は荷電共役の特性を表す．カラーの自由度に対する波動関数は，中間子では構成粒子の交換に対して常に偶の対称性をもつことが分かっているためここでは省いている．q と $\bar{q}$ の交換に対する $\psi_{空間}$ の対称性は q と $\bar{q}$ の間の軌道角運動量で指定される球面調和関数により決定される．粒子を交換する演算を X とすると，形式的に，次のように表される．

$$X\psi_{空間} \sim XY_{\ell m}(\theta,\phi) = (-1)^\ell \psi_{空間}. \tag{13.22}$$

したがって，もし Ψ が明確なパリティをもつ状態だとすると，$\psi_{空間}$ は q と $\bar{q}$ の交換に対して，ℓ が偶数なら対称であり奇数なら反対称になる．q と $\bar{q}$ の交換に対する $\psi_{スピン}$ の変化は，2つのクォークのスピン状態が $s=0$ か $s=1$ により異なる．$s_z = 0$ の状態を考えた場合，次の関係を得る．

$$\begin{aligned} s=0:\ & X[|\uparrow\downarrow\rangle - |\downarrow\uparrow\rangle] = -[|\uparrow\downarrow\rangle - |\downarrow\uparrow\rangle], \\ s=1:\ & X[|\uparrow\downarrow\rangle + |\downarrow\uparrow\rangle] = +[|\uparrow\downarrow\rangle + |\downarrow\uparrow\rangle]. \end{aligned} \tag{13.23}$$

これから，形式的に次のように表すことができる．

$$X\psi_{スピン} = (-1)^{s+1}\psi_{スピン}. \tag{13.24}$$

粒子の交換により，q と $\bar{q}$ は入れ替わるため，この操作は荷電反転と考えることができる．このような系の荷電反転に対する効果を決定するため，パウリ原理をこの2つのフェルミオンの系で考えて，q と $\bar{q}$ を入れ替えたときに，波動関数全体の符号が変わることを要求してみる．

$$X\Psi = -\Psi. \tag{13.25}$$

ここで，パウリ原理を一般化し，q と $\bar{q}$ を同一フェルミオンの荷電空間中の上向きスピン状態と下向きスピン状態のように取り扱う[5]．ここで，式 (13.22)，

---

[5] 訳者注：たとえば $\psi_{電荷} = (|Q\bar{Q}\rangle \pm |\bar{Q}Q\rangle)/\sqrt{2}$ のように考える．

13.6 中間子のクォーク模型

(13.24) および (13.25) の結果からパウリ原理の要請は次のようになる.

$$X\Psi = X\psi_{空間}\psi_{スピン}\psi_{電荷}$$
$$= (-1)^\ell \psi_{空間}(-1)^{s+1}\psi_{スピン}C\psi_{電荷} = -\Psi. \quad (13.26)$$

したがって, 式 (13.26) が成り立つためには, 荷電反転に対する固有状態の中間子は, 以下の荷電パリティをもたなければならない.

$$\eta_C = (-1)^{\ell+s}. \quad (13.27)$$

このように, 荷電反転に対する固有状態の中間子では式 (13.27) により, $q\bar{q}$ 状態の, 軌道角運動量, 固有スピンおよび C 量子数が関係づけられる.

これまでの議論で, まだ登場していない量子数はパリティだけである. Ψ のパリティは, 構成粒子の固有パリティとそれらの空間座標の反転の効果との積となる. 11 章で議論した通りスピン $\frac{1}{2}$ の粒子と反粒子の相対的なパリティは負である. したがって Ψ 全体のパリティは,

$$P\Psi = -(-1)^\ell \Psi = (-1)^{\ell+1}\Psi,$$

または, 全体のパリティ量子数は,

$$\eta_P = (-1)^{\ell+1}, \quad (13.28)$$

となる. 中間子のスピンは $q\bar{q}$ 状態の軌道角運動量と固有スピンを加えたものなので,

$$\vec{J} = \vec{L} + \vec{S}, \quad (13.29)$$

となる. これで存在可能な中間子を構成するための準備がすべて整ったことになる. 表 13.1 に可能な最低準位の中間子を並べた. そのすべてが実在する中間子に対応する.

表 13.1: クォークモデルから期待される最低準位の中間子.

ℓ	s	j	η_P	η_C	中間子 [a]
0	0	0	$-$	$+$	π^0, η
0	1	1	$-$	$-$	ρ^0, ω, ϕ
1	0	1	$+$	$-$	$b_1^0(1235)$
1	1	0	$+$	$+$	$a_0(1980), f_0(975)$
1	1	1	$+$	$+$	$a_1^0(1260), f_1(1285)$
1	1	2	$+$	$+$	$a_2^0(1320), f_2(1270)$

[a] これらの中間子の特性については $CRC\ Handbook$ を参照.

13.7 ハドロン内部のバレンスクォークとシークォーク

これまで，ハドロンの構造について，核子はパートンと認識されるクォーク (q) とグルーオン (g) を含むことや，パートンの運動量分布にも言及した．ハドロンのクォーク模型はそれゆえ，クォークを原子中の電子や原子核の構成核子と同じように記述する．このようなクォークを**バレンスクォーク** (valence quark) と呼ぶ．一方，ハドロンの中にはグルーオンが分裂してでき，ごく短時間だけ存在する沢山のクォーク-反クォーク「対」がある．これらのクォークは**シークォーク** (sea quarks) と呼ばれ，ハドロンの量子数を特徴づけるバレンスクォークと対比される．続く 2 節で示すように，実際カラーを担うグルーオンが核子の成分の半分の寄与をしている．

物質の状態の新たな可能性を探るため，たとえば，$q\bar{q}q\bar{q}$ のバレンスクォーク系や，$q\bar{q}g$ のようなクォークとグルーオンからなる**ハイブリッド** (hybrid) 中間子や，gg のようなグルーオンのみからなる**グルーボール** (glueballs) などの，クォーク模型の予測と異なる種類のハドロンの探索が行われた．新たな状態の兆候もいくつか出ているが，これまでのところ確実なものはない．

13.8 弱アイソスピンとカラー対称性

すでに見たように，レプトンとクォークはともに対，すなわち 2 重項で存在

13.8 弱アイソスピンとカラー対称性

し，クォークはさらにカラー量子数をもつ．このような分類やカラー自由度の存在は，素粒子の根底に横たわる新たな対称性を示唆している．スピンとアイソスピンの議論から，この2重項は非可換 (non-Abelian) 群 $SU(2)$ に対応づけられる．この対称群は内部空間の対称性を示すので，アイソスピンと呼び続けることにする．ハドロンの分類に使われる強い相互作用のアイソスピンとは異なり，この場合のアイソスピンはレプトンの分類にも使われる．一方，レプトンは弱い相互作用で反応するためこの対称性は弱い相互作用に関係づけられなければならない．したがって，クォークとレプトンの弱い相互作用に対応するアイソスピン対称性は，**弱アイソスピン** (*weak isospin*) と呼ばれる．この対称性は，以前議論した強い相互作用のアイソスピン対称性とはまったく異なる．しかし，強いアイソスピンが電磁相互作用 (電荷) が無視できる場合にのみ成り立つように，弱アイソスピン対称性も電磁相互作用がない場合にのみ成り立ち，式 (13.1) と (13.2) の各2重項の粒子は同等で区別がつかない．

弱アイソスピン対称性のもとで，式 (9.26) のゲルマン-西島の関係を用いてクォークとレプトンそれぞれに対して，たとえば次のように弱いハイパーチャージ Y を定義することができる．

$$Q = I_3 + \frac{Y}{2}, \quad \text{または，} \quad Y = 2(Q - I_3) \tag{13.30}$$

ここで，Q は粒子の電荷を表し，I_3 はその弱アイソスピン量子数の射影を表す．したがって，(ν, e^-) の2重項の場合，

$$\begin{aligned} Y(\nu) &= 2\left(0 - \frac{1}{2}\right) = -1, \\ Y(e^-) &= 2\left(-1 + \frac{1}{2}\right) = -1, \end{aligned} \tag{13.31}$$

同様に (u, d) クォーク2重項の場合，

$$\begin{aligned} Y(u) &= 2\left(\frac{2}{3} - \frac{1}{2}\right) = 2 \times \frac{1}{6} = \frac{1}{3}, \\ Y(d) &= 2\left(-\frac{1}{3} + \frac{1}{2}\right) = 2 \times \frac{1}{6} = \frac{1}{3}. \end{aligned} \tag{13.32}$$

を得る．他のクォークやレプトンの2重項の弱ハイパーチャージ量子数も同じように得ることができる．実際，標準模型では左巻きの粒子のみが2重項の構造をもつ．右巻きのクォークと右巻きの荷電レプトンはすべて弱アイソスピン $I = 0$ の1重項であり，右巻きのニュートリノは存在しない．式 (13.30) から分かるように，2重項の2つの要素は同じ弱ハイパーチャージの値をもつ．このことは，弱ハイパーチャージが式 (10.76) で示される形の $U(1)$ 対称性に対応するならば要求される性質である．

クォークのカラー対称性もまた内部空間の対称性である．カラー対称性は，回転を含むという点でアイソスピンと似ているということができる．しかしここでの回転はクォークの3つのカラーに対応する3次元の内部空間での回転である．これに対応する対称群は，$SU(3)$ として知られる．クォークの反応は，カラー空間における $SU(3)$ 回転に対して不変であると考えられ，その結果，カラーが異なっていてもクォークの性質は等価であることが導かれる．(実験事実と合うためにはこの等価性が必要である．) カラー量子数はクォークだけがもち，レプトンや光子はもたないため，この対称性は強い相互作用のみに関係すると考えられる．

13.9 ゲージボソン

これまで (10.5 章および 10.6 章) 述べてきたように，グローバル対称性が存在すれば，強い相互作用のアイソスピンなどの量子数により素粒子を分類することができる．一方，局所的対称性が存在すれば，対応する力を導入する必要が生じる．弱アイソスピンとカラー対称性は，相互作用との関連がかなり明瞭なため，対応する物理的な力，—すなわち強い (カラー) 相互作用と弱い相互作用—は，純粋に局所的対称性から生じるという興味ある可能性が考えられた．何年もの困難な研究を経て，理論的発展と実験による詳細な検証がなされた結果，その可能性が事実であることが導かれた．現在では，電磁相互作用，弱い相互作用および強い相互作用の基礎となる局所対称性はそれぞれ，$U_Y(1)$, $SU_L(2)$, および $SU_{\text{color}}(3)$ 対称群に由来すると理解されている．弱いハイパーチャージ対称性，$U_Y(1)$ に対応する群は，局所可換 (Abelian) 対称群であり，

一方，$SU_L(2)$ と $SU_{\text{color}}(3)$ は，弱アイソスピンとカラー対称性に対応する局所非可換 (non-Abelian) 対称群である[6]．式 (13.30) のゲルマン・西島の関係式から，電荷は弱ハイパーチャージと弱アイソスピンに関係することが分かり，これから電磁 $U_Q(1)$ 対称性は，弱アイソスピンと弱ハイパーチャージ対称性の特定の組合せと見なすことができる．

第 10 章で，局所対称性が，電磁相互作用におけるベクトルポテンシャルのようなゲージポテンシャルの導入をどのように必然的に導くかを述べてきた．これらのポテンシャルを量子化した場合，ゲージ粒子と呼ばれる力の媒介粒子が生まれる．したがって，光子は電磁相互作用の媒介粒子，すなわちゲージボソンである．すべてのゲージボソンのスピンは $J = 1$ であり，ゲージボソンの数はどのような対称性であれ対称群の性質を反映する．弱い相互作用では，W^+, W^- そして Z^0 として知られる 3 種のゲージボソンが存在する．(これらの粒子は 1983 年に，C. ルビア (Carlo Rubbia) らの実験グループと，P. ダリウラ (Pierre Darriulat) らの実験グループにより，スイス，ジュネーブ郊外にある CERN 研究所の反陽子-陽子衝突型加速器で独立に発見された．) 強い相互作用では，グルーオンと呼ばれる 8 種のゲージボソンが存在する．(これらは核子の構造に関連して議論したグルーオンと同じものである．) カラー対称性のゲージボソンであるグルーオンは，電荷をもたないが，カラー量子数をもつ．これは，自分自身は電荷をもたないが荷電粒子間の力を媒介する光子とは異なる点である．この違いは，光子を説明する $U_Q(1)$ 対称性の可換性と，グルーオンを説明する $SU_{\text{color}}(3)$ 対称性の非可換性の違いからくる．図 13.2 に様々なゲージボソンがどのようにフェルミオンどうし (カラー力の場合はグルーオンどうしも含まれる) の変換を行うかについてのいくつかの例を示す．

---

[6] クォークとレプトンの 2 重項は左巻きの粒子だけを含むため弱アイソスピンも通常 $SU_L(2)$ と記述される．この構造は，ニュートリノの性質や弱い相互作用でのパリティ非対称性の特性を理論に組み込むために必須である．

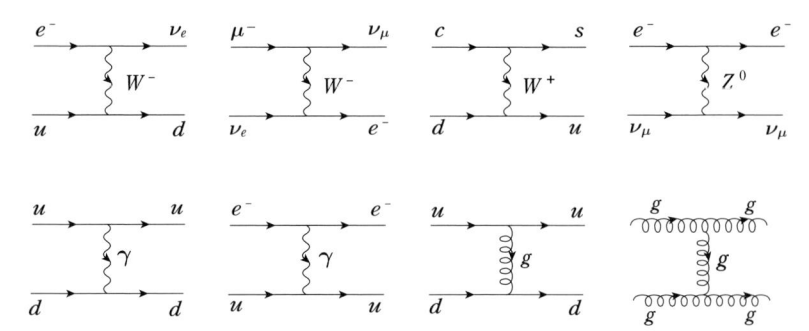

図 13.2: 様々な基本的ゲージボソンにより媒介されるレプトンやクォークやグルーオン間の相互作用．

13.10　ゲージ粒子の力学

この章では，ゲージ粒子の力学の基本的特徴をとり上げる．簡単のために，まず電磁相互作用のゲージ粒子である光子の力学を説明するマクスウェル (Maxwell) 方程式を考える．別の相互作用に対応するゲージボソンの力学方程式は，形は似ているがもっと複雑である．しかし，そのような粒子の性質については，より簡単な例から類推することができる．そこで真空中のマクスウェル方程式を考える[7]．

$$\vec{\nabla} \cdot \vec{E} = 0, \qquad \vec{\nabla} \cdot \vec{B} = 0$$
$$\vec{\nabla} \times \vec{E} = -\frac{1}{c}\frac{\partial \vec{B}}{\partial t}, \qquad \vec{\nabla} \times \vec{B} = \frac{1}{c}\frac{\partial \vec{E}}{\partial t}. \tag{13.33}$$

電場と磁場を通常のスカラーとベクトルポテンシャルを用いて次のように定義すると，第 2 式と第 3 式は自動的に満たされることが分かる[8]．

---

[7] 訳者注：MKSA 単位系では，第 3 式と第 4 式は次のように表される．
$$\vec{\nabla} \times \vec{E} = -\frac{\partial \vec{B}}{\partial t}, \; \vec{\nabla} \times \vec{B} = \mu_0 \varepsilon_0 \frac{\partial \vec{E}}{\partial t}.$$

[8] 訳者注：MKSA 単位系では，式 (13.34) の第一式は次のように表される．
$$\vec{E} = -\vec{\nabla}\phi - \frac{\partial}{\partial t}\vec{A}.$$

13.10 ゲージ粒子の力学

$$\vec{E} = -\vec{\nabla}\phi - \frac{1}{c}\frac{\partial \vec{A}}{\partial t}, \quad \vec{B} = \vec{\nabla} \times \vec{A}. \tag{13.34}$$

ここで，$\vec{A}$ は式 (10.78) で導入したベクトルポテンシャルで，ϕ はスカラーポテンシャルである．式 (13.33) の各式はこれらのポテンシャルを用いて表すことができる．式 (13.34) から導かれる重要な結果は，電場と磁場はゲージポテンシャルの次のような局所的変換，あるいはその再定義によらないことである．

$$\delta\phi = -\frac{1}{c}\frac{\partial \alpha(\vec{r},t)}{\partial t}, \quad \delta\vec{A} = \vec{\nabla}\alpha(\vec{r},t). \tag{13.35}$$

言い換えると，時空座標の任意のスカラー関数 $\alpha(\vec{r},t)$ を用いてベクトルポテンシャルを式 (13.35) で変換させても，$\vec{E}$ と $\vec{B}$ は変化しない．

$$\begin{aligned}\delta\vec{E} &= -\vec{\nabla}\delta\phi - \frac{1}{c}\frac{\partial \delta\vec{A}}{\partial t} = \vec{\nabla}\frac{1}{c}\frac{\partial \alpha}{\partial t} - \frac{1}{c}\frac{\partial}{\partial t}(\vec{\nabla}\alpha) = 0, \\ \delta\vec{B} &= (\vec{\nabla} \times \delta\vec{A}) = \vec{\nabla} \times (\vec{\nabla}\alpha) = 0.\end{aligned} \tag{13.36}$$

式 (13.35) は実際，式 (10.79) で導入したゲージ変換と同等である．このときの $\alpha(\vec{r})$ は時間によらず位置のみに依存する変換の位相であった．式 (13.35) のゲージ変換で $\vec{E}$ と $\vec{B}$ が変化しないことは，マクスウェル方程式がそのようなポテンシャルの再定義に対して不変であることを意味する．この不変性は電磁相互作用の $U_Q(1)$ 対称性に対応する．

マクスウェル方程式のゲージ不変性の直接的な結果として光速で伝播する横波の電磁波が与えられる．これを見るために，次のように，マクスウェル方程式の第 3 式の「回転」(curl) を行い，$\vec{\nabla} \times \vec{B}$ を第 4 式で置き換える，

$$\vec{\nabla} \times (\vec{\nabla} \times \vec{E}) = -\frac{1}{c}\frac{\partial}{\partial t}(\vec{\nabla} \times \vec{B}) = -\frac{1}{c}\frac{\partial}{\partial t}\left(\frac{1}{c}\frac{\partial \vec{E}}{\partial t}\right).$$

ここで，$\vec{\nabla} \times (\vec{\nabla} \times \vec{E}) = \vec{\nabla}(\vec{\nabla} \cdot \vec{E}) - \vec{\nabla}^2 \vec{E} = -\frac{1}{c}\frac{\partial}{\partial t}\left(\frac{1}{c}\frac{\partial \vec{E}}{\partial t}\right)$，

と展開すると，$\vec{\nabla} \cdot \vec{E} = 0$ なので，

$$\left(\vec{\nabla}^2 - \frac{1}{c^2}\frac{\partial^2}{\partial t^2}\right)\vec{E} = 0. \tag{13.37}$$

318　第 13 章　標準模型

このように式 (13.33) から式 (13.37) が導かれ，電場が進行方向と垂直であるという性質が導かれる．実際，式 (13.37) は光速で伝播する相対論的な進行波を説明する．同様に，マクスウェル方程式の他の 2 式からは次の方程式が導かれる．

$$\left(\vec{\nabla}^2 - \frac{1}{c^2}\frac{\partial^2}{\partial t^2}\right)\vec{B} = 0. \tag{13.38}$$

量子化すると，これらの場は質量のない粒子 (光子) に対応することになり，それはクーロン相互作用の長距離力の性質を反映する．

　ゲージ粒子の質量が 0 であることがゲージ対称性の結果であることを理解するために，質量 m をもつ粒子の運動方程式を見る．(これは，A. プロカ (Alexandre Proca) に因んでプロカ方程式として知られ，スピン 0 の場のクライン-ゴルドン方程式に対応する．)

$$\left(\vec{\nabla}^2 - \frac{1}{c^2}\frac{\partial^2}{\partial t^2} - \frac{m^2c^2}{\hbar^2}\right)\vec{E} = 0,$$
$$\left(\vec{\nabla}^2 - \frac{1}{c^2}\frac{\partial^2}{\partial t^2} - \frac{m^2c^2}{\hbar^2}\right)\vec{B} = 0. \tag{13.39}$$

これらの方程式は，質量をもったベクトル場 ($J=1$) の，マクスウェル方程式に似た次のような方程式から得られる．

$$\vec{\nabla} \cdot \vec{E} = -\frac{m^2c^2}{\hbar^2}\phi, \qquad \vec{\nabla} \cdot \vec{B} = 0,$$
$$\vec{\nabla} \times \vec{E} = -\frac{1}{c}\frac{\partial \vec{B}}{\partial t}, \qquad \vec{\nabla} \times \vec{B} = \frac{1}{c}\frac{\partial \vec{E}}{\partial t} - \frac{m^2c^2}{\hbar^2}\vec{A}. \tag{13.40}$$

式 (13.39) が式 (13.40) から出て来ることは次のように確かめることができる．

$$\vec{\nabla} \times (\vec{\nabla} \times \vec{E}) = -\frac{1}{c}\frac{\partial}{\partial t}(\vec{\nabla} \times \vec{B}) = -\frac{1}{c}\frac{\partial}{\partial t}\left(\frac{1}{c}\frac{\partial \vec{E}}{\partial t} - \frac{m^2c^2}{\hbar^2}\vec{A}\right),$$

すなわち，
$$\vec{\nabla}(\vec{\nabla} \cdot \vec{E}) - \vec{\nabla}^2\vec{E} = -\frac{1}{c}\frac{\partial}{\partial t}\left(\frac{1}{c}\frac{\partial \vec{E}}{\partial t} - \frac{m^2c^2}{\hbar^2}\vec{A}\right),$$

よって、
$$\vec{\nabla}\left(-\frac{m^2c^2}{\hbar^2}\phi\right) - \vec{\nabla}^2\vec{E} = -\frac{1}{c^2}\frac{\partial^2 \vec{E}}{\partial t^2} + \frac{m^2c}{\hbar^2}\frac{\partial \vec{A}}{\partial t},$$

従って、
$$\left(\vec{\nabla}^2 - \frac{1}{c^2}\frac{\partial^2}{\partial t^2}\right)\vec{E} + \frac{m^2c^2}{\hbar^2}\left(\vec{\nabla}\phi + \frac{1}{c}\frac{\partial \vec{A}}{\partial t}\right) = 0,$$

これより，
$$\left(\vec{\nabla}^2 - \frac{1}{c^2}\frac{\partial^2}{\partial t^2} - \frac{m^2c^2}{\hbar^2}\right)\vec{E} = 0. \tag{13.41}$$

最後の変形では，式 (13.34) で定義した $\vec{E}$ の表式を使った．同様に $\vec{B}$ の場に対する方程式も，式 (13.40) の残りの 2 式を用いて出すことができる．このように式 (13.40) で与えられる修正されたマクスウェル方程式は，有限質量の進行波を導き，これを量子化すると有限質量の粒子の運動方程式を得る．残念ながら式 (13.33) のマクスウェル方程式と異なり，式 (13.40) は，ゲージポテンシャルに直接依存し，$m=0$ でない限り，もはや式 (13.35) のゲージ変換に対して不変ではない．これはゲージ粒子の質量が 0 であることとゲージ不変性が密接に関係していること，すなわちゲージ不変性はゲージボソンの質量が 0 のときにのみ成り立つことを示している．

これまでの考察は，ゲージ対称性の原理をすべての力に一般化することの困難さを示している．なぜなら電磁相互作用とは異なり，強い相互作用と弱い相互作用は短距離力であるからである．もしすべての力が局所対称性から生まれマクスウェル方程式と同じような力学をもつとすると，すべての力は長距離力でなければならないが，もちろん現実はそうではない．弱い相互作用と強い相互作用が，ゲージ対称性の原理から生じているように見えながら，どのようにして短距離力に成りえるのかというパズルを解くことは非常に興味深い．実はこの 2 つの力が短距離力になるメカニズムはまったく異なっていることが分かっている．次の章では，なぜ弱い相互作用が短距離力になるかを議論しよう．

13.11 対称性の破れ

対称性の意味するところはまったく微妙である．これまで見たように，系の対称性は力学方程式が不変である変換で定義され，その系のハミルトニアンの

性質から導き出される．しかし，力学方程式が変換に対して不変であっても，その解 (物理的な状態) は，必ずしも対称性をもつ必要はない．ここで，分かりやすい例として磁性について考えてみる．磁性は格子上のスピンの相互作用によって生じると考えられ，強磁性体の場合次の形のハミルトニアンで記述することができる．

$$H = -\kappa \sum_i \vec{s}_i \cdot \vec{s}_{i+1} \tag{13.42}$$

ここで，κ は正の定数で最も近い位置にあるスピンどうしの結合の強さを表す．すべてのスピンをある一定の角度だけ回転させても内積の値は変化しない．したがってこの回転は，強磁性体のハミルトニアンのグローバル対称性に対応する．一方このハミルトニアンの構造から，最低エネルギーの基底状態は，すべてのスピンが平行のときであることが分かる．このため，基底状態のスピンの配置は，図 13.3 のように表すことができる．したがって，基底状態のスピンの配置は，空間中のある特定の方向に向くことになり，その結果ハミルトニアンの回転対称性を破ることになる．ある力学方程式の解が，元の方程式に本来備わっている対称性を破るとき，この系の対称性は**自発的に** (*spontaneously*) 破れているという．強磁性体の基底状態の場合，スピンはそのすべてが特定の方向を向くという長距離の相関関係がある．この結果は対称性の自発的破れの一般的な性質のように思われる．すなわち，対称性が自発的に破れるとき，ある相関が長距離になり，それは質量のない粒子が存在すると考えることができる．言い換えると，自発的に対称性が破れると，質量をもたない粒子が生まれる．

↑　↑　↑　↑　↑　······　↑

図 **13.3**: 強磁性体の基底状態の並んだスピン．

上の結果をより定量的に (しかし便宜上分かりやすく) 理解するには，2 次元の古典的なハミルトニアンを考えると良い．

13.11 対称性の破れ

$$H = T + V = \frac{1}{2m}(p_x^2 + p_y^2)$$
$$- \frac{1}{2}m\omega^2(x^2 + y^2) + \frac{\lambda}{4}(x^2 + y^2)^2, \quad \lambda > 0. \tag{13.43}$$

第2項が正ではなく負であることを除いて，これは，古典的な2次元調和振動子のハミルトニアンと同じである．このハミルトニアンは，z 軸の周りの回転に対して対称であり，したがって回転はこの系のグローバル対称性である．運動エネルギーは正なので，最低のエネルギーをもつ状態，すなわち系の基底状態では，明らかに 0 でなければならない．その結果，全エネルギーの最低値はポテンシャルエネルギーと一致しなければならない．ポテンシャルの極値は，x および y についての偏微分係数を 0 と置くことにより得られる．

$$\frac{\partial V}{\partial x} = x(-m\omega^2 + \lambda(x^2 + y^2)) = 0,$$
$$\frac{\partial V}{\partial y} = y(-m\omega^2 + \lambda(x^2 + y^2)) = 0. \tag{13.44}$$

したがって，ポテンシャルの極値を与える座標 $(x_{\min}, y_{\min})$ は次の関係を満足する．

$$x_{\min} = y_{\min} = 0, \tag{13.45}$$

または，

$$x_{\min}^2 + y_{\min}^2 = \frac{m\omega^2}{\lambda}. \tag{13.46}$$

このポテンシャルの形から (図 13.4 参照)，$x_{\min} = y_{\min} = 0$ の点は，局所的な最大点に対応し，系はゆらぎに対して不安定である．このポテンシャルは，メキシコのソンブレロ帽のような対称な形をもち，式 (13.46) の円周上の座標，$(x_{\min}, y_{\min})$ の連続する値がポテンシャルの底の値を決める．簡単のため，ポテンシャルが最低の場所を次のように選んだとする．

$$y_{\min} = 0, \quad x_{\min} = \sqrt{\frac{m\omega^2}{\lambda}}. \tag{13.47}$$

この選択は，空間内で優先的な方向を選び出したことに相当し，この系の回転対称性を破ったことになる．この最低点の周りの微小な動き (振動) が系の安定

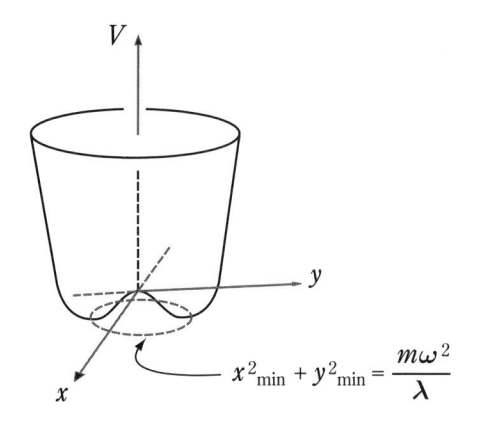

図 13.4: 式 (13.43) で表されるポテンシャルのスケッチ.

性を決定し，その安定性は，式 (13.47) の座標の周りでポテンシャルを展開して調べることができる.

$$\begin{aligned}V(x_{\min}+x, y) = &-\frac{1}{2}m\omega^2\left((x_{\min}+x)^2+y^2\right)\\&+\frac{\lambda}{4}\left((x_{\min}+x)^2+y^2\right)^2.\end{aligned} \quad (13.48)$$

これを x と y の 2 次まで展開し，$x_{\min}$ を式 (13.47) で置き換えると，

$$V(x_{\min}+x, y) = -\frac{m^2\omega^4}{4\lambda} + m\omega^2 x^2 + 高次項. \quad (13.49)$$

この結果，x 軸方向の小さな振動は，振動数が $\omega_x = \sqrt{2}\omega$ の調和振動に相当し，一方 y 軸方向の振動は，$\omega_y = 0$ で特徴づけられる.

古典的な基底状態の周りの微小振動は，次のように量子力学的な基底状態のもつ相関の本質を明らかにする. 式 (13.49) で 2 次の項までとると，微小振動のハミルトニアンは次の形になる.

$$H = \frac{p_x^2}{2m} + \frac{p_y^2}{2m} + m\omega^2 x^2 - \frac{m^2\omega^2}{4\lambda}. \quad (13.50)$$

13.11 対称性の破れ

その結果 y 軸方向の運動方程式は次の関係を満たす.

$$\dot{y}(t) = 定数 = c, \quad \longrightarrow \quad y(t) = y(0) + ct. \tag{13.51}$$

場の量子論では,相関は異なる時空点の双 1 次演算子の真空(または基底状態)の期待値で定義される.ここでは,その類似として $y(t)$ の時間相関を次のように表すことができる[9].

$$\langle 0|y(t)y(0)|0\rangle = \langle 0|y(0)y(0) + cty(0)|0\rangle = \langle 0|y(0)y(0)|0\rangle. \tag{13.52}$$

ここで,基底状態が特定のパリティをもつとすると, y で積分すると $y(0)$ の期待値は 0 になるので,第 2 項はすべての空間で積分すると 0 になるという事実を利用した.式 (13.52) の期待値はそれゆえ時間によらず長時間の相関を示唆する.これは,量子場の理論で見られる長距離相関の単純な類似であり,強磁性体のスピンで見られる結果である.

式 (13.46) の解として次のように,式 (13.47) とは別の解を選ぶこともちろん可能である.

$$x_{\min} = y_{\min} = \sqrt{\frac{m\omega^2}{2\lambda}}. \tag{13.53}$$

実は,式 (13.46) の任意の解に対して 2 つの直交する固有振動が定義でき,一方の周波数が $\sqrt{2}\omega$ で他方の周波数が 0 であるようなモードを設定できる.このことは,定性的にはポテンシャルの形から理解できる.どの点を最低点に選んでも,ポテンシャルの谷に沿う運動ではエネルギーは必要なく,これは周波数 0 のモードに対応する.しかしこれと直角方向の運動はエネルギーを必要とし,それゆえ有限周波数のモードに対応する.

これまでの結果は,自発的対称性の破れを含む理論の一般的な性質である.そのような理論では系に 0 エネルギーの状態が生じる.相対論的量子力学系では,そのような状態は質量 0 の粒子の状態として定義できる.そして有限周波数の直交モードは,有限質量の粒子に対応する.これまで強調したように,質量 0 の粒子はグローバル対称性の自発的破れの結果生じるのであり,(南部陽一

---

[9] 量子論では $y(t)$ は座標演算子であることに注意する.

郎と J・ゴールドストーン (Jeffrey Goldstone) に因んで) 南部-ゴールドストーンボソンと呼ばれる．これまでの単純な例は，自発的対称性の破れの基本的性質を説明するためであり，2 次元空間またはそれより高次元の相対論的場の理論の中でのみ南部-ゴールドストンボソンが現れることを強調しておく．グローバル対称性と異なり，局所対称性が自発的に破れる場合，南部-ゴールドストンボソンは，ゲージボソンの縦波成分に変化する．その結果ゲージボソンは質量を獲得し，対応する「電場」と「磁場」は純粋な横波ではなくなる．

　これまでの議論は，弱い相互作用のゲージボソンが質量をもち，力が短距離力になる仕組みを提案するものである．慣例によりこの仕組みは P. ヒッグス (Peter Higgs) に因んでヒッグス機構と呼ばれる．(しかし，この仕組みは，R. ブロウト (Robert Brout) と F. エングラー (Francois Englert)，そして G. グラルニク (Gerald Guralnik)，R. ハゲン (Richard Hagen)，T. キブル (Thomas Kibble) らによって独立に発見された．) 弱い相互作用では南部-ゴールドストンボソンの，(周波数 $\sqrt{2}\omega$ のモードに対応する) 有限質量をもつ粒子は，ヒッグスボソンと呼ばれる．ヒッグスボソンはまだ検出されておらず，それが構造をもたない基本粒子であるかどうかは明らかでない．したがって，この筋書きでは局所的弱アイソスピン対称性は自発的に破れており，弱い相互作用では，弱アイソスピンは良い (すなわち保存する) 量子数ではないと考えられ，実際それは観測結果と一致する[10]．実は，弱ハイパーチャージ対称性も自発的に破れている．しかし，弱アイソスピンと弱ハイパーチャージの破れはお互いに相

---

[10] この考え方は賢明な読者を混乱させるかも知れない．式 (13.30) を W と Z ボソンにあてはめると，そのハイパーチャージは $Y = 0$ である．さらに図 13.2 に示される遷移と第 9 章で説明した弱い相互作用の崩壊は，弱ハイパーチャージと弱アイソスピンの両方を保存する．しかしこれらの量子数が常に保存すると考えるのは正しくない．弱アイソスピンの対称性は破れていることが知られている．なぜならもし弱アイソスピン対称性が成り立つと弱アイソスピン 2 重項の 2 つの粒子の質量は等しくなければならないが，実際は異なっているからである．さらに標準模型の中のヒッグス粒子のアイソスピンは，$I = \frac{1}{2}$ であるがヒッグス粒子は W や Z ボソンと次のように反応する ($H \to W^+ + W^-, H \to Z + Z$ など)．もし弱アイソスピンが保存するならこのような反応は起らない．その結果，弱アイソスピンの破れは通常のフェルミオンの遷移にも影響し，より一般的な反応で弱アイソスピンが破れていることは，ヒッグスが関与する高次の効果から起ると考えられる．

殺し，特に電荷の対称性に対応する式 (13.30) の組合せは破れないで残る．これに対応して光子は質量 0 のままであるが，$W^{\pm}$ や Z^0 のような弱ボソンは，$m_{W^{\pm}} \simeq 80.4$ GeV/c^2, $m_{Z^0} \simeq 91.19$ GeV/c^2 のように質量を獲得する．これらの粒子は，図 13.2 から推測されるように，レプトン-反レプトン対やクォーク-反クォーク対に崩壊する素粒子と考えられる．このことは次の章で議論する．

強磁性体の例に戻ると，基底状態はスピンが整列して特定の方向を選ぶため自発的に回転対称性を破るが，系を熱すると熱運動はスピン方向をランダム化する．温度やエネルギーがそのような臨界点より高いところでは，実際にスピン方向はランダムになり回転対称性が回復する．この特徴は自発的対称性の破れを扱う量子場の理論でも見られる．たとえば，自発的対称性の破れを示す理論では臨界点より高い温度やエネルギーでは対称性が回復する．もしこの考え方を弱い相互作用に適応すると，あるエネルギースケールを越えると，弱アイソスピン対称性が回復し，その結果，弱ゲージボソンの質量は光子のように 0 になることが予想される．式 (9.7) で指摘したように，大きな運動量移行反応では弱い相互作用と電磁相互作用の強さが同程度になるので，この 2 つの力は十分高いエネルギーでは実際に統一されるのかもしれない．

13.12 量子色力学 (QCD) と閉じ込め

前節で見たように弱い相互作用の短距離性は，局所的弱アイソスピン対称性の自発的破れから生じるといえる．しかし，強い相互作用の短距離性はまったく異なる原因から生じる．カラー相互作用を説明するクォークとグルーオンの力学理論は，量子色力学 (Quantum Chromodynamics(QCD)) と呼ばれ，非可換 (non-Abelian)$SU(3)$ カラー対称群のゲージ理論である．この理論は，電荷と光子の電磁相互作用を説明する量子電磁力学 (Quantum Electrodynamics(QED)) に非常に良く似ている．これまで示されたとうり，QED は可換対称群 $U_Q(1)$ に対応する位相変換のゲージ理論である．QCD もカラー対称性のゲージ理論であるため，グルーオンと呼ばれる光子と良く似た性質の質量のないゲージボソンを含む．

しかし，両者の間には 2 つの対称群の性質の違いに根ざした本質的な違いが

326　第 13 章　標準模型

存在する．以前注意したとおり，荷電粒子間の力を媒介する光子は自分自身は電荷をもたず，その結果自分自身とは反応しない．これとは対照的に，カラー相互作用の媒介粒子であるグルーオンは自分自身でカラー荷をもち，その結果グルーオンどうしで反応する．カラー対称性の非可換性 (non-Abelian) から来るもう 1 つの結果は，中性のカラー (無色) のつくり方に関係する．赤いクォークを考えてみよう．これは，反赤のクォークと組み合わせることにより無色の状態をつくることができる．これは，次のように電荷の場合とまったく同じである．

$$\text{red} + \overline{\text{red}} = 無色 \tag{13.54}$$

しかし，異なるカラーをもつ 3 つのクォークを含むバリオンは無色であるため，次のような関係で無色の状態をつくる別の方法が存在するはずである．

$$\text{red} + \text{blue} + \text{green} = 無色 \tag{13.55}$$

これは明らかに電荷を足す方法とは異なる．

　このカラー荷と電荷の違いは異なった物理的効果を生む．たとえば，誘電体中の正の電荷をもつ古典的なテスト粒子を考えるとそれは，正負の電荷の対 (双極子) を生成し誘電体を偏極する．クーロン相互作用の性質により双極子の負電荷の側はテスト粒子に引きつけられ，一方正電荷の側は反発する (図 13.5 参照)．その結果，テスト粒子の電荷は遮蔽され，遠くから見た有効電荷は元の電荷より小さく見える．(誘電体中の電場は真空中に比べ誘電率だけ小さくなることを思い出そう．) 実際，有効電荷はそれを測定する距離 (またはスケール) に依存する．測定距離が小さいほど電荷は大きく見え，テスト粒子の真の電荷は可能な最大の運動量移行で漸近的にしか測定することはできない．電荷の測定距離は運動量移行の大きさに反比例するため，有効電荷，すなわち電磁相互作用の強さは，運動量移行とともに大きくなると通常表現される．この事実は今述べた誘電体中の電荷の遮蔽効果と同じである．量子的なふらつきのために，真空中の荷電粒子にも同様の効果が生じ，微細構造定数 $\alpha = \frac{e^2}{\hbar c}$ も運動量移行により，ごくわずかだが大きくなる．このことは高エネルギーの e^+e^- 散乱で確認された．$\sqrt{s} = m_{Z^0}c^2$ での α の測定値は $\frac{1}{127.9}$ であるがこれは $\sqrt{s} = 0$ で

13.12 量子色力学 (QCD) と閉じ込め

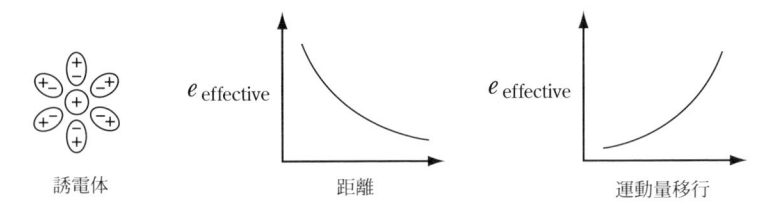

図 13.5: 正電荷の周りの誘電体の偏極と，有効電荷の測定距離および運動量移行い対する依存性．

の値 $\alpha = \frac{1}{137.0}$ に比べ 7% 大きい．

これとは対照的にカラー荷をもつテスト粒子は 2 つの方法で媒質を偏極する．1 つは，QED の場合と同じように逆のカラー荷をもつ粒子対をつくることである．しかし，このテスト粒子はまた，全体的なカラーを無色に保ちつつ，異なるカラーの 3 つの粒子をつくることもできる．その結果偏極した媒体に対するカラー力の影響はより複雑になる．QCD の効果を詳細に検討してみると，テスト粒子のカラー荷は実際には**逆に遮蔽される** (*anti-screened*) ことが分かった．言い換えると，テスト粒子から離れるにつれ有効カラー荷は元のカラー荷より大きくなる．実際に短距離になればなるほどカラー荷の大きさは小さくなることが実験で確認されている．このようなカラー荷の測定距離依存性は，定性的には電磁相互作用のそれとはまったく逆の効果である (図 13.6)．これは，強い相互作用の強さは運動量移行が大きくなると弱くなり漸近的に 0 に近づくことを意味する．高エネルギーの極限では相互作用の結合定数は 0 になりクォークは自由粒子のように振る舞うので，この効果は慣習的に**漸近的自由** (*asymptotic freedom*) と呼ばれている．(QCD の漸近的自由性は，D. ポリッツァー (David Politzer)，D. グロス (David Gross) と F. ウィルチェック (Frank Wilczek) そして G. トフーフト (Gerard 't Hooft) らにより独立に発見された．) この原理は，非常に高いエネルギーではハドロンは自由で独立なクォークから構成されていると見なすことができるという面を示唆する．高エネルギーの極限でのハドロンの QCD は，この章の最初に言及した**パートン模型** (*parton model*) とし

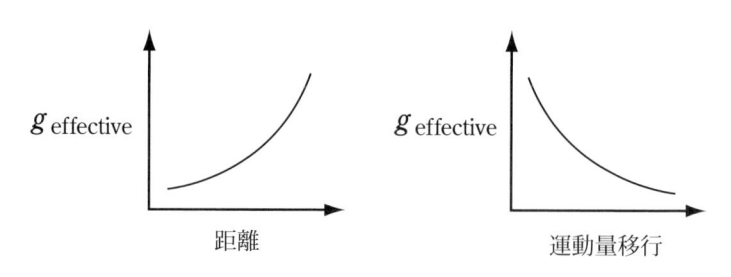

図 13.6: 有効カラー荷の測定距離と運動量移行への依存性.

て知られ，高エネルギー散乱の様々な様相と良く合う．

高エネルギーでQCDの結合定数が小さくなることは，近距離すなわち大きな運動量移行のカラー相互作用では，摂動計算が可能なことを意味するため非常に重要である．その結果，大きな運動量スケールではQCDの予言はより正確になり，高エネルギーの実験でテストすることができる．これまでのところ，QCDの予言は実験と非常に良い一致を示す (次章を参照).

低エネルギーではカラー相互作用は大きくなり摂動計算の信頼度は低くなる．しかしこのことはまた，カラー結合が大きくなるにつれ，クォークが束縛状態をつくり無色のハドロンをつくることができる可能性を示唆する．実際は，これまで指摘してきたようにハドロンの性質は，クォークだけで説明することはできない．高エネルギーの衝突反応から示唆されるように，クォークはハドロンのおよそ半分の運動量しか担っておらず，残りの半分はスピン $J = 1$ の中性の点状の粒子が担っていると考えなければならない．これらの粒子はカラーをもつグルーオンと見なすことができる．

これまで低エネルギーでのQCDの非摂動論的振る舞いを理解しようと多くの試みがなされた．現在の定性的な描像は，クォークと反クォーク間の現象論的な線形ポテンシャルにまとめられる．

$$V(r) \propto kr. \tag{13.56}$$

この描像は，重いクォークの反応を説明するときに特に良く合う．この描像で

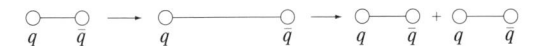

13.12 量子色力学 (QCD) と閉じ込め

図 13.7: $q\bar{q}$ 対の間の距離が伸びたとき，真空から新しい $q\bar{q}$ 対ができる様子．

は，直感的に $q\bar{q}$ 系は弾性をもつ 1 本の紐で結ばれている状態と考えることができる．$q\bar{q}$ 対を引き離そうとすると 2 つのクォーク間のポテンシャルエネルギーは増大する．紐がある長さに伸びたとき，$q\bar{q}$ 対は 2 つの $q\bar{q}$ 対に分離した方がエネルギー的に有利になる．模式的には，この過程は図 13.7 のように示すことができる．つまりクォーク間の距離が伸びるにつれ強いカラーの引力が増し，単一のクォークが観測できる可能性はなくなる[11]．この現象は**閉じ込め** (*confinement*) と呼ばれ，もちろん観測事実とよく一致する．観測されるすべての粒子のカラーは無色であり，これまでカラーをもつ単独のクォークやグルーオンが観測された例はない．高エネルギーの衝突反応で新たなクォークが生成されるとき，それらは組み合わさり，系全体のカラーは常に無色になる．これらのクォークが生成点から飛び去るとき，他のクォークと結合し，ハドロンに転化する．元のクォークの存在は初期エネルギーにより形成される素粒子の**ジェット** (*jet*) として見ることができる．同じようにハドロン反応により生じたグルーオンもまたクォークと結合し，生成点から飛び去るときに素粒子のジェットをつくる．現在，我々はクォークやグルーオンの閉じ込めを信じているが，QCD に根ざした詳細な証明はまだできていない．

標準模型では，ハドロン間の強い力は，中性分子間にはたらく電荷の残留力であるファンデルワールス (Van der Waals) 力のように，残留したカラーのファンデルワールス力と考えることができる．したがって，ファンデルワールス力が，分子を構成する電荷をもつ原子の存在を反映するのと同様に，強い核力はもっと強く相互作用するカラーをもつ粒子がハドロン中に存在することを示唆する．ファンデルワールス力の強さは距離とともに，クーロン力よりずっ

---

[11] $q\bar{q}$ 対の分割は棒磁石を 2 つに切るときに良く似ている．2 つに切られた磁石は，N 極の磁石と S 極の磁石ができるのではなく 2 つの棒磁石になる．

と急激に減少するので，カラーの場合も同じ現象が起ると予想される．核子の内部だけでなく外部でも示されるハドロン間の強い相互作用の短距離性はこのことから説明できるかもしれない．

13.13　クォーク-グルーオンプラズマ

　これまでクォークはハドロンの中に閉じ込められていると述べてきた．しかしハドロン系の温度，つまり構成物のランダムな熱的運動の程度を高くしていくと，やがてハドロンが完全にクォークとグルーオンに分解してしまい，**クォーク-グルーオンプラズマ** (*quark-gluon plasma*) 相と呼ばれる新たな状態になるかもしれない．この相は，太陽や恒星の中の荷電粒子のプラズマ状態のように，水素原子がイオン化してできた電子と陽子が自由に運動している状態に良く似ている．温度の上昇に伴いクォークの閉じ込めからクォークの解放相へ変化する現象の最も良い理論的な証拠は，QCD をもとにした詳細なコンピューター・シミュレーションから得られている．このようなクォーク-グルーオンプラズマ相は，宇宙の温度が非常に高かったビッグバン直後に存在したと考えられる．この相の特徴は激しく運動する多くの荷電クォークが衝突し光子を放出していることである．さらに，高温 (または高エネルギー) のため，クォークの生成は軽いフレーバーだけでなく，ストレンジネスやチャームのようなより重いフレーバーも生成される．高エネルギー反応でのそのような信号の実験的検証は重要であるため，ブルックヘブン国立研究所 (Brookhaven National Laboratory) の相対論的重イオン衝突型加速器 (Relativistic Heavy Ion Collider(RHIC)) で行われようとしている．このような衝突実験では，それぞれ核子あたり数百 GeV のエネルギーをもつ大きな質量数 A の原子核どうしの反応を研究する．実験で生成される状態は普通の原子核から，自由なクォーク-グルーオン系への変化を観測するのに十分なエネルギーと物質密度をもつと考えられている．そのような考え方をテストする実験は非常に重要な試みである．クォーク-グルーオンプラズマ相の予測される性質は，いまだに完全な定式化はなされていない．さらに，クォーク-グルーオンプラズマの存在の証拠となる実験的な特徴もまた明らかではない．このような不確定性にも関わらず，いや，おそらくこのような不

13.13 クォーク - グルーオンプラズマ

確定性があるがために，はたしてクォーク-グルーオンプラズマ状態が実験室で生成できるかどうかを調べることは非常に興味あることである．

演習問題

13.1 式 (13.48) から式 (13.49) が導かれることを証明せよ．

13.2 クォークモデルによると，バリオンの波動関数は，カラーの交換に対して反対称である．カラー空間の中でどの 2 つの構成クォークを交換しても反対称になる Δ^{++} の波動関数を求めよ．

推奨図書

巻末推奨図書番号： [1], [9], [15], [18], [20], [28], [35].
また，標準的は量子力学の教科書，たとえば，[4] も参照．

14 標準模型とその検証

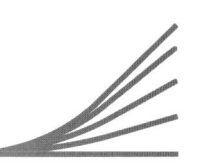

14.1 はじめに

標準模型はほとんどすべての実験結果と完全に一致することをこれまで何度も述べてきた．実際，ニュートリノが質量をもつという驚くべき結果を除いて，モデルの予言と実験データが合わないという明白な証拠はこれまで存在していない．この章では標準模型とデータとの比較を行い標準模型の現象論的な示唆を拡張してみる．

14.2 データとの比較

QCDによる計算と高エネルギーでの粒子の衝突実験結果が一致することを示す例として，図14.1にWとZボソンの生成断面積，図14.2に陽子-反陽子衝突により生じる粒子ジェット(クォークまたはグルーオンがつくるカラーのない粒子群)の生成断面積それぞれについてのデータと理論計算の結果を示す．

任意のパラメータ，たとえば横方向運動量 p_T，に対する微分生成断面積は，QCDでは次式のように模式的にハドロンA中のパートンaとハドロンB中のパートンbの弾性散乱の重ね合わせとして記述することができる．

$$\frac{d\sigma}{dp_T} = \int dx_b \frac{d\hat{\sigma}}{dp_T} f_A(x_a, \mu) f_B(x_b, \mu) dx_a. \tag{14.1}$$

ここで，$\frac{d\hat{\sigma}}{dp_T}$は2つの点状のパートンの弾性散乱の断面積であり量子場の基礎原理から計算することができる．x_iは，パートンiの運動量のハドロンIの運動量に対する割合である．$f_I(x_i, \mu)$は，$q^2 - \mu^2$のスケールでのハドロンI中

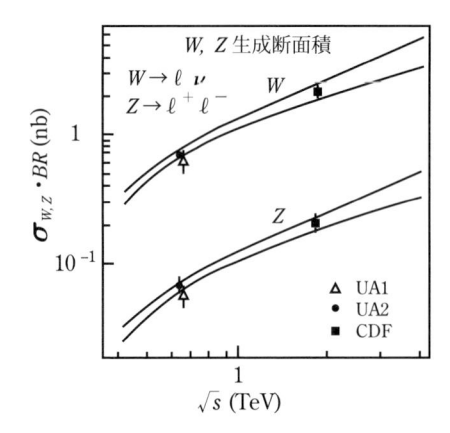

図 14.1: $\bar{p}p$ 衝突における W ボソンと Z ボソンの生成断面積と，標準模型から計算された理論的予言の比較 (A.G.Clark, Techniques and Concepts of High Energy VI, Plenum Press, T. Ferbel, ed.(1991) より．)

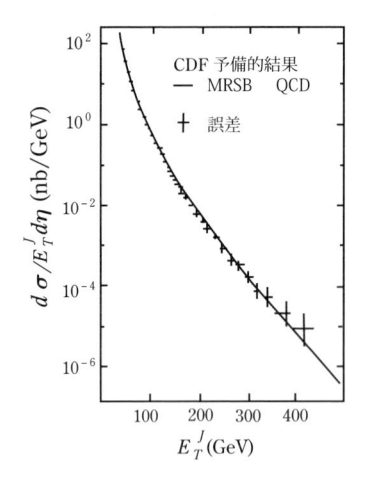

図 14.2: $\sqrt{s} \approx 1.8$ TeV での $\bar{p}p$ 衝突による大きな運動量移行の粒子ジェットの生成に対するデータと QCD の計算．(A.G. Clark, (図 14.1 のキャプションと同じ文献) より．)

のパートン i の運動量分布を表す．すなわち，QED の α や QCD のカラー相互作用の強さと同じように，パートン分布関数 $f(x_i, \mu)$ もまた衝突の運動量スケールに依存する (このことはしばしば「走る」(run with) と表現される)．そのようなパラメータの q^2 依存性は普通 QCD の「スケーリング則の破れ (*scaling violation*)」と呼ばれる．実際には $q^2 = \mu_0^2$ における $f(x_i, \mu_0)$ が与えられた場合，別の運動量スケール $q^2 = \mu^2$ での $f(x_i, \mu)$ を，DGLAP 発展方程式 (Yuri Dokshitzer, Vladimir Gribov, Lev Lipatov, Guido Altarelli と Giorgio Parisi に因む) を使って，QCD により計算することができる．式 (14.1) の積分は，すべての x_i の値について行わなければならない．

理論の主な不定性 (図 14.1 の近接した 2 本の滑らかな線の間の許容領域で表される) は，ハドロン中に束縛されている構成粒子とその運動量分布を知ることができないことから来ている．このことは，低運動量移行でのクォークとグルーオンの閉じ込めとその反応の問題に関係し，これらについて信頼できる摂動計算ができないためである．しかし，第 13 章の最初に指摘した通り，ある運動量スケール $q^2 = \mu_0^2$ でのパートン分布関数 $f(x_i, \mu_0)$ は，他の反応から導き出すことができ，ハドロン中にあるパートンの衝突の結果を予言するのに利用される．W ボソン生成の場合，主な寄与は，反陽子中の $\bar{u}$(または $\bar{d}$) クォークが陽子中の d(または u) と融合し，W^-(または W^+) と残存粒子のジェットをつくるという過程である．ハドロン中のグルーオン量の不定性はクォークの不定性より大きい．なぜなら，図 14.3 から分かるように，光子や W, Z ボソンはクォークとは直接反応するが，グルーオンとは間接的に (摂動論的には，より高次の効果で) しか反応しないからである．

ハドロン-ハドロンの衝突でのジェット生成の場合は，片方のハドロンのどのパートンも，もう一方のハドロンのどのパートンとも弾性散乱をする可能性があり，その場合両方のパートンはそれぞれジェットになる．散乱されたパートンは衝突軸に対して大角度に現れることができ，他の (散乱に直接寄与しない) 構成粒子は，衝突軸に対して小さい角度で無色の状態になる傾向がある．衝突軸に対して垂直方向の運動量は保存しなければならないため，散乱による 2 つのパートンジェットは，衝突軸から見て反対方向に出ることが予想される．この種の典型的な事象の 2 例を図 14.4 に示す．この種のグラフは**レゴプロッ**

336 第 14 章　標準模型とその検証

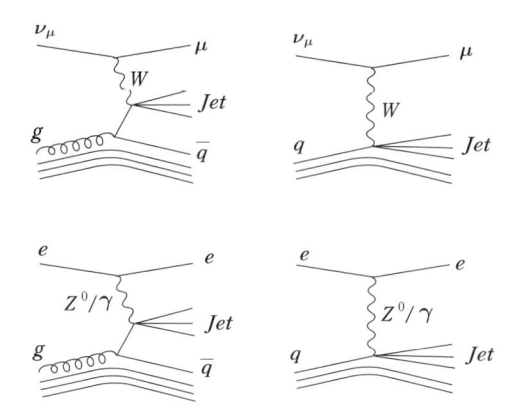

図 14.3: ν_μ や e と核子の構成粒子との, W 交換を含む弱「荷電カレント」反応と, Z^0 と γ 交換を含む電弱「中性カレント」反応. W や Z^0, γ と反応するためにはグルーオンはまず仮想 $q\bar{q}$ 対に分解しなければならない. 仮想ボソンと衝突したクォークは, 現実の (無色の) 粒子ジェットに発展する. この現象が生じるためには, 反応しているカラーをもつ粒子や核子中の残留粒子の間で, 多くのカラー (**低エネルギーグルーオン** (*soft gluons*)) が交換され物理的な終状態ではカラーが無色になることを保証しなければならない. ジェットの生成は, 核子がパートンから構成されていることを示唆する.

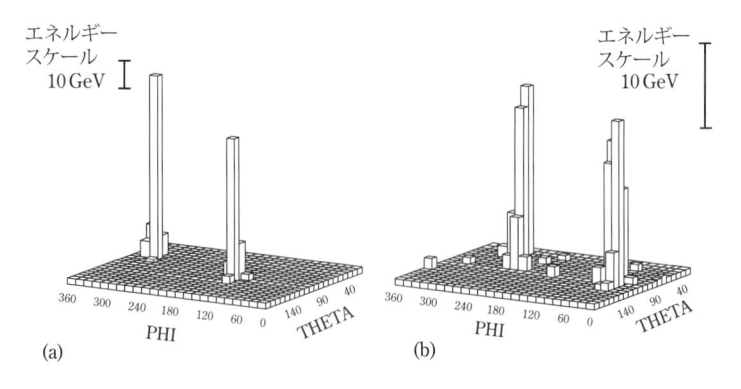

図 14.4: $\sqrt{s} \sim 600$ GeV の $\bar{p}p$ 衝突反応による 2 つのジェットの衝突軸と垂直な方向へのエネルギーの流れ. (L, DiLella, Techniques and Concepts of High Energy Physics IV, Plenum Press, T. Ferbel, ed. (1987))

ト (*lego plot*) と呼ばれている[1]．棒の高さは，その座標部分で観測されたエネルギーに比例している．軸は，衝突軸の周りの方位角 (ϕ) と極角 (θ) を表す．ジェットは，方位角方向には，お互いに 180° 離れた部分に現れるため，ハドロン中の構成粒子どうしの衝突を示唆している．

14.3 カビボ角と GIM 機構

前章の図 13.2 に W と Z ボソンがどのように同じ弱アイソスピン 2 重項の要素を転換するかを示した．しかし，もし W と Z が異なる 2 重項に属した 2 つの粒子を転換させることができなければ，$|\Delta S| = 1$ の，ストレンジネスを変える弱い崩壊の存在は大きな謎となる．これまでは，ストレンジネスは弱い相互作用で保存しない量子数であると考えることで，この問題は解決して来た．したがって，弱い相互作用のハミルトニアンの固有状態は，強い相互作用の固有状態とは異なることになり，特に決まったストレンジネスをもたない．K^0-$\overline{K^0}$ 系の議論と同様に，弱い相互作用ハミルトニアンのクォーク 2 重項の固有状態を式 (13.2) の 2 重項の混合状態と再定義して見ることができる．チャームクォークの発見より前に，それまで利用できる実験結果を元にして，N. カビボ (Nicola Cabibbo) はすべてのデータは，最初の 2 重項ファミリーを次のように置き換えたものと矛盾しないことを示した．

$$\begin{pmatrix} u \\ d \end{pmatrix} \rightarrow \begin{pmatrix} u \\ d' \end{pmatrix}. \tag{14.2}$$

ここで新しく定義された d' は d クォークと s クォークの混合状態である．

$$d' = \cos\theta_c \, d + \sin\theta_c \, s. \tag{14.3}$$

この種の状態は明らかに決まったストレンジネス量子数をもたず，もし弱ゲージボソンが u, d' の 2 重項の要素間の転換を引き起こすならば，ストレンジネスを変化する反応が生じることになる．d クォークと s クォーク間の混合を表す

---

[1] おもちゃのレゴブロックに因む．

第 14 章 標準模型とその検証

パラメータ θ_c 角は通常カビボ角と呼ばれ，次のような反応の相対的な強さ (頻度) を表す．

$$W^+ \to u\bar{s}, \quad W^+ \to u\bar{d}$$
$$Z^0 \to u\bar{u}, \quad Z^0 \to d\bar{s}. \tag{14.4}$$

カビボ角は，$\Delta S = 0$ と $\Delta S = 1$ の遷移を比較することにより実験的に決めることができ，その値は $\sin \theta_c = 0.23$ である．図 14.5 は，カビボ角を取り入れた標準模型により K^0 がどのように π^+ と π^- に崩壊するかを示す．

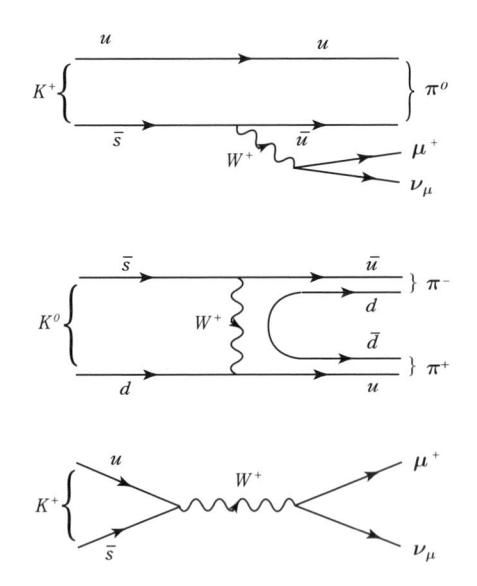

図 14.5: 標準模型でストレンジネスを変化させる遷移．真空からつくられた $\bar{d}d$ 対 (中央の図) が他のクォークと組み合わさり，K^0 崩壊の終状態に π^+ と π^- をつくる．

14.3 カビボ角と GIM 機構

カビボの仮説は $W^\pm$ によるほとんどの崩壊過程を説明するが，ストレンジネスが変化するある過程，特に K^0 のレプトンへの崩壊過程は，まだ謎のままであった．たとえば，

$$\frac{1}{\hbar}\Gamma(K^+ \to \mu^+ \nu_\mu) \approx 0.5 \times 10^8 \text{ sec}^{-1},$$
$$\frac{1}{\hbar}\Gamma(K_L^0 \to \mu^+ \mu^-) \approx 0.14 \text{ sec}^{-1}, \qquad (14.5)$$

から，

$$\frac{\Gamma(K_L^0 \to \mu^+ \mu^-)}{\Gamma(K^+ \to \mu^+ \nu_\mu)} \approx 3 \times 10^{-9}, \qquad (14.6)$$

となる非常に小さい崩壊比をカビボの仮説では説明できなかった．実際，この問題のさらなる研究により，S. グラショー (Sheldon Glashow), J. イリオポウロス (John Illiopoulos) そして L. マイアニ (Luciano Maiani) が，式 (14.2) と同じタイプの 2 重項の構造をもった，次のような第 4 のクォーク (チャームクォーク) の存在を提唱した．

$$\begin{pmatrix} c \\ s' \end{pmatrix}, \qquad (14.7)$$

ただし，

$$s' = -\sin\theta_c\, d + \cos\theta_c\, s.$$

これにより，実際ストレンジ中間子のすべてのレプトン崩壊過程の問題は解決され，この仮説は普通 **GIM 機構** (*GIM mechanism*) と呼ばれている[2]．

カビボと GIM の考え方は次のようにまとめられる．次のような 2 つの 2 重項に対して，

$$\begin{pmatrix} u \\ d' \end{pmatrix}, \quad \begin{pmatrix} c \\ s' \end{pmatrix},$$

弱い相互作用ハミルトニアンの固有状態は，強い相互作用ハミルトニアンの固有状態と次のようにユニタリー行列を使って関係づけられる．

---

[2] 訳者注：演習問題 14.5 参照．

340　第 14 章　標準模型とその検証

$$\begin{pmatrix} d' \\ s' \end{pmatrix} = \begin{pmatrix} \cos\theta_c & \sin\theta_c \\ -\sin\theta_c & \cos\theta_c \end{pmatrix} \begin{pmatrix} d \\ s \end{pmatrix}. \tag{14.8}$$

14.4　CKM 行列

その後 b クォークや t クォークが発見され，標準模型は現在次のように，3 つのクォーク 2 重項で特徴づけられる．

$$\begin{pmatrix} u \\ d' \end{pmatrix}, \quad \begin{pmatrix} c \\ s' \end{pmatrix}, \quad \begin{pmatrix} t \\ b' \end{pmatrix}. \tag{14.9}$$

d', s', b' の 3 つの状態と，d, s, b の固有状態との関係は，カビボ-小林-益川 (Cabibbo-Kobayashi-Masukawa) ユニタリー行列 (または CKM 行列) と呼ばれる 3 行 3 列の行列を含み，より複雑な式で表される．

$$\begin{pmatrix} d' \\ s' \\ b' \end{pmatrix} = \begin{pmatrix} V_{ud} & V_{us} & V_{ub} \\ V_{cd} & V_{cs} & V_{cb} \\ V_{td} & V_{ts} & V_{tb} \end{pmatrix} \begin{pmatrix} d \\ s \\ b \end{pmatrix}. \tag{14.10}$$

この行列の要素は，W ボソンと結合可能なすべてのクォーク対，たとえば $W \to t\bar{b}$, $c\bar{b}$ $c\bar{s}$ など，との結合の大きさを表す．W の崩壊の支配的なモードは同じ 2 重項中のメンバーへの崩壊である．そのため最低次で行列の対角要素は大きく (1 に近い) 非対角要素は小さいと予想される．小林誠と益川敏英は，この 3×3 行列表現 (b と t クォークの発見の前であった！) では少なくとも 1 つの複素位相を標準模型に導入することができ，12 章で議論した中性中間子の CP 非保存の現象をそれに組み込ませることができることを指摘した．

同じ電荷のすべてのクォークが混合可能で[3)]，弱い相互作用ハミルトニアンの固有状態 b', s', d' が b, s, d クォークの適当な重ね合わせ状態であるとい

[3)] 訳者注：u, c, t クォークも混合していると考えても良い．ただし d, s, b クォークだけが混合している場合と物理的にはまったく区別がつかないので歴史的習慣から普通後者の場合を考える．

う式 (14.10) の一般化により，標準模型はすべての観測された素粒子の崩壊と転換を説明することができるようになった．たとえば，K^0 中間子の CP 非保存崩壊は，図 14.6 と図 14.7 で示されるような間接的と直接的 CP 非保存過程のそれぞれの項から計算できる．

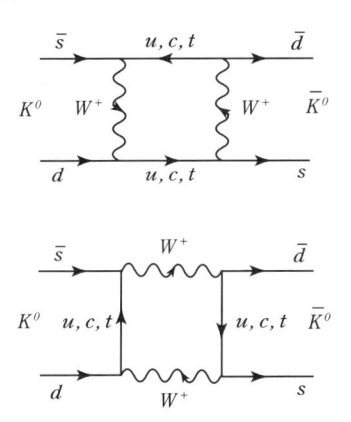

図 14.6: 2 つの連続した弱い相互作用の過程を通して生じる $\Delta S = 2$ の**箱型ダイアグラム** (*box diagrams*)．K^0-$\overline{K^0}$ 混合と K^0 崩壊の間接的 CP 非保存の原因になる．

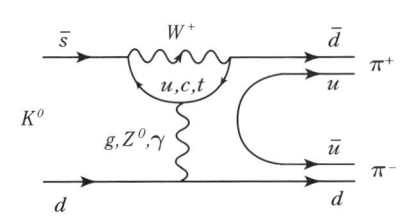

図 14.7: $\Delta S = 1$ の**ペンギン・ダイアグラム** (*penguin diagrams*)．K^0 崩壊の直接的 CP 非保存の原因になる．

14.5 ヒッグスボソンと $\sin^2 \theta_W$

ここでは，簡単に電磁相互作用と弱い相互作用の関係を説明する．S. グラショー (Sheldon Glashow), A. サラム (Abdus Salam), S. ワインバーグ (Steven Weinberg) は独立に，標準模型の重要な基盤の 1 つとなる電弱理論を構築した．電弱理論は，基本粒子の電磁相互作用と弱い相互作用の強さを**弱混合角** (*weak mixing angle*), θ_W とゲージボソンの質量を通して関係づけた．特に，それぞれのパラメータ間には次のような関係がある．

$$\sin^2 \theta_W = \frac{\pi \alpha}{\sqrt{2} G_F} \frac{1}{m_W^2} = 1 - \frac{m_W^2}{m_Z^2} = 0.23. \qquad (14.11)$$

ここで，α は，微細構造「定数」であり，G_F は弱 (またはフェルミ) 結合定数である．θ_W の大きさは，様々な散乱実験により測定され，W, Z ゲージボソンの質量は，$\bar{p}p$ や e^+e^- 衝突実験により測定されている．矛盾しているように見えるが確定していない 1, 2 の例を除いて，現在のすべての実験データは，関係式 (14.11) と標準模型の電弱理論からの予言とすべて一致する．

最後に，まだ発見されていないヒッグスボソンについて少し言及しておく．標準模型ではヒッグス粒子は，その相互作用を通じてゲージボソンの質量生成の原因となるが，すべての基本的なフェルミオンの質量もまたヒッグス粒子との結合により生成される．実際，$Hq\bar{q}$ 結合の大きさはクォークの質量を反映している．すなわち，この結合の強さが大きいほど q の質量も大きい．スピン $J=0$ のヒッグス場は全宇宙に充満し，すべての基本粒子の質量は真空中でのヒッグス場との相互作用により生まれる．

現在，ヒッグスボソンの質量の下限値は，LEP の実験により得られ，$m_{H^0} >$ 114 GeV/c^2 が示唆されている．ヒッグス粒子は，すべての基本粒子と相互作用し質量を与えるため，(ヒッグス粒子が仮想的な $t\bar{t}$ に分解し，その後結合してまたヒッグス粒子に戻るタイプや W 粒子が WH^0 に分解し，その後に結合するタイプの) **輻射補正** (*radiative corrections*) を考慮した標準模型の内部整合性から m_t, m_W と m_{H^0} の結合にも制限を与えることができる．最新の関係を図 14.8 に示す．この図は，直接測定された m_t, m_W や他の電弱相互作用 (m_t や

14.5 ヒッグスボソンと $\sin^2 \theta_W$ 343

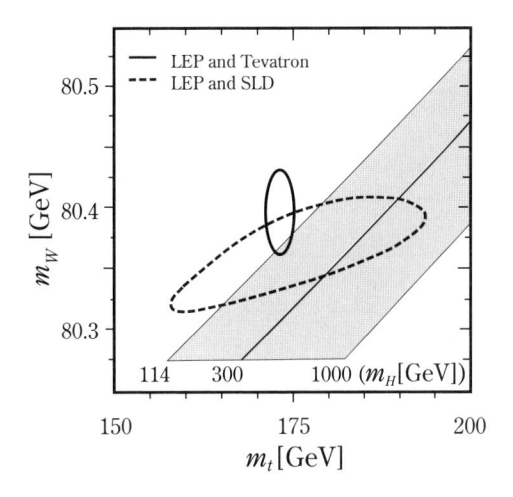

図 **14.8**: 既知の W ボソンとトップクォークの質量と未知のヒッグスボソンの質量の関係．実線の楕円の領域はテバトロンと CERN の LEP の e^+e^- 衝突実験により直接測定されたトップクォークの質量 (m_t) と W ボソンの質量 (m_W) の関係．1 番もっともらしい値は楕円の中心で実線は実質的に独立な測定の 1-標準偏差の境界を表す．点線の等高線は，LEP と SLD(SLAC) での e^+e^- 衝突実験により間接的に得られた m_t と m_W の値を利用して同じように計算した領域を表す．この場合，2 つの質量は相関があるが，直接測定とは独立である．実直線は標準模型によるヒッグス質量 (m_{H^0}) の，m_t と m_W への依存性を表す．実直線と 2 つの等高線に重なりがあることが標準模型の内部整合性があることを示し，この図は軽い m_H が期待されることを示唆している．(LEP 電弱作業グループ http://lepewwg.web.cern.ch より．)

m_W の間接的な測定) の測定から，ヒッグス粒子の質量は 200 GeV/c^2 以下であることを示している．現在進行中のフェルミ研究所のテバトロン (Tevatron) 実験と CERN で計画中の LHC 実験で[4]，宇宙に充満しているヒッグス場の存在に対し確実な答えを提供するものと考えられる．

---

[4] 訳者注：LHC の実験は 2009 年より開始した．

演習問題

14.1 トップクォークの質量は W ボソンの質量より大きい．そのため，トップクォークは W と b クォークに崩壊する ($t \to W + b$)．標準モデルから予想されるトップクォークの崩壊幅 (Γ) は ≈ 1.5 GeV である． (a) トップクォークの寿命について何がいえるか？ (b) もし QCD カラー相互作用が 2 つのハドロンが交差する時間として特徴づけられる (グルーオンを交換するのに必要な時間) とすると，トップクォークの寿命と反応時間の比はいくらか？ (c) パートン分布関数 $f(x,\mu)$ は．x が大きくなるにつれ，急速に小さくなるため，$p\bar{p}$ 反応中の $t\bar{t}$ の生成断面積は実質的にその生成の閾値で最大になる．$p\bar{p}$ 反応中で $t\bar{t}$ イベントからの b クォークの典型的な運動量はどの程度か？ (d) テバトロン ($\sqrt{s} = 2$ TeV) で衝突により $t\bar{t}$ を生成することができるパートンの典型的な x の値はどの程度か？ LHC($\sqrt{s} = 14$ TeV) の場合はどうか？ [**ヒント**：$\hat{s} = x_a x_b s$，ここで $\hat{s}$ は，パートン a とパートン b の衝突の静止系でのエネルギーの 2 乗を表す．これを導くことができるか？]

14.2 W や Z を経由する弱い相互作用による崩壊を議論したとき，クォークやレプトンの基本的な遷移に主に焦点を当てた．しかし，そのような崩壊では，弱い相互作用をするパートンの他に基礎反応に関係しない，**傍観** (*spectator*) クォークを含むハドロンを伴うことがよくある (図 14.3 参照)．たとえば，図 14.5 は，K^0 の $\pi^+\pi^-$ への崩壊を示す．同じような**クォーク線** (*quark-line*) を用いて次の崩壊の過程を図示せよ． (a) $K^+ \to \pi^+ + \pi^0$， (b) $n \to p + e^- + \bar{\nu}_e$， (c) $\pi^+ \to \mu^+ + \nu_\mu$， (d) $K^0 \to \pi^- + e^+ + \nu_e$.

14.3 次の反応について，クォーク線を用いてダイアグラムを書け．
(a) $\pi^- + p \to \Lambda^0 + K^0$， (b) $\pi^+ + p \to \Sigma^+ + K^+$， (c) $\pi^+ + n \to \pi^0 + p$， (d) $p + p \to \Lambda^0 + K^+ + p$， (e) $\bar{p} + p \to K^+ + K^-$.

14.4 次の弱い相互作用による反応についてクォーク線と必要な W や Z ボソンの内線を用いてダイアグラムを書け． (a) $\nu_e + n \to \nu_e + n$， (b) $\bar{\nu}_\mu + p \to \mu^+ + n$， (c) $\pi^- + p \to \Lambda^0 + \pi^0$.

14.5 ヒッグスボソンと $\sin^2\theta_W$

14.5 GIM 機構を導入するきっかけとなった主な理由の 1 つは，$K_L^0 \to \mu^+\mu^-$ の非常に小さい崩壊頻度を説明するために**フレーバー変換中性カレント** (*flavor-changing neutral currents*) を抑制する必要があったためである．(a) この崩壊過程の W ボソンの高次ボックスダイアグラムを含むクォーク線ダイアグラムと，Z^0 交換の可能性のあるダイアグラムを書け．(b) 式 (14.8) の混合状態を入れて計算すると Z^0 の寄与は消えることを示せ．(**ヒント**:$\langle d'\bar{d}'\rangle$, $\langle s'\bar{s}'\rangle$, $\langle d'\bar{s}'\rangle$ を考慮して，遷移要素 $\langle d'\bar{d}'|Z^0\rangle$, $\langle s'\bar{s}'|Z^0\rangle$, $\langle d'\bar{s}'|Z^0\rangle$ を比較せよ．)

14.6 図 14.3 のように質量 m_p の陽子による電子の散乱を考える．W を反跳した全ハドロン系の不変質量とし，Q と P を (係数 c を除いて) それぞれ，交換したベクトルボソンとターゲット陽子の 4 元運動量とし，さらに E, E', θ をそれぞれ実験室系 (つまり，陽子の静止系) での電子の入射エネルギー，散乱エネルギー，散乱角とする．$\vec{k}'$ と $\vec{k}$ を反跳，入射電子の 3 元運動量ベクトル，ν を電子のエネルギーの変化として，Q^2 を $(\vec{k}'-\vec{k})^2c^2-\nu^2$ と定義したとき，非常に高いエネルギーでは次のようになることを示せ，(a)$Q^2 = 4EE'\sin^2\frac{\theta}{2}$, (b)$W^2 = m_p^2 + \frac{2m_p\nu}{c^2} - \frac{Q^2}{c^4}$. (c)$W$ の最小値を求めよ．それはどのような場合に対応するか？ (d)Q^2 の最大値を求めよ．それはどのような場合に対応するか？この場合のベクトルボソンの質量は何か？ (e) W の最大値を求めよ．

14.7 問題 14.6 の散乱を，陽子が非常に大きな運動量で動いていて，その質量やその構成パートンの横方向の運動量が無視できるという系から見てみる．さらに衝突は，陽子の 4 元運動量の一部 x をもつパートンとの衝突であり，このパートンは，移行された 4 元運動量 Q を吸収するとする．(a) まず実験室系では，$Q\cdot P = m_p\nu c^2$ であることを示せ．(b) 非常に大きな Q^2(深部非弾性散乱に相当する)，特に $Q^2 \gg x^2m_p^2c^4$ では，$x = \frac{Q^2}{2m_p\nu c^2}$ になることを示せ．(c)$W = m_p$, $W = \sqrt{5}m_p$, $W = 3m_p$ のそれぞれの場合について，$\frac{Q^2}{c^4}$ を $\frac{2m_p\nu}{c^2}$ の関数としてグラフを書け．(d)(c) のグラフ中で，$x < 1$, $x < 0.5$, $x < 0.1$ に対応する領域を示せ．(e)(c) のグラフ中に，$E = 10$ GeV, $E' = 1$ GeV, $\theta = \frac{\pi}{3}$ および $E = 10$ GeV,

$E' = 4$ GeV, $\theta = \frac{\pi}{6}$ となる大体の位置を示せ.

推奨図書

巻末推奨図書番号: [1], [9], [15], [20], [28], [35].

15 標準模型を超えて

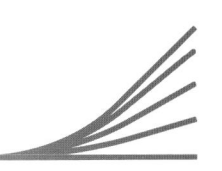

15.1 はじめに

　強い相互作用,弱い相互作用,電磁相互作用の標準模型は,対称群 $SU_{\text{color}}(3) \times SU_L(2) \times U_Y(1)$ を元にしたクォークとレプトンを含むゲージ理論である.これまで議論してきたように,弱アイソスピンとハイパーチャージ対称性,言い換えると,$SU_L(2)$ と $SU_Y(1)$ の対称性は自発的に破れている.その結果,弱い相互作用のゲージボソンは質量を獲得し,低エネルギーでの対称性は,電磁相互作用とカラー対称性,$SU_{\text{color}}(3) \times U_Q(1)$ に帰着する.些細な技術的な点を別にすればこれが標準模型の根幹である.標準模型は,摂動論を利用して多くの興味深い予言を行い,そのすべてが正しいと証明されてきた.実際,実験と理論の一致はすばらしいものがある (前章を参照).したがって,標準理論が低エネルギーでの基本的相互作用を正しく説明すると結論づけることは合理的に見える.しかし,標準模型はレプトンやクォークやゲージボソンやヒッグス粒子の質量,様々な結合定数,CKM 行列要素など沢山のパラメータを含み,これらの値は無秩序で予言することはできないように思える.さらに標準模型は,もう 1 つの基本的な力で,大きな質量スケールにおいて他の基本的相互作用と統合されるべき重力を含んでいない.

　ニュートリノが質量をもつという最近の発見は,クォークや中性メソンと同じようにニュートリノも混合できることを示している.実際,ニュートリノの混合という興味深い可能性は,実験がそれを示すよりずいぶん以前に,牧二郎,坂田昌一,中川昌美,B. ポンテコルボ (Bruno Pontecorvo) らにより提唱されていた.日本の神岡宇宙素粒子研究施設の戸塚洋二が率いたスーパー・カミオカンデによるニュートリノ振動の観測に続き,「PMNS」レプトンフレーバー

第 15 章 標準模型を超えて

混合行列 (式 (15.1)) を測定するために，新しい一連の実験が立ち上がりつつある[1]．

$$\begin{pmatrix} \nu_e \\ \nu_\mu \\ \nu_\tau \end{pmatrix} = \begin{pmatrix} U_{e1} & U_{e2} & U_{e3} \\ U_{\mu 1} & U_{\mu 2} & U_{\mu 3} \\ U_{\tau 1} & U_{\tau 2} & U_{\tau 3} \end{pmatrix} \begin{pmatrix} \nu_1 \\ \nu_2 \\ \nu_3 \end{pmatrix} \tag{15.1}$$

ここで，ν_e, ν_μ, ν_τ は弱い相互作用 (フレーバー) の固有状態で，ν_1, ν_2, ν_3 は，質量固有状態である．独立な要素の数や独立な位相の数は，ニュートリノがディラック粒子か (ν と $\bar{\nu}$ を区別できる) か，マヨラナ粒子か (ν と $\bar{\nu}$ を区別できない) に依存する．

有限のニュートリノ質量は標準模型を放棄しなければならないことを意味しないが，すべての力の統一の観点からは都合が悪い問題を含んでいる．その 1 つの例は**階層性** (*hierarchy*) 問題と呼ばれ，次のように概観することができる．場の理論では，素粒子の質量は自己エネルギーを導くすべての相互作用の和から決定される．特にヒッグスボソンの場合は，その質量に，真空中での相互作用による (前章で説明した仮想ループのような) 輻射補正を加えなければならない．この補正は次の形に表すことができる．

$$\delta m_H^2 \approx g^2 (\Lambda^2 + m_{EW}^2). \tag{15.2}$$

ここで，Λ はエネルギーの切断に対応し (量子重力など新しい力はそれより大きいエネルギーで重要になると考える)，m_{EW} は電弱エネルギースケール ($\lesssim$TeV) で仮想ループに寄与する粒子の質量，g はその粒子とヒッグスボソンの結合を表す．他に唯一知られている力である量子重力が有力になってくるエネルギースケールは，$\Lambda \sim 10^{19}$ GeV(後で説明される)，m_H への補正もその程度でありヒッグスボソンの質量もそれと同じオーダーであると考えることが自然である．しかし第 14 章で議論したとおり，実験によりヒッグスボソンの質量は $114 \sim 200$ GeV/c^2 の間にあることが示されている．

---

[1] 訳者注：その後，日本の K2K 実験と KamLAND 実験，カナダの SNO 実験，アメリカの MINOS 実験，イタリアの BOREXINO 実験と OPERA 実験がニュートリノ振動を測定している．

ヒッグスボソンの質量がこのように軽いことは，量子重力より小さいエネルギースケール (1 TeV のオーダー) にヒッグスボソンの質量を安定化させる新しい相互作用が存在することを示唆している．この相互作用の導入により，式 (15.2) の 16 桁に及ぶ補正を相殺するというほとんどありえない偶然を必要としなくなる．

実験的には，ニュートリノ質量の問題の他に標準模型の先を考えなければならない差し迫った理由はないように思えるが，理論的動機は今見て来たように沢山ある．この章では標準模型を越える理論の構築のいろいろな試みを紹介する．

15.2 大統一理論

クォークとレプトンのファミリーを調べると，すべての基本粒子の電荷は，$\frac{1}{3}e$ の単位に量子化されていることが分かる．角運動量は $\frac{1}{2}\hbar$ に量子化されていることを以前に述べたが，この量子化は角運動量の数学が非可換であるということから生じている．言い換えると，一般的に非可換 (非アーベリアン) 対称グループは，離散的に量子化された保存電荷を生じる．これとは対照的に電荷は可換な $U_Q(1)$ 群の位相変換に対する対称性から生じる．この対称性は，保存電荷が量子化することを要求しない．したがって，実際に電荷が量子化していることは標準模型の範囲では大きな謎として考えられなければならない．しかし，何らかの理由でもし $U_Y(1)$, $SU_L(2)$, $SU_{\text{color}}(3)$ がより大きな非可換対称群の一部であった場合，電荷が量子化していることを説明することができる．

さらに，式 (15.3) のようにそれぞれのレプトンのファミリーに対応する，3つの異なったカラーをもつクォークのファミリーがあるため，クォークとレプトンの間にはある対称性が存在するように思える．

$$\begin{pmatrix} \nu_e \\ e^- \end{pmatrix} \leftrightarrow \begin{pmatrix} u^a \\ d^a \end{pmatrix}, \quad \begin{pmatrix} \nu_\mu \\ \mu^- \end{pmatrix} \leftrightarrow \begin{pmatrix} c^a \\ s^a \end{pmatrix}, \quad \begin{pmatrix} \nu_\tau \\ \tau^- \end{pmatrix} \leftrightarrow \begin{pmatrix} t^a \\ b^a \end{pmatrix}. \tag{15.3}$$

ここで，添字の a はカラー自由度を表す．

クォークとレプトンが同じ粒子の異なった状態に対応するとすると，クォーク-レプトン対称性があることが予想される．たとえば，もしクォークが4種のカラーをもち，4番目のカラーがレプトンの量子数に対応するとすると，レプトンとクォークのファミリーが同じ数存在することを自然に説明することができる．

クォークとレプトンが1つの粒子の異なった表現であるという考え方は，異なっているように見えるレプトンとクォークの相互作用 (レプトンは Z^0 や $W^\pm$ を通して弱い相互作用を行い，クォークはカラーをもつグルーオンと強く相互作用する) もお互い関係しているかも知れないという非常に興味深い可能性を提示する．強い力と弱い力が1つの基本的な力の異なった現れである場合，粒子もグループ化されているはずである．3つの基本的相互作用が1つの本当に基本的な相互作用の異なった1面を示すという単純化は自然の法則の簡潔さを表し審美的に好ましい．これが大統一理論の考え方である．

3種の力の結合定数の大きさはかなり異なっているため，別々の力がどのように1つの力の表現になるかは明確には分からない．しかし，結合定数が運動量スケール (または反応距離) に依存するというこれまでの観測が何かを物語っている．これまで電荷は運動量移行の大きさに伴い大きくなり，一方カラーのような非アーベリアン対称性から生まれる有効結合定数の大きさは，運動量移行が大きくなると減少することを議論して来た．したがって，ある非常に高いエネルギーではこの3種類の結合の大きさは同じになり，3種の力は区別がつかなくなり，その結果，統一された1つの力で説明することができると考えることはもっともらしく思われる．低いエネルギーではこの1つの力は自然の4つの基本的力のうちの3つに分離する．

このような力の分離がどのように生じるかを理解するためには，全体の対称群をクォークとレプトンを1つのファミリーに含めるように拡張しなければならない．(このような方策は電荷の量子化も自然に導くことになる.) この大統一の考え方を満たすことができる対称群として様々なレベルの複雑さをもつものが多数存在する．最も簡単なものは，アイソスピンに類似なもので，5次元の内部空間内の回転に対応する $SU(5)$ として知られる対称群である．このモデル (H. ジョージアイ (Howard Georgi) と S. グラショー (Sheldon Glashow) により

提唱された) では，統一エネルギースケールよりエネルギーが大きな領域での基本的な相互作用は，この拡張された $SU(5)$ 群の対称性から生じると考える．統一のエネルギースケール以下では，局所対称性は自発的に破れ，標準模型の低エネルギーでの対称性 $SU_{\text{color}}(3) \times SU_L(2) \times U_Y(1)$ に分離し，これがさらに電弱エネルギースケールではもっと低いレベルの対称群 $SU_{\text{color}}(3) \times U_Q(1)$ になる．この種の仕組みは，非常に高いエネルギーでは1つであった力が，低いエネルギーではどのようにして3種類の力に分離するかを説明することができる．電弱スケールの低いエネルギーで測定された3種の相互作用の結合定数を，詳細な解析といくつかの理論的な予想を用いて高いエネルギーに外挿すると，統一スケールは 10^{15} GeV に近いことが示唆される．

$SU(5)$ 対称群に対して，クォークとレプトンのそれぞれのファミリーは，5次元の多重項と10次元の反対称行列に矛盾なくはめ込むことができる．5次元の多重項は，右巻き粒子から成り，10次元多重項は，左巻きの粒子のみを含む．これらの多重項を明示すると次のようになる．

$$\begin{pmatrix} d^{\text{red}} \\ d^{\text{blue}} \\ d^{\text{green}} \\ e^+ \\ \bar{\nu}_e \end{pmatrix}_R , \quad \begin{pmatrix} 0 & \bar{u}^{\text{green}} & \bar{u}^{\text{blue}} & u^{\text{red}} & d^{\text{red}} \\ & 0 & \bar{u}^{\text{red}} & u^{\text{blue}} & d^{\text{blue}} \\ & & 0 & u^{\text{green}} & d^{\text{green}} \\ & & & 0 & e^+ \\ & & & & 0 \end{pmatrix}_L . \tag{15.4}$$

他の統一群による粒子の表現はより複雑であるが，一般的に統一群の多重項は次のように表される．

$$\begin{pmatrix} q \\ \ell \end{pmatrix} . \tag{15.5}$$

それぞれの多重項は必然的にクォークとレプトンの両方を含む．

以前議論したように，統一群のゲージボソンは，多重項中のメンバー間の遷移を引き起す．したがって，式 (15.5) で表される多重項の構造から，大統一理論では，(対称性が破れたとき) 質量をもつ新しいゲージボソンによりクォークとレプトン間の遷移が生じると結論づけることができる．もちろんこのことは，この理論ではバリオン数とレプトン数は保存されなくてもよく，その結果陽子

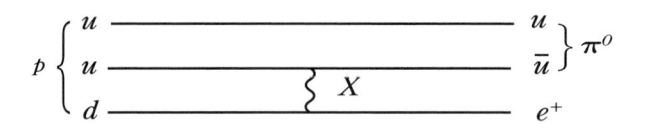

352 第15章 標準模型を超えて

図 **15.1**: $SU(5)$ の X ゲージボソンによる陽子崩壊の仕組み.

が崩壊することを意味する．$SU(5)$ の場合，図 15.1 で示される過程は，陽子の π^0 と e^+ への崩壊である．

$$p \to \pi^0 + e^+. \tag{15.6}$$

この崩壊は第 9 章のバリオン数保存の議論の中でも考察した．実際陽子の寿命は，大統一理論のモデルを用いて計算することができる．宇宙の安定性から，陽子は非常に長い寿命をもつことが予想される．実際地球化学の研究から陽子の寿命 τ_p は，

$$\tau_p > 1.6 \times 10^{25} \text{年 (崩壊モードとは無関係)}, \tag{15.7}$$

であることが示唆されている．式 (15.6) のように崩壊先を指定した場合，寿命の下限値はさらに長くなる ($> 10^{31} \sim 10^{34}$ 年)．$SU(5)$ をもとにした 1 番簡単な大統一理論 (GUT) から予想される寿命はそれより短いため，この理論の可能性は否定される．しかし，現在の τ_p の下限値よりも大きな値を予想する，他の (パラメータの数がより多く，より柔軟性をもつ) 大統一理論も存在する．

　この大統一の考え方は，宇宙の発展の研究分野である宇宙論にも多大な影響を与えた．この応用は，対称性が自発的に破れるとき，その系は相転移が生じるという事実に基づいている．このことを理解するために，もう 1 度強磁性体の例を考えてみる．非常に高い温度では，熱運動がスピンの方向をランダムにしているため，どのような秩序も生まれることはない．そのため，この系は回転対称である．温度が下がるにつれ，熱運動は減少し，スピンが整列した基底状態が現れ本来備わっている回転対称性はもはや見えなくなる．したがって，この系は低い温度では秩序をもつ相に転移する．

　以上の考え方は，宇宙の発展を考える際に応用できる．特に，ビッグバン直

後は宇宙は非常に高温であったにちがいないため，大統一理論が有効であるとして，大統一の対称性はその時の宇宙の対称性を表していると予想することができる．宇宙が膨張し温度が統一エネルギースケールに対応する温度より冷えるにつれ，系の対称性は標準模型の対称性まで縮小された．言い換えると相転移が起ったのであった．そのような相転移は普通放熱反応であり，その過程でエネルギーが開放された．エネルギーは重力の源であることを思い起すと，そのような相転移は宇宙の力学的発展にも影響を与えたであろうことが推測される．実際，素粒子物理の考え方を使うと，そのような相転移は，宇宙がそれまでの古い宇宙論的モデルで考えられていたよりもっと急速に指数関数的に膨張した時代を生み出したであろうことが明快に示される．A. グース (Alan Guth) によるこのような推論は，標準宇宙論の重要な問題のいくつかを解決することができるという有益な点ももっている．

大統一理論はまた，我々の宇宙のバリオン非対称性について自然な説明を与える可能性がある．この議論は観測されているバリオン数と光子数の比が，

$$\frac{n_B}{n_\gamma} \approx 4 \times 10^{-10},$$

であることに基づいている．光子 (ほとんどがビッグバンの残光である 3 度 K **宇宙背景輻射** (*background radiation*)) は 10^{-4} eV の典型的なエネルギーをもつ．一方バリオンである核子の質量は 10^9 eV 程度なので，我々の宇宙のエネルギーは，主に物質という形で存在する (すなわち**物質優勢** (*matter dominated*)) ことになる．これまで述べてきたように，大統一理論では，陽子崩壊などによりバリオン数が保存されない可能性がある．さらに，もし CP 非保存効果をそのような理論に組み込むと，バリオン非対称性を入れることができ，$\frac{n_B}{n_\gamma}$ 比の予言が可能となる．実際，その値は観測値と比較的近い $\frac{n_B}{n_\gamma}$ 比を計算することができ，宇宙のバリオン数の非対称性の原因を理解することができる可能性をもつのは，GUT をもとにしたモデルだけであるということを強調しておきたい．

しかし，詳しく見ると状況はそう明確でもない．宇宙のほとんどの物質 ($\approx 95\%$) は何なのか分かっていない．このうち 25% は，**暗黒物質** (*dark matter*) と呼ばれバリオン以外のものである．（ニュートリノはほんの少ししか寄与しな

い.）宇宙の構成物の主な成分は，反発する圧力のような性質をもち，**暗黒エネルギー** (*dark energy*) と呼ばれている．これは最近発見された宇宙の加速度的な膨張の原因かもしれない．$\frac{n_B}{n_\gamma}$ 比に反映されるバリオン非対称性はまだ完全には理解されておらず，それを解決するためには標準模型を超えた物理からの情報が必要に思える．

15.3 超対称性理論 (SUSY)

　これまでの対称性の議論は，類似した粒子を関係づける変換に限られてきた．たとえば，回転はスピン上向きの電子の状態をスピン下向きの電子の状態に変換することができる．アイソスピン回転は，陽子の状態を中性子の状態に変換したり，π^+ 中間子の状態を π^0 中間子の状態に変換することができる．このようにこれまでの対称性の変換はボソンの状態は他のボソンの状態に，フェルミオンの状態は他のフェルミオンの状態に変換する．新しい形の対称性変換の1つはボソンの状態をフェルミオンの状態に変換するものである．もしこれが可能ならば，ボソンとフェルミオンは同じ状態の別の表現であるということができ，ある意味で究極の統一の形である．長い間，この種の対称変換を物理の理論に組み込むことは不可能だと信じられていた．しかし，そのような変換を定義することができ，実際そのような変換に対して対称である理論が存在する．これらの変換は，**超対称変換** (*supersymmetry*(SUSY) 変換) として知られ，そのような変換に対して不変な理論は，超対称性理論と呼ばれる．

　超対称性の定量的な理解をするため単純な量子力学的な例を考えよう．1次元のボソンの調和振動子のハミルトニアンは，生成消滅演算子を用いて次のように表すことができる．

$$H_B = \frac{\hbar\omega}{2}\left(a_B a_B^\dagger + a_B^\dagger a_B\right). \tag{15.8}$$

ここで a_B はその状態の量子数を減少させ，$a_B^\dagger$ は増加させる演算子で，次の交換関係を満足する．

$$[a_B, a_B] = 0 = \left[a_B^\dagger, a_B^\dagger\right], \quad \left[a_B, a_B^\dagger\right] = 1. \tag{15.9}$$

式 (15.8) のハミルトニアンは，次のように，よりなじみのある形に書くこともできる．

$$H_B = \hbar\omega \left(a_B^\dagger a_B + \frac{1}{2} \right) \tag{15.10}$$

このハミルトニアンのエネルギー分布と，関連する量子状態およびそのエネルギー固有値は次の形をとる．

$$|n_B\rangle \longrightarrow E_{n_B} = \hbar\omega \left(n_B + \frac{1}{2} \right), \quad n_B = 0, 1, 2 \ldots \tag{15.11}$$

特に，この系の基底状態のエネルギーは，0 ではなく次の値をとることを注意しておく．

$$E_0 = \frac{\hbar\omega}{2}. \tag{15.12}$$

量子力学的振動はフェルミ-ディラック統計も満足することができ，この場合ハミルトニアンは次の形になる．

$$H_F = \frac{\hbar\omega}{2} \left(a_F^\dagger a_F - a_F a_F^\dagger \right). \tag{15.13}$$

a_F と $a_F^\dagger$ はフェルミオンの演算子なので，次の反交換関係を満足する．

$$a_F^2 = 0 = \left(a_F^\dagger \right)^2, \quad a_F a_F^\dagger + a_F^\dagger a_F = 1. \tag{15.14}$$

式 (15.14) を用いて，フェルミオンの調和振動子に対するハミルトニアンを次のように書き換えることができる．

$$H_F = \hbar\omega \left(a_F^\dagger a_F - \frac{1}{2} \right). \tag{15.15}$$

この種の系は 2 つのエネルギー固有状態しかもたず，対応するエネルギー固有値は次のように与えられる．

$$|n_F\rangle \longrightarrow E_{n_F} = \hbar\omega \left(n_F - \frac{1}{2} \right), \quad n_F = 0, 1 \tag{15.16}$$

第 15 章 標準模型を超えて

このエネルギー分布の単純な構造は，フェルミ-ディラック統計の結果である．フェルミ-ディラック統計によると，どのような物理的状態もフェルミ量子を1個もつか ($n_F = 1$) または，フェルミ量子をもたない ($n_F = 0$) 空の (ボソン的な) 基底状態かでなければならない．

ここで，同じ周波数のボソン的振動子とフェルミオン的振動子が混じった状態を考えると，ハミルトニアンは次のようになる．

$$H = H_B + H_F = \hbar\omega \left(a_B^\dagger a_B + a_F^\dagger a_F \right). \tag{15.17}$$

このハミルトニアンは，ボソンとフェルミオンの交換に対して不変である．

$$\text{``}a_B\text{''} \longleftrightarrow \text{``}a_F\text{''} \tag{15.18}$$

このことを式 (15.11) と式 (15.16) から確かめる1つの方法は，この系のエネルギー分布が次のように書けることに注意すれば良い．

$$|n_B, n_F\rangle \longrightarrow E_{n_B, n_F} = \hbar\omega(n_B + n_F),$$
$$n_F = 0, 1 \ \ \text{および} \ \ n_B = 0, 1, 2, \ldots \tag{15.19}$$

したがって，どのような $n_B \geq 1$ に対しても，ボソン状態 $|n_B, n_F = 0\rangle$ とフェルミオン状態 $|n_B - 1, n_F = 1\rangle$ はエネルギー的に縮退しており，その固有値は次のようになる．

$$E = \hbar\omega n_B. \tag{15.20}$$

この縮退は，式 (15.17) のハミルトニアンの超対称変換に対する不変性から来る．詳細には入らず簡単に述べると，この例で超対称変換の生成元が存在し，次のように書くことができる．

$$Q_F = a_B^\dagger a_F, \quad Q_F^\dagger = a_F^\dagger a_B. \tag{15.21}$$

これらは，次の反交換関係を満足することが示せる．

$$\left[Q_F, Q_F^\dagger \right]_+ = Q_F Q_F^\dagger + Q_F^\dagger Q_F = \frac{H}{\hbar\omega}. \tag{15.22}$$

Q_F と $Q_F^\dagger$ の演算子は，角運動量の生成・消滅演算子との類推から，ボソン状態を同じエネルギーのフェルミオン状態に変換し，またその逆の変換も行う．(超対称性振動子の基底状態のエネルギーは，式 (15.19) から 0 であることを強調しておく．これは，実際すべての超対称性理論でおきる一般的な性質で，これらの理論の自発的対称性の破れの性質に影響している．)

　超対称性理論はその考え方が美しいだけでなく，たとえば，統一理論の階層性問題のような，様々な技術的困難を解決する．超対称性理論がない場合，相互作用統一のエネルギースケールが少なくとも 10^{15} GeV 程度であるのに対して，標準模型に顔を出す素粒子がなぜこんなに軽いのかを理解することは非常に困難である．超対称性が存在すると，ヒッグスやその他の基本粒子の質量が重たくなるのを防げることをかなり自然に説明することができる．これは式 (15.2) における素粒子とその SUSY パートナーの寄与は逆符号になるので，$g^2\Lambda^2$ の効果を各項ごとに完全に相殺することができるためである．

　様々な超対称性統一理論を検討する理由は他にも沢山ある．1 番単純な超対称性 GUT で計算した陽子の寿命は，現在の実験的な下限値と矛盾する．しかし，他の超対称性の模型では矛盾しないものもあり，その理論は生き残ることになる．超対称性理論を受け入れることが困難な主な理由は基本粒子の数が倍になることである．すなわち，式 (15.19) の 2 つの縮退の類推から，フェルミオンには実験的には見つかっていないボソンのパートナーが存在しなければならずその逆もまた必要である．しかし，超対称性が本当に自然の対称性ならば，これらの新しい SUSY 粒子は，テバトロンか LHC で直接検出されるであろうと期待されている．

　最後に，まだ解決しておらず興味深い電弱スケールでの自発的対称性の破れの性質について簡単に言及しておく．自発的対称性の破れは基本的な粒子に質量を与え，電弱対称性の破れを担う質量をもつヒッグスボソンはまだ発見されていないことを紹介した．対称性を破る他の 2 つの方法がある．その 1 つは基本粒子のボソンではなく複合粒子が対称性を破ると考える．**テクニカラー** (*Technicolor*) 理論では，フォルミオンと反フェルミオン (普通 $t\bar{t}$ と考える) からなる複合粒子が自発的に対称性を破ると考える．これらの理論は，テクニカラー群として知られる別の対称群をもち，テクニカラー荷をもつ新しいクォー

クが結合状態をつくり，標準模型の低エネルギー対称性を自発的に破る．しかし，現在テクニカラー理論では，$SU_{\text{color}}(3) \times SU_L(2) \times U_Y(1)$ の構造を自然な形でつくることはできないように思える．自発的対称性の破れのもう1つの興味ある可能性を次の節で紹介する．

15.4 重力，超重力理論と超弦理論

標準的であれ超対称的であれ，統一理論は4つの基本的相互作用の1つである重力を含まないので完全ではない．この力は非常に弱く，現在の TeV 以下のエネルギースケールでの反応では無視することができる．しかし重力のポテンシャルエネルギーの形，

$$V_{\text{grav}}(r) = G_N \frac{m^2}{r}, \tag{15.23}$$

により，非常に小さい距離ではこの力は大きくなる．実際，プランクスケールの長さ約 10^{-33} cm 程度の距離またはそれに対応するエネルギースケール，10^{19} GeV では，重力相互作用の効果は無視できなくなる．このことは，次のようにして求めることができる．エネルギーが $E = pc$ の2つの相対論的粒子を考えると式 (15.23) の関係は，次のように書ける．

$$V_{\text{grav}} = \frac{G_N \left(\frac{E}{c^2}\right)^2}{r}. \tag{15.24}$$

不確定性原理から，次のように置き換えることができる．

$$r \approx \frac{\hbar}{p} = \frac{\hbar c}{pc} = \frac{\hbar c}{E}. \tag{15.25}$$

したがって，ポテンシャルエネルギーは次のようになる．

$$V_{\text{grav}} \approx \frac{G_N}{\hbar c} \times E \times \left(\frac{E}{c^2}\right)^2. \tag{15.26}$$

式 (15.26) で，$V \approx E$ と置くことにより，重力ポテンシャルが無視できなくなるエネルギースケールを求めることができる．

15.4　重力，超重力理論と超弦理論

$$V_{\text{grav}} \approx \frac{G_N}{\hbar c} \times E \times \left(\frac{E}{c^2}\right)^2 \approx E,$$

$$\longrightarrow \quad \left(\frac{E}{c^2}\right)^2 \approx \frac{\hbar c}{G_N} \approx \frac{6}{6.7} \times 10^{39} \ (\text{GeV}/c^2)^2,$$

$$\longrightarrow \quad E \approx 10^{19} \ \text{GeV} \tag{15.27}$$

統一のスケールは，プランクスケールに近い 10^{15} GeV 程度なので，これらのエネルギーでの基本的相互作用を首尾一貫して説明するためには，重力も考慮に入れなければならない．

　これまで重力の議論を避けて来た主な理由は，アインシュタインの重力理論の量子化は容易でないからである．実際，もしアインシュタインの理論を単に量子化すると，反応断面積の計算がすべて発散してしまう．発散の問題自体は量子場の理論で前例のないことではなく，このような理論では，意味のある物理量を一見無限大の結果から抽出する系統的な解決策が存在していた．これは，**繰り込み** (*renormalization*) と呼ばれる．しかし，この方策はアインシュタインの重力にはうまくはたらかない．

　一方，超対称理論では，発散はより扱い易い性質をもつことが知られている．そのためアインシュタインの重力理論を超対称性化して発散の性質が改善するかどうかを調べてみることは自然である．（超対称化したアインシュタインの理論は古典的な予言に影響を与えない．なぜならどのような理論も重力の超対称フェルミオンのパートナーを追加し，それは古典的な類似がなく，古典的な極限では何も寄与しないからである．）超対称化した量子重力は，局所的超対称性変換に対して不変であることが発見された．これは，アインシュタインの重力理論は絶対基準系をもたないということに関係している．しかし，最も洗練された超対称性理論にしても発散の問題から完全には逃れることはできないように思える．さらに，このような理論は標準模型に自然につながらない．

　相対論的量子力学での発散は，相互作用が局所的であるという前提から主に生じている．この前提は，崩壊・放出・衝突などのすべての反応がある時空点で生じ，その位置に不確定性がないことを意味する．これは，本質的に素粒子を点状として扱っているためであり．その結果，素粒子の反応では位置の不確

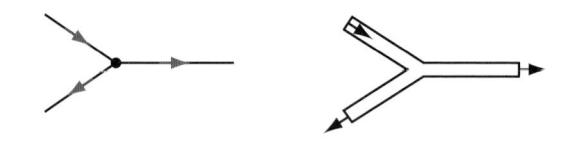

図 15.2: 点状 (左図) と紐状 (右図) の反応の違い.

定がなく ($\Delta x = 0$), そのため不確定性原理によりその共役運動量が無限に不確定になる. これが, 普通の量子力学の発散の原因である. この問題に対処する1つの方法は, 基本要素 (粒子) が点状ではなく, 極小の長さ (10^{-33} cm のオーダーの) をもつ1次元の物体であると見なすことである. この場合, 反応点はもはや完全に局所的ではなく (図 15.2 参照) 運動量移行の不確定性も有限となり, 発散は消える. 素粒子を極小の長さをもつ物体として扱う理論は, **紐理論** (*string theories*) として知られ, 重力を自然な形で含むことができるように見える. 重力を完全に量子化した上で発散の問題が生じない方策は現在この可能性だけが知られている.

大局的に見ると, 紐理論にはボソン的紐理論と超紐 (超対称性紐) 理論の2種類がある. これらの理論は非常に洗練されており興味深い多くの対称性を含んでいる. しかし, それらは 10 次元 (超紐理論の場合) または 26 次元 (ボソン的) 時空の中でしか首尾一貫した体系をつくることができない. この2つの可能性のうち, 超紐理論が様々な理由でより興味深く思われる. さらに, この超紐理論の枠内で, 異なったゲージ群を含んだ首尾一貫した理論が5種類存在する. もし紐理論がこの世界を説明するたった1つの理論だとすると, その可能性が5種類も存在することは, ジレンマとなっている. しかしここ数年の多くの研究により, 紐理論が**双対性** (*duality*) という対称性をもつことが示された. 双対性とは, たとえば, マクスウェルの理論でディラック・モノポールが存在するとき, 電場と磁場の役割を交換できるというような対称性のことである. このような双対対称性は様々な面で基本的であるということが証明されている. まず, 5種類の異なった超紐理論は双対性変換によりお互いの上に写像できるため, それらは異なった理論であると見なす必要はなくなる. 第2に, 双対対称性は, 11 次元のより基本的な理論 (一般に **M 理論** (*M-theory*) と呼ばれている) があ

り，5種類の超紐理論はこの基礎理論の異なった次元縮約に対応するという考えを提案する．11次元の基礎理論はまた，その低エネルギーの極限で11次元の超重力理論 (1番大きな超重力理論) になると見なすことができるため，感覚的に満足のいくものである．また，双対対称性は，強い結合の領域での紐理論の振る舞いを，その双対対称である弱い結合領域での紐理論の計算に対応させ調べる方法を提供する．ここでは立ち入らないが，この他にもこの領域には多くの興味ある発展があった．紐理論の未解決の問題の1つを指摘しておくと，10次元から4次元の時空へ縮約するとき，理論の物理領域の選び方に不定性があることである．すなわち，次元を縮約するとき，多くの基底状態 (真空状態) の可能性が発生し，これまでのところ，物理的に正しいものを選ぶための指導原理がない．実験的な検証を計画するためには，まだ多くの研究を行わなければならない．しかし，超対称性の存在は紐理論構築の鍵となる側面をもっている．

標準模型を越える物理に対する簡単な概観を終えるにあたり，宇宙は10次元時空であるという観点から，階層性の問題を排除する (または，少なくとも最小化する) 最近の注目すべき提案を紹介する．普通，量子重力はプランクスケールに近いエネルギーでの素粒子の相互作用で重要になると思われている．しかし，それは我々の3次元の世界観の中でのG_Nの小ささからきている．これまでは，もし余剰次元が実際に存在したとしても，その次元はビッグバンの最初の瞬間に，プランク長のオーダーのスケールの大きさ，または紐のサイズに「巻き上がって」しまっていると考えられていた．しかし，これらの余剰次元が実際にプランク長に比べ大きく，電弱スケールの長さよりも小さい場合，この「大きな」余剰次元の影響を，素粒子反応の中で重力相互作用が強くなることで測定できるかも知れない．もしそうならば点状粒子の反応でしか観測できないほど非常に小さい距離ではニュートンの法則は変更を迫られるであろう (問題15.3参照)．提案されたシナリオの1つでは，量子重力の効果は，10^{-17} cmの距離，またはエネルギースケール ≈ 1 TeV，で現れ始めるかもしれない．量子重力が，これだけ電弱スケールに近いと，式 (15.2) の非常に大きな Λ が不要になり，重力が電弱対称性の破れの原因になる可能性が出てくる．この考え方は非常に魅力的であるが，まだ実験による証拠は何も得られていない．LHCがこの問題にさらに解明の光をあてることが期待される．

演習問題

15.1 式 (15.21) の定義から式 (15.22) が導かれることを示せ.

15.2 次元解析と G_N の測定値を利用して $G_N = \frac{\hbar c}{M_P^2}$ と書けることを示せ. ここで M_P は, プランク質量のスケールである. M_P は, GeV の単位で表すとどういう値になるか？不確定性原理を応用すると, 式 (15.25) のようにプランク長とプランク時間を定義することができる. それらの値は, cm や秒の単位でどうなるか？

15.3 $\hbar c$ の累乗を無視すると, 余剰 n 次元でのニュートンの法則は次のように書くことができる.

$$V_{\text{grav}}(r) \propto \frac{1}{M_S^{n+2}} \frac{m_1 m_2}{r^{n+1}}.$$

ここで, m_1 と m_2 は相互作用している質量, M_S は $n+3$ 空間次元のプランクスケールである. これらの余剰 n 次元が同じ半径 R でコンパクト化されているとすると, $r \gg R$ での $V(r)$ は, 次のようになる.

$$V_{\text{grav}}(r) \longrightarrow \frac{1}{M_S^{n+2}} \frac{m_1 m_2}{R^n r}.$$

いま, $M_S^{n+2} R^n$ が M_P^2 に等しくなければならないという事実を使い, $n = 1, 2, 3$ そして ∞ のときの R をメートルの単位で計算せよ. ただし, M_S は望ましい値である $\approx 1 \text{ TeV}/c^2$ であるとする. ニュートンの法則から $n=1$ は可能か？(ヒント；明らかに R を計算する際 $\hbar c$ を無視することはできない. $(Mc) \times (R) \approx \hbar$ と問題 15.2 を利用すれば正しい解が得られる.)

推奨図書

巻末推奨図書番号： [11], [14], [34], [33], [5], [13].

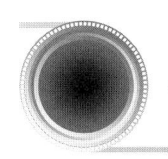

付録A 特殊相対論

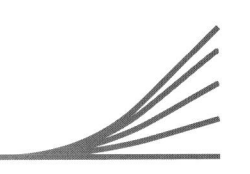

素粒子物理や原子核物理の多くの分野では，相対論的速度 (光速 c に近い速度) で運動している粒子を取り扱う．そのため，この付録では相対論的過程の理解に必要な特殊相対論の基本的な考え方とその結果をまとめて説明する．

まず，物理法則は異なった慣性系に静止している観測者の相対運動にはよらないこと．第 2 に，真空中の光の速度は慣性系によらない自然の定数である，という仮定を出発点として，A. アインシュタイン (Albert Einstein) は，ある出来事を 2 つの慣性系から見た場合，それらの時間・空間座標はローレンツ変換で関係づけられることを示した．たとえば，相対速度 $v = v_z = \beta c$ で相対運動している 2 つの慣性系に対して，任意の出来事に対する 2 つの系の時間・空間座標の関係は，次のように表される．

$$ct' = \gamma(ct - \beta z), \quad x' = x, \quad y' = y, \quad z' = \gamma(z - \beta ct). \tag{A.1}$$

ここで，プライムがついた座標系はついていない座標系に対し，z 方向に速度 βc で運動しているとする．また，$\gamma = (1 - \beta^2)^{\frac{1}{2}}$ である．式 (A.1) で与えられる関係は次のように行列で表現できる．

$$\begin{pmatrix} ct' \\ x' \\ y' \\ z' \end{pmatrix} = \begin{pmatrix} \gamma & 0 & 0 & -\beta\gamma \\ 0 & 1 & 0 & 0 \\ 0 & 0 & 1 & 0 \\ -\beta\gamma & 0 & 0 & \gamma \end{pmatrix} \begin{pmatrix} ct \\ x \\ y \\ z \end{pmatrix}. \tag{A.2}$$

逆変換は，ただ単に v の (したがって β の) 符号を反転すればよい．

付録 A 特殊相対論

$$\begin{pmatrix} ct \\ x \\ y \\ z \end{pmatrix} = \begin{pmatrix} \gamma & 0 & 0 & \beta\gamma \\ 0 & 1 & 0 & 0 \\ 0 & 0 & 1 & 0 \\ \beta\gamma & 0 & 0 & \gamma \end{pmatrix} \begin{pmatrix} ct' \\ x' \\ y' \\ z' \end{pmatrix}. \tag{A.2'}$$

一般的なローレンツ変換では，2つの基準座標を結びつける行例はもっと複雑である．しかし，物理的状況を変えずにいつでも z 軸を相対運動方向に選ぶことができるので，この簡単な変換行列をこれからも使うことにする．

4つの座標 $(x^0 = ct, x^1 = x, x^2 = y, x^3 = z)$，または $(x^0, \vec{x})$ は，時空の4元ベクトル「x」の要素と考えることができる．ここで，任意の3元ベクトル $\vec{S}$ と $\vec{R}$ のスカラー積，$\vec{S} \cdot \vec{R}$ は，座標の回転に対して不変 (回転しても値が変わらない) であるのと同じように，任意の2つの4元ベクトル x, y の次のような**縮約** (*contraction*) の値は，回転と**ブースト** (*boost*) からなるどのようなローレンツ変換に対しても不変である．

$$x \cdot y = x^0 y^0 - x^1 y^1 - x^2 y^2 - x^3 y^3 = x^0 y^0 - \vec{x} \cdot \vec{y} = x' \cdot y'. \tag{A.3}$$

同様に，任意の粒子の運動量ベクトル $\vec{P}$ とエネルギー E もまた4元ベクトル p の要素と考えることができる．この4元ベクトルを普通，エネルギー・運動量4元ベクトルと呼ぶ．

$$p = \left(\frac{E}{c}, \vec{P} \right) = \left(\frac{E}{c}, P_x, P_y, P_z \right) = (p^0, p^1, p^2, p^3). \tag{A.4}$$

このようなエネルギー・運動量4元ベクトルの個々の要素は異なった慣性系から見た場合，異なった量に見えるが，これらは座標を関係づけたローレンツ変換と同じ変換で関係づけることができる．

$$\begin{pmatrix} \frac{E'}{c} \\ P'_x \\ P'_y \\ P'_z \end{pmatrix} = \begin{pmatrix} \gamma & 0 & 0 & -\beta\gamma \\ 0 & 1 & 0 & 0 \\ 0 & 0 & 1 & 0 \\ -\beta\gamma & 0 & 0 & \gamma \end{pmatrix} \begin{pmatrix} \frac{E}{c} \\ P_x \\ P_y \\ P_z \end{pmatrix}. \tag{A.5}$$

また，任意の2つのエネルギー・運動量4元ベクトル $p = (p^0, \vec{P})$ と $q = (q^0, \vec{Q})$ が与えられたとき，$p \cdot q = (p^0 q^0 - \vec{P}\vec{Q})$ という量は系に依存しない．すなわちこれは不変定数である $(p \cdot q = p' \cdot q')$．特に $p \cdot p$ も不変であり，ある粒子のエネルギー E と運動量 $\vec{P}$ に対して，

$$p \cdot p = \frac{E^2}{c^2} - |\vec{P}|^2 = 定数 = p' \cdot p'. \tag{A.6}$$

である．この量は系に無関係なので，粒子の静止系 $(\vec{P} = 0)$ で考えて，静止エネルギーの2乗であると解釈することができる．

$$p \cdot p = \frac{E_{\text{rest}}^2}{c^2} = M^2 c^2. \tag{A.6'}$$

ここで，M はこの粒子の**静止質量** (*rest mass*) と定義される．

静止している観測者に対して速度 $\vec{v} = \vec{\beta}c$ で運動している任意の粒子の相対論的な運動量とエネルギーは次のように書ける．

$$\vec{P} = M\gamma\vec{v} = M\gamma\vec{\beta}c, \quad E = M\gamma c^2. \tag{A.7}$$

これから次の関係が得られる．

$$\vec{\beta} = \frac{c\vec{P}}{E}, \qquad \gamma = \frac{E}{Mc^2}. \tag{A.8}$$

全エネルギー E は次のように，系によらない静止エネルギー Mc^2 と相対論的運動エネルギー T に分解することができる．

$$E = T + Mc^2. \tag{A.9}$$

その結果，任意の粒子の運動エネルギーは，どの系でも運動量を用いて次のように表すことができる．

$$T = E - Mc^2 = \sqrt{(Mc^2)^2 + c^2|\vec{P}|^2} - Mc^2,$$
$$\longrightarrow \quad c|\vec{P}| = \sqrt{T^2 + 2Mc^2 T}. \tag{A.10}$$

任意の 4 元ベクトルの和や差もまた 4 元ベクトルなので，4 元ベクトルの任意の数の加減の「2 乗」もローレンツ変換に対して不変である．任意の 4 元ベクトル，$q_i = (q_i^0, q_i^1, q_i^2, q_i^3)$ の和を $q = \sum_i q_i$ と表すと，4 元ベクトルの 2 乗 q^2 は次のように表されローレンツ不変量となる．

$$q^2 = \left(\sum_i q_i^0\right)^2 - \left(\sum_i q_i^1\right)^2 - \left(\sum_i q_i^2\right)^2 - \left(\sum_i q_i^3\right)^2. \tag{A.11}$$

たとえば，q_i をあるグループの i 番目の粒子のエネルギー・運動量 4 元ベクトルだとすると，q^2 という量は全システムの静止エネルギーの 2 乗に相当する．(これに c^2 をかけると，第 1 章で s と呼んだ量になる．)

静止系で平均寿命 τ_0 を持つ粒子がエネルギー E と運動量 $\vec{P}$ をもっている場合，この粒子は速さ $v = \beta c = \frac{|\vec{P}|c^2}{E}$ で運動していることになる．運動量の方向を z 軸にとると実験室系から見たこの粒子の平均寿命 τ_L は τ_0 を z 軸方向にローレンツ変換したものになる．つまりこの粒子の静止系 (座標 $(ct', \vec{x}')$) ではその崩壊点 ($\vec{x}_2'$) は生成点 ($\vec{x}_1'$) と一致 ($\vec{x}_2' = \vec{x}_1'$) し，その崩壊時間 ($t_2' - t_1'$) は平均寿命 τ_0 で特徴づけられる．しかし，もしその粒子を実験室系 (座標 $(ct, \vec{x})$) から見た場合，実験室系での時間差は，式 (A.2′) のローレンツ変換を用いて粒子の静止系での時間差と空間座標の変化とに次のように関係づけられる．

$$t_2 - t_1 = \gamma(t_2' - t_1') + \gamma\frac{\beta}{c}(z_2' - z_1'). \tag{A.12}$$

粒子の静止系では，$z_2' = z_1'$ であるため，実験室系で観測されるこの粒子の平均寿命 ($\tau_L = t_2 - t_1$) は次式で与えられることになる．

$$\tau_L = \gamma\tau_0 \tag{A.13}$$

つまり実験室系から見ると運動している粒子の寿命は γ 倍延びることになる．

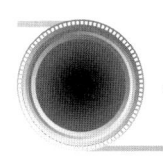

付録B 球面調和関数

球面調和関数 $Y_{\ell,m}(\theta,\phi)$ は，角運動量演算子の 2 乗 L^2 と，角運動量 $\vec{L}$ を z 軸へ投影した L_z の両方の固有関数である (式 (3.26) 参照).

$$L^2 Y_{\ell,m}(\theta,\phi) = \hbar^2 \ell(\ell+1) Y_{\ell,m}(\theta,\phi),$$
$$L_z Y_{\ell,m}(\theta,\phi) = \hbar m Y_{\ell,m}(\theta,\phi). \tag{B.1}$$

$Y_{\ell,m}(\theta,\phi)$ は，量子力学や球対称性をもつ他の領域で良く見かける θ と ϕ の周期関数のかけ算である．$Y_{\ell,m}(\theta,\phi)$ は，ルジャンドルの陪多項式 $P_{\ell,m}(\cos\theta)$ と ϕ の指数関数で次のように表される．

$$Y_{\ell,m}(\theta,\phi) = (-1)^{\frac{m+|m|}{2}} \sqrt{\frac{2\ell+1}{4\pi} \frac{(\ell-|m|)!}{(\ell+|m|)!}} P_{\ell,m}(\cos\theta) e^{im\phi}. \tag{B.2}$$

ここで，ルジャンドルの陪多項式は次式で与えられる．

$$P_{\ell,m}(x) = \frac{(-1)^m}{2^\ell \ell!} (1-x^2)^{\frac{m}{2}} \frac{d^{\ell+m}}{dx^{\ell+m}} (x^2-1)^\ell. \tag{B.3}$$

ここで，$x = \cos\theta$ である．$P_{\ell,m}(x)$ は球面調和関数が，次のような規格化を満足するように定義される．

$$\int_{\phi=0}^{2\pi} \int_{\theta=0}^{\pi} Y^*_{\ell',m'}(\theta,\phi) Y_{\ell,m}(\theta,\phi) \sin\theta d\theta d\phi = \delta_{\ell'\ell} \delta_{m'm}. \tag{B.4}$$

ここで，δ_{nm} はクロネッカーの記号である (式 (10.21) 参照). 式 (B.2) から，次の関係が導かれる．

$$Y^*_{\ell,m}(\theta,\phi) = (-1)^m Y_{\ell,-m}. \tag{B.5}$$

付録 B 球面調和関数

低次の球面調和関数を次に示す.

$$Y_{0,0}(\theta,\phi) = \frac{1}{\sqrt{4\pi}},$$

$$Y_{1,1}(\theta,\phi) = -\sqrt{\frac{3}{8\pi}}\sin\theta e^{i\phi}, \quad Y_{1,0}(\theta,\phi) = \sqrt{\frac{3}{4\pi}}\cos\theta,$$

$$Y_{1,-1}(\theta,\phi) = \sqrt{\frac{3}{8\pi}}\sin\theta e^{-i\phi}, \quad Y_{2,2}(\theta,\phi) = \sqrt{\frac{15}{32\pi}}\sin^2\theta e^{2i\phi},$$

$$Y_{2,1}(\theta,\phi) = -\sqrt{\frac{15}{8\pi}}\sin\theta\cos\theta e^{i\phi}, \quad Y_{2,0}(\theta,\phi) = \sqrt{\frac{5}{4\pi}}\left(\frac{3}{2}\cos^2\theta - \frac{1}{2}\right). \quad \text{(B.6)}$$

付録C 球ベッセル関数

球ベッセル関数 $j_\ell(x)$ は，極座標表示のシュレディンガー方程式の動径方向の解として導入された．これらの関数は，円筒対称性をもつ系で現れる通常のベッセル関数 $J_\ell(x)$ に関係づけられる．2つの関数の関係は，

$$j_\ell(x) = \sqrt{\frac{\pi}{2x}} J_{\ell+\frac{1}{2}}(x). \tag{C.1}$$

より標準的なベッセル関数は次のような展開形式で表される．

$$J_\ell(x) = \sum_{\lambda=0}^{\infty} \frac{(-1)^\lambda (\frac{x}{2})^{\ell+2\lambda}}{\Gamma(\lambda+1)\Gamma(\lambda+\ell+1)}. \tag{C.2}$$

ここで，Γ は階乗の関数 (ガンマ関数) を表す．式 (C.2) を式 (C.1) に代入して得られる級数は，単なる周期関数の拡張となる．特に最低次の球ベッセル関数のいくつかは次のように書くことができる．

$$j_0(x) = \frac{\sin x}{x}, \quad j_1(x) = \frac{\sin x}{x^2} - \frac{\cos x}{x},$$
$$j_2(x) = \left(\frac{3}{x^3} - \frac{1}{x}\right)\sin x - \frac{3\cos x}{x^2}, \quad \text{など．} \tag{C.3}$$

すべての j_ℓ は，$x=0$ の近くで連続かつ微分可能である．$j_0(0)=1$ でありそれ以外の関数は原点で0になる．ノイマン (Neumann) 関数として知られる動径方向のシュレディンガー方程式の解は，原点で特異点になり規格化することができず，束縛状態の物理的な解には対応しない．しかし，散乱のように原点を含まない問題を研究するときには重要である．

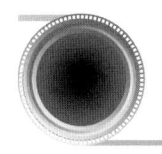

付録D 群論の基礎

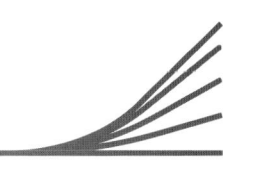

　群は，有限個あるいは無限個の要素 (物や量) の集合からできている．要素を結びつける決まり (**演算** (*multiplication rule*)) があり，群はこの演算に対して**閉じている** (*closed*)．すなわち，もし G が $(g_1, g_2, \ldots, g_n)$ の要素をもつ 1 つの群を表すとすると，$g_i \bullet g_j$ で表されるどの 2 つの要素 g_i, g_j の組合せの結果も G に属することになる．ここで記号「$\bullet$」は演算を表す．この要素の組合せの規則 (演算) は，要素間の普通の積とは限らないことに注意する．すなわち加法やその他のどんな作用でも良い．

　要素の集合が群になるためには他のいくつかの性質を満足しなければならない．それらは，

(1) 要素の演算 (組合せ) は結合則を満たす．

$$g_1 \bullet (g_2 \bullet g_3) = (g_1 \bullet g_2) \bullet g_3 \in G. \tag{D.1}$$

　(数学的に $g \in G$ は，g は G に属するということである．)

(2) 単位元が 1 つ存在する．単位元をどんな要素と組み合わせても元の要素になる．単位元を I と書くと，

$$g \bullet I = g = I \bullet g. \tag{D.2}$$

(3) どの要素 $g \in G$ に対しても，逆元 $g^{-1} \in G$ が 1 つ存在する．

$$g \bullet g^{-1} = I = g^{-1} \bullet g. \tag{D.3}$$

　群の簡単な例として，G がすべての実数からなると考えよう．この場合，次のように演算を定義することができる．

$$g_1 \bullet g_2 = g_1 + g_2. \tag{D.4}$$

どの 2 つの実数の和もまた実数であり，したがって，G はこの組合せ則に対して閉じていることは明らかである．通常の加法は結合則を満たすことも分かる．

$$g_1 \bullet (g_2 \bullet g_3) = g_1 \bullet (g_2 + g_3) = g_1 + g_2 + g_3 = (g_1 \bullet g_2) \bullet g_3. \tag{D.5}$$

さらに，0 が単位元となる．

$$g \bullet I = g + 0 = g = I \bullet g. \tag{D.6}$$

最後に，どの要素 g に対しても逆元は $g^{-1} = -g$ になる．

$$g \bullet g^{-1} = (g + g^{-1}) = (g - g) = 0 = I = g^{-1} \bullet g. \tag{D.7}$$

以上で，すべての実数は通常の加法がその演算となる群をつくることが分かる．

次に実数の位相の集合を考え，それを次のように表そう．

$$G = U(\alpha) = \{e^{i\alpha},\ \alpha \text{は実数で} -\infty \leq \alpha \leq \infty\}. \tag{D.8}$$

この集合の要素は，連続パラメータ α で表示されるためこの集合は連続集合である．もし演算として通常の積を選ぶと，

$$U(\alpha) \bullet U(\beta) = U(\alpha)U(\beta) = e^{i\alpha}e^{i\beta} = e^{i(\alpha+\beta)} = U(\alpha + \beta). \tag{D.9}$$

つまり，組合せの結果は位相になり，この集合に含まれる．この集合 G は積に対して閉じていることになる．通常の積は，もちろん結合則を満たす．

$$\begin{aligned} U(\alpha) \bullet [U(\beta) \bullet U(\gamma)] &= U(\alpha)[U(\beta)U(\gamma)] = [U(\alpha)U(\beta)]U(\gamma) \\ &= e^{i(\alpha+\beta+\gamma)} = U(\alpha + \beta + \gamma) \in G. \end{aligned} \tag{D.10}$$

単位元は，位相が 0 の場合で，$I = 1$ である

$$U(\alpha) \bullet I = e^{i\alpha} \times 1 = e^{i\alpha} = U(\alpha) = I \bullet U(\alpha). \tag{D.11}$$

372　付録 D　群論の基礎

さらに，与えられた位相 $U(\alpha)$ に対し，その逆元は，$U^{-1}(\alpha) = U(-\alpha)$

$$U(\alpha) \bullet U^{-1}(\alpha) = U(\alpha)U^{-1}(\alpha) = U(\alpha)U(-\alpha)$$
$$= e^{i\alpha}e^{-i\alpha} = 1 = I = U^{-1}(\alpha) \bullet U(\alpha). \tag{D.12}$$

したがって，実数の位相の集合は群になる．この場合，複素共役の要素もまた逆元になる．

$$U^\dagger(\alpha) = e^{-i\alpha} = U(-\alpha) = U^{-1}(\alpha), \quad (\alpha \text{は実数}). \tag{D.13}$$

このような群はユニタリー群と呼ばれる．さらに，この場合の群の要素は，1つのパラメータにより完全に決定されるので，この群は $U(1)$ 群，または1次元のユニタリー群と呼ばれる．

一般に，要素間の演算規則は，可換とは限らないことに注意する．

$$g_1 \bullet g_2 \neq g_2 \bullet g_1. \tag{D.14}$$

しかし，上の簡単な例では次のようになる．

$$U(\alpha) \bullet U(\beta) = U(\alpha)U(\beta) = U(\alpha + \beta) = U(\beta) \bullet U(\alpha). \tag{D.15}$$

したがって，$U(1)$ 群は可換またはアーベリアンである．

同じように，行列式 (det) が1のすべての (2×2) ユニタリー行列の集合は，通常の行列の積の演算に対して群になることを示すことができる．この種の群は2次元の特殊 (det = 1) ユニタリー群として知られ，$SU(2)$ と書かれる．このような群の1つの要素は次の形式の位相として表すことができる．

$$U(\vec{\alpha}) = e^{iT(\vec{\alpha})}. \tag{D.16}$$

ここで，$\vec{\alpha}$ は位相を表示するパラメータのベクトルを示し，$T(\vec{\alpha})$ は2行2列の行列に対応する[1]．$U(\alpha)$ がユニタリーになるためには，

$$U^\dagger(\vec{\alpha}) = U^{-1}(\vec{\alpha}), \quad \text{または，} \quad e^{-iT^\dagger(\vec{\alpha})} = e^{-iT(\vec{\alpha})}, \tag{D.17}$$

---
[1] 指数化した行列とは，行列の級数展開のことである：$e^{iT(\vec{\alpha})} = I + iT(\alpha) - \frac{1}{2!}T^2(\vec{\alpha}) - \frac{i}{3!}T^3(\vec{\alpha}) + \ldots$.

でなければならないので，行列 $T(\vec{\alpha})$ はエルミート $(T^\dagger = T)$ でなければならない．さらに，行列 $T(\vec{\alpha})$ のトレースが 0 のときだけ $\det U(\vec{\alpha})$ は $+1$ になる．このことは，任意の行列 A に対して一般に次の関係があることから分かる[2]．

$$\det A = e^{\mathrm{Tr}\,\ln A}. \tag{D.18}$$

ここで，Tr は行列のトレースを表す．したがって，下の関係がある．

$$\det U(\vec{\alpha}) = 1, \quad \text{または，} \quad e^{\mathrm{Tr}\,\ln U(\vec{\alpha})} = 1, \quad \text{または，} \quad e^{i\mathrm{Tr}\,T(\vec{\alpha})} = 1. \tag{D.19}$$

すべてのベクトル $\vec{\alpha}$ に対してこれが成り立たたなければならないので，次のように結論づけられる．

$$\mathrm{Tr}\,T(\vec{\alpha}) = 0. \tag{D.20}$$

線形独立なエルミート行列でトレースなしの 2×2 行列はパウリ行列のように 3 個しかない．

$$\sigma_1 = \begin{pmatrix} 0 & 1 \\ 1 & 0 \end{pmatrix}, \quad \sigma_2 = \begin{pmatrix} 0 & -i \\ i & 0 \end{pmatrix}, \quad \sigma_3 = \begin{pmatrix} 1 & 0 \\ 0 & -1 \end{pmatrix}. \tag{D.21}$$

したがって，$SU(2)$ の一般的な要素は次のように書ける．

$$U(\vec{\alpha}) = e^{iT(\vec{\alpha})} = e^{i\sum_{j=1}^{3} \alpha_j T_j}. \tag{D.22}$$

ここで，慣習的に次のように定義する．

$$T_j = \frac{1}{2}\sigma_j. \tag{D.23}$$

したがって，$SU(2)$ の位相または要素は，3 つの連続パラメータ $\alpha_1, \alpha_2, \alpha_3$ で規定される．さらに，行列の積は非可換なので，今の場合，

$$U(\vec{\alpha})U(\vec{\beta}) = e^{i\sum_{j=1}^{3}\alpha_j T_j} e^{i\sum_{k=1}^{3}\beta_k T_k} \neq U(\vec{\beta})U(\vec{\alpha}). \tag{D.24}$$

---

[2] 訳者注：形式的には $A = e^B$ と置くと，$\det A = e^{\mathrm{Tr}\,B} = e^{\mathrm{Tr}(\ln A)}$ で理解される．

したがって $SU(2)$ 群は非可換（ノンアーベリアン）である．群の特徴は，T_j 行列の特徴を知れば，完全に決定することができる．これらの行列は次の交換関係を満たす．

$$[T_j, T_k] = \left[\frac{1}{2}\sigma_j, \frac{1}{2}\sigma_k\right] = i\epsilon_{jk\ell}\frac{1}{2}\sigma_\ell = i\epsilon_{jk\ell}T_\ell. \tag{D.25}$$

ここで，$\epsilon_{jk\ell}$ は，10 章の連続対称性の議論で導入した反対称テンソルでレビ・チビタ (Levi-Civita) の記号という．この代数は，$SU(2)$ 群のリー (Lie) 代数として知られている．同様に，det=1 の 3×3 ユニタリー行列の集合は $SU(3)$ と呼ばれる群をつくる．さらに det=1 のすべての 3×3 実直交行列の集合は，$SO(3)$ として知られている．これらの群の特徴は，その代数が指定されれば完全に決定される．

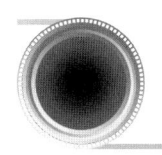

付録E 物理定数表と原子質量

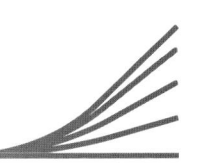

E.1 物理定数表

定数	記号	値
アボガドロ数	A_0	6.0221420×10^{23} mole^{-1}
ボルツマン定数	k	8.61734×10^{-5} eV/K
		$= 1.380650 \times 10^{-23}$ J/K
素電荷	e	$4.8032042 \times 10^{-10}$ esu
		$= 1.60217649 \times 10^{-19}$ C
電子質量	m_e	0.51099890 MeV/c^2
		$= 9.1093819 \times 10^{-28}$ g
フェルミ結合定数	$G_F/(\hbar c)^3$	1.16639×10^{-5} GeV^{-2}
微細構造定数[1]	$\alpha = \frac{e^2}{\hbar c}$	$\frac{1}{137.0359998}$
光速	c	$2.99792458 \times 10^{10}$ cm/sec (定義)
ニュートンの重力定数	G_N	6.67×10^{-8} cm^3/g-sec^2
		$= 6.71 \times 10^{-39}$ $\hbar c$(GeV/c^2)$^{-2}$
換算プランク定数$\times c$	$\hbar c$	197.326960 MeV-fm

Review of Particle Physics, K. Hagiwara et al, Phys. Rev. **D66**, 010001 (2002). 最近の *CRC Handbook* も参照．定数表に示される数字の最後の桁だけに不定性がある．光速 c の値は定義であり，1 m は，光が $\frac{1}{299792458}$ 秒の間に進む距離として定義される．

---

[1] 訳者注：MKSA単位系では $\alpha = \frac{e^2}{4\pi\varepsilon_0 \hbar c}$.

E.2 原子質量

関連する原子の質量を amu 単位で示す．原子内の電子の結合エネルギーは小さいので，原子核の質量を求めるにはこれらの数値から電子の質量の総和を差し引けばよい．

$$(1 \text{ amu} = 931.5 \text{ MeV}/c^2)$$

$$m_n = 1.0087, \quad M(^1\text{H}^1) = 1.0078,$$
$$M(^4\text{He}^2) = 4.0026, \quad M(^{14}\text{N}^7) = 14.0031,$$
$$M(^{15}\text{N}^7) = 15.0001, \quad M(^{16}\text{N}^7) = 16.0061,$$
$$M(^{15}\text{O}^8) = 15.0030, \quad M(^{16}\text{O}^8) = 15.9949,$$
$$M(^{87}\text{Br}^{35}) = 86.9207, \quad M(^{148}\text{La}^{57}) = 147.9320,$$
$$M(^{204}\text{Pb}^{82}) = 203.9730, \quad M(^{208}\text{Po}^{84}) = 207.9812,$$
$$M(^{226}\text{Ra}^{88}) = 226.0254, \quad M(^{230}\text{Th}^{90}) = 230.0331,$$
$$M(^{235}\text{U}^{92}) = 235.0439.$$

推奨図書リスト

[1] Aitchison, I. J. R., and Hey, A. J. G., *Gauge Theories in Particle Physics: A Practical Introduction*, IOP (2003).　13, 14 章

[2] Bevington, P. R., *Data Reduction and Analysis for the Physical Sciences*, McGraw-Hill (1969).　5 章

[3] Chadwick, J., Proc. R. Soc. **A136**, 692 (1932).　2 章

[4] Das, A. and Melissinos, A.C., *Quantum Mechanics*, Gordon & Breach (1986).　10, 11, 13 章

[5] Dvali, G., *Large Extra dimensions*, Physics Today **55**(2), 35 (2002). 15 章

[6] Edwards, D. A. and Syphers, M. J., *Introduction to the Physics of High Energy Accelerators*, Wiley (1993).　8 章

[7] Evans, R. D., *The Atomic Nucleus*, McGraw-Hill (1955).　2, 5 章

[8] Fernow, R.C., *Introduction to Experimental Particle Physics*, Cambridge Univ. Press (1986).　6, 7 章

[9] Frauenfelder, H., and Henly, E. M., *Subatomic Physics*, Prentice-Hall (1991).　3, 4, 5, 9, 10, 11, 12, 13, 14 章

[10] Geiger, H., and Marsden, E., Philos. Mag. 25, 604 (1913).　1 章

[11] Georgi, H., *A unified theory of elementary particles and forces*, Sci. Am. **244**(4), 48 (1981). 15 章

[12] Goldstein, H., *Classical Mechanics*, Addison-Wesley (1980). 10 章

[13] Green, M.B., Schwarz, J.H., and Witten, E., *Superstring Theory*, Cambridge Univ. Press (1987). 15 章

[14] Green, M.B., *Superstrings*, Sci. Am. **255**(3), 48 (1986). 15 章

[15] Griffiths, D., *Introduction to Elementary Particles*, Wiley (1987). 9, 10 章

[16] Griffiths, D., *Introduction to High Energy Physics*, Cambridge Univ. Press (1964). 9, 11, 10, 12, 13, 14 章

[17] Hofstadter, R., et al., Phys. Rev. Lett. **5**, 265 (1960); *ibid*, Phys. Rev. **101**, 1131 (1956). 2 章

[18] Jackson. J.D., *Classical Electrodynamics*, Wiley (1999). 13 章

[19] Kabir, P.K., *The CP Puzzle*, Academic Press (1968). 12 章

[20] Kane, G.H., *Modern Elementary Particle Physics*, Addison-Wesley (1993). 13, 14 章

[21] Kleinknecht, K., *Detectors for Particle Radiation*, Cambridge Univ. Press (1998). 6, 7 章

[22] Knoll, G.F., *Radiation Detection and Measurement*, Wiley (1989). 6, 7 章

[23] Krane, K.S., *Introductory Nuclear Physics*, Wiley (1987). 3, 4, 5 章

[24] Leo, W.R., *Techniques for Nuclear and Particle Physics Experiments*, Springer-Verlag (1994). 6, 7 章

[25] Livingston, M.S., and Blewett, J., *Particle Accelerators*, McGraw-Hill (1962). 8 章

[26] Livingston, M.S., *Particle Accelerators: A Brief History*, Harvard Univ. Press (1969). 8 章

[27] Lyons, L., *Statistics for Nuclear and Particle Physicists*, Cambridge Univ. Press (1922). 5 章

[28] Perkins, D.H., *Introduction to High Energy Physics*, Cambridge Univ. Press (2000). 9, 11, 12, 13, 14 章

[29] Povh, B., et al., *Particle and Nuclei*, Springer Verlag (2002).

[30] Rutherford, E., Philos. Mag. 21, 669 (1911). 1, 3, 4, 5 章

[31] Sakurai, J.J., *Invariance Principles and Elementary Particles*, Princeton Univ. Press (1964). 10, 11 章

[32] Thomson, J.J., Cambridge Lit. Phil. Soc. 15, 465 (1910). 1 章

[33] Veltman, M.J.G., *The Higgs boson*, Sci. Am. **Nov.**, 88 (1986). 15 章

[34] Weinberg, S., *The decay of the proton*, Sci. Am. **244**(6), 64 (1981). 15 章

[35] Williams, W.S.C., *Nuclear and Particle Physics*, Oxford Univ. Press (1997). 3, 4, 5, 9, 10, 11, 12, 13, 14 章

[36] Wilson, R.R., Sci. Am. **242**, 42 (1980). 8 章

[37] Yukawa, H., Proc. Phys. Math. Soc. Japan **17**, 48 (1935). 2 章

[38] Bromberg, C., Das, A., and Ferbel, T., *Solutions Manual for Second Edition of Introduction to Nuclear and Particle Physics*, World Scientific (2006).

[39] 永江知文, 永宮正治 共著：[原子核物理学 (裳華房テキストシリーズ・物理学)], 裳華房 (2000).

[40] 鷲見義雄：「原子核物理入門」, 裳華房 (1997).

[41] 野上茂吉郎：[原子核 (基礎物理学選書 13)], 裳華房 (1973).

[42] 八木浩輔：[原子核物理学], 朝倉書店 (1971).

[43] 加藤貞幸：[放射線計測 (新物理学シリーズ 26)], 培風館 (1994).

[44] K. クラインクネヒト著/高橋嘉右, 吉城肇訳：「粒子線検出器」, 培風館 (1987).

[45] 原康夫他：[素粒子物理学], 朝倉書店 (2000).

[46] 真木晶弘：[高エネルギー物理学実験 (パリティ物理学コース)], 丸善 (1997).

[47] 長島順清：[素粒子物理学の基礎 I, II] (1998), [素粒子標準理論と実験的基礎 (1999)], [高エネルギー物理学の発展] (1999), 朝倉書店.

[48] 渡邊靖志：[素粒子物理入門 (新物理学シリーズ 33)], 培風館 (2002).

演習問題ヒント

1. ラザフォード散乱

1.1 式 (1.38) の積分範囲を $(b \to 1)$ に変換・積分. $\sigma_{\text{TOT}} = \pi b^2$.

1.2 式 (1.53) より, $\frac{d(\cos\theta_{\text{CM}})}{d(\cos\theta_{\text{Lab}})}$ を求め, 式 (1.54) に代入し証明.

1.3 式 (1.53) に $\zeta = \frac{m_1}{m_2}$ の数値を入れ, 図を描く.

1.4 式 (1.40) に数値を入れ $dn \approx 0.13\,\text{cosec}^4\frac{\theta}{2}$ 個/秒を導く.

1.5 $\zeta = 1$ の弾性散乱式 $\frac{d\sigma}{d\Omega_{\text{Lab}}} = 4\frac{d\sigma}{d\Omega_{\text{CM}}}\cos\theta_{\text{Lab}}$ を導き, 図を描く.

1.6 $\frac{v_{NR}}{c} = \sqrt{\frac{2T}{Mc^2}}$ と $\frac{v_R}{c} = \frac{cP}{E}$ を計算, 比較. $b_0(\alpha) \approx 56$ fm.

1.7 $\gamma = \sqrt{2}$, $\beta = \frac{1}{\sqrt{2}}$, $T \approx 0.211$ MeV.

1.8 反跳エネルギー $E_r \approx \frac{1}{m_t}p_o^2(1-\cos\theta) = \frac{4m_\alpha}{m_t}E\sin^2\frac{\theta}{2}$ を b の関数として求める. $b = 10^{-12}$ cm のとき, $E_r = 0.5$ MeV.

1.9 式 (1.71) で, $\tilde{\beta} \approx 1$ として $\tan\theta_{\text{Lab}}$ と γ_{CM} の関係を導く.

1.10 式 (1.32) より, $b(\theta) \approx 1.4 \times 10^{-12}\cos\frac{\theta}{2}$ cm, 確率は πb^2 に比例.

1.11 式 (1.37), (1.40) と ρ_{Au} より, $dn(\theta) \approx 2.88\text{cosec}^4\frac{\theta}{2}d\Omega$ /(sec sr).

1.12 推奨図書 [38] 参照.

2. 原子核の現象論

2.1 $\rho_p \approx 2.4 \times 10^{14}$ g/cm^3，中性子星質量 $M_{NS} \approx 1.2 \times 10^{17}$ g.

2.2 結合エネルギーは $BE_{^{12}C} \approx -92.16$ MeV, $BE_{^4He} \approx -28.29$ MeV.

2.3 付録 E.2 参照.

2.4 $\mu_B \approx 5.8 \times 10^{-11}$ MeV/T. 仕事 $E[\text{erg}] = F \cdot r[\text{esu-G-cm}]$ で変換.

2.5 $\mu = \frac{I}{c} \times A \approx 1.5 \times 10^{-13}$ MeV/T. $\mu_p \approx 8.8 \times 10^{-14}$ MeV/T.

2.6 回折公式とド・ブロイ波長 $\lambda = \frac{h}{p}$ との関係から考察.

2.7 小角度近似で $q^2 = (p\sin\theta)^2 \approx (p\theta)^2 = \frac{h^2}{4R^2}$ (p に無関係).

2.8 分離エネルギー $E = \mu B = h\nu$ より, $\lambda \approx 7.5$ m.

2.9 連続的に k 回後方散乱すると, $E_n^k = \left(\frac{A-1}{A+1}\right)^{2k} E_0$.

2.10 前問の結果より, $k \approx 9.1$ 回.

2.11 $F(\vec{q}) \approx 1 - \frac{q^2}{6\hbar^2}\langle r^2 \rangle \approx e^{-\frac{q^2}{6\hbar^2}\langle r^2 \rangle}$ を導き, (a), (b) の解を求める.

3. 核模型

3.1 式 (3.5) の A の微分, $Z(A)_{min} = \frac{A}{2} \times \frac{4a_3 + (m_n - m_p)c^2}{4a_4 + a_3 A^{\frac{2}{3}}}$.

3.2 付録 E.2 の原子質量を参照.

3.3 $^8\text{Be}^4, ^4\text{He}^2$ の B.E. $-56.50, -28.29$ MeV を用い安定性を考える.

3.4 付録 E.2 の原子質量を参照.

3.5 $^{23}\text{Na}^{11}$ の $J^P = \frac{5}{2}^+$ ($J_{obs} = \frac{3}{2}^+$), $\mu = 4.79\mu_N$ ($\mu_{obs} = 2.2\mu_N$).

3.6 $\mu_p = \mu_n + \mu_{\pi^+} \approx 4.79\mu_N$, $\mu_n = \mu_p + \mu_{\pi^-} \approx -3.91\mu_N$.

3.7 推奨図書 [38] 参照.

4. 核放射線

4.1 付録 E.2 原子質量参照. (a)$Q \approx 5.2164$ MeV, (b)$Q \approx 4.7506$ MeV.

4.2 式 (1.14), (1.25) 参照. $V_{クーロン} \approx 4$ MeV, $V_{遠心力} \approx 0.008\,\ell$ MeV.

4.3 $T_p^{max} \approx 0.4$ KeV, $T_e^{max} \approx 0.7996$ MeV, $T_{\bar{\nu}}^{max} \approx 0.7996$ MeV.

4.4 核は同じ質量数でより安定な核へ β^+ または β^- 崩壊する.

4.5 第 4 章と第 9 章のレプトン数保存の項参照.

4.6 核外, 内の α-粒子の運動エネルギー $T_\alpha^{(out)} = 10$ MeV, $T_\alpha^{(in)} = 50$ MeV 対応する $\lambda = \frac{h}{p}$ と $R = 1.2 \times 10^{-13} A$ cm との比較.

4.7 問題 [3.1] と推奨図書 [38] 参照.

5. 核物理の応用

5.1 問題 [2.9] 参照. $E_n^{パラフィン} = 0 (A = 1)$. $E_n^{Al} \approx 0.86 E_0 (A = 27)$.

5.2 付録 E.2 の原子質量参照. 1 g 当たり $E_U \approx 4.55 \times 10^{23}$ MeV, $E_T \approx 9.5 \times 10^{23}$ MeV.

5.3 式 (5.26) 参照. $\tau = \frac{1}{\lambda} \approx 322$ 秒, $t_{\frac{1}{2}} = \tau \ln 2 \approx 224$ 秒.

5.4 経過時間, $t \approx 1.3 \times 10^{11}$ 秒 ≈ 4193 年.

5.5 水千トン中の年間陽子崩壊個数, $A(t) = 0.067 \times e^{-10^{-33}t}$ /年.

5.6 液滴模型では ^{243}Pu^{94} (式 (3.2) 参照), 変形液滴模型では ^{240}Pu^{94} (式 (5.7) 参照).

5.7 1 日に 500 MWD 消費するウラン量は 12.5 kg.

5.8 2 個の核分裂片の間の運動量保存則を用いる.

384 演習問題ヒント

5.9 $E^{\text{H}}_{fusion} \approx 3.7 \times 10^{24}$ MeV/g. $E^{\text{U}}_{fission} \approx 4.55 \times 10^{23}$ MeV/g.

5.10 (a)$t_{1/2} \approx 2.3 \times 10^8$ 秒, $\lambda \approx 4.3 \times 10^{-9}$/秒. (b)$A \approx 4.3 \times 10^7$(rutherford)$\approx 1.16 \times 10^3$Ci. (c)8.6 mg.

5.11 式 (5.31) より, $N_1(t), N_2(t), N_3(t)$ の崩壊方程式を設定して解く.

5.12 $\lambda \approx 8 \times 10^{-7}$/秒, $\tau \approx 1.25 \times 10^6$ 秒, $t_{1/2} \approx 8.7 \times 10^5$ 秒.

5.13 $x \ll 1$ 近似で $S \approx 4\pi R^2 \left(1 + \frac{2}{5}\epsilon^2\right)$ を導き, $R \propto A^{\frac{1}{3}}$ を用いる.

5.14 最終段階では, $d\left(\frac{N_1}{N_n}\right)/dt = -\lambda_1 \left[\left(\frac{N_1}{N_n}\right) + \left(\frac{N_1}{N_n}\right)^2\right] < 0$, $N_n \to$ 増加.

6. 物質中のエネルギー損失

6.1 例題 1 と 2 に直接値を代入すれば良く, α 粒子は 10 μm, 電子は 0.53 cm.

6.2 ミュー粒子に対しては式 (6.5) を利用すれば良く, 390 m. 電子は電磁シャワーを起す. 陽子はハドロン反応を考慮する. 推奨図書 [38] 参照.

6.3 式 (6.6) を利用して, θ_{rms}=0.3 mrad.

6.4 このエネルギーでは対生成が主となる. 式 (6.24) を利用して 6.1%.

6.5 式 (6.27), (6.28) 参照. 約 50 cm.

6.6 式 (6.3) を利用する. $\bar{I}_{\text{Al}} \approx 27$ eV. 陽子:54 keV, α 粒子 160 keV.

6.7 式 (6.3) を利用. 電子と陽子の阻止能は等しく α 粒子はその 4 倍.

6.8 仮想電子のエネルギーは, $E_\gamma + m_e c^2$, 運動量は E_γ/c. 不確定性原理を使う.

6.9 s を実験室系と重心系の物理量で表し等値する.

6.10 式 (6.28) の逆数. 600 cm.

6.11 図 6.4 でエネルギー・運動量の保存則を適用.

7. 粒子検出器

7.1 $p[\text{GeV}/c] = 0.3\, zB[\text{T}]R[\text{m}]$ は良く使われる．軌道半径 R はエネルギーではなく運動量に比例する．α 粒子：3 T，電子：0.15 T．

7.2 式 (7.9) の時間差が 0.2 ns より大きくなれば良い．2.0 GeV/c

7.3 式 (7.19) を使うと，電子：44.4°, π 中間子：43.8°. チェレンコフ光の光子数は $\sin^2\theta_C$ に比例するので 1.02.

7.4 ガイガーカウンターは信号の大きさを測れない．統計誤差は $\sigma = 1/\sqrt{n}$. 電離箱：0.1%, 比例計数管はゲイン変動が支配的であり，5%.

7.5 式 (8.9') を使い起動半径 R を求め，図 7.5 にある式から $\sin\theta$ を求める．

7.6 検出エネルギーは 2 つのガンマ線の和となる．10%のエネルギー分解能を仮定せよ．

8. 加速器

8.1 $\omega = \frac{QB}{m}$ より $B = 0.52$ T．最大運動エネルギーは $T = \frac{1}{2}mv^2 = \frac{1}{2}m(R\omega)^2 = 3.3$ MeV．

8.2 式 (8.12) で左辺を 40 TeV とおく (9×10^5 TeV)．式 (8.9') から SSC とのリングの半径の比を求める．(2.4×10^6 マイル)．

8.3 $Q = CV$ より 10^{-3} C．$t = \frac{Q}{I} = 5$ s．

8.4 MKSA 系で示すと $m\frac{v^2}{R} = evB$ より $R = \frac{mv}{eB} = \frac{cp}{ceB} = \frac{cp[\text{J}]}{3\times10^8 eB} = \frac{cp[\text{GeV}]\times10^9}{3\times10^8 B} = \frac{p[\text{GeV}/c]}{0.3B}$．

8.5 たとえばセプタム磁石について調べてみよ．

8.6 $q_{min}^2 \approx 52\ (\text{GeV})^2$ となる．

9. 素粒子の相互作用の特徴

9.1 全ての反応でエネルギー，バリオン数，電荷，レプトン数は保存する事に注意する．

9.2 前問と同様．

9.3 π^0 の γ 因子だけ寿命が伸びる．π^0 の重心系で γ 線の 4 元運動量を求めローレンツ変換して実験室系に直す．面白いことに 2 個の γ 線が π^0 の進行方向に垂直に出た場合に開き角は最小となる．

9.4 u クォークと d クォークからはアイソスピン $I = 1$ と $I = 0$ ができ，これに $I = 0$ の s クォークが加わる．

9.5 アイソスピンは u, d クォーク以外はゼロ．バリオン数 N，ストレンジネス (S)，チャーム (C)，ビューティー (B)，トップ (T) を使うと一般化された超電荷（ハイパーチャージ）は $Y = N + S + C + B + T$ である．

9.6 ストレンジネスが変わるのは弱い力，光子が出るのは電磁力による．

10. 対称性

10.1 2 個の π^0 の系の波動関数は対称であり，系のアイソスピン $I = 1$ はとれない．

10.2 すべて強い力による崩壊なのでアイソスピンは保存される．Clebsh-Gordan 係数を用いよ．

10.3 前問と同様に Clebsh-Gordan 係数を用いて考察せよ．

10.4 反陽子は $I = \frac{1}{2}$，$I_3 = -\frac{1}{2}$ である．c, b, s クォークのアイソスピンはゼロである．

11. 離散的対称性

11.1 アイソスピンの保存と π^0 のスピン統計を考える．

11.2 粒子-反粒子を反転させれば良い．反転させた反応が反転させる前と区別できなければそれは荷電共役の固有状態．

11.3 角度分布は $\pi\pi$ 系の波動関数の角度部分の絶対値の 2 乗に比例する．

11.4 これは弱い相互作用による崩壊なのでパリティを保存しなくて良い．許される軌道角運動量は一つとは限らない．

11.5 Particle Data Group のページなどで，それぞれの素粒子の C を調べる．(d) に関しては核子のスピン統計から $\bar{p}p$ 系の C を決定する．

11.6 推奨図書 [38] 参照．

12. 中性 K 中間子，振動と CP の破れ

12.1 式 (12.58) を使う．

12.2 式 (12.55) の p, q を η_{+-} と ϕ_{+-} で表す．

13. 標準模型

13.1 式 (13.47) の関係を使い，式 (13.48) を展開し，x, y が小さいとして近似する．

13.2 一般に $F(1,2,3) = f(r,b,g) - f(r,g,b) + f(b,g,r) - f(b,r,g) + f(g,r,b) - f(g,b,r)$ は，どの 2 つのパラメータを交換しても反対称になる．

14. 標準模型とその検証

14.1 (a) 寿命は質量幅の逆数. (b) 核子の大きさを 1 fm と考える. (c) トップクォークは静止していると考え, $t \to W + b$ の b クォークの運動量を求める. (d) 推奨図書 [39] 参照.

14.2 推奨図書 [38] 参照.

14.3 推奨図書 [38] 参照.

14.4 推奨図書 [38] 参照.

14.5 (a) Z^0 を経由する崩壊と箱型ダイアグラムによる崩壊がある. (b) GIM メカニズム.

14.6 $e^- + p \to e^- + X$ の反応を考える. 高エネルギーでは電子質量は無視できる.

14.7 $e^- + \mathrm{parton} \to e^- + \mathrm{parton}$ を考え, $P^\mu_{\mathrm{parton}} = xP^\mu$ とする.

15. 標準模型を超えて

15.1 式 (15.9) と式 (15.14) を使う.

15.2 $V_{\mathrm{grav}} = G_N \frac{m_1 m_2}{r}$ より, G_N の次元を計算する.

15.3 推奨図書 [38] 参照.

索 引

4重極電磁石 (Quadrupole magnet), 195
CKM行列 (CKM matrix), 340
CPT定理 (CPT theorem), 275
CPの破れ (CP violation), 285–290, 297–299
    間接的-(indirect), 287–290, 341
    直接的-(direct), 287–290, 341
GIM機構 (GIM mechanism), 337, 339–340
GUT(Grand Unified Theory), 352
K_1^0の再生 (K_1^0 regeneration), 284–285
LHC(Large Hadron Collider), 198
PMNS行列 (PMNS matrix), 348
SLAC(Stanford Linear Accelerator Center), 187
SO(3)群 (SO(3) group), 251, 374
SSC(Superconducting Super Collider), 198
SU(2)群 (SU(2) group), 251, 313, 314, 372–374
SU(3)群 (SU(3) group), 314, 325, 374
SU(5)群 (SU(5) group), 350–352
U(1)対称性 (U(1) symmetry), 314–315, 372
WとZボソン (W and Z bosons), 315, 325, 334, 340–343
Xゲージボソン (X gauge boson), 352
アーベリアン (Abelian), 250–252, 257, 313, 315, 325, 326, 349–350, 372, 374
アイソスピン (Isospin), 215–217, 252–255
アイソトープ (Isotope), 32
アイソトン (Isotone), 60
アイソバー (Isobar), 32
アイソマー (Isomer), 32
アルファ (α) 粒子 (Alpha(α) particle), 3, 42–43, 77–86
    自然放射能の (in natural radioactivity), 122–123

障壁透過 (barrier penetration), 81–86
　　太陽核融合の (in solar nuclear fusion), 114–116
　　放出 (emission), 77–81
泡箱 (Bubble chamber), 214
異常磁気モーメント (Anomalous magnetic moment), 40, 49, 75
位相安定性 (Phase stability), 190–193
井戸型ポテンシャル (Square well potential), 63–64
宇宙論 (Cosmology), 352–354
運動量測定 (Momentum measurement), 160
エーレンフェスト (Ehrenfest's theorem), 245
液滴模型 (Liquid drop Model), 51–54
遠心力障壁 (Centrifugal barrier), 8
階層性問題 (Hierarchy problem), 348, 361
回転準位 (Rotational level), 73
香り (Flavor), 218, 232
核 (Nuclear),
　　安定性 (stability), 40
　　殻模型 (shell model), 57–63, 66–71
　　形 (shape), 72–74

結合エネルギー (binding energy), 52–54
　　質量 (mass), 32, 54
　　磁子 (magneton), 39
　　スピン (spin), 38–40, 66–69
　　半径 (radius), 36–37
　　密度 (density), 37
　　模型 (model), 51, 69–74
角運動量 (Angular momentum), 67–69
　　軌道-(orbital), 7, 38–40, 57–62, 225, 245, 260–262, 310–311
　　結合係数 (coupling coefficients), 253–255
　　固有-(intrinsic), 38–40, 222–225, 262, 310–311
　　保存 (conservation), 6, 87, 237, 242–245, 263, 266
核放射 (Nuclear radiation), 41–43, 77–98
　　アルファ (α) 崩壊 (alpha(α) decay), 42–43, 77–86, 122–123
　　ガンマー (γ) 崩壊 (gamma(γ) decay), 95–98
　　ベータ (β) 崩壊 (beta(β) decay), 86–93
殻模型 (Shell model), 57–71
確率冷却 (Stochastic cooling), 198

索 引 391

加速器 (Accelerators), 179–200
　強集束 (Strong focusing), 193–195
　共鳴 (resonance), 182–187
　コックロフト-ウォルトン加速器 (Cockroft-Walton), 180–181
　サイクロトロン (cyclotron), 182–185
　衝突ビーム (colliding beam), 195–200
　シンクロトロン (synchrotron), 187–190
　重イオン-(heavy-ion), 330
　静電加速器 (electrostatic), 180–181
　線形 (linear), 186–187
　タンデム (tandem), 181
　バンデグラーフ (Van de Graaff), 181
荷電共役 (Charge conjugation), 272–274
荷電独立性 (Charge independence), 47
カビボ角 (Cabibbo angle), 337–340
カラー (Color), 307–309, 312–314, 325–330
カロリメータ (Calorimeters), 171–174

慣性閉じ込め (Inertial confinement), 116
ガイガー・ミュラー計数管 (Geiger-Müller counters), 160
ガンマー (γ) 線 (Gamma (γ) ray), 41–43, 95–98
吸収 (Absorption)
　と K_1^0 の再生 (regeneration of K_1^0), 284–285
　共鳴 (resonant), 97–98
　係数 (coefficient), 146–147
　光子の (of photons), 142–144, 146–147
　中性子の (of neutrons), 102–103, 109, 125, 150
球ベッセル関数 (Spherical Bessel function), 63, 369
球面調和関数 (Spherical harmonics), 61, 367–368
キュリー (Curie), 118
鏡映核 (Mirror Nuclei), 46
共鳴状態 (Resonances), 219–222
局所対称性 (Local symmetries), 256–257, 314–315
クーロン障壁 (Coulomb barrier), 45
クォーク (Quarks), 231, 302–303
　シークォーク (sea quark), 312

バレンスクォーク (valence quark), 312
クォーク-グルーオンプラズマ (Quark-gluon plasma), 330–331
クォーク線図 (Quark-line diagram), 344
クレブシュ-ゴルダン係数 (Clebsh-Gordan coeffcients), 255
クロネッカーのデルタ (Kronecker delta), 239
グルーオン (Gluon), 312, 315, 325–331
グルーボール (Glueballs), 312
群 (Group), 249, 370–374
形状因子 (Form factor), 36, 37, 302
ゲージ原理 (Gauge principle), 257, 319
ゲージ場 (Gauge fields), 257, 314–315
ゲージ変換 (Gauge transformation), 257, 317
ゲージ理論 (Gauge theory), 257
ゲルマン西島関係 (Gell-Mann-Nishijima relation), 217–218
原子核 (Nuclear)

の形 (shape), 102–106
原子炉 (reactor), 109–112
分裂 (fission), 102–108
融合 (fusion), 112–114
原子結合 (Atomic binding), 44, 57
原子質量単位 (Atomic mass unit), 32
原子番号 (Atomic number), 31
光子 (γ 線も参照)(Photon), 207, 222–223, 229, 325
光子吸収 (Photon absorption), 142–144, 148–149
光電効果 (Photoelectric effect), 143
光電子増倍管 (Photomultiplier), 162–164
固有パリティ (Intrinsic parity), 262
コンプトン散乱 (Compton scattering), 144–145
サイクロトロン共鳴周波数 (Cyclotron frequency), 184
最小電離損失 (Minimum ionizing loss), 132–133
サンプリング式カロリメータ (Sampling calorimeters), 156, 174
散乱断面積 (Scattering cross section), 12–15

索引　393

指数関数的崩壊 (Exponential decay), 221–222
自然放射能 (Natural radioactivity), 41–43, 122–124
質量欠損 (Mass deficit), 33
集団模型 (Collective model), 72–74
衝突型実験用検出器 (Collider Detector), 173–176
衝突型線形加速器 (Linear collider), 197
衝突係数 (Impact parameter), 7
衝突ビーム (Colliding beam), 195–198, 201
障壁透過 (barrier penetration), 81–86, 107
シリコン検出器 (Silicone detectors), 170–171, 175
シンクロトロン放射 (Synchrotron radiation), 186
シンチレーション検出器 (Scintillation detectors), 161–165
振動励起準位 (Vibrational levels), 74
ジェット (Jets), 329, 335–337
時間反転 (Time inversion), 268–272
磁気閉じ込め (Magnetic confinement), 116
実験室系 (Laboratory frame), 18–21
自発的対称性の破れ (Spontaneous symmetry breaking), 320
磁場 (Magnetic field), 160, 183–185, 190–193
弱アイソスピン (Weak isospin), 312–314, 324
弱混合角 (Weak mixing angle), 342–343
重心系 (Center-of-mass frame), 18–21
重力子 (Graviton), 204
ストレンジネス (Strangeness), 211–215
ストレンジネス混合 (Strangeness mixing), 282–284
スピン‐軌道結合 (Spin-orbit coupling), 66–69
スピン，素粒子の (Particle spin), 222–225
スペクトロメータ (Spectrometers), 160, 173–176
正準変換 (Canonical transformation), 241
制動放射 (Bremsstrahlung), 138–140

セミレプトニック K^0 崩壊
(Semileptonic K^0 decays), 297–299
セミレプトニック崩壊
(Semileptonic process), 228–229
線形加速器 (Linac), 186–187
漸近的自由 (Asymptotic freedom), 327
相対論的重イオン衝突加速器 (RHIC), 330
相対論的増加 (Relativistic rise), 133
相対論的変数 (Relativistic variables), 21–26, 363–366
阻止能 (Stopping power), 130
素粒子 (Elementary particles), 207
対称性の破れ (Symmetry breaking), 319–325
対称変換 (Symmetry transformations), 248
体積エネルギー (Volume energy), 52
多重散乱 (Multiple scattering), 135–136
多線式チェンバー (Multiwire chambers), 158–160
炭素 (CNO) サイクル (Carbon (CNO) cycle), 114

炭素年代測定法 (Carbon dating), 123–125
大統一 (Grand unification), 349–352
弾性散乱 (Elastic scattering), 37, 38, 302
断面積 (Cross section), 12–15
チェレンコフ検出器 (Cherenkov detectors), 168–170
力 (Force), 204–207
中性 K 中間子 (Neutral Kaons), 277–299, 341
　2π 崩壊 (two-pion decay), 297
　質量行列 (mass matrix), 291
　時間発展 (time development), 291–296
中性子反応 (Neutron interactions), 149–151
超弱理論 (Superweak theory), 287
超重力 (Supergravity), 358–361
超対称性 (Supersymmetry (SUSY)), 354–358
超対称性調和振動子 (Supersymmetric harmonic oscillator), 354–357
超電荷 (Hypercharge)
　強い-(strong), 218
　弱-(weak), 312–314, 324

索引　395

超紐 (Superstring), 360–361
超変形核 (Superdeformed nuclei), 74
調和振動子 (Harmonic oscillator), 64–66, 354–357
対生成 (Pair creation), 145–146
電荷独立 (Charge independence), 252–255
電気双極子モーメント (Electric dipole moment), 270–272
電子 (β崩壊も参照)(Electron), 138–140, 211
電磁気学 (Electromagnetism), 316–319
電磁崩壊 (Electromagnetic decays), 95–98, 229–230
電離型検出器 (Ionaization detectors), 153–161
電離係数管 (Ionization counters), 155–157
電離損失 (Ionaization loss), 130–135
特殊相対論 (Special relativity), 363–366
閉じ込め (Confinement), 325–330
ドリフトチェンバー (Drift chamber), 158, 159
南部-ゴールドストンボソン (Nambu-Goldstone boson), 324
ニュートリノ (Neutrino), 88–93
ネータ (Noether), 233
ハイペロン (Hyperon), 225
ハドロンのクォーク模型 (Quark model of hadrons), 303–312
　バリオン (baryons), 306–308
　メソン (mesons)(中間子), 303–306, 309–311
ハドロンへの弱崩壊 (Hadronic weak-decays), 226–229
ハドロン反応 (Hadronic interaction), 150–151
ハミルトニアン形式 (Hamiltonian formalism), 237
反クォーク (Antiquark), 231, 303–306
半減期 (Half life), 117
反線形演算子 (Antilinear operator), 270
反対称状態 (Antisymmetric state), 59, 208, 265, 307–311
半導体検出器 (Semiconductor detectors), 170–171
反ニュートリノ (Antineutrino), 88–91, 274
反陽子 (Antiproton), 91, 208
反粒子 (Antiparticles), 88, 208, 262, 272–273, 275, 277

バーン (Barn), 14
バリオン数 (Baryon number), 210
バリオン非対称性 (Baryon asymmetry), 353–354
パートンモデル (Parton model), 302, 312, 328
パウリ行列 (Pauli matrices), 251, 373
パリティの非保存 (Parity Violation), 266–268
パリティ反転 (Parity inversion), 259–268
非アーベリアン (Non-Abelian), 251
飛行時間計測 (Time of flight), 166–168
ヒッグス質量 (Higgs mass), 342–343, 348–349
　-機構 (mechanism), 323–325
飛程 (Range), 133–135
紐 (Strings), 360–361
標準模型 (Standard model), 301–331
表面エネルギー (Surface energy), 52
ヒルベルト空間 (Hilbert space), 251
比例計数管 (Proportional counters), 157–160
微細構造定数 (Fine structure constant), 1
ファインマン図形 (Feynman diagram), 25
フェルミ-ディラック統計 (Fermi-Dirac statistics), 54, 208
フェルミオン (Fermion), 208
フェルミガス模型 (Fermi-gas model), 54–57
フェルミ準位 (Fermi level), 54
フェルミ研究所 (Fermilab), 193
フェルミの黄金律 (Fermi's Golden rule), 27
不変性原理 (Invariance principle), 237
フレーバー (Flavor), 302, → 香り
物質 (Matter), 1
物理定数表 († Physical constants, table of), 375
ブライト・ウィグナー型 (Breit-Wigner form), 219–222
分散，移行エネルギーの (Dispersion in Energy transfer), 137
プランク長 (Planck scale), 358–359, 362
平均寿命 (Mean life), 85, 117, 219
平均自由行程 (Mean free path), 147

変換生成子 (Generators of
　　　transformation),
　　　242–245, 248–251
ベータ線 (β-ray), 41–43
ベータトロン振動 (Betatron
　　　oscillations), 192
ベータ (β) 崩壊 (beta(β) decay),
　　　86–95
ベーテ-ワイゼッカーの公式
　　　(Bethe-Weizsäcker
　　　formula), 54
ベクレル (Becquerel), 41, 118
崩壊定数 (Decay constant), 85,
　　　116–118
放射性崩壊 (Radioactive decay),
　　　116–120
放射長 (Radiation length), 139
放射年代測定法 (Radioactive
　　　dating), 123–125
放射能 (Radioactivity), 117–120
放射平衡 (Radioactive
　　　equilibrium), 120–122
保存則 (Conservation laws), 233
ボーズ・アインシュタイン統計
　　　(Bose-Einstein
　　　statistics), 208
ボソン (Boson), 208
ポアソン括弧 (Poisson brackets),
　　　238
ポアソン統計 (Poisson statistics),
　　　119
マクスウェル方程式 (Maxwell's
　　　equations), 316–319
魔法核 (Magic nuclei), 60
無限小回転 (Infinitesimal
　　　rotations), 242–245
無限小平行移動 (Infinitesimal
　　　translations), 239–242
メスバウアー (Mössbauer), 98
湯川ポテンシャル (Yukawa
　　　potential), 47
ゆらぎ (Straggling), 135
陽子寿命 (Proton lifetime), 352
陽子-陽子サイクル (Proton-proton
　　　cycle), 114
余剰次元 (Extra dimensions), 361
弱い相互作用 (Weak interactions),
　　　93–95, 226–229, 337–343
ラグランジアン形式 (Lagrangian
　　　formalism), 233–237
ラザフォード散乱 (Rutherford
　　　Scattering), 2–15
離散的対称性 (Discrete
　　　Symmetries), 259–275
量子色力学 (Quantum
　　　chromodynamics
　　　(QCD)), 325–331,
　　　333–337
量子数の非保存 (Violation of
　　　quantum numbers),

226–229
量子電磁力学 (Quantum
　　　Electrodynamics
　　　(QED)), 39, 325–327
量子力学における対称性
　　　(Symmetry in quantum
　　　mechanics), 245–248
レビ・チビタの記号 (Levi-Civita
　　　symbol), 250

レプトン数 (Lepton number),
　　　210–211
連鎖反応 (Chain reaction),
　　　109–112
連続対称性 (Continuous
　　　symmetries), 248–255
ローレンツ変換 (Lorentz
　　　transformation), 363

Memorandum

Memorandum

Memorandum

Memorandum

〈訳者紹介〉

末包　文彦（すえかね　ふみひこ）
1959年　香川県に生まれる
1981年　東京工業大学理学部物理学科卒業
1987年　東京工業大学大学院理工学研究科満期退学
　　　　高エネルギー物理学研究所（現 高エネルギー加速器研究機構）助手
現在　　東北大学ニュートリノ科学研究センター准教授
［東京工業大学 理学博士（1988年），第1回小柴賞受賞（2004年）］

執筆・翻訳等：
- 「カムランドとは何か？」，月刊パリティ 2000年12月号，丸善出版
- 「原子炉ニュートリノ欠損を発見（翻訳）」，月刊パリティ 2003年10月号，丸善出版

白井　淳平（しらい　じゅんぺい）
1952年　愛媛県に生まれる
1977年　京都大学理学部物理学科卒業
1982年　京都大学大学院理学研究科博士課程修了
1984年　高エネルギー物理学研究所（現 高エネルギー加速器研究機構）助手
現在　　東北大学ニュートリノ科学研究センター准教授
［京都大学理学博士（1985年），第1回小柴賞受賞（2004年）］

執筆・翻訳等：
- 「カムランド：ついにとらえた原子炉ニュートリノ欠損現象！」，月刊パリティ 2003年4月号，丸善出版

湯田　春雄（ゆた　はるお）
1933年　北海道に生まれる
1957年　東北大学理学部物理学科卒業
1966年　ペンシルベニア大学大学院博士課程修了（Ph. D. 取得）
1966年よりロチェスター大学物理学科助手，アルゴンヌ国立研究所助教授を経て
1983年　東北大学理学部教授
1997年　東北大学名誉教授，青森大学工学部教授
2005年　青森大学退職，現在に至る

著書：
・「基礎ディジタル回路」，森北出版（2006年）

翻訳風景（左から白井淳平，末包文彦，湯田春雄）

素粒子・原子核物理学の基礎 ～実験から統一理論まで～ *Introduction to Nuclear and Particle Physics (2nd Edition)*	著 者　Ashok Das　　　　Thomas Ferbel
	訳 者　末包 文彦　　　　白井 淳平　　© 2011　　　　湯田 春雄
2011 年 5 月 15 日　　初版 1 刷発行 2012 年 2 月 1 日　　初版 2 刷発行	発 行　共立出版株式会社 / 南條光章　　　　東京都文京区小日向 4-6-19　　　　電話　03-3947-2511　（代表）　　　　〒112-8700 / 振替口座 00110-2-57035　　　　http://www.kyoritsu-pub.co.jp/
	印 刷　錦明印刷 製 本　ブロケード
	社団法人 自然科学書協会 会員
検印廃止 NDC539 ISBN 978-4-320-03467-9	Printed in Japan

JCOPY ＜(社)出版者著作権管理機構委託出版物＞
本書の無断複写は著作権法上での例外を除き禁じられています．複写される場合は，そのつど事前に，(社)出版者著作権管理機構（電話 03-3513-6969, FAX 03-3513-6979, e-mail: info@jcopy.or.jp）の許諾を得てください．

■物理学関連書

http://www.kyoritsu-pub.co.jp/　共立出版

カラー図解 物理学事典	杉原 亮他訳
ケンブリッジ 物理公式ハンドブック	堤 正義訳
大学新入生のための 物理入門	廣岡秀明他著
すらすらわかる 楽しい物理♪	飽本一裕他著
新課程 物理学の基礎	林 良一他著
運動と物質 ―物理学へのアプローチ―	穴田有一著
基礎 物理学 第2版	後藤憲一他編
基礎 物理学 I・II	後藤憲一他編
基礎 物理学演習	後藤憲一他編
演習で理解する基礎物理学	御法川幸雄他著
詳解 物理学演習(上)・(下)	後藤憲一他編
そこが知りたい物理学	大塚徳勝著
大学課程 物理学 第2版	鵜飼正和他著
大学教養わかりやすい物理学	渡辺昌昭著
ファンダメンタル物理学 ―電磁気・熱・波動―	千川道幸他著
薬学系のための基礎物理学	大林康二他著
薬学生のための物理入門 ―薬学準備教育ガイドライン準拠―	廣岡秀明著
看護と医療技術者のためのぶつり学 第2版	横田俊昭著
大学の物理力学・熱学	檜原忠幹他著
問題―解答形式 物理と理工系の数学	平松 惇編
問題―解答形式 物理と特殊関数	平松 惇編
演習形式で学ぶ 特殊関数・積分変換入門	蓬田 清著
詳解 物理／応用数学演習	後藤憲一他編
物理のための数学入門 複素関数論	有馬朗人他著
物理現象の数学的諸原理 ―現代数理物理学入門―	新井朝雄著
HOW TO 分子シミュレーション	佐藤 明著
力学講義ノート	岡田静穂他著
基礎と演習 理工系の力学	高橋正雄著
大学生のための基礎力学	大槻義彦著
アビリティ物理 物体の運動	飯島徹穂他著
ケプラー・天空の旋律(メロディー)	吉田 武著
身近に学ぶ力学	河本 修著
基礎 力学演習	後藤憲一編
詳解 力学演習	後藤憲一他共編
大学課程わかりやすい力学	渡辺昌昭著
力学ミニマム	北村通英著
工科の力学	松村博久他著
入門 工系の力学	田中 東他著
アビリティ物理 音の波・光の波	飯島徹穂他著
Excelによる波動シミュレーション	阿部吉信著
アビリティ物理 電気と磁気	飯島徹穂他著
磁気現象ハンドブック	河本 修監訳
詳解 電磁気学演習	後藤憲一他編
電磁気学	安福精一他著
100問演習 電磁気学	今崎正秀著
基礎と演習 理工系の電磁気学	高橋正雄著
マクスウェル・場と粒子の舞踏	吉田 武著
身近に学ぶ電磁気学	河本 修著
基礎 熱力学	國友正和著
統計熱力学の基礎	鈴木 彰他著
新装版 統計力学	久保亮五著
数学で読み解く統計力学	森 真著
導波光学	左貝潤一著
量子進化	斎藤成也監訳
基礎 量子物理学	寺澤倫孝他著
量子情報の物理	西野哲朗他訳
現代物理科学	石原 修著
大学生のためのエッセンス量子力学	沼居貴陽著
量子力学の基礎	北野正雄著
基礎 量子力学	鈴木豊雄著
工学基礎 量子力学	森 敏彦著
詳解 理論／応用量子力学演習	後藤憲一他編
量子統計力学の数理	新井朝雄著
量子数理物理学における汎関数積分法	新井朝雄著
アビリティ物理 量子論と相対論	飯島徹穂他著
量子暗号と量子テレポーテーション	大矢雅則他著
アインシュタインの遺産	井川俊彦訳
アインシュタインの予言	井川俊彦訳
アインシュタインの情熱	井川俊彦訳
アインシュタイン選集1・2・3	湯川秀樹監修
一般相対性理論	杉原 亮他訳
Q&A放射線物理 改訂新版	大塚徳勝他著
物質の対称性と群論	今野豊彦著
フーヴァー 分子動力学入門	田中 實監訳
ナノ構造の科学とナノテクノロジー	吉村雅満他訳
物質科学の世界	兵庫県立大学大学院物質理学研究科編
コンピュータ・シミュレーションによる物質科学	川添良幸他編
結晶成長学辞典	結晶成長学辞典編集委員会編
結晶解析ハンドブック	日本結晶学会ハンドブック編集委員会編
結晶 ―成長・形・完全性―	砂川一郎著
物質からの回折と結像	今野豊彦著
ビデオ顕微鏡	寺川 進他訳
走査電子顕微鏡	日本電子顕微鏡学会関東支部編
多目的電子顕微鏡	多目的電子顕微鏡編集委員会編
有機分子のSTM/AFM 応用物理学会有機分子・バイオエレクトロニクス分科会編
非線形力学の展望 I・II	田中 茂他訳
新訂版 カオス力学系入門 第2版	後藤憲一他訳
カオス科学の基礎と展開	井上政義他著
力学系・カオス	青木統夫著
ローレンツカオスのエッセンス	杉山 勝他訳